卓越系列·21世纪高职高专精品规划教材

工业控制技术及应用

Industrial Control Technology And Application

主　编　姚立波
副主编　秦益霖　张守廷
主　审　邓志良

天津大学出版社
TIANJIN UNIVERSITY PRESS

图书在版编目(CIP)数据

工业控制技术及应用/姚立波主编. —天津:天津大学出版社,2009.6 (2022.6重印)
(卓越系列)
21世纪高职高专精品规划教材
ISBN 978-7-5618-3057-4

Ⅰ.工… Ⅱ.姚… Ⅲ.生产过程-自动控制系统-高等学校:技术学校-教材 Ⅳ.TP278

中国版本图书馆CIP数据核字(2009)第101992号

出版发行 天津大学出版社
地　　址 天津市卫津路92号天津大学内(邮编:300072)
电　　话 发行部:022-27403647
网　　址 www.tjupress.com.cn
印　　刷 北京盛通商印快线网络科技有限公司
经　　销 全国各地新华书店
开　　本 185mm×260mm
印　　张 18.75
字　　数 468千
版　　次 2009年6月第1版
印　　次 2022年6月第5次
定　　价 38.00元

序

计算机和网络通信技术的发展，促使传统的自动控制领域发生巨大而深刻的变化。以工业控制计算机和PLC为基础的自动化产品已成为主流，广泛应用于工业自动化控制各个领域。工业以太网作为最新发展的工业网络控制产品，正以明显的优势，快速、全面渗入传统的现场总线应用领域。而PLC也正在许多方面不断进行改进，不断增加新功能，并最终促使新一代智能控制系统PAC悄然问世，成为精彩纷呈的自动化世界的又一力作。

作为致力于工业自动化技术和产品推广应用的自动化专业厂商，研华公司十分重视与高校建立合作关系。常州信息学院是国家示范性高职院校，电气自动化专业又是该院的重点建设专业。自2005年下半年以来，我们双方就建立起良好的企校合作关系，在联合共建实验室、共建授权培训中心、共同组织自动化知识大赛、合作举办工程培训等方面，开展全面的合作。我们企校合作的最终方向，是培养高素质的电气自动化类毕业生，回馈于社会。

本教材是我们与常州信息学院合作的又一成果。教材编写组以大量的工程项目为背景，与自动化基础知识有机融合，本教材体现项目导向和任务驱动思想，突出实践环节，完全符合当今国内外先进的职业教育理念，是一本指导学生全面、系统学习工业控制应用基础知识的很好的教材。特别是教材精心组织了10个综合实训项目，涉及的技术和知识面广，可操作性强，对广大学生和工程技术人员的学习和实践，无疑具有极好的帮助作用。

最后衷心祝本教材出版成功。

研华(中国)科技股份有限公司

工业自动化事业群总经理

蔡奇男

2008年12月

前 言

本教材为全国高职高专自动化技术类专业规划教材、教育部高职高专自动化类教育指导委员会立项建设教材、江苏省教育厅立项建设精品教材和国家示范性高职院校立项建设教材。

当前工业控制技术发展迅速,先进的软硬件产品不断出现,自动控制向智能化、综合化和网络化方向发展。数据采集与监控 SCADA(Supervisory Control And Data Acquisition)系统作为工业生产过程控制和管理自动化最有效的计算机控制应用系统,得到了广泛应用。作为数据采集与控制智能设备领域的专业厂商,研华科技股份有限公司率先提出了 eAutomation(e 自动化)的概念。eAutomation 即利用先进的控制与网络技术,实现便捷的自动化连接与控制,它是多种学科知识综合发展的结果,包括自动控制技术、计算机硬件技术、嵌入式技术、通信技术、以太网技术、软件开发技术等。

鉴于 eAutomation 领先的技术、迅猛的发展速度和越来越广泛的市场应用,我们面向自动控制、工业电气自动化、机电一体化等专业,开设了工业控制技术及应用这一专业课程,旨在以工控 SCADA 真实项目为依托,以 eAutomation 厂商(研华科技、亚控科技、美国 NI 公司等)的先进技术及产品为项目教学平台,工学结合,培养学生掌握工控 SCADA 应用系统设计、编程与调试的综合能力,提高学生的职业能力和可持续发展能力。该课程在国家示范性高职院校建设中进行了重点建设,本教材即为配套课程建设而编写。

本教材参考学时为 84 学时,主要内容包括 4 部分,共 10 个模块。第一部分介绍数据采集与监控 SCADA 的基本概念、组成及项目开发基本要求,包含模块 1;第二部分以研华工控机、ADAM 智能控制设备为例,介绍工控应用技术、产品及与上位机的通信性能测试,包含模块 2 ~5;第三部分以组态王 King View,WebAccess,VB,Labview 为软件平台,介绍基于研华工控机、ADAM 智能控制设备的工控人机界面(HMI)的组态,包含模块 6 ~9;第四部分是工控应用技术的综合应用,重点介绍 10 个生产过程数据采集与监控综合应用项目,包含模块 10。

本教材力求理论和实践相结合,并偏重实践操作环节,注重项目应用性,精心设计了一批生产过程数据采集与监控项目的实训例子,适合于培养高职院校学生对生产过程自动化监控项目的实践动手能力及项目应用能力,适合于基于工作过程的项目一体化教学。也可作为工程培训的教材和广大工程技术人员自学的参考资料。

本教材由常州信息职业技术学院姚立波担任主编,常州信息职业技术学院秦益霖、研华科技股份有限公司张守廷担任副主编,常州信息职业技术学院朱敏参加了编写工作。全书由姚立波统稿,常州信息职业技术学院院长邓志良教授主审。

在本教材的编写过程中,得到许多老师和研华科技张帷、田海涛及亚控科技李元等工程师的热情关心和帮助,得到天津大学出版社的大力支持,在此表示衷心的感谢。

由于编者水平有限,书中难免存在不足之处,敬请广大读者批评指正。

编 者

2008 年 12 月

前 言

[illegible]

2008 年 12 月

目　录

模块1　数据采集与监控SCADA概述

当前工业控制技术发展迅速，先进的软硬件产品不断出现，控制向综合化和网络化方向发展。SCADA系统作为工业生产过程控制和管理自动化最有效的计算机控制应用系统，得到了广泛应用。SCADA系统处理信息及时、完整，运行效率高，能及时采集和控制现场生产系统的运行状态，对现场故障进行远程快速诊断分析，实现运行现场无人值守，提高系统运行的可靠性、安全性，大大减轻操作员、调度员的工作负荷，并可通过企业MIS网络，实现调度自动化与管理现代化。采用SCADA系统，可以明显降低管理成本，提升调度决策水平，提高企业经济效益，是现代生产过程自动化控制的理想方案。

通过本模块的学习，学生应掌握以下内容：

☆SCADA的基本概念；

☆SCADA系统的组成；

☆SCADA系统开发的基本要求。

任务1.1　SCADA系统的基本概念

SCADA全称为"Supervisory Control And Data Acquisition"，即数据采集与监控系统。SCADA系统作为生产过程和设备管理自动化最为有效的计算机软硬件系统之一，包含3个层次的含义：一是分布式的数据采集系统，即智能数据采集系统，也就是通常所说的下位机；二是数据处理和显示系统，即上位机HMI系统（人机界面Human Machine Interface）；三是联系两者的通信系统。SCADA系统是以计算机技术为基础的生产过程控制与调度自动化系统，它可以对现场的运行设备进行监视和控制，以实现数据采集、设备控制、参数测量与调节以及各类信号的报警等功能。

SCADA系统自诞生之日起就与计算机技术和通信技术的发展紧密相关。SCADA系统发展到今天已经经历了4个阶段。

第一阶段是把计算机运用于工业生产过程控制，SCADA系统诞生，这一阶段大致到20世纪70年代。SCADA系统基于专用计算机和专用操作系统，如采用Z80作为CPU、汇编语言编制操作系统的TP801系统。

第二阶段是20世纪80年代基于通用计算机的SCADA系统。这一时期，广泛采用VAX等计算机以及其他通用工作站，操作系统一般是通用的UNIX操作系统。

第一阶段和第二阶段SCADA系统的共同特点是基于集中式计算机系统，并且系统不具有开放性，因而在系统维护、升级以及联网等方面很不方便。

第三阶段的SCADA系统是20世纪90年代按照开放性原则，基于分布式计算机网络以及关系数据库技术，能够实现大范围联网的SCADA系统。这一阶段是我国SCADA系统发展最快的阶段，各种最新的计算机技术、网络通信技术都汇集到SCADA系统中。

目前已进入第四阶段的SCADA系统的主要特征是采用Internet技术、面向对象技术、神经网络技术以及 JAVA 技术等计算机及网络技术,继续扩大 SCADA 系统与其他系统的集成,综合了安全经济运行以及商业化运营的需要。

SCADA 系统作为现场操作平台和远程监控系统,已经广泛应用于工业生产和设备管理的各个领域,典型的应用如下。

(1)自动化生产线管理:用于监控和协调自动化生产线上各种设备的正常有序运行,进行产品数据的自动管理和控制。

(2)楼宇自动化:对楼宇设备进行运行控制与管理,监控房屋设施的各项设备,主要有门警、照明、消防、电梯运行、供水、空调冷暖、备用电力等系统的自动化管理。

(3)无人工作站系统:广泛应用于集中监控无人值守系统的正常运行,分布在邮电、电力、钢铁、铁路、水库坝体、隧道、桥梁、机场、码头、石油、天然气、城市供热供水、粮库、工业锅炉、交通信号灯、高速公路、天文气象等行业的监控、调度和管理自动化系统。

应用 SCADA 系统产生的社会和经济效益主要体现在:

(1)生产管理实现自动化,可大大提高产品质量和生产效率;

(2)极大地改善了生产人员的工作环境,提高了单位时间产出,保证了产品质量的稳定;

(3)极大地提高了生产和运行管理的安全性能和可靠程度;

(4)生产过程实现集中控制和管理,极大地提高了企业整体效率,增强了企业竞争力。

任务 1.2　SCADA 系统的组成

SCADA 系统主要由下位机系统、上位机系统以及联系两者的通信网络系统 3 个部分组成。

1. 下位机系统

下位机也称远程终端单元 RTU,TeleControl。一般意义上通常指硬件层上的各种数据采集、监控设备,如各种 PLC(可编程逻辑控制器)、PAC(可编程自动化控制器)、智能控制模块及板卡、智能仪表等。由通信处理单元、开关量输入单元、开关量输出单元、模拟量输入单元、模拟量输出单元、脉冲量计数单元、脉冲量输出单元等构成。这些智能采集设备与生产过程现场的设备或仪表相结合,采集设备各种参数及状态,并将这些参数和状态信号转换成数字信号,通过特定的数字通信网络传递到上位机 HMI 系统中。同时,下位机智能系统接受上位机控制命令,向现场设备发送控制信号,实现控制功能。

随着计算机技术的发展,下位机功能越来越强大,PLC 和 PAC 得到广泛应用,其特点是具有 CPU、内存和程序,实质就是一台计算机。通过 PLC,PAC 中的程序运算或控制算法自动产生的命令可以实现对现场设备的自动控制。除了完成本身的数据采集与监控工作外,下位机的通信处理单元的能力越来越强大,还可完成与各种设备的协议接口处理和信息转换工作。

2. 上位机系统

上位机系统也称主机单元,需开发功能强大的人机界面即 HMI 界面,在接受下位机的信息后,以适当的形式如声音、图形、图像、各种参数的状态(报警、正常或报警恢复)、报表等方式提供给系统运行管理人员,以实现对现场生产设备的监控。同时数据经过处理后保存到数据库中,以备事后的经验总结或事故追忆,也可以通过网络系统传输到不同的监控平台上,如与管理信息系统 MIS、地理信息系统 GIS 等系统结合,形成功能更加强大的系统。上位机 HMI

系统可以接受操作人员的指示，将控制信号发送到下位机中，以达到控制的目的。

开发HMI界面一般可采用两种方法。

一种是采用面向对象语言，如Visual C++，Delphi，Visual Basic等。优点是：功能强大，编程灵活方便，可以很方便地与数据库管理系统（DBMS）交互数据。缺点是：对编程人员的要求高，如要求掌握面向对象及数据库知识，且需具有一定的编程经验；工业被控对象一旦有变动，就必须修改其控制系统的源程序，开发成本高；受人员变动影响大；维护困难。

另一种是采用专用工控组态软件，如iFix，WinCC，Intouch，King View，MCGS等，其特点是为工控定制，因而专业性强，上手容易，可大大缩短开发周期，开发成本低，受人员变动影响小，维护相对容易，因而获得了市场的青睐，但拓展功能相对困难，如果要深入定制用户自己的功能，仍要用到高级语言编程知识及数据库知识。

上位机系统一般包括如下内容。

（1）工程师工作站：负责系统HMI组态、画面制作和系统的各种维护。

（2）生产调度工作站：是监控系统的主要用户，负责显示画面、画面浏览、处理各种报警信号等。

（3）各种监控工作站：主要用于大系统，根据需要设立各种监控工作站，每个工作站都有相应人员工作。

（4）实时数据库系统：主要包括运行实时数据库服务器。

（5）历史数据库系统：是SCADA系统保存历史数据的服务器。

（6）Web服务器：是当今SCADA主机单元的流行趋势，只要用户装有浏览器软件，并得到相应的授权，就可以从Web服务器获取相应数据并进行远程控制。

（7）上层应用工作站：主要用于实时数据和历史数据的计算、分析、图形曲线显示等工作。例如电力系统的潮流分析、负荷预测、事故追忆、电网稳定性分析、能量管理等；自来水行业的管网压力损耗分析、管网经济性分析、管网漏失分析等；采油工程的示功图显示、示功图分析、泵况分析、功图计产等。

3. 通信网络系统

SCADA的通信系统主要负责解析上下位机各种不同的协议，完成通信数据发送、接收及转发处理。当今计算机、网络通信及控制技术发展迅猛，基于各种网络的通信方式发展很快，网络化、集成化、分布化、Web自动化成为SCADA通信系统的趋势。工业网络控制系统NCS（Network Control System）即网络化的控制系统，通常根据系统构成的层次结构而分成3种基本通信方法，即分布式控制系统DCS、现场总线控制系统（FCS）及工业以太网（IEN），它们构成当今工业控制的主流，同时，Internet及Web技术的发展，促进工业控制系统向Web自动化的趋势发展。工控系统通过NCS将现场各种设备的信号传输到现场控制层（即下位机），再将控制层信息传输到信息监控层（上位机）及企业管理层（MIS网），形成了系统信息传输的神经网络，并通过Web技术向Intranet或Internet发布信息，从而完成了从底层到上层信息共享的目的。

4. SCADA系统典型应用原理框图

图1.1是工控SCADA系统典型应用的原理框图，上位机采用研华IPC-610工控机，采用组态王（King View）组态软件进行HMI界面开发；下位机采用研华ADAM系列智能I/O模块，与工控现场监控设备之间进行信号采集与控制；系统采用RS-485总线、Modbus协议，ADAM

-4520 模块的作用是将工控机的 RS-232 信号与 ADAM 模块的 RS485 信号进行转换。

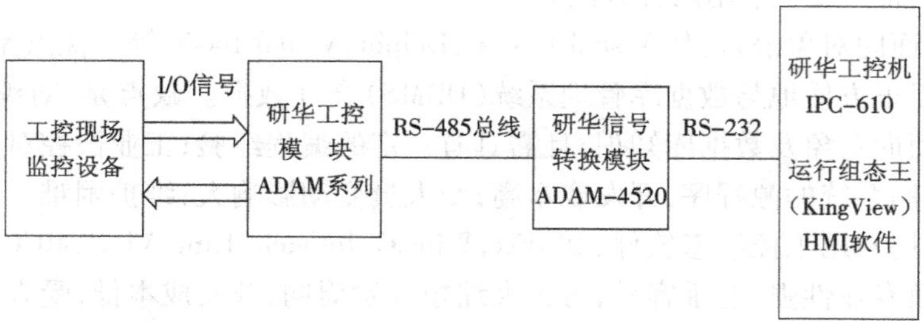

图 1.1　工控 SCADA 系统原理框图

任务 1.3　SCADA 系统开发的基本要求

开发 SCADA 系统主要需解决以下 3 个问题。

(1)现场设备各种参数及状态数据的采集以及控制信号的发送。这里主要涉及 2 个问题:一是怎样采集设备参数及状态数据,它通常由智能设备生产厂家解决,作为下位机在市场中出售,并提供可编程的通信协议;二是设备生产状态数据如何传递到上位机系统进行处理。目前上位机通常通过标准串口、I/O 卡或各种协议专用的网卡,运行专用的上层采集模块,从下位机中实时地采集设备各种参数和发送控制信息。监控效率的高低表现在采样周期的长短上,这是衡量一个系统是否适合于某个行业的一个重要指标。目前上位机可达到 ms 级的采样周期。

(2)监控参数的图形动画表达和实时报警处理。监控参数的图形、图像、动画、声音等方式用于表达设备的各种运行参数和状态,是 SCADA 系统的基本要求,融于 HMI 界面中,能仿真显示现场工况,实现现场无人值守和远程监控。报警作为监控的一项重要内容,是所有上位机系统必须解决的问题。如果上位机系统不能有效处理设备的报警状态,所有的图形动画等表现形式将是多余的。评价上位机系统可靠性和高效性的一个重要指标是能否不遗漏地实时处理多点同时报警。

(3)趋势分析和事故追忆。监控的一个重要目的是评价生产设备的运转情况和预测系统可能发生的事故。在发生事故时能快速地找到和分析事故的原因,找到恢复生产的最佳方法。调用实时数据和系统操作记录保存的数据库,并调用实时趋势图、历史趋势图、报表等 HMI 画面,是常用的方法。评价一个 SCADA 系统功能强弱的重要指标之一就是对实时和历史数据记录、查询的准确和高效。

现代计算机软硬件技术发展和应用的需要,要求 SCADA 系统还需解决以下一些问题。

(1)与管理信息系统 MIS 的结合。在现代企业中,生产过程管理和企业日常管理的结合是不可分割的,通过 Internet/Intranet 网络和 MIS 系统,企业信息流分层次流动,以适合于不同的管理需要,而且地域和行政部门的分布在企业集团化管理的趋势下变得越来越明显,因此现代 SCADA 系统除了生产设备的分布式管理之外,上位机系统的分布式要求变得越来越重要。网络数据库功能成为评价一个 SCADA 系统功能强弱不可缺少的重要指标。

(2)与地理信息系统 GIS 的结合。SCADA 系统应用的众多领域中,对地理信息系统的要求越来越高。从这个角度上说，将一个适合于工业和事物管理的地理信息系统嵌套于 SCADA 系统中，将带来不可估量的效益，这也是评价 SCADA 系统的一个重要指标。

(3) 专家系统、模糊决策、神经网络等新技术的研究与应用。利用这些新技术模拟各应用领域的运行状态，并开发出调度辅助软件和管理决策软件，由专家系统根据不同的实际情况推理出最优化的运行方式或处理故障的方法，以达到生产自动化，合理、经济地进行调度，提高运行效率的目的。

(4) Internet 技术及 JAVA 技术的应用。Internet 技术的发展使浏览器界面已经成为计算机桌面的基本平台，将浏览器及 JAVA 技术运用于 SCADA 系统，将浏览器界面作为对现场设备进行远程监控的人机界面，对扩大实时系统的应用范围，减少维护工作量非常有利，成为新一代 SCADA 系统的客观要求。

思考与练习

1. 什么是工控 SCADA 系统?
2. SCADA 系统由哪些部分组成?
3. 开发 SCADA 的基本要求是什么?
4. 开发 HMI 界面一般可采用哪两种方法? 各有什么优缺点?
5. 试结合图 1.1，举例说明工控 SCADA 系统的组成及工作原理。

模块2　工控机系统

计算机给人类带来了革命性的变化，已经渗透到了社会的各个角落。计算机进入工业控制领域，就诞生了工控机。一方面，工控环境不同于舒适的办公环境，如生产线现场工作环境恶劣，电源波动和干扰大，温度变化范围大，湿度、粉尘、电磁干扰等不利于计算机工作的因素大量存在，因此关键要解决在恶劣工作环境下工控机的可靠性、稳定性、实时性等问题。另一方面，工控机应用于工控领域，可以解放劳动力，稳定产品质量，极大地提高生产效率和效益，最终实现减员增效和劳动生产率的提高。研华科技股份有限公司是世界上最早推出工控机的生产厂家之一，以 IPC-610 型为代表的台式工控机在国内外市场获得广泛应用，同时，研华科技开发了多种型号的嵌入式工控机，适用于各种不同需要。目前，研华科技的工控机市场占有率位居世界第一位。

本章主要介绍工控机的主要特点及 IPC-610 型工控机的组成和拆装。

通过本模块的学习，学生应掌握以下内容：

☆工控计算机的特点；

☆研华 IPC-610 工控机系统的组成；

☆研华 IPC-610 工控机的拆装要点。

任务2.1　工控机的特点

工控机全称为工业控制计算机，是为适应工业现场粉尘、振动、高温、电磁干扰等恶劣环境而设计的专用计算机，英文为 Industrial Personal Computer，简称 IPC。工控机利用了个人计算机 PC（Personal Computer）的 PCI 和 PC/104 等总线，采用功能板卡扩展控制 I/O 点来实现计算机控制。它适应和满足了工业现场的应用要求，同时又极大地利用了 PC 机的硬件技术和软件资源。在 SCADA 系统中，工控机主要用作上位机。与通用的 PC 机相比，工控机有许多不同点，其主要特点如下。

1. 可靠性要求高

工控机通常用于连续控制的生产过程，在运行期间不允许停机检修，否则一旦发生故障将会导致质量事故，甚至生产事故。因此要求工控机具有很高的可靠性，采取许多提高安全可靠性的措施，以确保平均无故障工作时间在几万小时以上，同时尽量缩短故障修复时间，以达到高效的运行效率。

2. 适应环境能力强

工业现场环境恶劣，如电磁干扰严重、供电系统受大负荷设备启停的波动和干扰大、接地系统复杂、共模及串模干扰大、现场金属粉尘严重等。因此要求工控机具有很强的环境适应能力，对温度、湿度变化范围要求高，要有防尘、防腐蚀、防振动冲击的能力，要有较好的电磁兼容性和高抗干扰能力以及高共模抑制能力。采用符合 EIA 标准的全钢化工业机箱，增强了抗电磁干扰能力。机箱内装有双风扇，正压对流排风，并装有滤尘网，用以防尘。

3. 实时性好

工控机对生产过程进行实时控制与监测，因此要求它必须实时地响应控制对象各种参数的变化。当过程参数出现偏差或故障时，工控机能及时响应，并能实时地进行报警和处理。为此工控机需配有实时多任务操作系统（RTDOS），便于多任务的调度和运行。

4. 系统扩充性好

随着工厂自动化水平的提高，控制要求和控制规模也在不断扩大，因此要求工控机具有灵活的扩充性。一般工控机采用总线结构和模块化设计技术，CPU 及各功能模块都使用插板式结构，插在一块专用的无源底板上，系统扩充非常方便灵活。同时具有压杆软锁定功能固定板卡，提高了抗冲击、抗振动的能力。

5. 系统具有开放性、兼容性

要求工控机具有开放性、兼容性体系结构，由于采用无源底板，极大地方便了系统升级，即在主机接口、网络通信接口、软件兼容及升级等方面可以方便系统扩充、异机种连接、软件移植和互换。

工控机开放性和兼容性好，吸收了 PC 机的全部功能，可直接运行 PC 机的各种应用软件。

6. I/O 设备配套好

工控机需要丰富的多种功能的过程输入和输出配套设备，主要处理的信号有模拟量输入/输出、开关量输入/输出、计数/频率输入等信号；输入/输出设备有各种智能模块、PLC、板卡等。同时具有多种类型的信号调理功能，如隔离型和非隔离型信号调理，各类热电偶、热电阻信号输入调理，电压和电流输入/输出信号的调理等。对于现场的工控机，用户可根据需要选配 I/O 设备和信号调理模板。

7. 控制软件功能强

安装在工控机上的工控软件包具有人机交互方便、画面丰富、实时性好等性能；具有系统组态和系统生成功能；具有实时及历史趋势记录与显示功能；具有实时报警及事故追忆等功能。此外尚需具有丰富的控制算法，除了常规 PID（比例、积分、微分）控制算法外，还应具有一些高级控制算法，如模糊控制、神经元网络、优化、自适应、自整定等算法，并具有在线自诊断功能。目前一个优秀的控制软件包往往将连续控制功能与断续控制功能相结合。

8. 系统通信功能强

工控机具有串行通信、网络通信等功能。由于实时性要求高，因此要求工控机通信速度高，可靠性高，并且符合国际标准通信协议，如 IEEE 802.4，IEEE 802.3 协议等。有了强有力的通信功能，工控机可构成更大的控制系统，如 DCS 分布式控制系统、FCS 现场总线系统、工业以太网系统、CIMS 计算机集成制造系统等。

9. 具有后备措施

工控机设有“看门狗”定时器，在因故障死机时，无须人的干预而实现自动复位。同时配有高度可靠的工业电源，采取了过压、过流等保护措施。

工控机还具有自诊断功能及可锁式前舱门，防止未授权用户的使用。

10. 具有冗余性

在可靠性要求更高的场合，要求有双机工作及冗余系统，包括双控制站、双操作站、双网通信、双供电系统、冗余电源等，具有双机切换功能、双机监视软件等，以确保系统长期稳定不间断运行。

任务2.2 研华IPC-610工控机系统的组成

研华IPC-610型台式工控机是国内市场应用广泛的一款工控机。从性能上来说，同一般台式商用PC机基本相似。但工控机和普通PC机设计的出发点是不一样的：前者优先考虑的是稳定性，即更强的自我保护能力，以适用于高温、电磁干扰、粉尘、振动等恶劣的工业现场环境；而后者在具有一定的保护能力的同时优先考虑的是性能。从结构上来说，工控机与PC机的不同之处主要为：工控机的机箱、底板、电源、风扇、主板等适合于工业控制较恶劣的现场环境。

2.2.1 机箱

研华工控机机箱采用全钢制作，如图2.1所示。在机箱的两侧面装有导轨，以便安装在电气控制柜的机架上。在机架正面的左边，有通气孔，里面装有吸气风扇，用于通风散热；左下角装有键盘插座，紧靠键盘插座左边是USB插口；右边装有带锁的前舱门，里面是电源开关、RESET按钮、指示灯、软驱及光驱门等。在机箱的后侧面有14个窗口，在这些窗口上可以固定有关板卡，或让一些电缆线直接穿越。

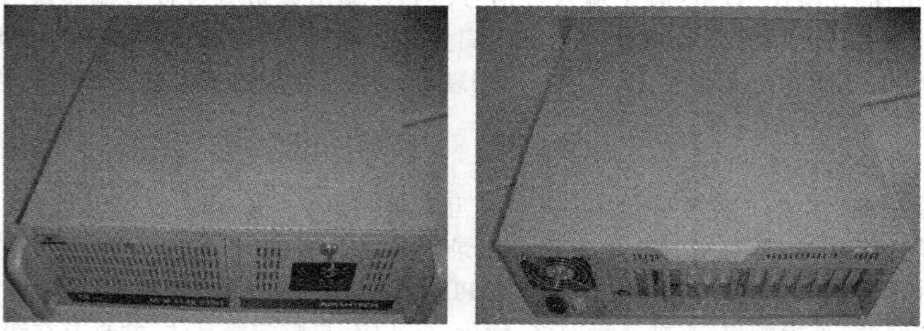

图2.1 研华IPC-610工控机机箱

2.2.2 无源底板

研华工控机的底板为PC总线无源印刷线路板，无源底板的插槽由ISA和PCI总线的多个插槽组成，ISA或PCI插槽的数量和位置可根据需要进行选择。该板为4层PCB印制板结构，含有4层电子线路，中间2层分别为电源层和地线层，这种结构方式可以减弱板上逻辑信号的相互干扰和降低电源阻抗；另2层为PC总线电子线路板。底板可插接各种板卡，包括CPU卡、显示卡、控制卡、I/O卡等。

电源的电子线路不在底板上，而是做成一个整体式电源模块，安装在机箱底座及侧面上，用电缆线与底板连接。工控机带LED电源指示。

无源底板是指2层PC总线电子线路板(位于底板的正、反两面)不含电源布线，而电路中的电源点经垂直孔同中间的电源板连接。同地线的连接相同。

如图2.2所示底板，含有14套PC总线插座，其中ISA总线插座(黑色，长约140 mm)为8套，PCI总线插座(乳白色，长约85 mm)为4套；还有2套插座，其中每套含有1个ISA插座和

1 个 PCI 插座,用于安装主板。

2.2.3 总线

图 2.2 研华 IPC－610 工控机底板

计算机总线一般由数据总线 DB、地址总线 AB、控制总线 CB 构成,是计算机以 CPU 为中心、各部件之间进行信息交换传输的公共通道。微型计算机系统中广泛采用总线结构,其优点是系统成本低、组态灵活和维修方便。采用总线结构标准设计和生产的硬件模块兼容性强,可以方便地组合在一起,以构成满足不同需要的微机系统。

现代 PC 机广泛采用多总线结构,CPU 与存储器和 I/O 设备之间有两种以上的总线,常见的有 ISA 和 PCI 总线。这样可以将慢速的设备和快速的设备挂在不同的总线上,减少总线竞争现象,使系统的效率大大提高。研华 IPC－610 工控机采用了 ISA 和 PCI 两种总线。

1. 总线的性能指标

计算机总线技术包括通道控制功能使用方法、仲裁方法和传输方式等。任何系统的研制和外围模块的开发,都必须服从一定的总线规范。总线的传输率是其性能的主要技术指标。另外,总线的可操作性、兼容性和性能价格比也是重要的技术特征。主要具体指标如下。

(1)总线宽度:数据传输的数量,用位(bit)来表示,如 8 位、16 位、32 位和 64 位等。

(2)传输率:每秒钟在总线上传输的最大字节数(8 位为一个字节,B),用 B/s 表示,如工作频率(工作带宽)为 33 MHz,总线宽度为 32 位,则最大传输率为 132 MB/s。

(3)同步方式:总线上的数据与时钟同步工作的称为同步时钟,反之称为异步时钟。

(4)信号线数:数据线、地址线、控制线的总和。

(5)负载能力:通常指连接的电路板的能力。

2. ISA 总线

ISA 总线配置在 IBM 的第一代 PC 机上,是一种用得最多的总线,事实上是一种标准总线和主总线。ISA 支持一些基本的 I/O 设备,非常适合不需要很高速度的板卡使用,如串行/并行接口卡、内部调制解调器、声卡等。

3. PCI 总线

PCI 总线也称作 PCI 局部总线,设计这种总线的目的并不是解决一般的基本通信问题,因为这已由主总线 ISA 解决了,而是要解决高速通信问题。PCI 支持 64 位数据传送,数据传输速率高,可以支持高速外部设备,如视频卡、硬盘驱动器、高速网络卡和多媒体控制卡。

现代 PC 机将主存储器 RAM 通过直接连线同 CPU 连接,形成主系统板,这样,CPU 与主存 RAM 的通信不依靠一般的总线而完全独立开来。

PCI 总线功能强大,CPU 可直接访问插在 PCI 总线上的设备,而 PCI 总线也提供了 PCI 设备不经 CPU 而直接访问主存的高速通路。

2.2.4 ALL-in-One CPU 卡

研华工控机采用了 ALL-in-One CPU 加长卡,它带有两个插头,一个为 ISA 插头,另一个为

PCI 插头。该卡上除了带有 CPU、ROM 和 RAM 以外，还带有各种 I/O 接口芯片、高速缓冲存储器(Cashe Memory)、2 串/1 并接口、软硬驱接口、键盘接口、USB 接口、扬声器发声接口和看门狗定时电路等。

在工业环境中，经常会发生电压波动导致电压下降的现象，当电压下降到一定程度时，CPU 将不能正常工作。另外，当发生软件故障时，CPU 可能陷入无限死循环而挂起。通过适当的软件编程和硬件处理，当 CPU 处于停滞或挂起时，ALL-in-One CPU 卡上的看门狗定时电路(Watch Dog)会自动重新启动 CPU，从而大大提高了工控机系统的抗干扰性能和鲁棒性。

ALL-in-One CPU 卡如图 2.3 所示。

图 2.3　ALL-in-One CPU 卡

2.2.5　磁盘驱动器

磁盘包括软盘、硬盘、光驱(CD-R/W)和固态硬盘 4 类。软盘容量较小，读写速度较慢，主要用于软件及数据流通、软件授权码读取等场合，现在已经很少使用了；硬盘容量大，读写速度快，仍是目前主流的存储设备；光驱容量也很大，特别是 DVD 光盘，容量达 4.7 GB，虽然存取速度比硬盘慢，但使用方便，已广泛用于多媒体音响技术、视频技术、数据备份等场合；固态硬盘读写速度很快，这几年获得很大发展，价格越来越低，容量越来越大，有很大的应用空间。

1. *磁盘主要性能参数*

数据传输速率：数据传输速率是指数据从磁盘驱动器通过接口到 CPU 的传输速度，单位为 B/s，软盘驱动器一般为 250 kB/s，而硬盘驱动器的传输速率同所采用的接口电路关系很大，老式的 ST－506 接口驱动器低于 1 MB/s，一般的 IDE 驱动器为 1～1.5 MB/s，高效能 SCSI 驱动器可达 10～40 MB/s。

缓冲器容量：有的磁盘驱动器拥有高速缓冲器来暂时存储来自磁盘驱动器的数据，以供 CPU 读出。由于此缓冲器容量较小，因而另加高速缓冲存储器 Cashe Memory 更好，以适应高速硬盘驱动器和其他高速外设的需要。

2. *磁盘接口*

ST－506 接口：这种接口仍是绝大多数软驱使用的接口，由于响应慢，不适应于硬驱。

IDE 接口：这种接口最流行，也叫 AT 接口。IDE 驱动器可直接插接于总线上，因为其本身已有驱动接口电路。

SCSI 接口：这种接口响应快，最大数据传输率达到 160 MB/s，而且在此接口卡上可插上多台设备,如硬驱、R/W 光驱和光学扫描仪等。

SATA 接口:这种接口响应快,最大数据传输率达到 150 ~ 300 MB/s,已成为 PC 机的流行配置。在工控机中,也已越来越多地采用 SATA 接口,提供 2 ~4 个接口通道。

3. 软盘驱动器

一般使用 3.5 英寸(8.89 cm)1.44 MB 的软盘驱动器,采用 ST - 506 接口。现在已经很少使用软盘驱动器了。

4. 硬盘驱动器

5.25 英寸(13.335 cm)硬盘驱动器在 20 世纪 80 年代多采用 ST - 506 接口。20 世纪 80 年代末以来,流行 3.5 英寸(8.89 cm)驱动器,一般内置缓冲存储器,主要采用 IDE 标准接口,最新型的采用 SCSI 接口。容量从最初的几十兆字节,发展到现在的 250 GB 及以上容量的硬盘。目前已越来越多地采用 SATA 接口。

5. 光驱(CD-R/W,DVD-R/W)

一般采用 IDE 接口或 SCSI 接口,带刻录功能的光驱可以方便实现数据的备份。

6. 固态硬盘 SSD(Solid State Disk)

磁盘管理是 PC 操作系统的主要职能之一,一般程序和数据以磁盘文件的形式存放在硬盘,可以方便地被读出和调用。在工业控制应用中,工控机长期连续地运行在恶劣的环境中,特别是有振动的场合,由于硬盘内部依靠机械运动部件存取数据,在振动环境下容易出现故障,因此最好能找到一种抗振存储介质来代替传统的硬盘。

固态硬盘 SSD 是使用闪存颗粒 flash disk(即目前内存、MP3、U 盘等存储介质)制作而成。由于固态硬盘没有普通硬盘的旋转介质,因而抗振性极佳,同时工作温度范围很宽,扩展温度的电子硬盘可工作在 -45 ~ +85 ℃,因此近几年固态硬盘技术和产品逐渐引入到了工控机中。

相对于传统的硬盘,固态硬盘具有存取速度快、耗电量低、无噪声、抗振动、可靠性较高的优点。以前因成本高,容量还不能做得很大,应用受到限制。近年 FLASH 产品得到飞速发展,固态硬盘在现场控制中获得愈来愈多的应用,并具有良好的发展前景。

固态硬盘可集成在 ALL-in-One CPU 卡上,也可以插卡的形式插在总线插槽里。

2.2.6　电源

工控机电源有 200 ~ 500 W 多种模块可选,采用电子式开关电源,其交流电源输入为 AC200 ~240 V,有 4 路输出:+5 V(25 A),+12V(10 A),-5 V(0.3 A),-12 V(0.3 A)。

工控机电源与普通 PC 机最大的区别是,工控机电源是高度可靠的工业电源,采取了过压、过流等保护措施,非常适合恶劣的工业现场环境。

2.2.7　外设

与 PC 机相似,工控机的外设主要有显示器、键盘、鼠标、打印机、扫描仪等。

PS/2 键盘和鼠标是工控计算机常用的输入设备。

随着计算机技术的发展,工控机也全面支持 USB 接口的设备,如 USB 键盘和鼠标、USB 打印机、U 盘、USB 扫描仪等。

任务2.3　研华工控机的拆装实训

在工程应用中，除了需对工控机 IPC 进行操作系统和应用软件的安装、卸载外，还需经常进行硬件安装和故障处理，如安装 PCI 板卡，对 ALL-in-One CPU 卡进行插拔，对损坏硬盘进行更换。有时也需在工控机中固定通信模块，甚至从工控机中引出直流电源等。因此，对于工程技术人员来说，掌握工控机硬件的拆装是基本的要求。

2.3.1　研华工控机拆装要求

(1)操作前先关闭工控机进线电源，注意不要带电进行工控机拆装操作。

(2)胆大心细，这是对操作人员操作工控机硬件的基本要求。

(3)插拔板卡用力要适度，切忌用力过猛，损坏板卡或插槽。

(4)遇到问题不要手忙脚乱，只要不是带电操作，或是用力过猛，一般不会损坏工控机部件，可试着重新插拔安装。

2.3.2　研华工控机拆卸步骤

(1)首先要关闭电源。

(2)拆下显示器插头、网络线插头、键盘鼠标插头及打印机信号线插头。

(3)打开工控机机盖。

(4)把压条卸下(如图 2.4)，压条主要用来固定 ALL-in-One CPU 卡，同时可以在上面固定通信模块等部件。

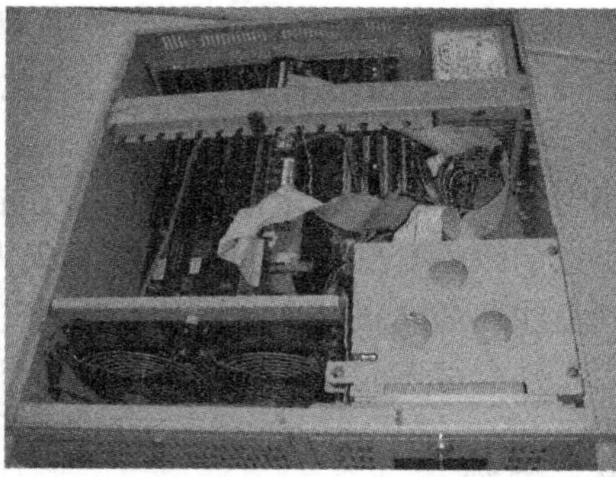

图 2.4　压条固定 ALL-in-One CPU 卡

(5)拆除驱动器信号线，串口、并口信号线，各类信号线的红线对应插脚的 1 脚。

(6)按序拆下 ALL-in-One CPU 卡、各类 PCI 或 ISA 卡；此时可以拆下 ALL-in-One CPU 卡上的 CPU 模块、内存条等部件。

(7)底槽与电源之间的接线也可以拆离，底槽、电源、硬盘、软驱、光驱等部件都可以拆下。

2.3.3　研华工控机装配步骤

上述工控机拆卸步骤的反序就是工控机装配的步骤。

特别需要注意以下几点。

(1)安装内存、显卡、板卡等不能用力过猛，以免造成元件损伤。

(2)安装 ALL-in-One CPU 卡用到了 PCI 和 ISA 两个插槽，要对准位置，用力要适度。

(3)要安装压条以固定 ALL-in-One CPU 卡，以避免 ALL-in-One CPU 卡因振动而松动。

(4)所有部件安装完成并仔细检查后方可接通电源。

思考与练习

1. 工控机有哪些特点？
2. 研华工控机主要由哪些部件组成？
3. 研华工控机与普通 PC 机有什么相同点？又有哪些区别？
4. 固态硬盘 SSD 与普通硬盘相比有什么特点？为什么 SSD 具有良好的发展前景？
5. 研华工控机装拆要注意哪些事项？

模块3　数据采集与控制智能设备

数据采集与控制智能设备属于SCADA系统的下位机，目前常用的有PLC、智能控制模块及板卡、PAC、智能仪表等多种自动化设备。研华科技是数据采集与控制智能设备的专业厂商，率先提出了eAutomation的概念。eAutomation（e自动化）即利用先进的控制与网络技术，实现便捷的自动化连接与控制，它是多种学科知识综合发展的结果，包括自动控制技术、计算机硬件技术、嵌入式技术、通信技术、以太网技术、软件开发技术等。由于其领先的技术和迅猛的发展速度，越来越多的传统自动化厂商都加入到这一领域，共同促进eAutomation的发展，可以预见，未来eAutomation必将成为自动化发展的主流，也将成为未来最有前途的职业之一。

研华提供的自动化智能监控设备有：通用远程DA&C（Data Acquisition and Control）模块ADAM－4000系列、分布式数据采集控制系统ADAM－5000系列、智能工业以太网及Web I/O模块ADAM－6000系列、多种PAC可编程自动化控制器、PCI系列数据采集卡、运动控制产品等。这些产品广泛应用在各行各业的工业控制系统中。

通过本模块的学习，学生应掌握以下内容：

☆研华分布式工控模块的特性及应用；

☆各系列模块的电气接线特别是输入、输出信号的接线；

☆研华分布式模块的组网。

任务3.1　通用远程DA&C模块ADAM－4000系列

ADAM－4000系列是通用远程便携式接口模块，专为恶劣环境下的可靠操作而设计。该系列产品具有内置的微处理器和坚固的工业级塑料外壳，可以独立提供智能信号调理、模拟量输入/输出、数字量（开关量）输入/输出、计数/频率输入、数据显示和RS－485通信等功能。ADAM－4000系列模块具有以下特点。

1. 远程可编程输入范围

ADAM－4000系列可方便存取多种类型及多种范围的模拟量输入，只要在上位机上输入指令，就可以远程选择I/O类型和范围。对不同的任务可以使用同一种模块，以简化设计和维护工作，例如可以仅使用一种模块就处理整个工厂的测量数据。由于所有模块均可由上位机远程控制，因此不需要任何物理性调节。

2. 内置看门狗

看门狗定时器功能可以自动复位ADAM－4000系列模块，减少维护工作量。

3. 网络配置灵活

ADAM－4000系列模块只需要2根导线就可以通过多节点的RS－485网络与上位机互相通信。基于ASCⅡ码的命令和响应协议确保其与任何计算机系统兼容。

4. 模块化工业设计

用户可将模块方便地安装到DIN导轨上、面板上或将它们堆叠在一起。通过使用插入式螺丝端子块进行信号连接，使模块安装、更改和维护非常方便。

5. 可满足工业环境的需求

ADAM－4000 系列模块可使用＋10～＋30 V 的未调理直流电源，能够避免意外的电源反接，并可以在不影响网络运行的情况下安全地接线和拆线。

ADAM－4000 系列模块工作温度－10～70 ℃，湿度5%～95%，无凝结。

6. 采用 Modbus 通信协议

自 Modbus 成为应用广泛的现场总线标准以来，研华将其用作 eAutomation 产品开发的主要通信协议。ADAM－4000 系列模块主要采用 Modbus 通信协议，因此 ADAM－4000 系列可以用作通用远程 I/O 模块，能够在任何 Modbus 系统中使用，HMI 上位机可以通过标准的 Modbus 命令来读写数据。最远通信距离为 1 219 m。

随着以太网的发展和推广应用，研华也开发了 RS－232/485 与以太网的转换模块，以充分利用以太网的高性能和方便性。

7. 电源、网络、信号电气连线相互隔离

ADAM－4000 系列模块采用电源、网络、信号电气连线相互隔离技术，三端隔离大大增强了模块的可靠性。

3.1.1　模拟量输入模块

研华 ADAM－4000 系列模拟量输入模块使用微处理器控制的高精度 16 位 A/D 转换器采集传感器信号，如电压、电流、热电偶、热电阻信号。这些模块能够将模拟量信号转换为以下格式：工程单位、满量程的百分数、二进制补码或欧姆。当模块接收到主机的请求信号后，就将数据通过 RS－485 网络按照所需的格式发送出去。ADAM－4000 系列模拟量输入模块的输入通道与模块之间提供有 3 000 V 的电压隔离，可有效防止模块受到高压冲击时被损坏。下面以 ADAM－4017＋，ADAM－4018＋，ADAM－4015 等模块为例，分别进行介绍。

1. ADAM－4017＋/4017 模块

ADAM－4017＋模块是 8 通道模拟量输入模块，外形如图 3.1 所示，内部电路板如图 3.2 所示，可用于电压和电流输入。当用作电压输入时，只要直接将电压两端接到相应端子，可选择电压范围为 ±150 mV，±500 mV，±1 V，±5 V，±10 V；用作电流输入时，测量范围为 0～20 mA，4～20 mA。

ADAM－4017 与 ADAM－4017＋功能基本相同，都是 8 通道模拟量输入模块，主要区别是：

4017 通道 0～5 支持差分输入，通道 6～7 只支持单端输入，而 4017＋支持 8 路差分输入；

输入电流信号时，4017 需在内部电路板背面焊一个 125 Ω 的精密电阻，而 4017＋只要通过跳线进行设置；

4017 无 4～20 mA 信号输入范围；

4017 8 个通道的输入信号范围只能一次设定，而 4017＋可 8 个通道独立设定输入信号范围；

4017＋支持 Modbus 协议，而 4017 不支持。

另外初始化方面也不同，具体可参阅有关技术文档。

ADAM－4017＋/4017 电源、网络的电气接线图如图 3.3 所示。

图 3.1　ADAM－4017＋模块外形

图 3.2　ADAM－4017＋内部电路板

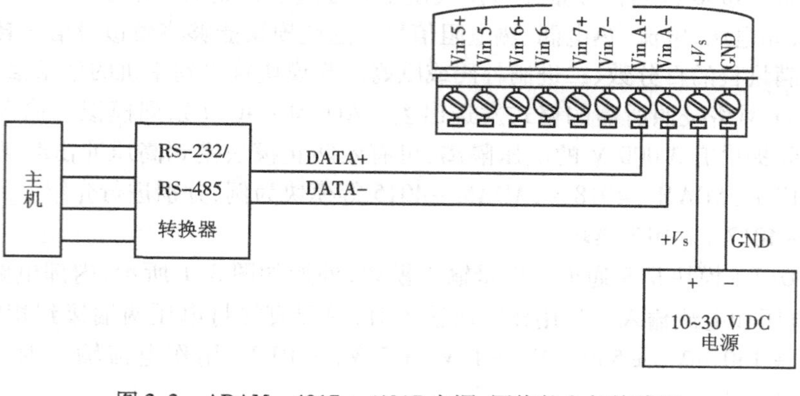

图 3.3　ADAM－4017＋/4017 电源、网络的电气接线图

ADAM－4017＋的信号接线如图 3.4 所示。

ADAM－4017 的信号接线如图 3.5 所示。

ADAM－4017＋/4017 可对工控现场模拟量信号进行采集，信号类型为电压/电流型，如温度、压力、液位、流量二次仪表的电压/电流输出信号，反映变频器工作频率的电压/电流输出信号。这些仪表的输出可直接连至 4017＋/4017 的输入通道，在短距离范围，可选用电压或电流输入方式，当信号传输距离比较远时，由于存在信号的线损误差，则宜采用电流输入方式。

2. ADAM－4018＋/4018 模块

ADAM－4018＋是 8 通道热电偶输入模块，外形如图 3.6 所示，内部电路板同 4017＋相类似，可用于热电偶和电流输入。热电偶的测温范围根据不同类型可在－100～1 800 ℃之间选择，用作电流输入时，测量范围为 4～20 mA。

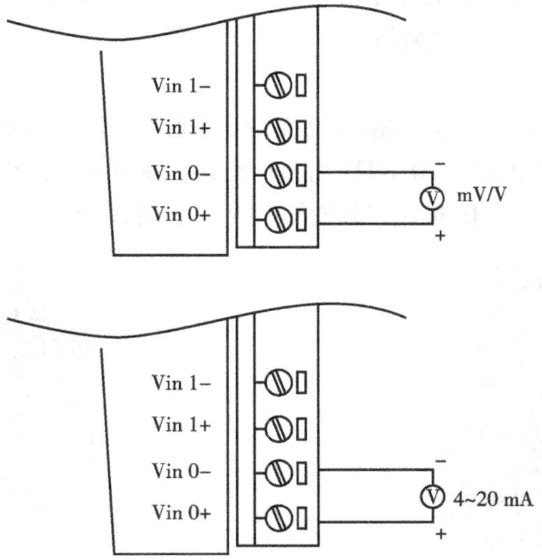

图 3.4　ADAM - 4017 + 的 8 通道模拟量输入信号接线图

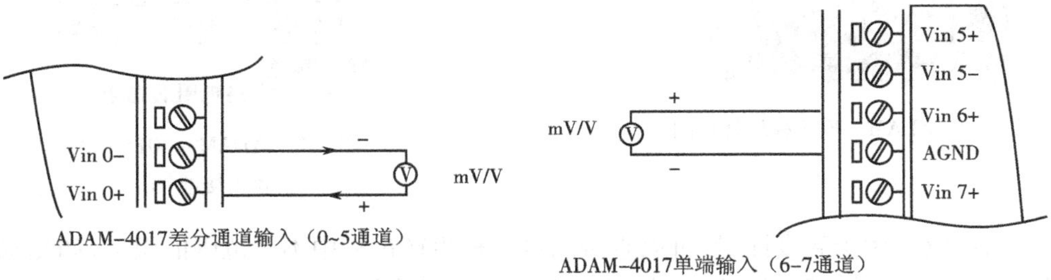

图 3.5　ADAM - 4017 模拟量输入信号接线图

ADAM - 4018 与 ADAM - 4018 + 功能基本相同，都是 8 通道模拟量输入，主要区别是：

4018 通道 0 ~ 5 支持差分输入，通道 6 ~ 7 只支持单端输入，而 4018 + 支持 8 路差分输入；

4018 模拟量信号输入范围为 ± 15 mV，± 50 mV，± 100 mV，± 500 mV，± 1 V，± 2.5 V，± 20 mA；

4018 模块 8 个通道的输入信号范围只能一次设定，而 4018 + 可 8 个通道独立设定；

4018 + 支持 Modbus 协议，而 4018 不支持。

另外初始化方面也不同，具体可参阅有关技术文档。

ADAM - 4018 +/4018 的电气接线与 ADAM - 4017 +/4017 也是基本相同的，如图 3.3、图 3.4、图 3.5 所示。

图 3.6　ADAM - 4018 + 模块外形图

工业热电偶作为测量温度的传感器，通常与显示仪表、记录仪表和电子调节器配套使用，它可以直接测量各种生产过程中不同范围的温度。若配接输出 4 ~ 20 mA、0 ~ 10 V 等标准电流、电压信号的温度变送器,使用更加方便、可靠。对于实验室等短距离的应用场合,可以直接把热电偶信号引入 ADAM－4018＋进行测量。

3. ADAM－4015 模块

ADAM－4015 是6通道差分热电阻输入模块,外形如图3.7所示。输入类型支持 Pt100 RTD,Pt1000 RTD 等,以常用的 Pt100 RTD 为例,测温范围可在－200～400 ℃之间选择。其电源及网络的电气接线与4017＋相同,信号输入接线可采用2线或3线制,如图3.8所示。

图3.7 ADAM－4015 模块外形图

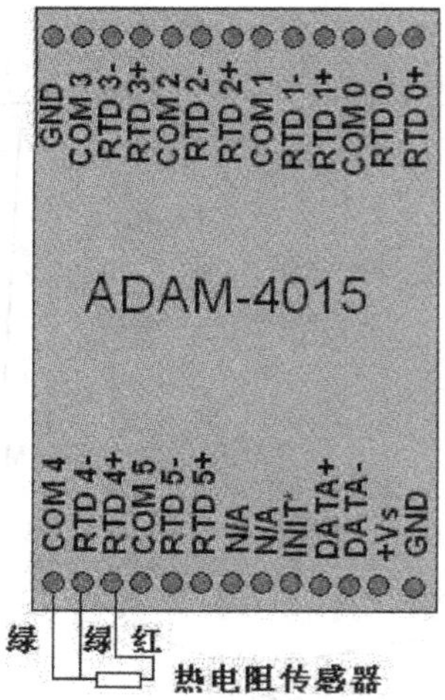

图3.8 ADAM－4015 信号输入接线图

铂电阻广泛应用于温度测量,可以直接测量各种生产过程中不同范围的温度,如测水箱中的水温,可以直接把铂电阻插入液体中,而将热电阻信号直接引入 ADAM－4015 进行测量。

3.1.2 开关量输入/输出模块

开关量输入/输出模块也称作数字量输入/输出模块,是应用非常多的一类模块。下面以 ADAM－4055 和 ADAM－4068 等为例进行介绍。

图3.9 ADAM－4055 模块外形图

1. ADAM－4055 模块

ADAM－4055 是8路开关量输入/8路开关量输出模块,外形如图3.9所示,输入、输出各有8个指示灯指示输入、输出信号的状态。支持 Modbus 协议。其电源及网络电气接线同图3.3。输入电压10～50 V,支持干接点、湿接点两种接法,接线图分别如图3.10、图3.11所示。输出5～40 V集电极开路输出,接线图如图3.12所示。

4055开关量输入信号一般要求无源量,来自于工程中的0/1型信号,如电动机、电磁阀的运行状态、故障信号,温度开关、流量开关等接点信号。输出需接负载,如可接中间继电器线圈或直接驱动直流电磁阀,当接中间继电器线圈时,中间继电器的常开/常闭触点信号可直接连入电器控制电路中,非常方便。

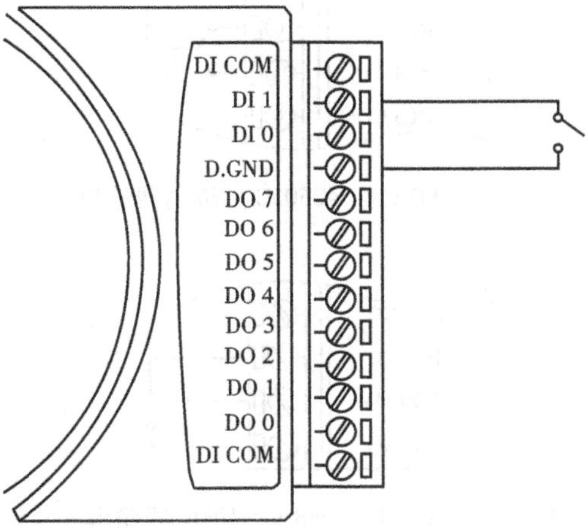

图3.10　ADAM－4055干接点数字量输入接线图

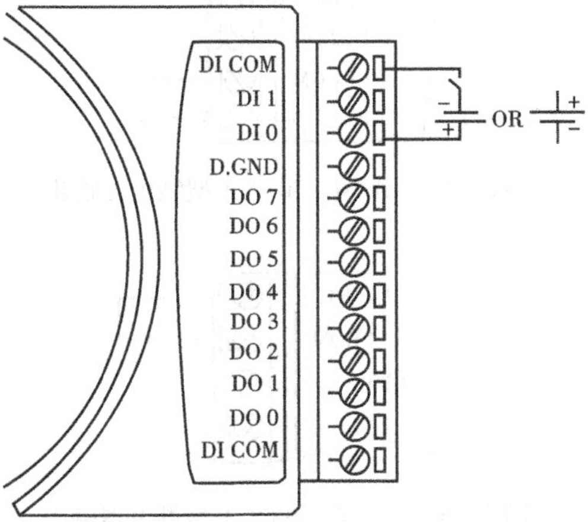

图3.11　ADAM－4055湿接点数字量输入接线图

2. ADAM－4068/4060模块

ADAM－4060继电器输出模块提供4个继电器通道，2个A型，2个C型；ADAM－4068则提供8个继电器通道，4个A型，4个C型。ADAM－4068的外形如图3.13所示，有8个指示灯指示输出信号的状态。ADAM－4068支持Modbus协议。接触功率均为：

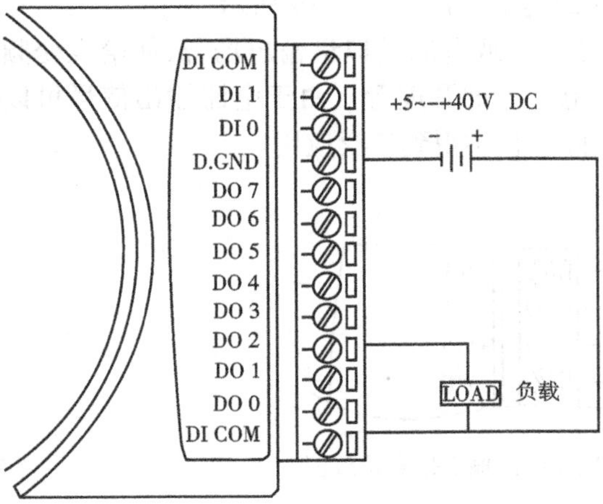

图3.12　ADAM－4055数字量输出接线图

图3.13　ADAM－4068模块外形图

AC：125 V×0.6 A，250 V×0.3 A；

DC：30 V×2 A，110 V×0.6 A。

其电源及网络接线图与ADAM－4055相似。

ADAM－4068/4060模块输出信号是继电器干接点信号，因此可以直接连入电气控制电路中，接线图分别如图3.14、图3.15、图3.16、图3.17所示。

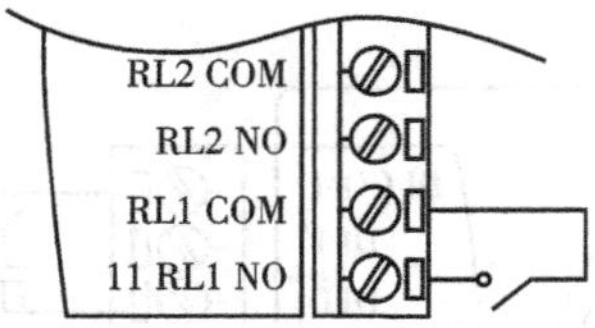

图 3.14　ADAM－4060 A 型继电器输出

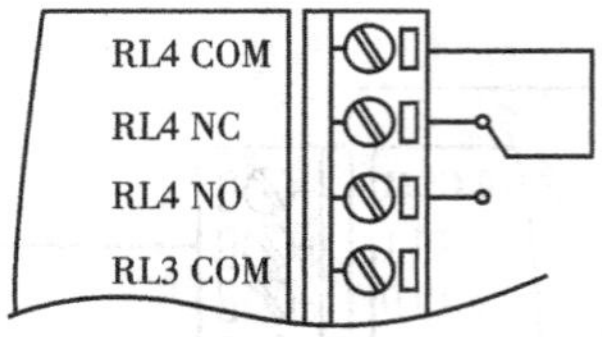

图 3.15　ADAM－4060 C 型继电器输出

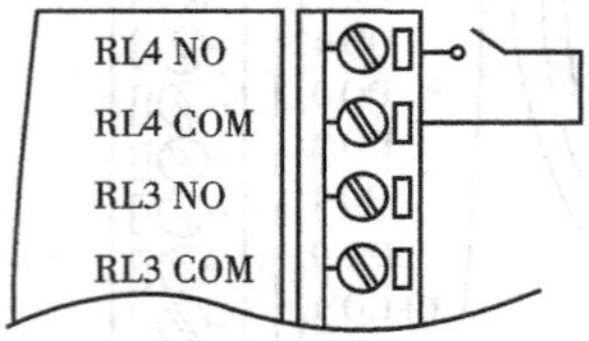

图 3.16　ADAM－4068 A 型继电器输出

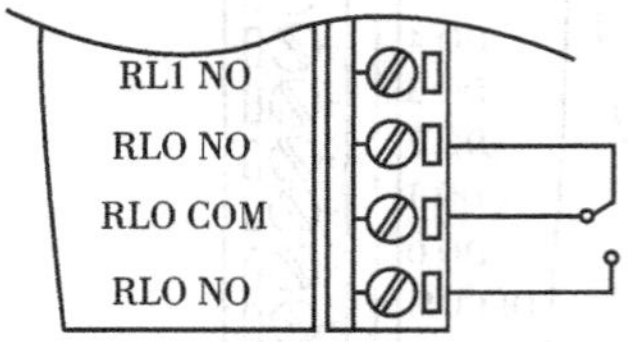

图 3.17　ADAM－4068 C 型继电器输出

图 3.18　ADAM－4024 模块外形图

3.1.3　模拟量输出模块

ADAM－4024 是 4 路模拟量输出模块，分辨率为 12 位，输出范围 0～20 mA，4～20 mA，±10V，支持 Modbus 协议，同时附带有 4 路开关量输入功能，外形如图 3.18 所示。可通过软件配置电压或电流输出。其电源及网络的电气接线图如图 3.3 所示。电压或电流输出如图 3.19 所示。

4024 应用于电压或电流模拟量输出场合，如给定变频器控制频率、控制电动门的开度等。由于电流输出信号可以长距离传输，在实际工程中得到广泛应用。

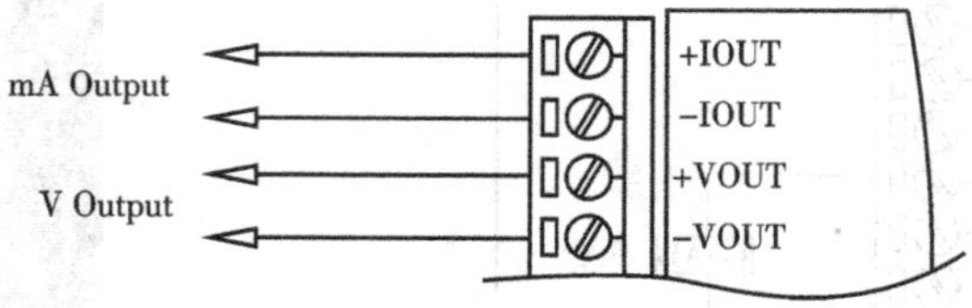

图 3.19　ADAM－4024 电压或电流输出信号接线图

3.1.4　计数/频率输入模块

ADAM－4080 是 2 路 32 位计数器输入模块，外形如图 3.20 所示，具有计数和测量频率功能。提供 TTL 输入和光隔离输入两种信号接口方式，并分别提供接线端口，如图 3.21 所示。其 TTL 输入和光隔离输入电气接线图分别如图 3.22、图 3.23 所示，用于上下限报警的数字量输出接线如图 3.24 所示。

ADAM－4080 可用于计数和测量频率的场合，如水果装箱生产线中用于水果的计数。

图 3.20　ADAM－4080
模块外形图

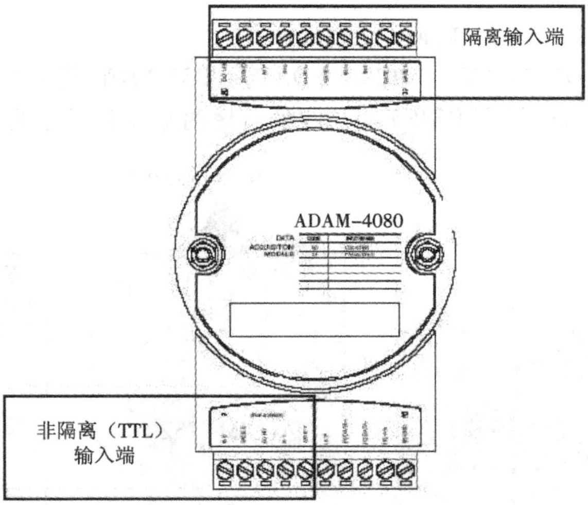

图 3.21　ADAM－4080 隔离/非隔离示意图

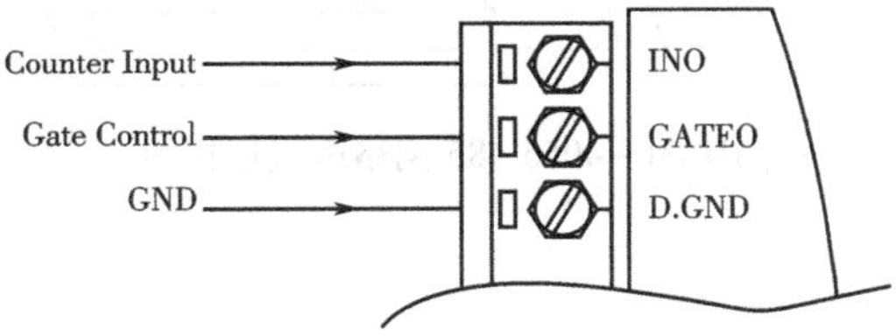

图 3.22　TTL 输入接线图

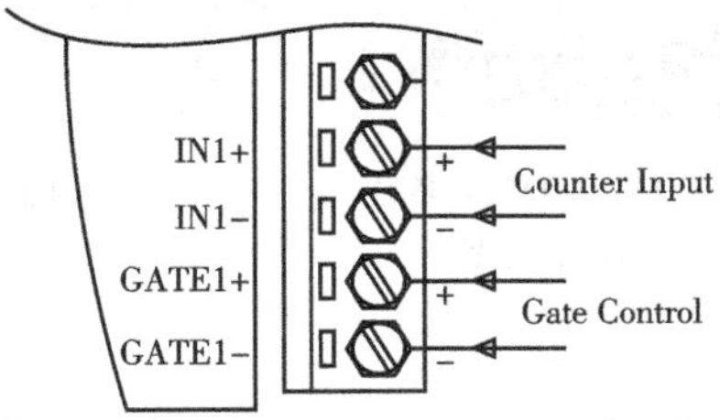

图 3.23　光隔离输入接线图

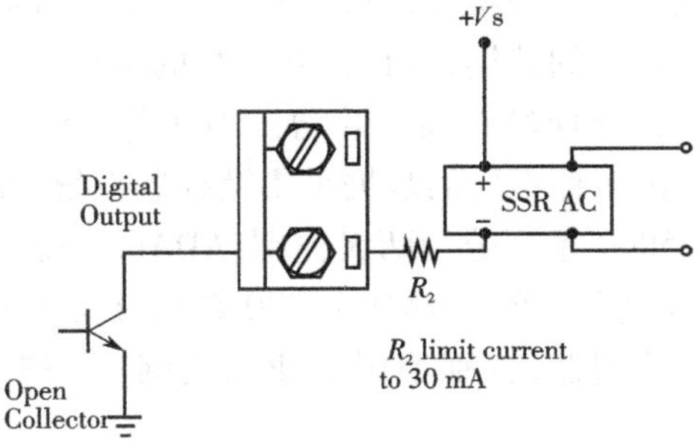

图 3.24　用于上下限报警的数字量输出接线图

3.1.5　ADAM－4000 模块的联网

1. ADAM－4520 模块

ADAM－4520 是 RS－232 与 RS－422/485 的信号转换器，RS－232 接口连接器孔型为 DB－9，一般与上位工控机连接，RS－485 采用 2 线连接，422 为 4 线，可实现模块的联网。速率(bps)1.2,2.4,4.8,9.6,19.2,38.4,57.6,115.2 KB/s。ADAM－4520 模块外形如图 3.25 所

示。

2. RS485 联网

以 ADAM－4017＋，ADAM－4055 为例，其 485 网络电气连接如图 3.26 所示。当通信距离较远时，在 RS485 通信线的首尾两端要并联终端电阻。

图 3.25　ADAM－4520 模块外形图

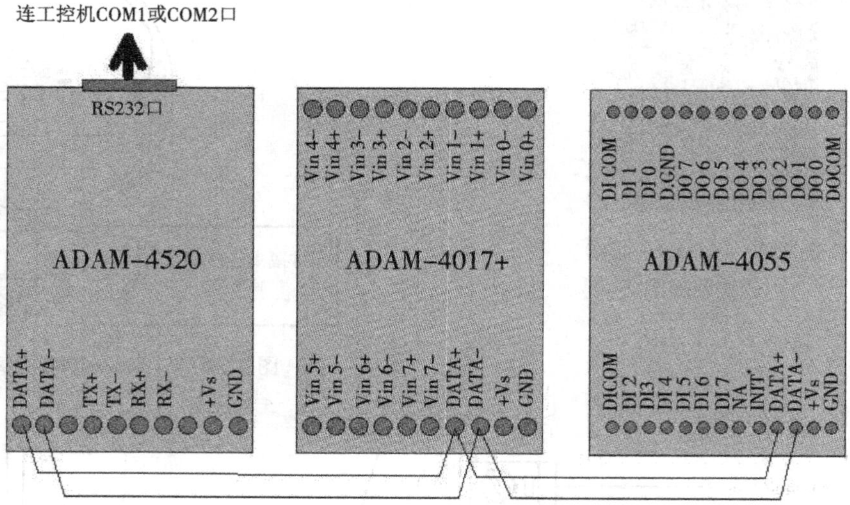

图 3.26　ADAM－4017＋，ADAM－4055 485 网络电气连接图

任务 3.2　分布式数据采集控制系统 ADAM－5000 系列

在控制系统中，现场总线对控制环境及设备具有重要意义。因为与传统的控制系统相比，现场总线减少了布线、调试及安装的费用，并且具有更高的可靠性。ADAM－5000 系列分布式数据采集控制系统体积紧凑，符合现场总线的趋势。对于像 RS－485 和 Modbus 等流行的现场总线架构，ADAM－5000 提供多种不同的数据采集及控制系统，使现场 I/O 设备可以很容易地与 PC 网络相连。ADAM－5000 系列分为两大类别：ADAM－5000 数据采集控制器和 ADAM－5510 系列 PC 可编程独立控制器。而 ADAM－5000 系列分布式 I/O 系统又分为基于以太网的控制器及基于 RS－485 的控制器，分别采用工业以太网和 485 总线，协议采用 TCP/IP 和 Modbus。

ADAM－5000 系列控制器具有以下特点。

(1)能够通过多通道 I/O 模块进行数据采集和过程监控。每个系统由两个部分组成：基座(主单元)和 I/O 模块。ADAM－5000/485 每个基座可以安装 4 个 I/O 模块(最多 64 个 I/O 点)。ADAM－5000TCP 和 ADAM－5000E 每个基座可以安装 8 个 I/O 模块(最多 128 个 I/O 点)。应根据所需 I/O 点的实际情况，灵活配置应用系统。

(2)内置看门狗定时器管理。看门狗定时器能够对微处理器进行监视并自动复位系统，从而减少现场维护工作量。

(3)内置诊断功能。ADAM－5000 系统提供两种诊断方式：硬件自检和软件诊断。这两种诊断功能可以帮助用户检测并识别系统或 I/O 模块的各种故障。

(4)易于安装及组网。ADAM－5000 系统可以很容易安装在导轨或面板上。信号连接、网络变动及维护简单快捷,构建一个多站网络只需屏蔽双绞线即可完成。

(5)适合工业环境。ADAM－5000 系统可在 －10～70 ℃的温度范围内工作,使用 ＋10～＋30 V 的未调理直流电源,能够避免意外的电源反接,不会被电源反向损坏。3 端隔离设计(I/O、电源和通信)可防止产生接地回路,并减少了电磁干扰对系统的影响。

3.2.1　ADAM－5000/485,ADAM－5000E 系列控制器

基于 RS－485 的数据采集和控制系统是通过多通道 I/O 模块实现数据采集、监视、控制等功能的数据采集和控制系统。ADAM－5000/485 系统提供 4 个插槽,支持 4 个 I/O 模块,外形如图 3.27 所示,而 ADAM－5000E 系统提供 8 个插槽,支持 8 个 I/O 模块。

ADAM－5000/485 控制器的电源接线如图 3.28 所示。

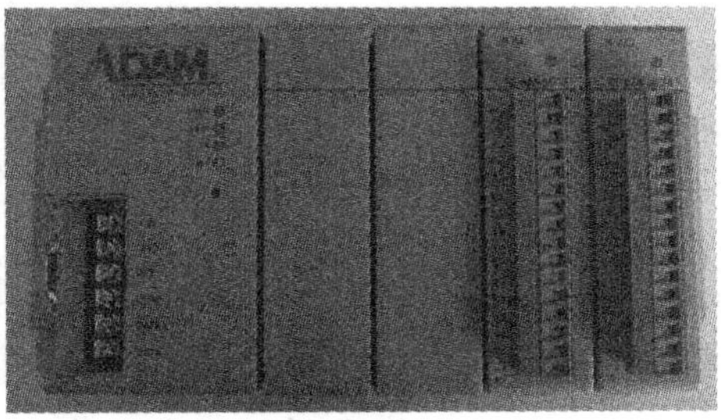

图 3.27　ADAM－5000/485 外形图

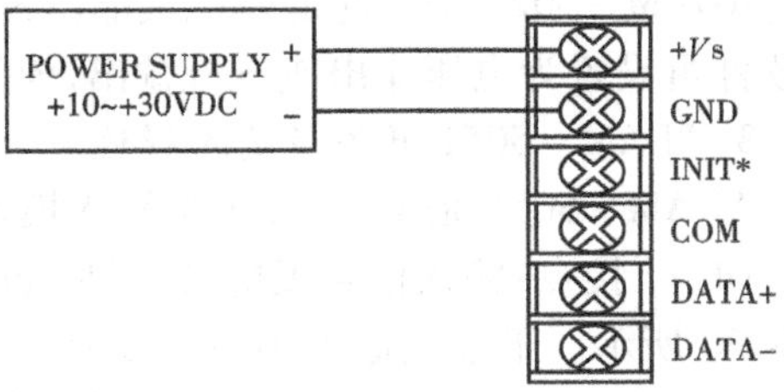

图 3.28　ADAM－5000/485 电源接线图

ADAM－5000/485,ADAM－5000E 系统的联网可以通过双绞线、多站点 RS－485 网络与上位机相连,只要将 DATA＋,DATA－并联即可,与图 3.26 类似。

3.2.2　ADAM－5000TCP 系列工业以太网控制器

ADAM－5000TCP 控制器是基于工业以太网的数据采集和控制系统,可以当作一个以太网 I/O 数据处理中心工作,可以以 10/100 MB/s 的通信速率对现场信号进行采集和控制,可以在工业网络环境下获得最佳的通信性能。外形如图 3.29 所示。

图 3.29　ADAM－5000TCP 控制器外形图

电源接线图与图 3.28 类似。ADAM－5000TCP 控制器联网非常方便,如采用双绞线直连线,只要将网络线一端插入控制器的 RJ45 口,另一端插入交换机的 RJ45 口即可。如直接与上位机相连,则需采用双绞线交叉线。

3.2.3　ADAM－5510 系列控制器

ADAM－5510 系列可编程控制器采用 Intel x86 CPU,用户可以使用 Borland C3.0 来开发

应用程序,然后使用专用工具下载,具有很强的扩展性。ADAM－5510 系列 PC 软逻辑控制器专为熟悉 PLC 编程语言如梯形图的 PLC 用户设计,扩展性能同样很强。

3.2.4 ADAM－5000 系列输入/输出模块

ADAM－5000 系列输入/输出模块用于 ADAM－5000 系列控制器,有模拟量输入/输出、数字量输入/输出、计数输入等多种模块,下面以常用的 ADAM－5017, ADAM－5024,ADAM－5051,ADAM－5056 为例分别介绍其使用方法。

1. ADAM－5017 模拟量输入模块

ADAM－5017 是 8 路差分模拟量输入模块,有效分辨率 16 位,信号输入类型 mV(±150 mV, ±500 mV),V(±1 V, ±5 V, ±10 V)、mA(±20 mA,需焊接 250 Ω 电阻),通道输入范围可程控,但 8 个通道只能设为相同的输入范围。隔离电压 3 000 V,应注意任意两个输入端之间的电压不可超过 ±15 V。模拟量输入信号的接线与 ADAM－4017 相似。

2. ADAM－5024 模拟量输出模块

ADAM－5024 是 4 通道模拟量输出模块,用来将数字量信号转换成模拟量信号。通过配置软件可设置为电压输出或电流输出,模拟量输出信号的接线与 ADAM－4024 相似。

3. ADAM－5051 开关量输入模块

ADAM－5051 是 16 路开关量输入模块,提供 16 个接线端子。支持干接点、湿接点接线。

(1)干接点:输入信号无电气特性,如开关、继电器触点的输出信号。干接点电气接线如图 3.30 所示。干接点输入:0——接地,1——开路。

(2)湿接点:输入信号有电气特性,带有电压,如 TTL 电平信号。湿接点电气接线如图 3.31 所示。湿接点输入:0—— +1 V 最大,1—— +3.5 ~ +30 V。

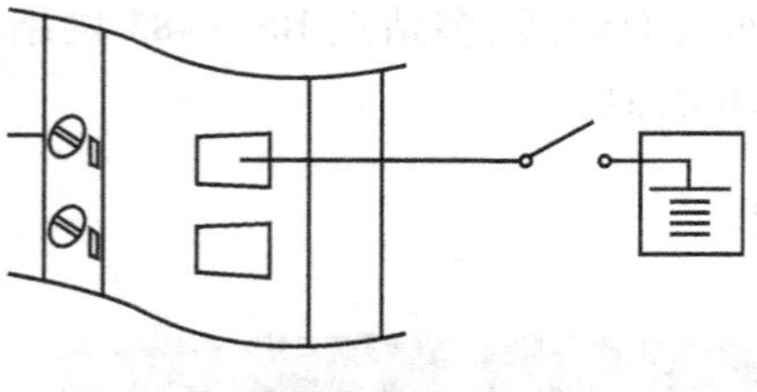

图 3.30 ADAM－5051 干接点的输入接线

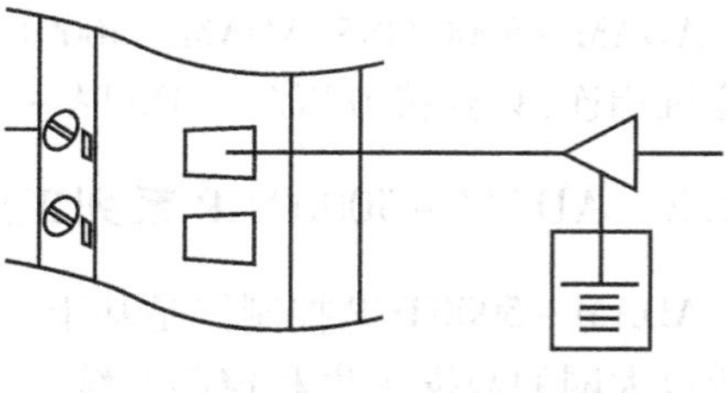

图 3.31 ADAM－5051 湿接点的输入接线

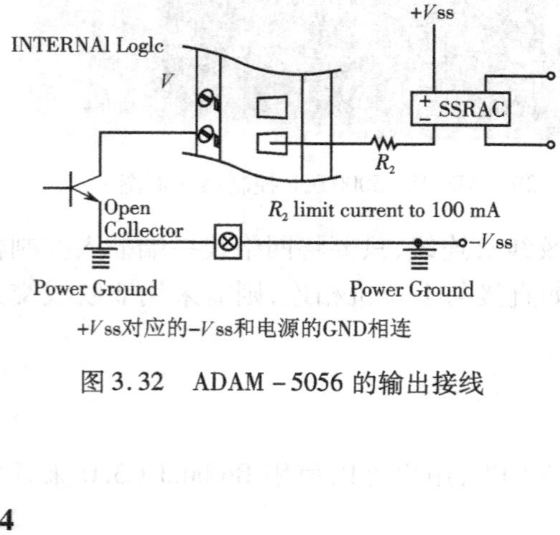

图 3.32 ADAM－5056 的输出接线

4. ADAM－5056 开关量输出模块

ADAM－5056 是 16 路开关量输出模块,是集电极开路输出,需要外部供给电源。提供 16 个接线端子。外接继电器的接线如图 3.32 所示。

任务3.3　智能工业以太网I/O模块ADAM－6000系列

随着计算机技术和通信技术的快速发展,工业自动化技术与企业信息管理系统已越来越紧密地联结在一起,这种联结的技术就是Internet技术。ADAM－6000系列就是研华公司推出的实现企业管理层、现场信息层、控制层和设备层、传感器的无缝整合。目前普遍认为,工业以太网是进行这种整合的最佳网络,因此可以说ADAM－6000的推出紧紧跟上了计算机与通信技术的发展步伐,把Internet技术应用到了工业控制系统中。

ADAM－6000系列模块带有内置的Web服务器,用户可以随时随地通过Internet查看数据。此外,ADAM－6000还允许用户配置自定义网页以满足不同的应用需求,通过使用Web技术,打破多层自动化架构的限制,允许用户实时访问现场数据,实现了工业现场和办公室之间的无缝整合。其特点主要有:

(1)支持以太网智能I/O;

(2)在每个模块中预设了HTTP服务器及网页,用于数据/报警监测;

(3)可设置用户自定义网页;

(4)采用工业Modbus/TCP协议;

(5)模拟量模块中预设了数学函数。

ADAM－6000系列也有模拟量输入输出、开关量输入输出系列模块,其电气接线与ADAM－4000系列相似,只是增加了网络功能。

ADAM－6000系列模块联网非常方便,与ADAM－5000TCP相似,只要将网络线一端插入模块的RJ45口,另一端插入交换机的RJ45口即可。

下面简要介绍几种常用的6000模块。

1. ADAM－6017模块

ADAM－6017是8路差分模拟量输入模块,同时提供2路开关量输出信号。模拟量输入信号有效分辨率16位,信号输入类型mV(±150 mV、±500 mV)、V(±1 V、±5 V、±10 V)、mA(0～20 mA,4～20 mA)。模拟量输入信号的接线与ADAM－4017相似,外形如图3.33所示,增加了RJ45接口。

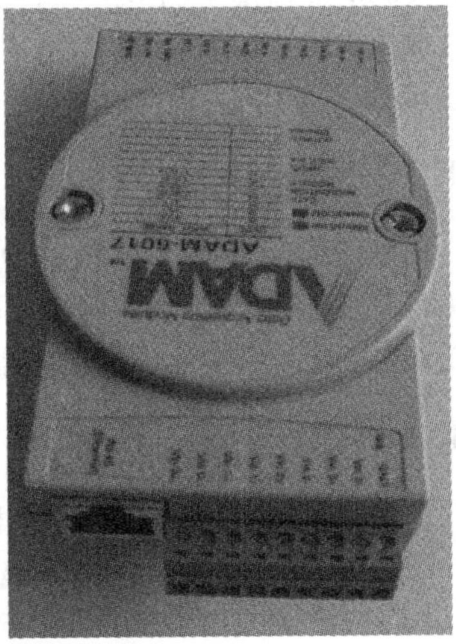

图3.33　ADAM－6017外形图

2. ADAM－6024模块

ADAM－6024是2路模拟量输出、6路差分模拟量输入、2路开关量输入和2路开关量输出模块。这是一款功能强大的集模拟量输入输出、开关量输入输出于一体的智能模块。模拟量输出信号的接线与ADAM－4024相似。

3. ADAM－6050模块

ADAM－6050是集12路开关量输入和6路开关量输出于一体的智能模块。其外形与ADAM－4055相似,增加了RJ45接口。

任务3.4　ADAM－4000/5000/6000智能设备的电气接线及联网实训

3.4.1　目的与要求

实训目的：

掌握ADAM系列模块及控制器的电源线、通信(联网)线、信号线的电气接线方法；熟悉接插件的装拆。

实训要求：

(1)进行ADAM－4000系列模块、ADAM－5000/485控制器、ADAM－5000TCP控制器、ADAM－6000系列模块的电源线接线。

(2)完成RS－232串行电缆的制作和RJ45以太网电缆(直连线、交叉线)的制作。

(3)进行工控机与ADAM－4000系列模块、ADAM－5000/485控制器的串行电缆连接：对ADAM－4000系列模块及ADAM－5000/485控制器，连接工控机COM1/2口与ADAM－4520的RS－232口之间的串行通信电缆；对ADAM－5000/485控制器，其RS－232口还可直接与工控机COM1/2口相连，在此连接下不能实现联网。

(4)连接研华ADAM－4000系列模块及ADAM－5000/485控制器的网络线(DATA＋，DATA－)，组成一个485网络(最多32个模块)。

(5)连接工控机与ADAM－5000TCP控制器及ADAM－6000系列模块的以太网通信电缆：连接工控机网卡的RJ45口至5000TCP控制器RJ45口、ADAM－6000系列模块的RJ45口之间的以太网电缆(采用交叉线)；或将工控机网卡的RJ45口、5000TCP控制器RJ45口及ADAM－6000系列模块的RJ45口均连至交换机(采用直连线)。

(6)完成ADAM4000，ADAM－5000/485，ADAM－5000TCP，ADAM－6000系列模块的信号线接线。

3.4.2　设备

研华IPC－610工控机、ADAM－4000系列模块、ADAM－5000/485控制器、ADAM－5000TCP控制器、ADAM－6000系列模块、直流稳压电源、按钮开关、万用表、实验板、Pt100热电阻、热电偶、DC24 V中间继电器、导线、剥线钳、螺丝刀等。

3.4.3　操作步骤

(1)连接各模块或控制器的电源线。

(2)制作通信线(RS－232串口通信线及RJ45以太网双绞线)。

(3)按模块或控制器类型正确连接工控机与ADAM模块之间的通信电缆。

(4)连接DATA＋，DATA－网络连线组成485网络。

(5)连接I/O模块信号线。

(6)给各模块或控制器接通DC24 V电源。

思考与练习

1. 常用的研华工控模块有哪几类？具有哪些特点？

2. ADAM－4055 与 ADAM－4068 都具有开关量输出功能，其区别是什么？

3. ADAM－4000 与 ADAM－5000 相比较，各自的特点是什么？

4. 研华模块 ADAM－5000 按通信方式分为哪两种类型的基座？分别采用什么现场总线(或网络)？采用什么协议？

5. ADAM－4520 模块的作用是什么？

6. 绘出 ADAM－4520，ADAM－4024，ADAM－4017＋，ADAM－4055 组成的 485 网络图及信号接线图。

7. ADAM－5000/485 控制器与 ADAM－5000TCP 控制器在应用上有什么相同点？又有什么不同之处？

8. ADAM－4017＋与 ADAM－4017 模块有什么相同点与不同点？

模块4　工业控制通信技术

随着计算机应用的普及和网络技术的快速发展,通信变得越来越重要,并已被普遍应用于工业控制领域。通信一般指计算机与外界的信息交换,既包括计算机与外部设备之间的信息交换,也包括计算机与计算机之间的信息交换。工控通信类型一般根据系统构成的层次结构而分成3种基本通信方法,即标准通信总线、现场总线和局域网通信。本章主要讨论这些通信技术在工业控制中的应用。

通过本模块的学习,学生应掌握以下内容:

☆并行总线和串行总线的基本概念;

☆RS-232,RS-422,RS-485通信协议;

☆Modbus通信协议;

☆工业以太网。

任务4.1　通信概述

4.1.1　基本通信分类

工控系统通信类型主要是根据系统构成的层次结构而分成3种基本通信方法,即标准通信总线(外总线)、现场总线(Field Bus)和局域网通信。

工控系统通过这3种类型的通信方法将主机与各种设备连接起来,将现场信号传输到控制级,再将控制级信息传输到监控级、管理级,形成了系统信息传输的神经网络,从而完成了从低层到上层信息共享的目的。

如果系统需要进一步扩大,可以从局域网(LAN)发展成广域网(WAN),执行x.25通信协议。

4.1.2　标准通信总线

标准通信总线又称外总线,用于工控机和各终端设备、仪器或其他设备间的通信,有时也用于系统之间的通信。它分为并行总线和串行总线两种。

一条信息的各位数据被同时传送的通信方式称为并行通信。并行通信的特点是:各数据位同时传送,传送速度快、效率高,但有多少数据位就需多少根数据线,因此传送成本高,且只适用于近距离(相距数米)的通信。

一条信息的各位数据被逐位按顺序传送的通信方式称为串行通信。串行通信的特点是:数据位传送按位顺序进行,最少只需一根传输线即可完成,成本低但传送速度慢。串行通信的距离可以从几米到几千米。

由于串行通信是在一根传输线上一位一位地传送信息,所用的传输线少,并且可以借助现成的电话网进行信息传送,因此,特别适合于远距离传输。对于那些与计算机相距不远的人机交换设备和串行存储的外部设备如终端、打印机、磁盘等，采用串行方式交换数据也很普遍。在实时控制和管理方面，采用多台微机处理器组成的分级分布控制系统中，各 CPU 之间的通信一般都是串行方式。所以串行接口是分布式控制系统常用的接口。

4.1.3　现场总线

现场总线控制系统 FCS(Fieldbus Control System)产生于 20 世纪 80 年代，是在 DCS(Distributed Control System，分布式控制系统)基础上发展起来的，在智能现场设备、自动化系统之间提供了一个全数字化的、双向的、多节点的通信链路。FCS 的出现促进了现场设备的数字化和网络化，并且使现场控制的功能更加强大。相对于 DCS 一对一结构，采用单向信号传输、布线及调试成本高、互操作性相对较差等缺点，FCS 最大的特点就是大大减少了布线及由此引起的调试、安装、维护等其他成本，因而获得了广泛应用，发展非常迅速。目前世界上流行的现场总线有 Profibus-DP，FF，DeviceNet，Lonworks，Modbus 等 40 多种。

FCS 技术具有传统 DCS 所无法比拟的优越性，但现场总线未能实现统一的国际标准，加之采用 FCS 技术的智能设备成本高，影响了 FCS 的推广。考虑到 DCS 技术的成熟和高可靠性、现场智能设备的配套只能逐步实施以及许多业内专家担心 FCS 存在通信线路的瓶颈效应等综合因素，一般认为目前适宜在 DCS 基础上局部采用 FCS，组成混合系统，我们称之为 FDCS(Fieldbus Distributed Control System)，如图 4.1 所示。

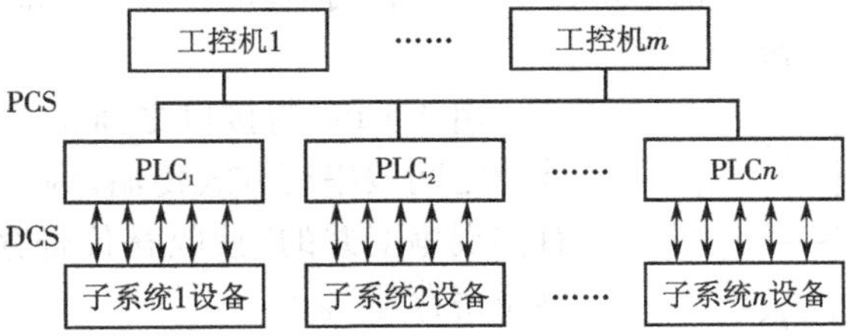

图 4.1　FDCS 系统框图

多种现场总线并存显然不利于其广泛应用，虽然国际标准化组织试图制定统一的标准，但群雄割据形成的局面很难实现统一。寻求一种通用总线成为工业控制的新兴研究课题。以太网具有现场总线开放性、互操作性、互换性、可集成性、数字化信号传输等特点，将会成为取代现场总线的一种最佳选择和最终发展方向。现在许多总线产品已支持以太网，如 SIEMENS 等公司的 PLC 提供了专用的以太网接口模块，研华科技的新型智能模块在以前 Modbus 基础上向上发展支持以太网。

4.1.4　局域网通信

局域网通信有多种方式，但最常用的就是我们常说的工业以太网通信。以太网是 IEEE802.3 所支持的局域网标准，采用带碰撞检测的载波侦听多路访问技术(CSMA/CD)，在办公自动化领域得到了广泛应用。以太网技术应用于实时性要求很高的工业控制领域，关键要采取有效手段避免 CSMA/CD 中的碰撞。由于以太网通信带宽得到大幅提高，5 类双绞线将接收和发送信号分开，并且采用了全双工交换式以太网交换机，以星形拓扑结构为其端口上的每个网络节点提供独立带宽，使连接在同一个交换机上的不同设备不存在资源争夺，隔离了载波侦听，因此网络通信的实时性得到大大改善，保证了以太网产品能真正应用于工业控制现场。而且以太网技术成熟，连接电缆和接口设备价格相对较低，带宽迅速增长，可以满足现场设备对通信速度增加而原有总线技术不能满足的场合需求。ADAM－5000TCP 控制器是研华科技股份有限公司推出的一款工业以太网产品。

近年来，随着工业自动化领域中逐渐采用以太网产品，成立了工业以太网协会（IEA）和工业自动化开放网络联盟（LAONA）等组织，还制定了有关标准（如 Ethernet/IP 等），以推进以太网在工业自动化中的应用，使工业以太网成为真正的工业现场总线。目前，以太网已不仅仅只适合于工业网络控制系统的信息层应用，而且提供了监控级控制模块，在现场设备中内置 Web 服务器，使现场设备具备网页发布功能，通过网页与外界交换信息，如研华 ADAM－6000 系列模块提供了基于浏览器的在线监控。

任务 4.2　串行通信

4.2.1　概念

所谓串行通信，是指外设和计算机之间使用一根数据信号线（另外需要地线，有时还需要控制线），数据在一根数据信号线上一位一位地进行传输，长度，如图 4.2 所示。这种通信方式采用的数据线少，在远距离通信中可以节约通信成本，每一位数据都占用一个固定的时间当然，其传输速度比并行传输慢。

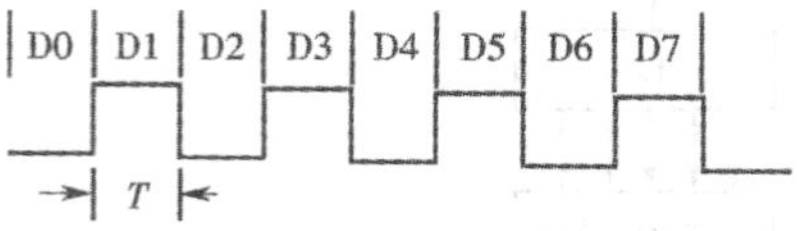

图 4.2　串行数据传输

由于 CPU 与接口之间是按并行方式传输，接口与外设之间按串行方式传输，因此在串行接口中，必须要有实现串变并的“接收移位寄存器”和并变串的“发送移位寄存器”。

4.2.2　通信过程

在数据输入过程中，数据一位一位地从外设进入接口的“接收移位寄存器”，当“接收移位寄存器”中已经接收完 1 个字符的各位后，数据就从“接收移位寄存器”进入“数据输入寄存器”。CPU 从“数据输入寄存器”中读取接收到的字符（并行读取，即 D7～D0 同时被读至累加器中）。“接收移位寄存器”的移位速度由接收时钟确定。

在数据输出过程中，CPU 把要输出的字符并行地送入“数据输出寄存器”，“数据输出寄存器”的内容传输到“发送移位寄存器”，然后由“发送移位寄存器”移位，把数据一位一位地送到外设。“发送移位寄存器”的移位速度由发送时钟确定。

接口中的“控制寄存器”用来容纳 CPU 送给此接口的各种控制信息，这些控制信息决定接口的工作方式。

“状态寄存器”的各位称为“状态位”，每一个状态位都可以用来指示数据传输过程中的状态或某种错误。例如，用状态寄存器的 D5 位为“1”表示“数据输出寄存器”空，用 D0 位表示“数据输入寄存器”满，用 D2 位表示“奇偶检验错”等。

能够完成上述“串⟷并”转换功能的电路，通常称为“通用异步收发器”（UART，Universal Asynchronous Receiver and Transmitter），典型的芯片有 Intel 8250/8251，16550。

4.2.3 串行通信的方式

串行通信又分为异步通信和同步通信。

异步通信用一个起始位表示字符的开始,用停止位表示字符的结束。其每帧的格式如下。

先是一个起始位0,然后是8个数据位,规定低位在前,高位在后,接下来是奇偶检验位(可以省略),最后是停止位1。用这种格式表示字符,则字符可以一个接一个地传送。

在异步通信中,CPU与外设之间必须有两项规定,即字符格式和波特率。字符格式的规定是双方能够在对同一种0和1的串理解成同一种意义,原则上字符格式可以由通信双方自由制定,但从通用、方便的角度出发,一般还是使用一些标准为好,如采用ASC Ⅱ标准。

波特率即数据传送的速率,其定义是每秒钟传送的二进制数的位数。例如,数据传送的速率是120字符/s,而每个字符如上述规定包含10个位,则传送波特率为1 200波特率。

在异步通信中,每个字符要用起始位和停止位作为字符开始和结束的标志,占用了时间,所以在数据块传递时,为了提高速度,常去掉这些标志,这就是同步通信传送。由于数据块传递开始要用同步字符来指示,同时要求由时钟来实现发送端与接收端之间的同步,故硬件较复杂。

按通信方向分:在串行通信中,把通信接口只能发送或只能接收的单向传送方向,即信息只能由一方A传到另一方B叫单工传送;而把数据在甲乙两机之间的双向传递,称之为双工传送。电话线就是二线全双工信道。由于采用了回波抵消技术,双向的传输信号不致混淆不清。双工信道有时也将收、发信道分开,采用分离的线路或频带传输相反方向的信号,如回线传输。在双工传送方式中又分为半双工传送和全双工传送。半双工传送是两机之间不能同时进行发送和接收,即在任意时刻,信息既可由A传到B,又能由B传到A,但只能有一个方向上的传输存在。全双工传送则在两机之间能同时进行发送和接收。通信方式如表4.1所示。

表4.1 串行通信方式

——→	←——→	——→
A ←——→ B	A ←——→ B	A ←——→ B
		←——
单工	半双工	全双工

4.2.4 校验

串行数据在传输过程中,由于干扰可能引起信息的出错,例如,传输字符"E",其各位为:

0100,0101 =45 H

由于干扰,可能使位0变为1,这种情况称为出现了误码。我们把如何发现传输中的错误,叫检错;发现错误后,如何消除错误,叫纠错。

1. 奇偶校验

最简单的检错方法是"奇偶校验",即在传送字符的各位之外,再传送1位奇/偶校验位,可采用奇校验或偶校验。

奇校验:所有传送的数位(含字符的各位数和校验位)中,1的个数为奇数,如

1　　0110,0101

0　　0110,0001

偶校验:所有传送的数位(含字符的各位数和校验位)中,1 的个数为偶数,如

1　　0100,0101

0　　0100,0001

奇偶校验只能够检测出信息传输过程中的部分误码(1 位误码能检出,2 位及 2 位以上误码不能检出),同时不能纠错,在发现错误后只能要求重发。但由于其实现简单,仍得到了广泛使用。

2. CRC 检错

有些检错方法具有自动纠错能力,如循环冗余码 CRC 检错等。CRC 域是两个字节,包含一个 16 位的二进制值,它由传输设备计算后加入到消息中,接收设备重新计算收到消息的 CRC,并与接收到的 CRC 域中的值比较,如果两值不同,则有误。

下面为 CRC 的计算过程。

(1)设置 CRC 寄存器,并给其赋值 FFFF(hex)。

(2)将数据的第一个 8 - bit 字符与 16 位 CRC 寄存器的低 8 位进行异或,并把结果存入 CRC 寄存器。

(3)CRC 寄存器向右移一位,MSB 补零,移出并检查 LSB。

(4)若 LSB 为 0,重复第 3 步;若 LSB 为 1,CRC 寄存器与多项式码相异或。

(5)重复第 3 与第 4 步直到 8 次移位全部完成。此时一个 8 - bit 数据处理完毕。

(6)重复第 2 至第 5 步直到所有数据全部处理完成。

(7)最终 CRC 寄存器的内容即为 CRC 值。

根据应用环境与习惯的不同,CRC 又可分为以下几种标准:

CRC - 12 码;

CRC - 16 码;

CRC-CCITT 码;

CRC - 32 码。

CRC - 12 码通常用来传送 6 - bit 字符串。CRC - 16 码及 CRC-CCITT 码则用来传送 8 - bit 字符,其中 CRC - 16 码为美国采用,而 CRC-CCITT 码为欧洲国家所采用。CRC - 32 码大都被用在一种称为 Pint-to-Pint 的同步传输中。

有关 CRC 的具体实现算法,可参阅有关资料。

任务 4.3　RS - 232,RS - 422,RS - 485 通信协议

4.3.1　RS - 232,RS - 422,RS - 485 的由来

RS - 232,RS - 422,RS - 485 都是串行数据接口标准,最初都是由美国电子工业协会(EIA)制定并发布的。RS - 232 在 1962 年发布,命名为 EIA - 232 - E,作为工业标准以保证不同厂商产品之间的兼容。RS - 422 由 RS - 232 发展而来,它是为弥补 RS - 232 之不足而提出的。为改进 RS - 232 通信距离短、速率低的缺点,RS - 422 定义了一种平衡通信接口,将传输

速率提高到 10 MB/s,传输距离延长到 4 000 英尺(1 219.2 m)(速率低于 100 KB/s 时),并允许在一条平衡总线上连接最多 10 个接收器。RS－422 是一种单机发送、多机接收的单向、平衡传输规范,被命名为 TIA/EIA－422－A。为扩展应用范围,EIA 又于 1983 年在 RS－422 的基础上制定了 RS－485 标准,增加了多点、双向通信能力,即允许多个发送器连接到同一条总线上,同时增加了发送器的驱动能力和冲突保护特性,扩展了总线共模范围,后命名为 TIA/EIA－485－A。由于 EIA 提出的建议标准都是以 RS 作为前缀,所以在工业通信领域,仍然习惯将上述标准以 RS 作为前缀称谓。

RS－232,RS－422,RS－485 性能比较如表 4.2 所示。这些标准只对接口的电气特性做出规定,而不涉及接插件、电缆或协议,在此基础上用户可以建立自己的高层通信协议。

表 4.2　RS－232,RS－422,RS－485 性能比较

规定		RS－232	RS－422	RS－485
工作方式		单端	差分	差分
节点数		1 收 1 发	1 发 10 收	1 发 32 收
最大传输电缆长度		15.2 m	1 219.2 m	1 219.2 m
最大传输速率		20 KB/s	10 MB/s	10 MB/s
最大驱动输出电压		+/－25 V	－0.25～+6 V	－7～+12 V
驱动器输出信号电平(负载最小值)	负载	+/－5～+/－15 V	+/－2.0 V	+/－1.5 V
驱动器输出信号电平(空载最大值)	空载	+/－25 V	+/－6 V	+/－6 V
驱动器负载阻抗		3 kΩ～7 kΩ	100 Ω	54 Ω
摆率(最大值)		30 V/μs	N/A	N/A
接收器输入电压范围		+/－15 V	－10 V～+10 V	－7 V～+12 V
接收器输入门限		+/－3 V	+/－200 mV	+/－200 mV
接收器输入电阻		3～7 kΩ	4 kΩ(最小)	≥12 kΩ
驱动器共模电压			－3～+3 V	－1～+3 V
接收器共模电压			－7～+7 V	－7～+12 V

4.3.2　RS－232 串行接口标准

RS－232 标准协议的全称是 EIA-RS－232 标准,其中 EIA(Electronic Industry Association)代表美国电子工业协会,RS(Recommended Standard)代表推荐标准,232 是标识号。它规定了连接电缆和机械、电气特性,信号功能及传送过程。

RS－232 标准最初是为远程通信连接数据终端设备 DTE(Data Terminal Equipment)与数据通信设备 DCE(Data Communication Equipment)而制定的。RS－232 标准中所提到的"发送"和"接收",都是站在 DTE 的立场上,而不是站在 DCE 的立场上来定义的。由于在计算机系统中,往往是 CPU 和 I/O 设备之间传送信息,两者都是 DTE,因此双方都能发送和接收。

目前 RS－232 是 PC 机与通信工业中应用最广泛的一种串行接口。RS－232 被定义为一种在低速率串行通信中增加通信距离的单端标准。RS－232 采取不平衡传输方式,即所谓单

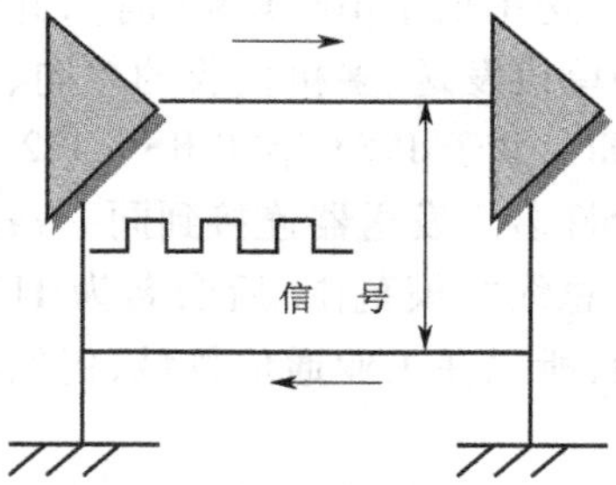

图 4.3　RS－232 通信

端通信，如图 4.3 所示。

1. 电气特性

EIA-RS－232 对电气特性、逻辑电平和各种信号线功能都作了规定。

在 TxD 和 RxD 上：

逻辑 1(MARK) = －3 ~ －15 V

逻辑 0(SPACE) = +3 ~ +15 V

在 RTS，CTS，DSR，DTR 和 DCD 等控制线上：

信号有效(接通，ON 状态，正电压) = +3 ~ +15 V

信号无效(断通，OFF 状态，负电压) = －3 ~ －15 V

2. 连接器的机械特性

连接器：由于 RS－232 并未定义连接器的物理特性，因此，出现了 DB－25，DB－15，DB－9 各种类型的连接器，其引脚的定义也各不相同。早期的 PC 机和 XT 机采用 DB－25 连接器、AT 机及以后普遍使用的 DB－9。在研华工控机及工控模块的应用也都采用了 DB－9。DB－9 连接器引脚如图 4.4 所示，接口信号如表 4.3 所示。

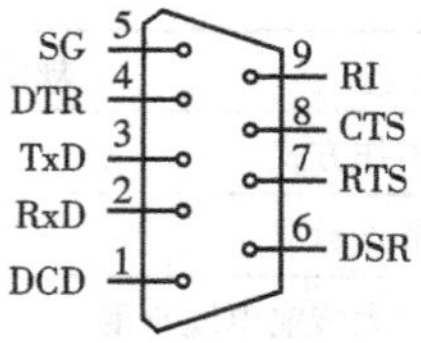

图 4.4　DB－9 连接器引脚

表 4.3　DB－9 连接器接口信号

引脚号	描述
1	数据载波检出(Data carrier detection—DCD)
2	接收数据(Received data—RxD)
3	发送数据(Transmitted data—TxD)
4	数据终端准备好(Data terminal ready—DTR)
5	信号地(Signal ground—SG)
6	数据装置准备好(Data set ready—DSR)
7	请求发送(Request to send—RTS)
8	允许发送(Clear to send—CTS)
9	振铃提示(Ringing—RI)

电缆长度：在通信速率低于 20 KB/s 时，RS－232 所直接连接的最大物理距离为 15 m。实际应用中，当使用 9 600 B/s，普通双绞屏蔽线时，距离可达 30 ~ 35 m。

当通信距离较近时，只需使用少数几根信号线就可实现数据通信，最简单的情况下只需 3 根线(发送线、接收线、信号地线)便可实现全双工异步串行通信。

4.3.3　RS－422 与 RS－485 串行接口标准

1. 平衡传输

RS－422，RS－485 与 RS－232 不一样，数据信号采用差分传输方式，也称作平衡传输，它使用一对双绞线，传输方式如图 4.5 所示。

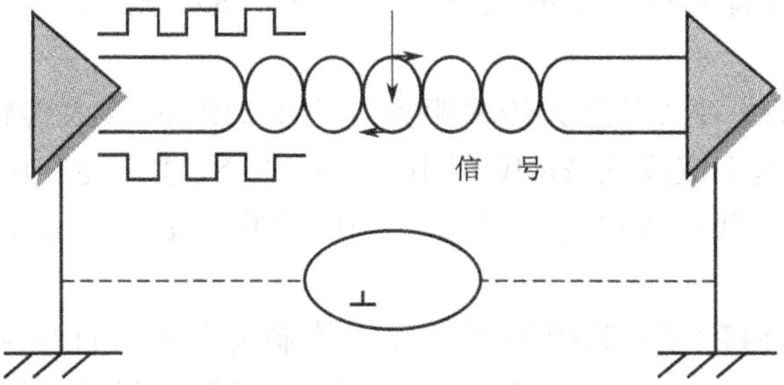

图 4.5　RS－422/485 通信

RS－485 的信号传送出去时会分为正负两条线路，当到达接收端时，再将信号相减还原成原来的信号。如果将原始信号表示成 DT，而被分开的信号表示成 D＋和 D－，则原始信号与离散的信号由传送端送出去时的运算关系如下：DT＝（D＋）－（D－）。同样，接收端在接收到信号后，也按照上式将信号还原成原来的样子。

在 RS－485 中还有一个使能端，而在 RS－422 中这是可用可不用的。使能端用于控制发送驱动器与传输线的切断与连接。当使能端起作用时，发送驱动器处于高阻状态，称作第 3 态，即它是有别于逻辑 1 与 0 的第 3 态。

2. RS－422 电气规定

RS－422 标准全称是“平衡电压数字接口电路的电气特性”，它定义了接口电路的特性。图 4.6 是 DB－9 连接器引脚定义。由于接收器采用高输入阻抗和发送驱动器，比 RS－232 具有更强的驱动能力，故允许在相同传输线上连接多个接收接点，最多可接 10 个接点。即一个主设备（Master），其余为从设备（Slave），从设备之间不能通信，所以 RS－422 支持点对多的双向通信。RS－422 4 线接口由于采用单独的发送和接收通道，因而不必控制数据方向，各装置之间任何必需的信号交换均可以按软件方式（XON/XOFF 握手）或硬件方式（一对单独的双绞线）实现。

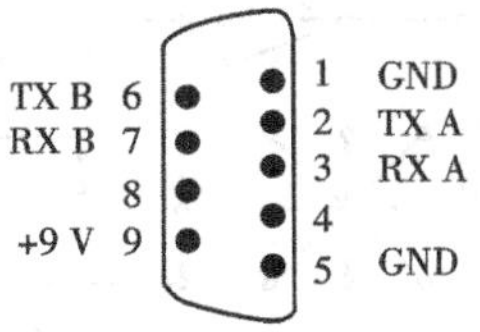

图4.6　DB－9 连接器引脚

RS－422 的最大传输距离为 1 219.2 m，最大传输速率为 10 MB/s。其平衡双绞线的长度与传输速率成反比，在 100 KB/s 速率以下，才可能达到最大传输距离。只有在很短的距离下才能获得最高速率传输。一般 100 m 长的双绞线上所能获得的最大传输速率仅为 1 MB/s。

RS－422 需要一个终接电阻，要求其阻值约等于传输电缆的特性电阻。在近距离传输时可不需终接电阻，即一般在 300 m 以下不需终接电阻。终接电阻接在传输电缆的最远端。

3. RS－485 电气规定

由于 RS－485 是从 RS－422 基础上发展而来的，所以 RS－485 许多电气规定与 RS－422 相似，如都采用平衡传输方式，都需要在传输线上接终接电阻等。RS－485 可以采用 2 线与 4 线方式，2 线制可实现真正的多点双向通信。而采用 4 线连接时，与 RS－422 一样只能实现点对多的通信，即只能有一个主设备（Master），其余为从设备（Slave），但它比 RS－422 有改进，无论 4 线还是 2 线连接方式总线上最多可接到 32 个设备。

RS－485 有关电气规定见表 4.2。

RS－485 与 RS－422 的不同还在于其共模输出电压是不同的，RS－485 是 －7 V 到 ＋12 V 之间，而 RS－422 在 －7 V 至 ＋7 V 之间，RS－485 接收器最小输入阻抗为 12 kΩ，而 RS－422

是4 kΩ;RS-485满足所有RS-422的规范,所以RS-485的驱动器可以在RS-422网络中应用。

RS-485与RS-422一样,其最大传输距离约为1 219 m,最大传输速率为10 MB/s。平衡双绞线的长度与传输速率成反比,在100 KB/s速率以下,才可能使用规定最长的电缆长度。只有在很短的距离下才能获得最高速率传输。一般100 m长的双绞线最大传输速率仅为1 MB/s。

RS-485需要两个终接电阻,其阻值要求等于传输电缆的特性电阻。在短距离传输时可不需终接电阻,即一般在300 m以下不需要终接电阻。终接电阻接在传输电缆的两端。

由于RS-485是半双工通信,发送和接收采用分时的方式,系统需要判定是发送还是接收。对于无"数据流向自动感知"功能的RS-485通信口,需要软件通过RTS握手信号进行通知,编程较烦琐,因此RS-485串口通信卡一般都增加了专门的"数据流向自动感知"功能,使RS-485软件的开发与RS-232完全相同。

4. RS-422与RS-485的网络安装注意要点

RS-422可支持10个节点,RS-485支持32个节点,因此多节点构成网络。网络拓扑一般采用终端匹配的总线型结构,不支持环型或星型网络。在构建网络时,应注意以下两点。

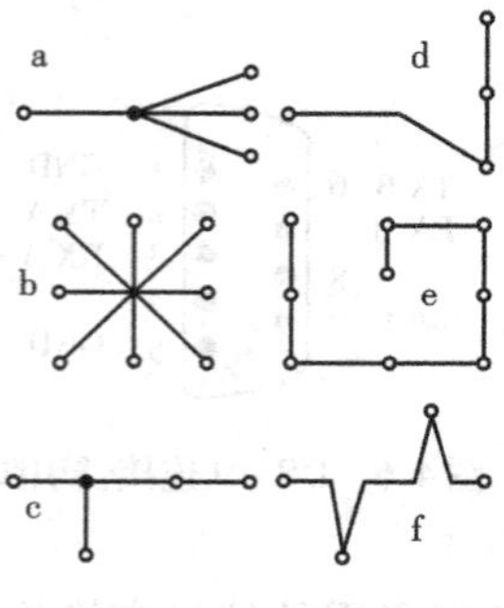

图4.7　几种网络连接方式

第一,采用一条双绞线电缆作为总线,将各个节点串接起来,从总线到每个节点的引出线长度应尽量短,以便使引出线中的反射信号对总线信号的影响最低。图4.7所示为实际应用中常见的一些错误连接方式(a,c,e)和正确的连接方式(b,d,f)。a,c,e这3种网络连接尽管不正确,在短距离、低速率时仍可能正常工作,但随着通信距离的延长或通信速率的提高,其不良影响会越来越严重,主要原因是信号在各支路末端反射后与原信号叠加,会造成信号质量下降。

第二,应注意总线特性阻抗的连续性,在阻抗不连续点就会发生信号的反射。下面几种情况易产生这种不连续性:总线的不同区段采用了不同电缆,某一段总线上有过多收发器紧靠在一起安装;过长的分支线引出到总线。总之,应该提供一条单一、连续的信号通道作为总线。

5. RS-422与RS-485传输线匹配

一般终端匹配采用终接电阻方法,RS-422在总线电缆的远端并接电阻,RS-485则应在总线电缆的开始和末端都并接终接电阻。终接电阻一般在RS-422网络中取100 Ω,在RS-485网络中取120 Ω,相当于电缆特性阻抗的电阻,因为大多数双绞线电缆特性阻抗为100～200 Ω。

任务4.4　Modbus协议简介

Modbus协议是应用于电子控制器上的一种通用语言。通过此协议,控制器相互之间、控制器经由网络(例如以太网)和其他设备之间可以进行通信。它已经成为一种通用的工业标准。通过Modbus协议,不同厂商生产的控制设备之间可以连成工业网络,进行集中监控。研华ADAM-4000,5000,6000,8000均支持Modbus协议。

Modbus 协议定义了一个控制器能认识和使用的消息结构，而不管它们是经过何种网络进行通信的。它描述了控制器请求访问其他设备的过程，如何回应来自其他设备的请求以及怎样侦测错误并进行记录。它制定了消息域的格式和内容的公共格式。

当在 Modbus 网络上通信时，每个控制器需要知道其本身的设备地址，识别按地址发来的其他设备的消息，决定要产生何种动作。如果需要回应，控制器将生成反馈信息并按 Modbus 协议发出。

在其他网络上，包含了 Modbus 协议的消息被转换为在此网络上使用的帧或包结构。这种转换扩展了根据具体的网络解决节地址、路由路径及错误检测的方法。

4.4.1　在 Modbus 网络上传输

Modbus 网络是一个工业通信系统，由带智能终端的可编程控制器、智能模块和计算机通过公用线路或局部专用线路连接而成。其系统结构既包括硬件亦包括软件。它可应用于各种数据采集和过程监控。在 Modbus 网络，所有通信都由主机发出，网络可支持 200 多个远程从属控制器，但实际所支持的从机数要由所用通信设备决定。采用这个系统，各 PC 可以和中心主机交换信息而不影响各 PC 执行本身的控制任务。

标准的 Modbus 口使用 RS－232C 兼容的串行接口，它定义了连接口的针脚、电缆、信号位、传输波特率、奇偶校验。

控制器通信使用主－从技术，即仅主设备能初始化传输和查询。其他设备（从设备）根据主设备查询提供的数据作出相应反应。工控机是典型的主设备。典型的从设备有可编程控制器、智能模块等。

主设备可单独和从设备通信，也能以广播方式和所有从设备通信。如果单独通信，从设备返回一消息作为回应，如果是以广播方式查询，则不作任何回应。Modbus 协议建立了主设备查询的格式：设备（或广播）地址、功能代码、所有要发送的数据、错误检测域。

从设备回应消息也由 Modbus 协议构成，包括确认要返回的数据和错误检测域。如果在消息接收过程中发生错误，或从设备不能执行其命令，从设备将自动建立错误消息并把它作为回应发送出去。

4.4.2　在其他类型网络上转输

在其他网络上，控制器使用对等技术通信，故任何控制器都能与其他控制器进行通信。这样在单独的通信过程中，控制器既可作为主设备，也可作为从设备。提供的多个内部通道可允许同时发生的传输进程。

在消息传输方面，Modbus 协议仍提供了主－从原则，尽管网络通信方法是对等的。如果控制器发送一消息，它是作为主设备，并期望从从设备得到回应。同样，当控制器接收到一消息，它将建立一个从设备回应格式并返回给发送的控制器。

4.4.3　查询－回应周期

1. 查询

查询消息中的功能代码告诉被选中的从设备要执行何种功能。数据段包含了从设备要执行功能的附加信息。例如功能代码“03”要求从设备读保持寄存器，并返回它们的内容。数据段必须包含要告诉从设备的信息:从何寄存器开始读以及要读的寄存器的数量。错误检测域为从设备提供了一种验证消息内容是否正确的方法。

2. 回应

如果从设备产生正常的回应,在回应消息中的功能代码是在查询消息中的功能代码的回应。数据段包括了从设备收集的数据:寄存器值或状态。如果有错误发生,功能代码将被修改,以指出回应消息是错误的,同时数据段包含了描述此错误信息的代码。错误检测域允许主设备确认消息内容是否可用。

4.4.4 两种传输方式

在标准的 Modbus 网络通信中,控制器能设置为两种传输模式 ASC Ⅱ或 RTU。用户选择需要的模式,包括串口通信参数(波特率、校验方式等)。在配置每个控制器的时候,在一个 Modbus 网络上的所有设备都必须选择相同的传输模式和串口参数。

(1) ASC Ⅱ模式如下:

地址　功能代码　数据数量　数据 1　...　数据 n　LRC 高字节　LRC 低字节　回车　换行

(2) RTU 模式如下:

地址　功能代码　数据数量　数据 1　...　数据 n　CRC 高字节　CRC 低字节　回车　换行

所选的 ASC Ⅱ或 RTU 方式仅适用于标准的 Modbus 网络,它定义了在该网络上连续传输的消息段的每一位以及决定怎样将信息打包成消息域和如何解码。

4.4.5 错误检测方法

标准的 Modbus 串行网络采用两种错误检测方法:一种是奇偶校验;另一种是帧检测,有 LRC 和 CRC 两种方式。它们都是在消息发送前由主设备产生,从设备在接收过程中检测每个字符和整个消息帧。

用户要给主设备配置预先定义的超时时间间隔,这个时间间隔要足够长,以使任何从设备都能作出正常反应。如果从设备检测到传输错误发生,消息将不会被接收,也不会向主设备作出回应。这样超时事件将触发主设备来处理错误。发往不存在的从设备的地址也会产生超时。

1. 奇偶校验

用户可以配置控制器是奇校验或偶校验,或无校验。这将决定每个字符中的奇偶校验位是如何设置的。

如果指定了奇校验或偶校验,“1”的位数将算到每个字符的位数中(ASC Ⅱ模式 7 个数据位,RTU 中 8 个数据位)。例如 RTU 字符帧中包含以下 8 个数据位:

1　1　0　0　0　1　0　1

整个“1”的数目是 4 个。如果使用了偶校验,帧的奇偶校验位将是 0,便得整个“1”的个数仍是 4 个。

如果使用了奇校验,帧的奇偶校验位将是 1,便得整个“1”的个数是 5 个。

如果没有指定奇偶校验位,传输时就没有校验位,也不进行校验检测。

2. LRC 检测

使用 ASC Ⅱ模式，消息段中包括了一个基于 LRC 方法的错误检测域。LRC 域由两个字节组成。

LRC 值由传输设备来计算，并放到消息帧中，接收设备在接收消息的过程中计算 LRC，并将它和接收到消息的 LRC 域中的值比较，如果两值不等，说明有错误。

3. CRC 检测

使用 RTU 模式，消息段中包括了一个基于 CRC 方法的错误检测域。CRC 域由两个字节组成。

CRC 域由传输设备计算后加入到消息中。接收设备重新计算收到消息的 CRC，与接收到的 CRC 域中的值比较，如果两值不同，则有误。

任务 4.5　工控机多串口扩展

利用多串口扩展的方式不仅可以扩展串口，而且可以实现 RS－422/485 的通信方式和高速的传输速度。

依据工控机总线的不同，可以分为 ISA/PCI/以太网的扩展技术。ISA 和 PCI 总线的通信卡安装使用过程基本上是相同的。所不同的是，由于 ISA 总线不支持即插即用功能，需要设置起始地址、中断号并判断系统资源是否冲突；PCI 总线支持即插即用功能，系统会自动根据资源情况自动分配空闲的地址和中断，安装相对简单。

研华公司提供了 PCL－849，PCL－858，PCI－1625U 等多串口卡。

思考与练习

1. RS－422/ RS－485 需要一终接电阻，要求其阻值约等于传输电缆的特性电阻。在近距离传输时可不需终接电阻，即一般在__________m 以下不需终接电阻。

2. 串行通信分为____________和____________。

3. 在通信速率低于 20 KB/s 时，RS－232 所直接连接的最大物理距离为____________m，实际应用中，当使用 9 600 B/s，普通双绞屏蔽线时，距离可达______________m。当通信距离较近时，只需使用少数几根信号线就可实现数据通信，在简单的情况下只需 3 根线____________、__________、____________，便可实现____________通信。

4. RS－232 标准协议的全称是 EIA-RS－232 标准，它规定了________、__________及________。

5. RS－485 的最大传输距离约为___________m，最大传输速率为_________。平衡双绞线的长度与传输速率成___________，在 100 KB/s 速率以下，才可能使用规定最长的电缆长度。只有在很短的距离下才能获得最高速率传输。一般__________m 长的双绞线最大传输速率仅为 1 MB/s。

模块5　数据采集与控制智能设备性能测试

在模块3我们对ADAM系列模块及控制器的性能和接线进行了详细介绍。本模块将详细阐述ADAM系列Utility工具测试软件，包括Utility软件的安装及运行，Utility软件与ADAM－4000系列模块、ADAM－5000/485控制器、ADAM－5000TCP控制器等硬件设备的信号测试及参数配置方法。

通过本模块的学习，学生应掌握以下内容：

☆ADAM－4000，ADAM－5000，ADAM－5000TCP/6000系列Utility工具软件的安装、运行；

☆ADAM－4000 Utility软件对ADAM－4000系列模块的信号测试及参数配置方法；

☆ADAM－4000/5000 Utility软件对ADAM－5000/485控制器的信号测试及参数配置方法；

☆ADAM－5000TCP/6000 Utility软件对ADAM－5000TCP控制器的信号测试及参数配置方法；

☆ADAM－5000TCP/6000 Utility软件对ADAM－6000系列模块的信号测试及参数配置方法。

任务5.1　ADAM－4000 Utility测试工具软件的安装及应用

5.1.1　ADAM－4000 Utility软件的安装

ADAM智能模块及控制器随产品提供有安装光盘，其中包括Utility工具软件及产品帮助说明文档。对ADAM－4000，ADAM－5000，ADAM－6000等不同系列模块需安装不同的软件。ADAM－4000 Utility软件用于对ADAM－4000模块的测试，ADAM－4000/5000 Utility软件用于对ADAM－4000模块和ADAM－5000/485控制器的测试，ADAM－5000TCP/6000 Utility软件用于对ADAM－5000TCP控制器和ADAM－6000模块的测试。把ADAM产品随机附带光盘放入计算机的光驱中，出现如图5.1(a)所示安装选项画面，选择“Install Products”选项，弹出如图5.1(b)所示安装软件选项。

选择ADAM－4000 Utility安装选项，出现如图5.2所示安装选项。

根据后续的软件安装提示，完成ADAM－4000 Utility的安装。PC机上就会出现ADAM－4000 Utility的运行程序，如图5.3所示。用鼠标左键单击即可启动ADAM－4000 Utility软件。

5.1.2　ADAM－4000 Utility软件的应用

ADAM－4000 Utility软件启动后画面如图5.4所示。

从图中可知该程序支持的模块类型有ADAM－4011，ADAM－4017＋，ADAM－4055等20多种类型。

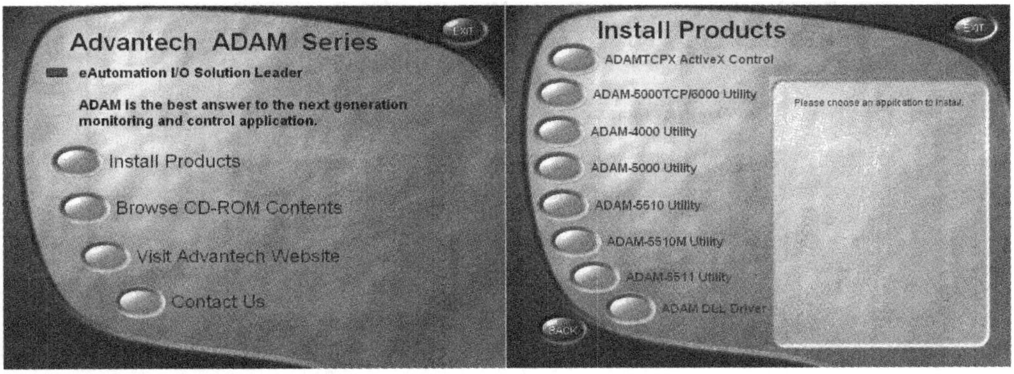

（a）　　　　　　　　　　　　（b）

图 5.1　Utility 软件安装选项

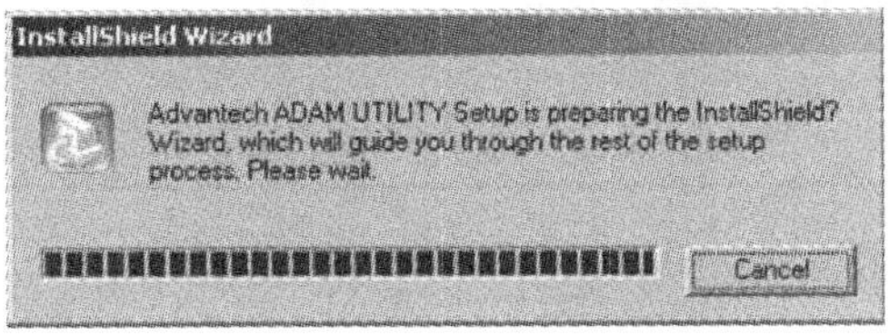

图 5.2　Utility 软件安装指示

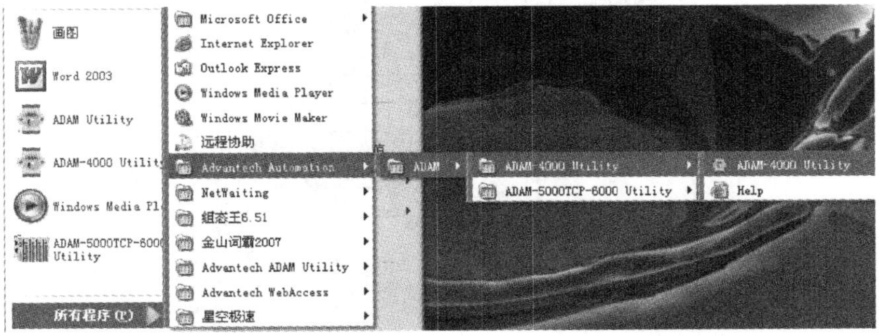

图 5.3　ADAM－4000 Utility 软件运行程序

1. ADAM－4000 模块的信号测试

以 ADAM－4017＋模块测试为例，在图 5.5 中选中 COM1 口，点击工具栏快捷键“Search”。

弹出“Search Installed Modules”窗口，提示 RS－485 网络扫描模块的范围，地址范围为 0～255，如图 5.6 所示，按“Stop Scan”即停止搜索。

点击已搜索到的 4017＋模块，进入图 5.7 测试/配置画面，这时外接信号数值可在线显示，图中 CH0 通道显示的是外接通道 AI0 输入的电压数值。

2. ADAM－4000 模块的参数配置

ADAM－4000 模块出厂时因为缺省配置参数，在工程应用中一般需对参数进行重新配置，

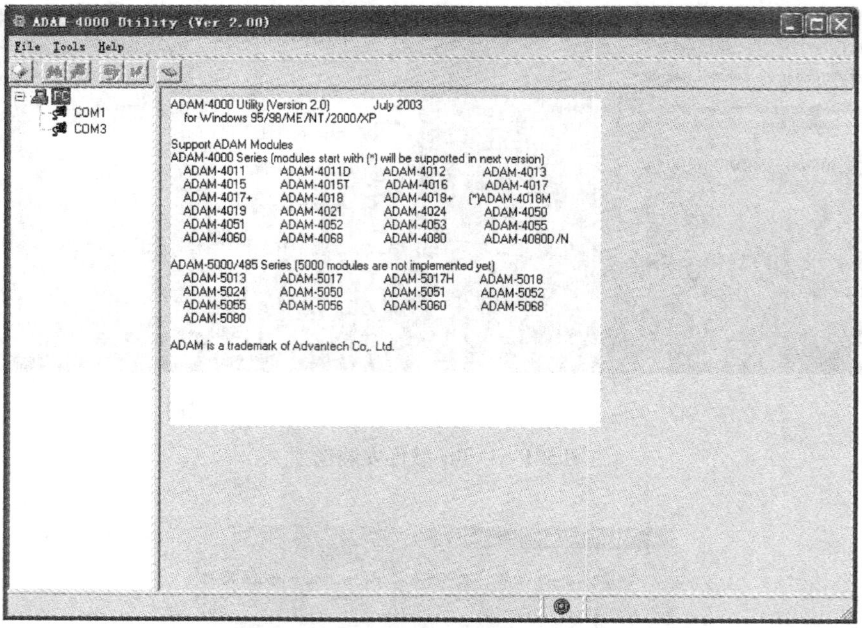

图 5.4　ADAM－4000 Utility 软件运行主画面

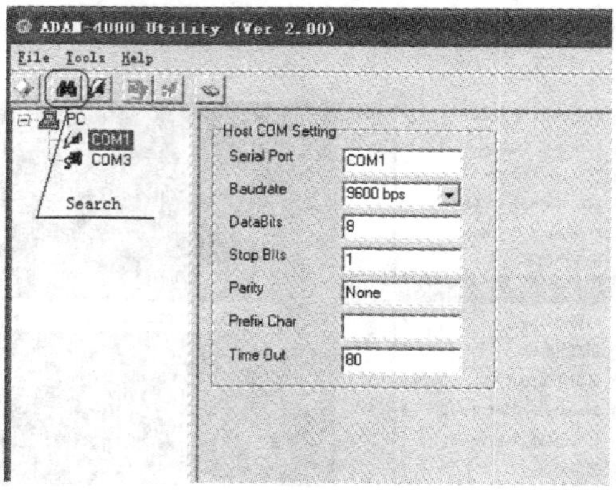

图 5.5　Utility 软件的模块搜索画面

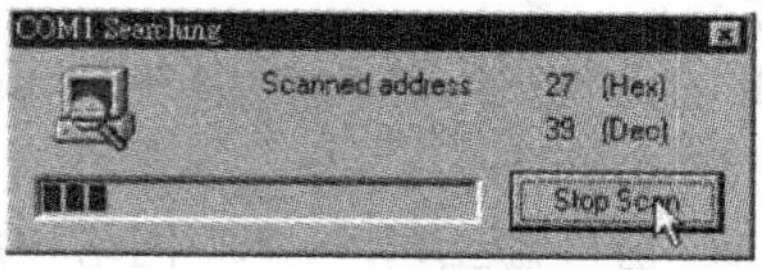

图 5.6　Utility 软件扫描模块地址范围

如一般均需修改地址。图 5.7 画面中显式显示部分参数可以直接修改，如可以直接修改模块地址，修改好后按“Update”按钮，等待几秒后设置生效。模块通道测量信号类型及范围的修改方法类同。隐式显示则不可直接修改，如波特率、校验和、协议、校正等参数，必须进入初始化

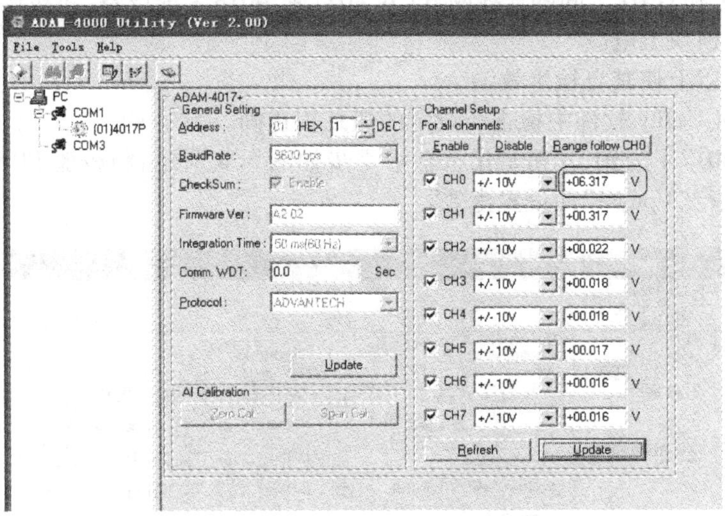

图 5.7　ADAM－4017＋模块测试/配置画面

状态才能进行修改。

所谓初始化状态，就是在模块断电的状态下，将模块的 INIT＊和 GND 短接（对 ADAM－4017＋，ADAM－4018＋等模块，不存在 INIT＊端子，其侧面有一白色拨码开关，只需拨向 INIT＊端）；然后重新上电，运行“Search”功能自检，此时进入模块的初始化（INIT＊）状态，可以配置模块的波特率、校验和、通信协议、校正等参数。以 ADAM－4017＋模块为例，在初始化状态才可修改的主要参数，如表 5.1 所示。

表 5.1　ADAM－4017＋模块的初始化配置参数

设定	说明
Baudrate	波特率
CheckSum	校验和状态，使能有效/无效
Firmware Ver	模块的固件版本号
Protocol	通信协议
AI Calibration	模拟量校正

模块初始化的步骤如下。

（1）断开该 ADAM 模块电源。

（2）短接该模块的 INIT＊和 GND（对 4017＋，4018＋等设备，将拨码开关拨向 INIT＊端），然后上电。

（3）等待 7 s 以上，使其自检生效。

（4）在 ADAM－4000 Utility 软件中设定该模块的校验和“CheckSum”、波特率“Baudrate”等参数，执行 Update 使之生效。

（5）关掉该模块的电源。

(6)将 INIT * 和 GND 之间的连线断开(对 4017 + ,4018 + 等设备,将拨码开关拨向 NORMAL 端),再给该模块上电。

(7)等待 7 s 以上使其自检生效。

(8)在 ADAM Utility 软件中检查所设定的值是否正确。

以 ADAM - 4017 + 为例,其初始化状态第 4 步如图 5.8 所示,将校验和"CheckSum"设置成 Enable,然后执行"Update"使设置生效。

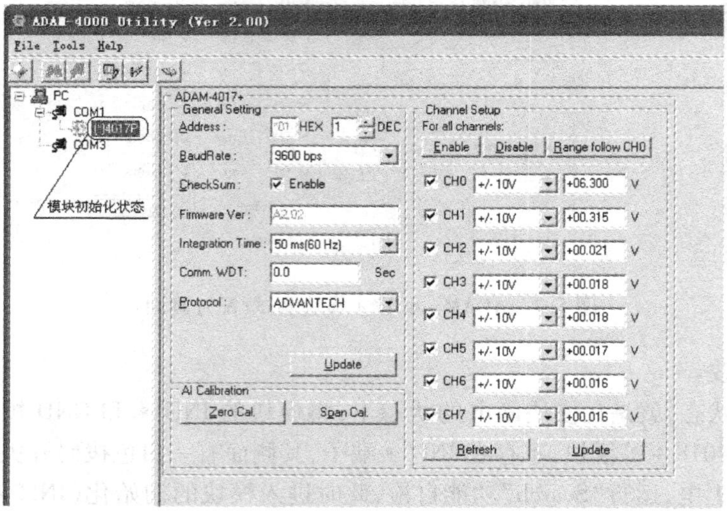

图 5.8 ADAM - 4017 + 模块的初始化

需要注意以下几点。

(1)必须将同一 485 网络上所有模块和主机的波特率、校验和的值设置成一致。

(2)只能在 INIT * 状态下设置波特率、校验和、协议等参数。

(3)所做的改动只有在模块再启动后才生效。

3. ADAM - 4000 模块的 Modbus 通信协议

ADAM - 4000 的较新产品支持 Modbus 通信协议,在初始化的 Protocol 中可以进行设置。以 ADAM - 4017 + 为例,其 Modbus 协议的画面如图 5.9 所示。

4. ADAM - 4000 模块的命令行测试

在 TOOL 菜单,选择 Terminal 功能,弹出"Terminal"对话框,用于测试命令,图 5.10 是执行模块型号命令" $01M"的测试结果,图 5.11 是执行采集数据命令"#01"的测试结果。

该选择允许在 RS - 485 总线上直接发送和接收命令。有两个可选项,Single Command 和 Command File。

Single Command 允许将命令键入,然后按 ENTER 键,命令的回答显示在下方空白区内。如果再发送命令,再次按 ENTER 键就可以。

Command File 允许浏览路径,发送命令文件,前面的命令和回答保留在屏幕上供参考。

5. ADAM - 4000 模块的校准(Calibration)

模块在出厂时均经过校准,一般不需再进行校准。但在某些情况下,需对模拟量模块进行校准,校准的结果会保存在模块内置的 EEPROM 中。

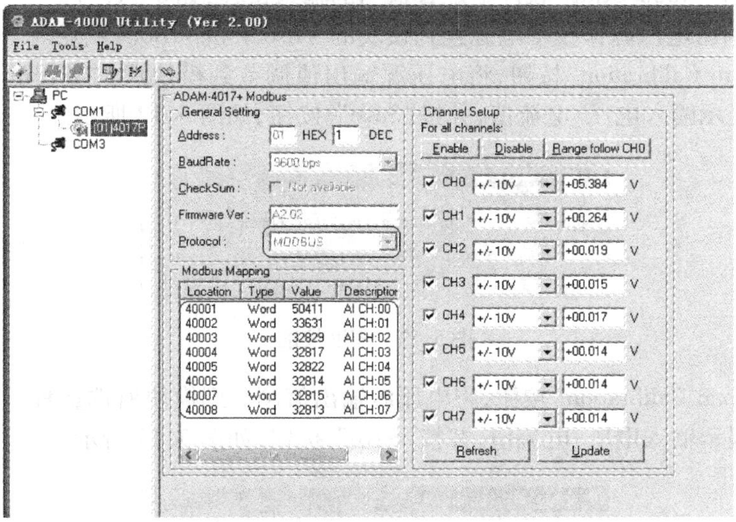

图 5.9　ADAM－4017＋的 Modbus 协议参数画面

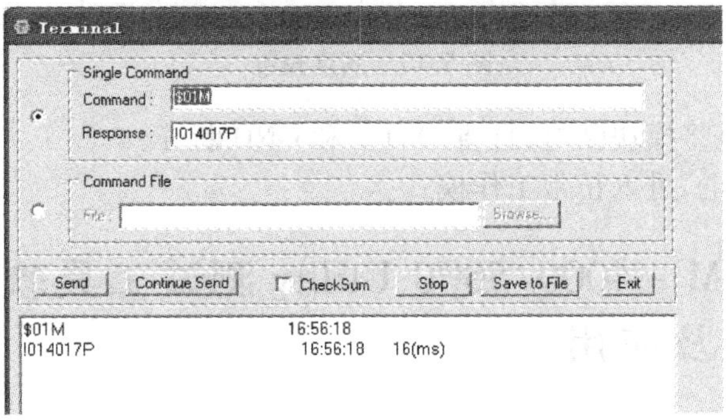

图 5.10　ADAM－4017＋执行模块型号测试命令“$01M”

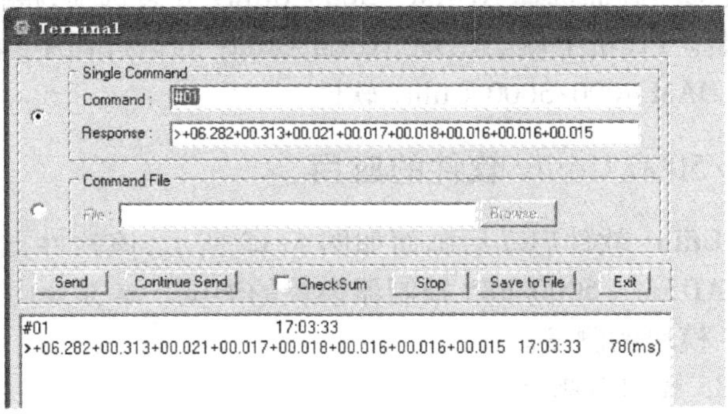

图 5.11　ADAM－4017＋执行采集数据测试命令“#01”

以 ADAM－4017 为例，ADAM－4000 模块的校准步骤如下。

(1)在断电状态下将模块的 INIT＊和 GND 短接，然后重新对模块上电。

(2)在 ADAM－4000 Utility 软件中配置适当的输入量程,如 0～10 V。

(3)用一个精密电压源作校准电源连到模块的 VIN0＋和 VIN0－端点。

(4)点击“Zero Calibration”按钮,将电压源输出值调节到模块所选量程的最小值,执行零校准命令,根据提示输入电压/电流值,并按“Save” 按钮,如图 5.12 所示。

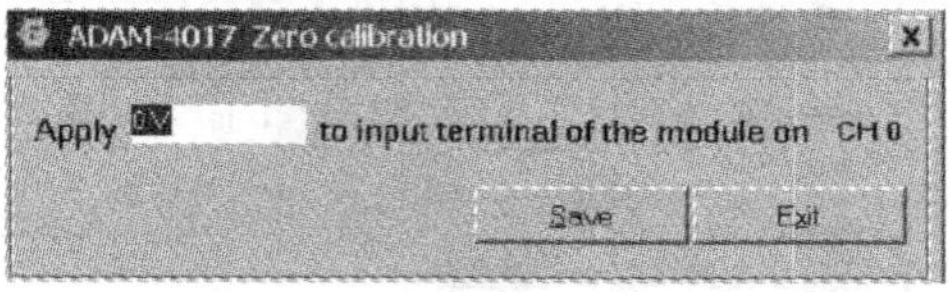

图 5.12　零度校准

(5)点击“ Span Calibration”按钮,将电压源输出值调节到模块所选量程的最大值,执行满校准命令,根据提示输入电压/电流值,并按“Save” 按钮,如图 5.13 所示。

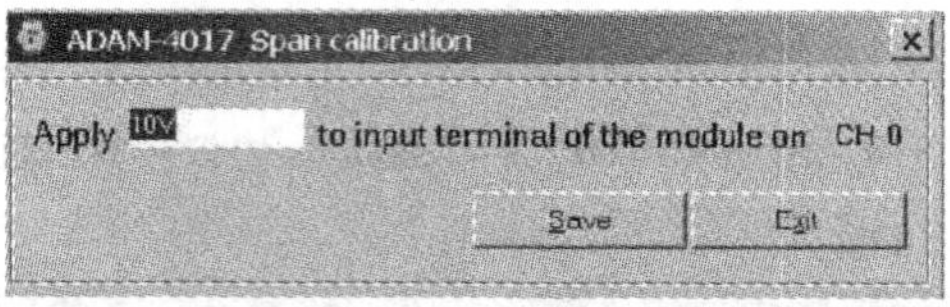

图 5.13　满度校准

(6)校准完成后,且将模块断电,且将 INIT＊和 GND 断开。

(7)重新对模块上电,进入正常工作模式。

任务 5.2　ADAM－4000/5000 Utility 测试工具软件的安装及应用

5.2.1　ADAM－4000/5000 Utility 软件的安装

在图 5.1 所示安装选项画面选择 ADAM－5000 Utility 安装选项,根据安装提示,完成 ADAM－5000 Utility 的安装。PC 机上就会出现 ADAM Utility 的运行程序,如图 5.14 所示。用鼠标左键单击即可启动 ADAM 4000/5000 Utility 软件。

5.2.2　ADAM 4000/5000 Utility 软件的应用

ADAM 4000/5000 Utility 软件启动后画面如图 5.15 所示,该软件支持所有 ADAM－4000 模块的测试,同时支持 ADAM－5000/485 控制器模块的测试。本部分内容主要介绍 5000/485 控制器及 ADAM－5017 模块的测试。

1. ADAM－5000/485 控制器测试

在图 5.15 画面中,选中 COM1 或 COM3,点击工具栏快捷键“Search”,出现模块搜索画面,软件会自动搜索到 ADAM－5000/485 控制器及其模块,如图 5.16 所示。

由图 5.16 可知,控制器地址为 1,第 0 槽为 ADAM－5017 模块,第 1 槽为 ADAM－5024 模块。控制器的地址由硬件 8 位拨码开关设置,注意设置时需切断控制器电源。

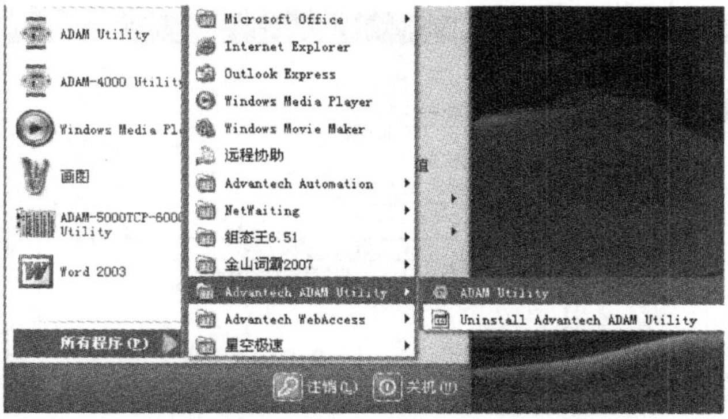

图 5.14　ADAM－4000/5000 Utility 软件运行程序

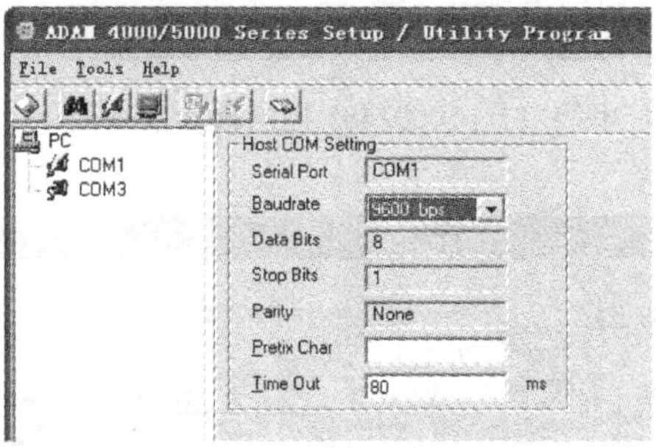

图 5.15　ADAM 4000/5000 Utility 软件运行主画面

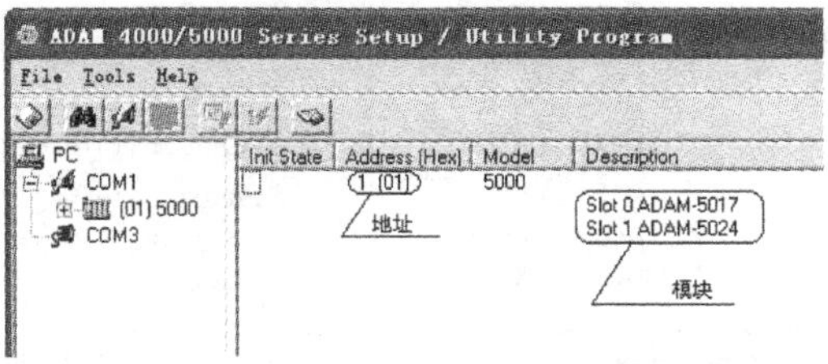

图 5.16　搜索到的 ADAM－5000/485 控制器

点击 5000，展开如图 5.17 的控制器参数画面，Baudrate 和 CheckSum 参数可以在初始化状态下进行修改。

2. ADAM－5000 模块的信号测试(以 ADAM－5017 模块为例)

点击图 5.17 的 ADAM－5017 模块，展开如图 5.18 所示的 ADAM－5017 测试画面，图中 CH0 通道的外接信号数值已在线显示。在这里可以设置 5017 的输入信号范围“Input Range”(只能 8 个通道一次设定)，也可以进行零点校准“Zero Calibration”和满校准“Span Calibration”，按“Update”生效。

3. ADAM－5000 模块的命令行测试

在 TOOL 菜单，选择 Terminal 功能，弹出“Terminal”对话框，进行命令测试。图 5.19 所示为读取 ADAM－5000/485 控制器所带模块型号的测试命令“＄01T”。

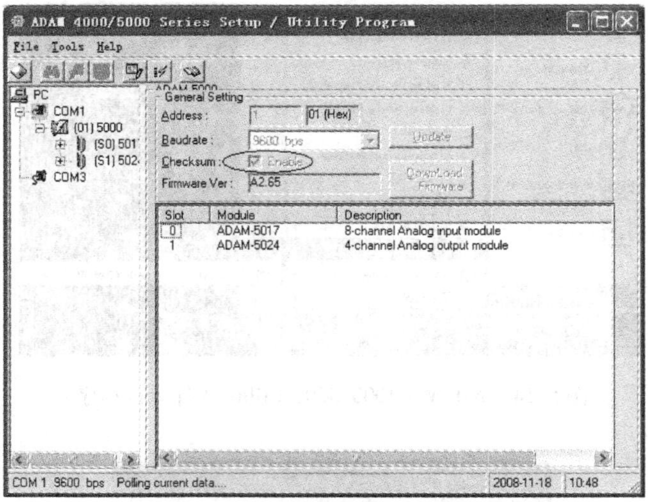

图 5.17　5000/485 控制器参数画面

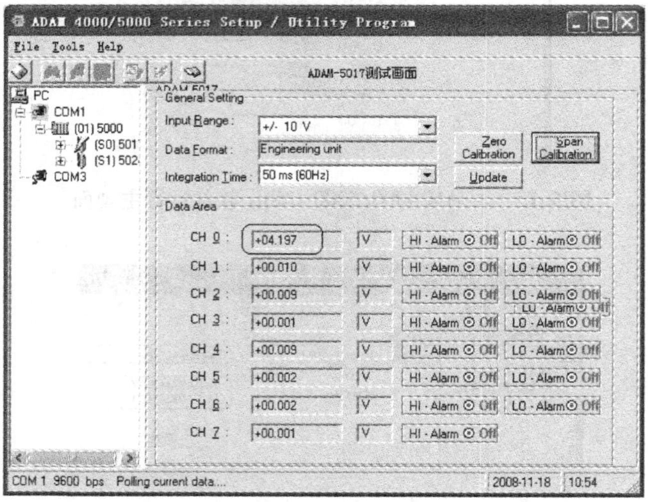

图 5.18　ADAM－5017 模块测试画面

图 5.20 所示为读取 ADAM－5017 模块 8 个通道采集数据的命令测试命令画面。

常用命令解释如下。

＄01T：读取 01 地址 ADAM－5000/485 控制器所带模块的型号。

#01S0：读取 01 地址 ADAM－5000/485 控制器 0 槽模块（如 5017）的采集数值。

#01S10033：设置 01 地址 ADAM－5000/485 控制器 1 槽模块（如 5060）的输出值。

#01S16：读取 01 地址 ADAM－5000/485 控制器 1 槽模块（如 5060）的数值。

命令行测试是在 RS－232/ RS－485 总线上直接发送和接收命令。有两个可选项，Single Command 和 Command File，操作与 ADAM－4000 模块相似。

注意，命令行测试可对 CheckSum 参数进行选择，需与硬件的设置相一致。

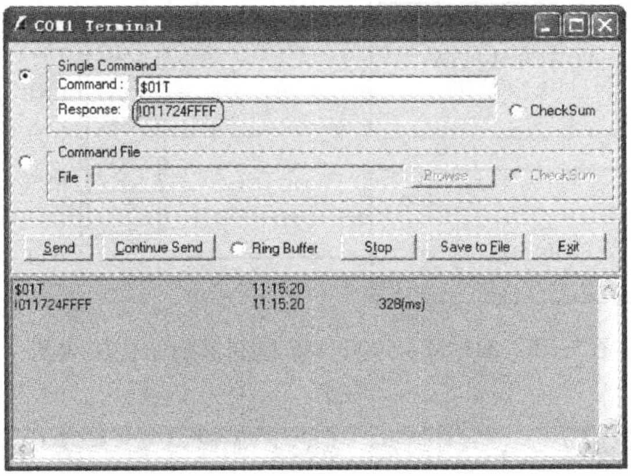

图 5.19　读取 ADAM－5000/485 控制器所带模块型号的测试命令“＄01T”

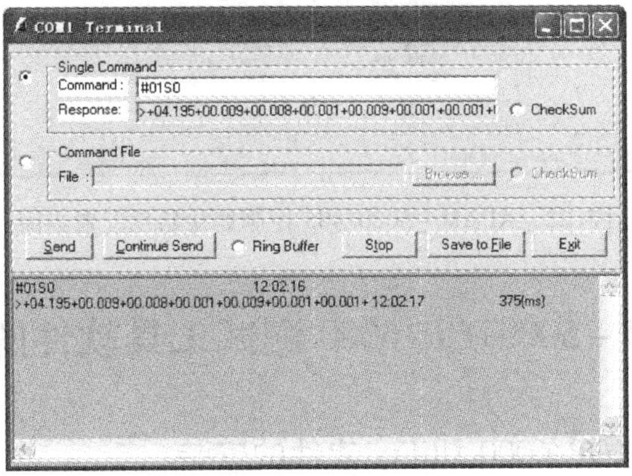

图 5.20　读取 ADAM－5017 模块 8 个通道采集数据的测试命令“#01S0”

4. ADAM－5000/485 控制器的初始化

在模块断电的状态下，将 ADAM－5000/485 控制器的 INIT＊和 GND 短接，如图 5.21 所示。重新上电，运行“Search”功能自检，此时进入模块的初始化(INIT＊)状态。

ADAM－5000/485 控制器初始化配置界面如图 5.22 所示。可以对模块的通信速率“Baudrate”、校验和“CheckSum”进行设置，可以下载固件版本。将需要的选项进行修改，而后执行“Update”命令。

设置完成后，将模块断电，将 INIT＊和 GND 断开，重新对模块上电，进入正常工作模式，所做的改动生效。

设定通信速率和校验和选项需注意，在同一 485 网络上所有的 ADAM－5000/485 控制器、ADAM－4000 模块等设备和主机的波特率、校验和的值必须相一致，且地址必须唯一。

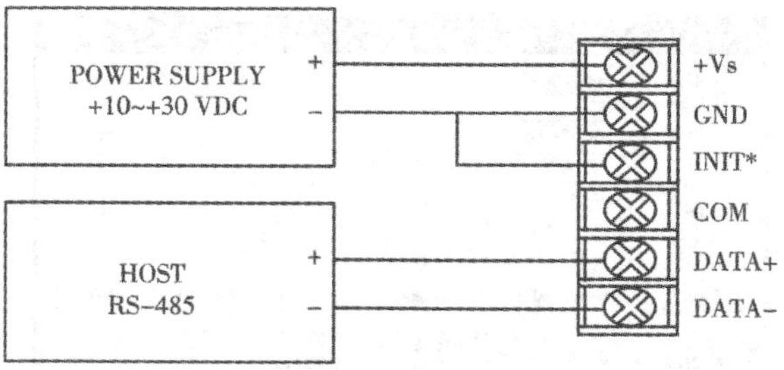

图 5.21　ADAM - 5000/485 控制器初始化接线图

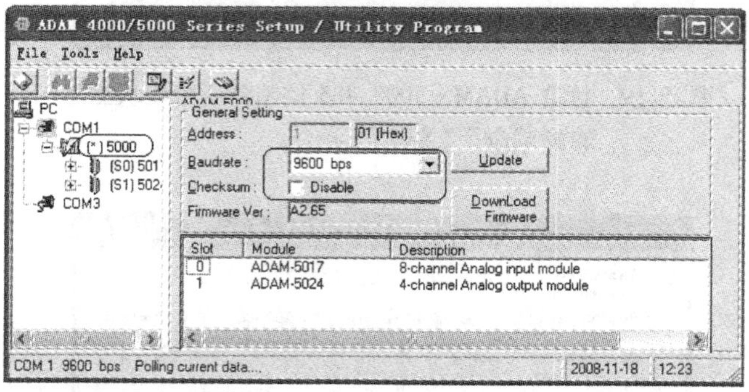

图 5.22　ADAM - 5000/485 控制器初始化配置界面

任务 5.3　ADAM - 5000TCP/6000 测试工具软件的安装及应用

5.3.1　ADAM - 5000TCP/6000 Utility 软件的安装

在图 5.1 画面中，选择 ADAM - 5000TCP/6000 Utility 安装选项，根据软件安装提示，完成 ADAM - 5000TCP/6000 Utility 的安装。PC 机上就会出现 ADAM - 5000TCP/6000 Utility 的运行程序，如图 5.23 所示。用鼠标左键单击即可启动 ADAM - 5000TCP/6000 Utility 软件。

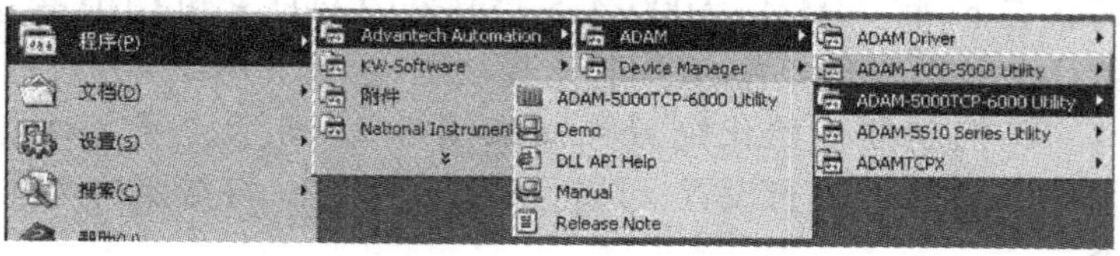

图 5.23　ADAM - 5000TCP/6000 Utility 软件运行程序

5.3.2　ADAM - 5000TCP/6000 Utility 软件的应用

ADAM - 5000TCP/6000 Utility 软件启动后，系统会自动搜索网络上的 ADAM - 5000TCP 控制器和 ADAM - 6000 模块。

1. ADAM－5000TCP 控制器

(1)ADAM－5000TCP 控制器测试：软件启动后如能自动搜索到 5000TCP 控制器，如图 5.24所示，说明该 5000TCP 控制器在以太网上 IP 地址正确，工控机可以对其进行通信和监控。

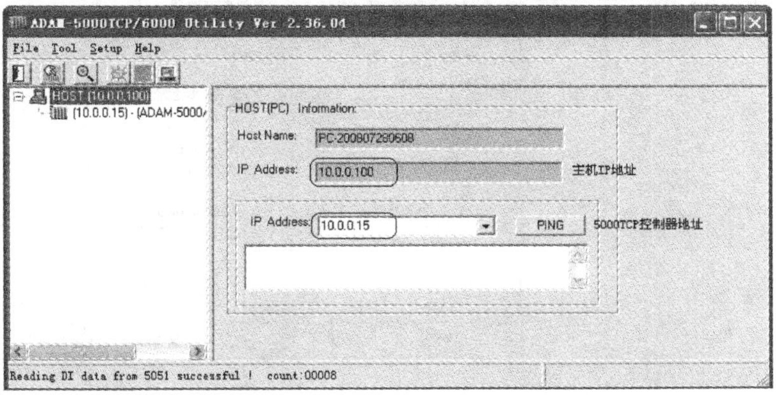

图 5.24　自动搜索 5000TCP 控制器的画面

(2)ADAM－5000TCP 控制器上模块的信号测试：ADAM－5000TCP 控制器插入模块 5051 和 5056，以 5051 模块为例，测试画面如图 5.25 所示，其中通道 D10 外接的开关信号已接通。

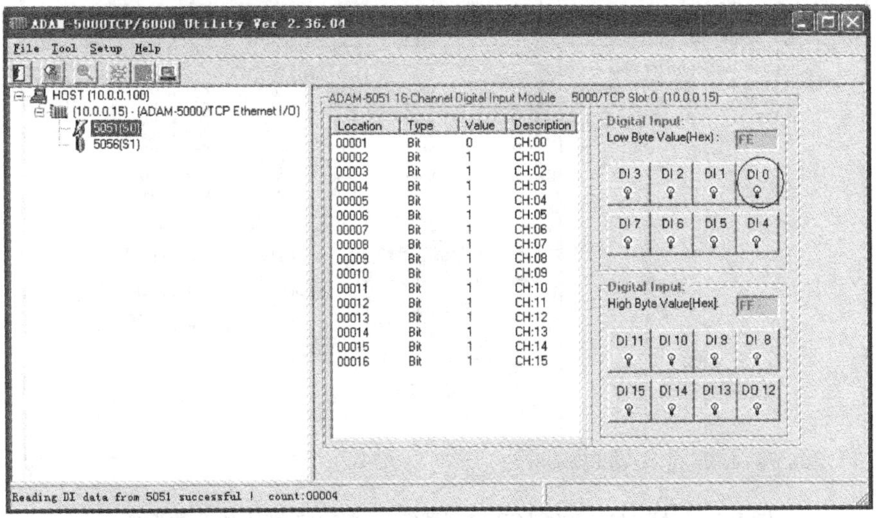

图 5.25　ADAM－5051 模块的信号测试画面（D10 外接开关接通）

(3)ADAM－5000TCP 控制器的参数配置：ADAM－5000TCP 控制器参数配置如图 5.26 所示。以更改 IP 地址为例，选择 Network 选项，进入更改 ADAM－5000TCP IP 地址的画面，可以输入新的 IP 地址和子网掩码，按“Apply”生效。同样可以更改密码等参数，出厂默认密码为“00000000”。

(4)ADAM－5000TCP 控制器上模块的参数设置：图 5.27 是安装在 ADAM－5000TCP 控制器第 2 槽 5017 模块的参数设置画面，在这里可以设置 5017 的输入信号范围，图中输入范围“Input Range”设置为 +/－10 V(8 个通道只可一次设定)，按“Update”生效。可以进行零点校

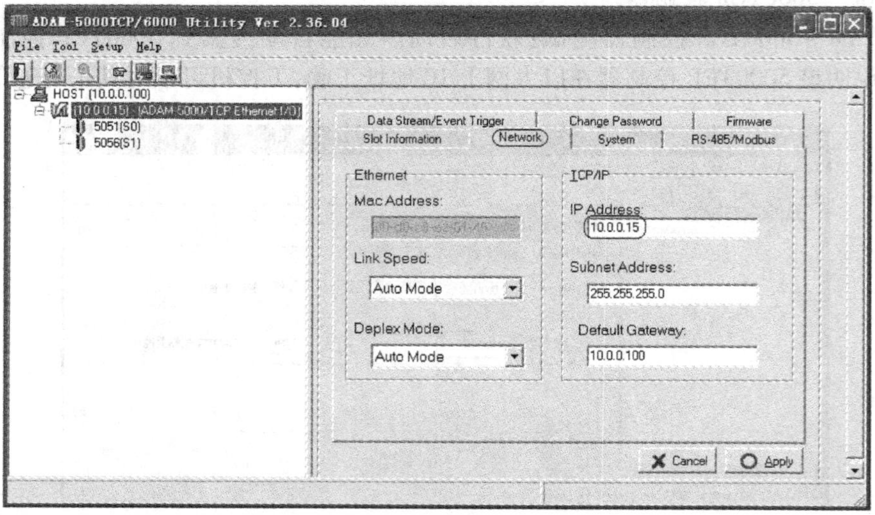

图 5.26　ADAM－5000TCP 控制器参数配置

准"Zero Calibration"和满校准"Span Calibration",按"Update"生效。

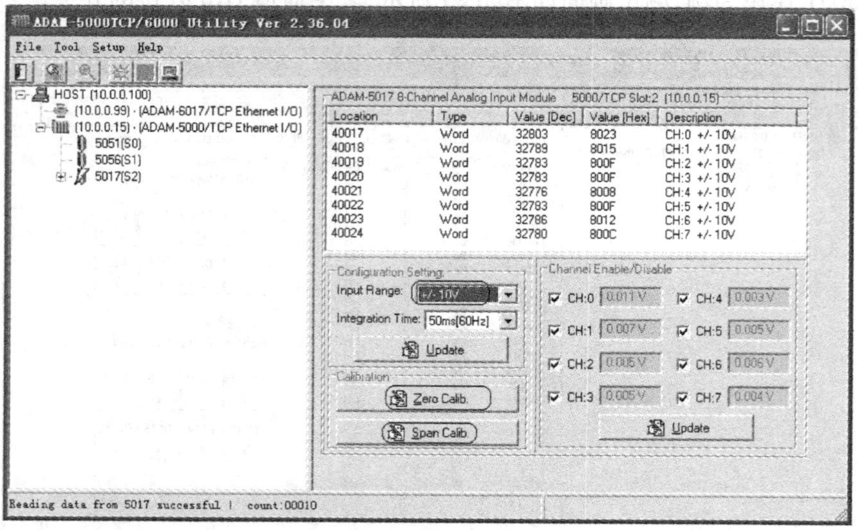

图 5.27　ADAM－5000TCP 控制器第 2 槽 5017 模块的参数设置

2. ADAM－6000 模块

(1)ADAM－6000 模块测试:软件启动后如能自动搜索到 ADAM－6017 模块,如图 5.28 所示,说明该 ADAM－6017 以太网模块在以太网上 IP 地址正确,工控机可以对其进行通信和监控。

(2)ADAM－6000 模块的信号测试:ADAM－6017 模块的信号测试画面如图 5.29 所示,图中 CH0 通道输入了电压信号。

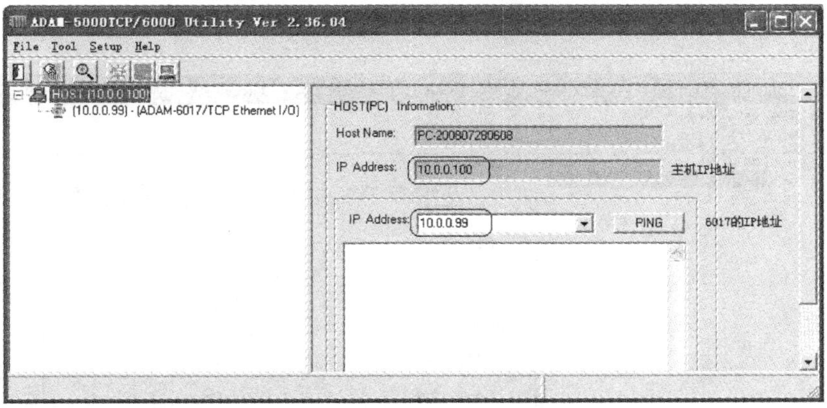

图5.28　自动搜索ADAM-6017模块的画面

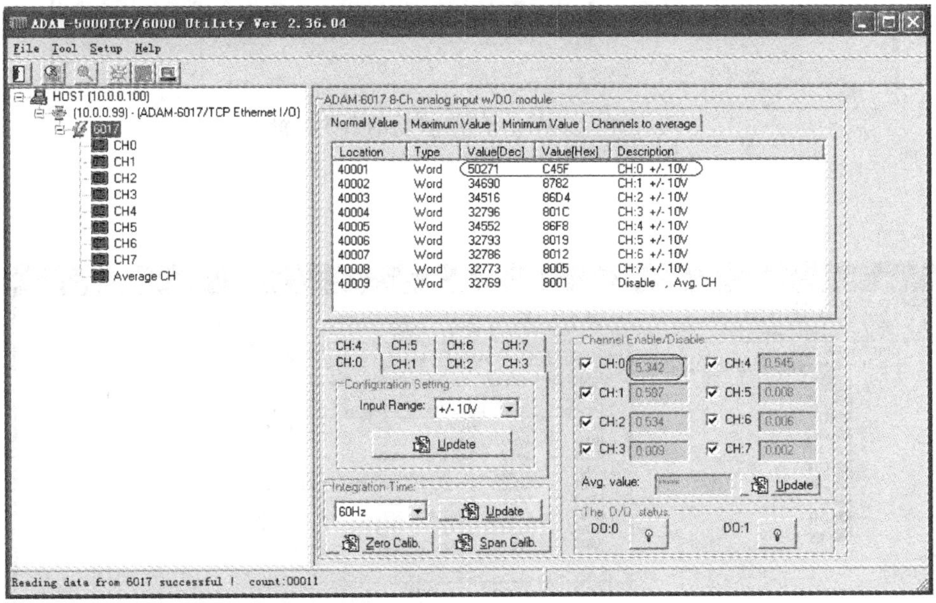

图5.29　ADAM-6017模块的信号测试画面(CH0通道输入了电压信号)

(3) ADAM-6000模块的参数配置：ADAM-6017模块的参数配置画面与ADAM-5000TCP控制器相似，如图5.30所示。选择Network选项更改IP地址。同样可以更改密码等参数，出厂默认密码也为“00000000”。

(4) ADAM-6000模块的参数设置：ADAM-6017模块的参数配置和校准如图5.31所示，可以设置6017的输入信号范围，且8个通道可以分别设定。图中对CH0通道的输入范围“Input Range”设置为+/-10 V，按“Update”生效。同样可以进行零点校准“Zero Calibration”和满校准“Span Calibration”，按“Update”生效。

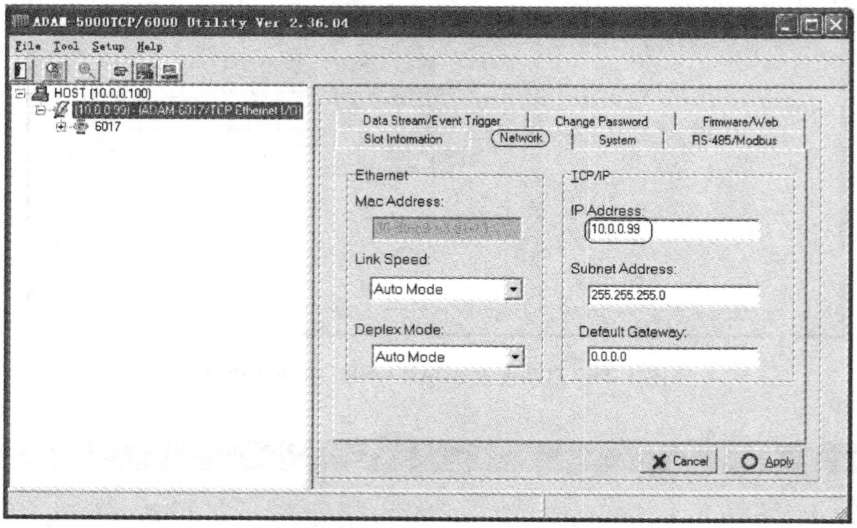

图 5.30　ADAM－6017 模块的参数配置

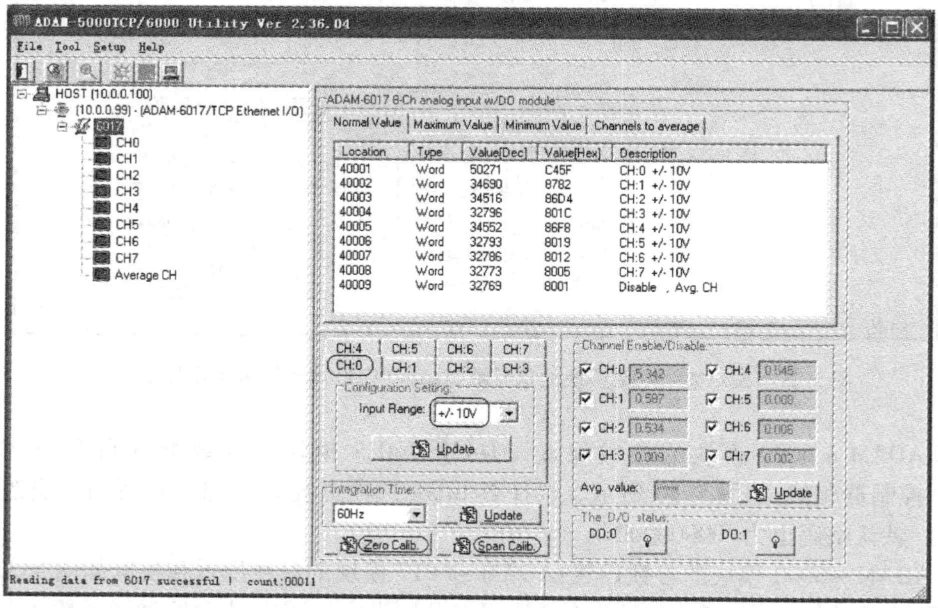

图 5.31　ADAM－6017 模块的参数配置和校准画面

任务 5.4　ADAM 系列智能设备的信号测试及参数配置实训

5.4.1　目的与要求

实训目的：

掌握 ADAM－4000，ADAM－4000/5000，ADAM－5000TCP/6000 Utility 系列测试工具软件的使用方法及分别与 ADAM－4000 模块、ADAM－5000/485 控制器、ADAM－5000TCP 控制器、ADAM－6000 模块的信号测试和参数配置方法。

实训要求：

(1)分别建立工控机与 ADAM－4000，ADAM－5000/485 控制器、ADAM－5000TCP 及 ADAM－6000 控制器的硬件通信连接。

(2)熟悉 ADAM－4000，ADAM－4000/5000，ADAM－5000TCP/6000 Utility 系列测试工具软件，建立与对应 ADAM 模块或控制器的通信，应能自动搜索到相应模块及控制器：

对 ADAM－4000 系列模块，执行 ADAM－4000 Utility 软件或 ADAM－4000/5000 Utility 软件进行搜索(以 ADAM－4017＋模块为例)；

对 ADAM－5000/485 控制器，执行 ADAM－4000/5000 Utility 软件进行搜索(ADAM－5000/ 485 控制器及 5017 模块)；

对 ADAM－5000TCP 控制器，执行 ADAM－5000TCP/6000 Utility 软件进行搜索；

对 ADAM－6000 系列模块，执行 ADAM－5000TCP/6000 Utility 软件进行搜索(以 ADAM－6017 模块为例)。

(3)接通在线信号，对 ADAM 模块进行输入/输出信号在线测试，在 Utility 软件中观察结果。

(4)通信参数的修改和设置，以修改地址为例：

对 ADAM－4000 系列，地址在 ADAM－4000 Utility 软件中设置，按“Update”生效；

对 ADAM－5000/485 控制器，地址通过拨码开关进行设置，须关断控制器电源进行，因此亦称拨盘地址，设置好后重新接通控制器电源，在 ADAM－4000/5000 Utility 软件中可看到修改后的地址值；

对 ADAM－5000TCP 控制器，拨码开关设置地址为 1，并需在 ADAM－5000TCP/6000 Utility 软件中设置 IP 地址及子网掩码；

对 ADAM－6000 系列，需在 ADAM－5000TCP/6000 Utility 软件中设置 IP 地址及子网掩码。

(5)用正确的方法，在 ADAM－4000/5000 Utility 软件中修改 ADAM－4000 模块、ADAM－5000/485 控制器的通信参数(以校验和有效、无效为例)，观察结果。

5.4.2　设备

硬件：研华 IPC－610 工控机、ADAM－4017＋模块、ADAM－5000/485 控制器及 5017 模块、ADAM－5000TCP 控制器及 5017 模块、ADAM－6017 模块、直流稳压电源、实验板、DC24 V 中间继电器、RS－232 通信电缆、以太网双绞线、导线、剥线钳、螺丝刀等。

软件:ADAM－4000 Utility,ADAM－4000/5000 Utility,ADAM－5000TCP/6000 Utility。

5.4.3 操作步骤

对不同ADAM模块或控制器,采用不同的Utility软件,分别执行以下操作。

(1)连接电源线、通信线及信号线,按控制器或模块类型正确连接工控机与ADAM设备之间的通信电缆(包括RS－232通信电缆及工业以太网双绞线)。

(2)给各模块接通电源。

(3)启动ADAM Utility软件,执行自动搜索模块功能。

(4)如果地址有冲突,在Utility软件中进行设置。

对ADAM－4000系列模块,直接在ADAM－4000或ADAM－4000/5000 Utility软件中进行设置;

对ADAM－4000/485控制器,通过拨码开关进行设置(在关掉电源的情况下操作);

对ADAM－5000TCP控制器及ADAM－6000系列模块,直接在ADAM－5000TCP/6000 Utility软件中修改IP地址。

(5)连接在线信号,观察信号测试结果。

(6)在初始化状态,修改ADAM模块的波特率、校验和、信号量程等通信参数。

思考与练习

1. 以ADAM－4055为例,简述修改ADAM模块波特率、CheckSum等参数的步骤。
2. 工业以太网中的设备根据什么进行区别?
3. 简述工业以太网模块ADAM－6017的零校准与满校准的步骤。
4. 简述ADAM模块初始化状态的含义。
5. 同一个RS－485网络中的设备,所设波特率或校验和可否不同?为什么?

模块6　组态王的工控组态技术

组态软件是使用灵活的组态方式，为用户提供快速构建工业自动控制系统监控功能的、通用层次的软件工具。组态软件最基本的两个功能是数据采集和监控。数据采集就是组态软件通过高性能、高速I/O驱动程序直接与外设如PLC，ADAM智能模块等进行通信，达到数据采集的目的。监控就是应用程序对数据进行处理和加工，输出信号给PLC、模块等外设，达到控制的目的。

ADAM系列数据采集/控制智能设备可由VB，VC++，Delphi等面向对象编程语言进行通信组态，而采用组态软件则更方便、直观。组态王(King View)V6.51全面提供ADAM设备的各种驱动程序，是对ADAM设备进行组态的很好的选择方案。

通过本模块的学习，学生应掌握以下内容：

☆ 熟悉组态王V6.51组态软件的应用环境；

☆ 掌握组态王V6.51创建工程项目及组态的一般方法；

☆ 掌握组态王V6.51与ADAM－4000模块的通信及HMI组态；

☆ 掌握组态王V6.51与ADAM－5000/485控制器及ADAM－5000模块的通信及HMI组态；

☆ 掌握组态王V6.51与ADAM－5000TCP控制器及ADAM－5000模块的通信及HMI组态。

任务6.1　组态王(King View)V6.51软件概述

6.1.1　组态王(King View)V6.51简介

组态软件已广泛应用于工业控制现场。目前国外著名的组态软件有美国Intellution公司的iFix系列产品、德国西门子公司的WinCC软件以及INTOUCH软件等。国内的组态软件主要有北京亚控科技发展有限公司的组态王系列软件、北京昆仑通态的MCGS组态软件、北京太力信息产业有限公司的synall组态软件等。

北京亚控科技发展有限公司简称亚控科技，是中国目前规模最大的从事工业自动化软件研发的高科技专业公司，其自主开发的通用监控组态软件组态王支持1 500多种硬件设备(包括PLC、总线设备、板卡、变频器及仪表)，工程业绩及应用数量在国内居于领先地位。组态王V6.51全面支持研华科技ADAM智能模块及板卡。

组态王作为工业级的软件平台，现已广泛应用于化工、电力、邮电通信、环保、国防、航空航天、水处理、冶金、食品、粮库等各行业。

6.1.2　组态王软件系列

组态王有3个系列。

1. 组态王通用版人机界面软件(U-HMI)KINGVIEW 系列

运行于 Microsoft Windows XP/NT (SP6)/2000(SP4)中文平台。

建议配置:

CPU 1 GB,内存 256 MB,显存 64 MB,硬盘 20 GB(视实际存储情况)。

2. 组态王嵌入式人机界面软件(E-HMI)KINGCE 系列

运行于 Microsoft Windows CE4.0 中文平台。

建议配置:

CPU 300 MB,内存 64 MB,硬盘为电子盘或普通硬盘(视实际存储情况)。

3. 组态王软逻辑控制软件(SOFT-PLC)KINGACT 系列

运行于 Microsoft Windows NT (SP6)/2000(SP4)中文平台。

建议配置:

CPU 1 GB,内存 256 MB,硬盘 20 GB(视实际存储情况)。

本课程主要介绍组态王通用软件 V6.51 版本,掌握组态王监控软件创建简单工程的方法,能够应用本软件与研华 ADAM 系列智能设备有机结合,开发工控 SCADA 应用系统。

6.1.3 组态王通用版软件的基本结构

组态王 V6.51 是运行于 Microsoft Windows XP/NT/2000 中文平台上的全中文界面的人机界面 HMI(Human Machine Interface)软件,采用窗口框架结构,界面直观,易学易用。采用了多线程、COM 组件等新技术,实现了实时多任务,软件运行稳定可靠。

组态王软件包 V6.51 由工程管理器、工程浏览器、画面开发系统和运行系统 4 个部分组成。工程管理器用于新工程的创建和已有工程的管理,在工程浏览器中可以查看、配置工程的各个组成部分,画面的开发和运行由工程浏览器调用画面开发系统和运行系统来完成。

(1)工程管理器 ProjManager:是计算机内的所有应用工程的统一管理环境。ProjManager 具有很强的管理功能,可用于新工程的创建及删除,并能对已有工程进行搜索、备份及有效恢复,实现数据词典的导入和导出等功能。

(2)工程浏览器 TouchExplorer:是应用工程的设计管理配置环境,进行应用工程的程序语言的设计、变量定义管理、连接设备的配置、开放式接口的配置、系统参数的配置、WEB 发布管理、第三方数据库的管理等。

(3)画面开发系统 TouchMak:是应用工程的开发环境,内嵌于工程浏览器。需要在这个环境中完成画面设计、动画连接、程序编写等工作。TouchMak 具有先进完善的图形生成功能;数据词典库提供多种数据类型,能合理地提取控制对象的特性;对变量报警、趋势曲线、过程记录、安全防范等重要功能进行简捷的操作。

(4)运行系统 TouchVew:是组态王 V6.51 软件的实时运行环境,在应用工程的开发环境中建立的图形画面只有在 TouchVew 中运行才能实时反应现场的运行情况。TouchVew 负责从控制设备中采集数据,并存于实时数据库中。它还负责把数据的变化以动画的方式形象地表示出来,同时可以完成变量报警、操作记录、趋势曲线等监视、存储功能,并按实际需求记录到历史数据库中。

作为开放型的通用工业监控系统,组态王支持工控行业中大部分国内常见的测量控制设备。遵循工控行业的标准,采用开放接口提供第三方软件的连接(如 DDE、OPC、ACTIVE X

等）。使用者无须关心复杂的通信协议原代码、无须编写大量的图形生成和数据统计处理程序代码，就可以方便快捷地进行设备的连接、画面的开发、简单程序的编写，从而完成一个监控系统的设计。

对于组态王开发的最新驱动程序，可以从网站 http://www. kingview. com 中获得。

6.1.4　组态王与下位机的通信

组态王把每一台与之通信的设备（硬件或软件）看作是外部设备，为实现组态王与外部设备之间的通信，组态王内置了相应的设备驱动作为组态王与外部设备的通信接口，在开发过程中只需根据工程浏览器提供的“设备配置向导”窗口完成连接过程，即可实现组态王和相应外部设备驱动的连接。运行期间，组态王就可通过通信接口和外部设备交换数据，包括采集数据和发送控制命令。每一个驱动都是一个COM对象，这种方式使驱动和组态王构成一个完整的系统，不仅保证了运行系统的高效性，而且使系统具有很强的扩展性，其工作原理框图如图6.1所示。

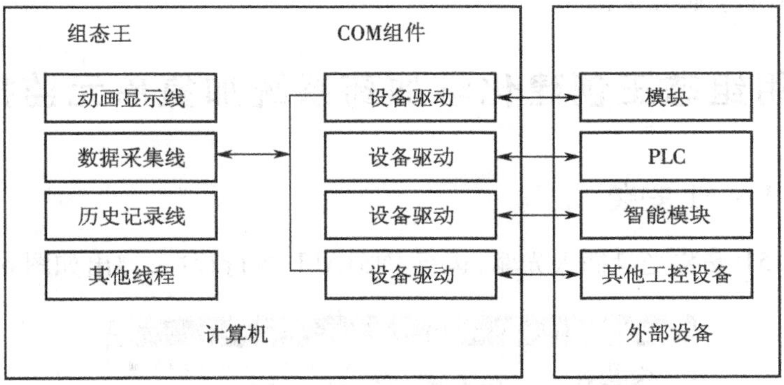

图6.1　组态王与外部设备通信接口的工作原理框图

6.1.5　组态王创建工程的一般过程

用组态王创建一个应用工程一般分为5个步骤：

（1）设计图形界面；

（2）定义设备驱动；

（3）构造数据库变量；

（4）建立动画连接；

（5）运行和调试。

这5个步骤并不是完全独立的，它们常常交错进行。

在用TouchMak构造应用工程之前，需要仔细规划项目，主要应考虑以下3个方面的内容。

1. 画面

应设计用怎样的图形来模拟实际工业现场及其相应控制设备。用组态王系统开发的应用工程是以“画面”为程序显示单位的，“画面”显示在程序实际运行时的Windows窗口中。

2. 数据

应规划和创建数据库变量。数据库变量用来反映控制对象的各种属性，如对象的温度、压力、流量、液位等模拟量输入变量和控制电动门开度的模拟量输出变量，控制电动机启动/停止的开关量输出变量和反映电动机运行状态及故障状态的开关量输入变量。同时还需为临时变量预留空间。

3. 动画

开发者在画面开发系统 TouchMak 中制作的画面都是静态的，它们是如何以动画方式来达到反映工业现场状态的动态变化的要求，这需要通过数据库变量（I/O 变量）来实现与现场状态的同步变化。所谓动画连接就是数据库变量和画面中对象建立对应连接关系，以模拟工业现场设备的实时运行动态，并方便操作者或系统自动输出控制命令控制设备的运行。这样，工业现场的数据，如温度、液面、压力、变频器频率等信号发生变化，通过设备驱动，将引起实时数据库中相关联变量的变化，比如画面上有一个数据显示对象，当规定了它与一个变量相关联，就会看到其数值随工业现场数据的变化而同步变化。

动画连接的引入是设计人机界面（HMI）的技术突破，它把工程设计人员从繁重的图形编程中解放出来，提供了标准的工业控制图形界面，同时组态王提供内置的命令语言，二次开发编程平台来增强图形动画效果。

任务 6.2　用组态王创建化学加药系统加氨单元监控项目

6.2.1　组态王 V6.51 安装

把组态王 V6.51 安装光盘插入光驱，运行 INSTALL 执行程序，弹出如图 6.2 所示画面。

图 6.2　组态王安装界面

选中第二项“安装组态王程序”，按提示操作，出现如图 6.3 所示画面。

可选择典型、压缩、自定义 3 种方式，如选择自定义安装方式，按提示一步一步操作，即可很方便完成安装。这时在“开始”→“程序”组件中就会出现组态王程序组件，如图 6.4 所示。

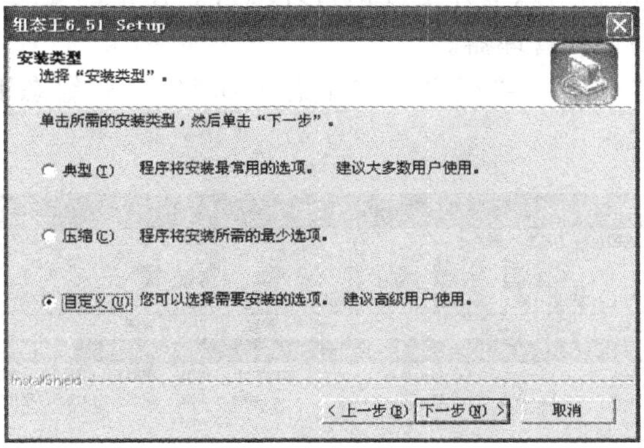

图6.3　组态王安装选择

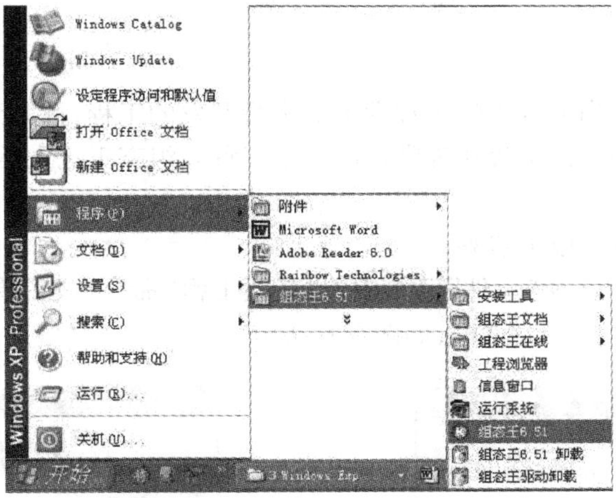

图6.4　组态王程序组件

6.2.2　建立新工程

在组态王中建立的每一个应用程序称为一个工程。每个工程必须建在一个独立的文件夹下，不同的工程不能共用同一个文件夹。在每一个工程的路径下，生成了一些重要的数据文件，这些数据文件不允许被直接修改，一般必须在工程环境中才能修改。

1. 工程简介

在本工程中，我们将建立一个电厂化学加药系统加氨单元的监控画面，实现凝水加氨和给水加氨，从现场采集的生产数据将以动画形式直观显示在监控画面上。作为一个完整的项目，还需组态显示实时趋势和报警信息的监控画面，并提供历史数据查询功能和数据统计的报表，本章不作展开。

2. 使用工程管理器

组态王工程管理器的主要作用是为用户集中管理本机上的组态王工程。工程管理器的主要功能包括：新建、删除工程，对工程重命名，搜索组态王工程，修改工程属性，工程备份、恢复，数据词典的导入导出，切换到组态王开发或运行环境等。在正确安装了“组态王 6.51”以后，可以通过下面的方法启动工程管理器。

如图 6.4 所示，点击“开始”→“程序”→“组态王 6.51” →“组态王 6.51”，启动后的工程管理器窗口如图 6.5 所示。

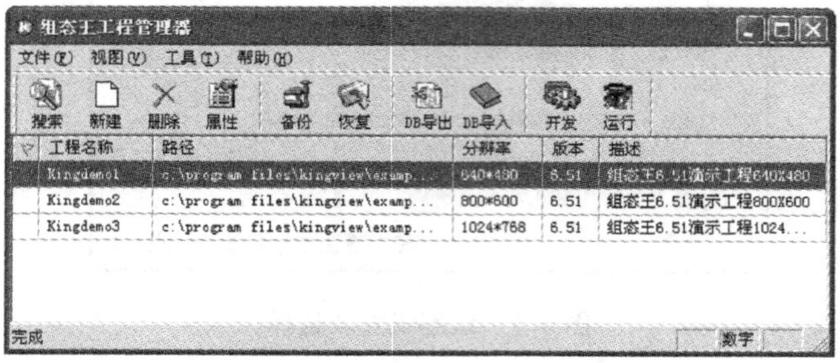

图 6.5　工程管理器窗口

3. 建立新工程

工程管理器启动后，当前选中的工程即上次进行开发的工程，称为当前工程。如果是第一次使用组态王，组态王的示例工程作为默认的当前工程。组态王进入运行系统时，直接调用工程管理器的当前工程。

建立一个新工程，执行以下步骤。

(1)在工程管理器中选择“文件”菜单中的“新建工程”命令，或者单击工具栏的“新建”按钮，出现“新建工程向导之一”对话框，如图 6.6 所示。

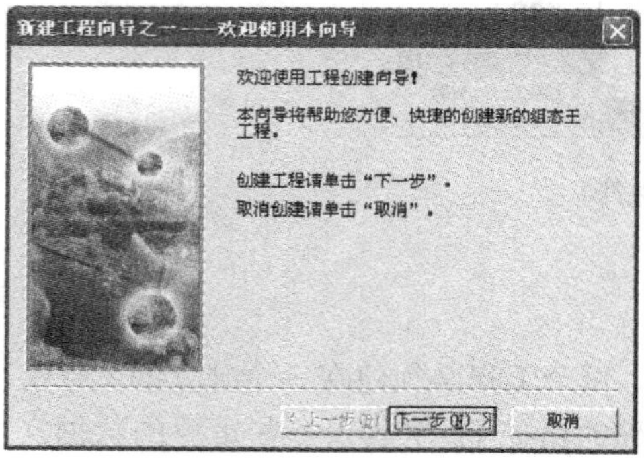

图 6.6　新建工程向导之一

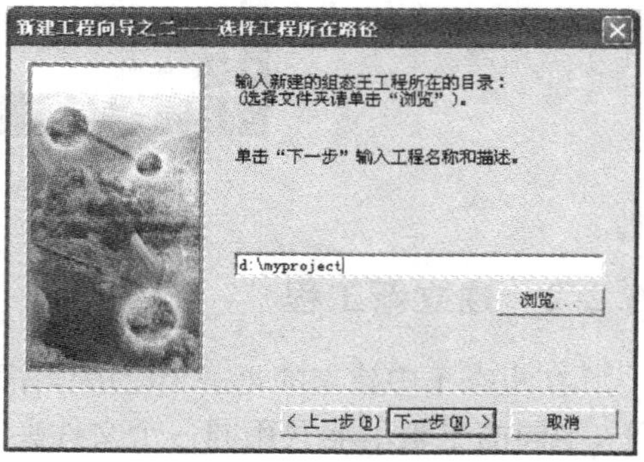

图 6.7　新建工程向导之二

(2)单击“下一步”按钮，弹出“新建工程向导之二”对话框，如图 6.7 所示。

(3)单击“浏览”按钮，选择新建工程的存储路径。如果该路径不存在，系统会提示是否创建，选择创建。组态王将在“新建工程向导之二” 对话框中所设置的路径下生成新的文件夹“myproject”。

(4)单击“下一步”按钮，弹出“新建工程向导之三”对话框，如图 6.8 所示。在对话框中输入工程名称：Proj-AN。在工程描述中输入：电厂化学加药系统加氨单元监控画面。

(5)单击“完成”按钮，弹出“新建组态王工程”对话框，询问是否将新建工程设为组态王当前工程，如图 6.9 所示。

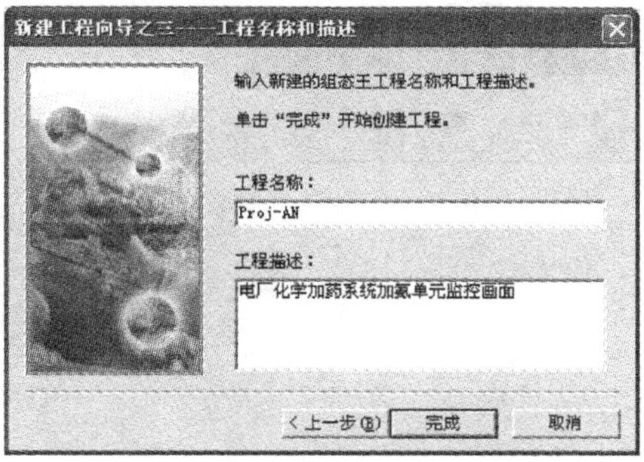

图6.8　新建工程向导之三

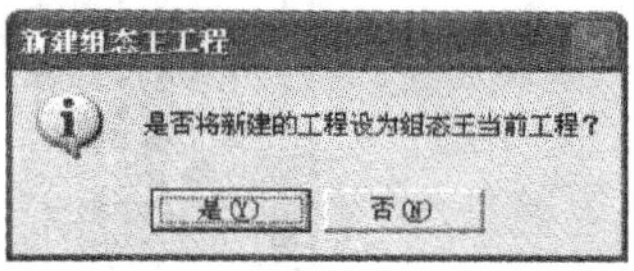

图6.9　新建工程向导之四

(6)选择“是”按钮，将新建工程设为组态王当前工程，当进入运行环境时系统默认运行此工程。

(7)系统自动生成文件ProjManage.dat，保存新工程的基本信息。

(8)在工程管理器中选择“工具”菜单中的“切换到开发系统”命令，进入工程浏览器窗口，此时组态王自动生成初始的数据文件。至此，新工程建立完成。

6.2.3　设计画面

1. 使用工程浏览器

工程浏览器是组态王的集成开发环境，在这里可以看到工程的各个组成部分包括Web、文件数据库、设备、系统配置、SQL访问管理器，它们以树形结构显示在工程浏览器窗口的左侧。

工程浏览器的使用和Windows的资源管理器类似，如图6.10所示。

工程浏览器由菜单栏、工具条、工程目录显示区、目录内容显示区、状态条组成。“工程目录显示区”以树形结构图显示大纲项节点，用户可以扩展或收缩工程浏览器中所列的大纲项。

2. 建立新画面

在本工程中，建立新画面执行以下步骤。

(1)在工程浏览器左侧的“工程目录显示区”中选择“画面”选项，在右侧视图中双击“新建”图标，弹出新画面对话框，如图6.11所示。

(2)新画面属性设置如下：

画面名称：加氨单元

对应文件：pic00001.pic(自动生成，用户也可以自定义)

注释：电厂化学加药系统加氨单元监控主画面

画面类型：覆盖式

画面边框：粗边框

标题杆：无效

大小可变：无效

画面位置：

　　左边：0

　　顶边：0

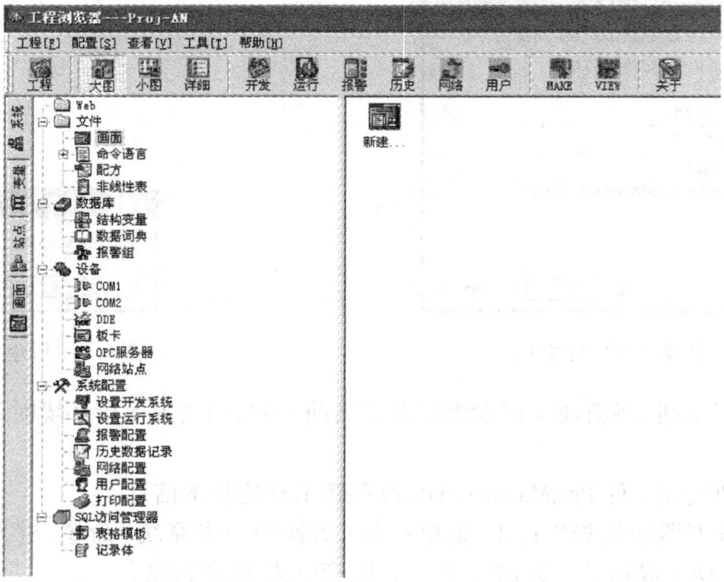

图 6.10　工程浏览器窗口

显示宽度:800

显示高度:600

画面宽度:800

画面高度:600

如图 6.12 所示。

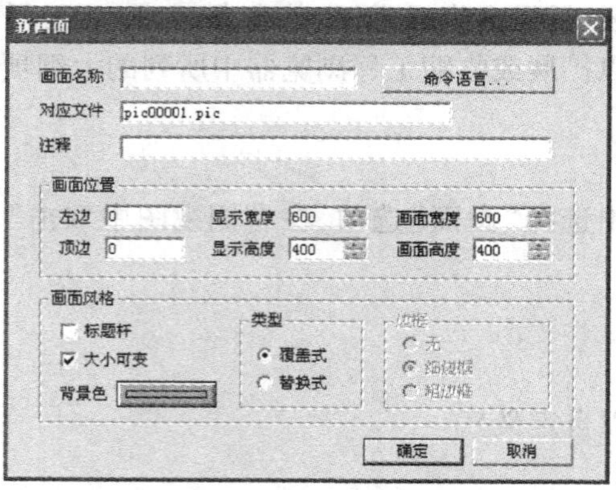

图 6.11　新建画面对话框

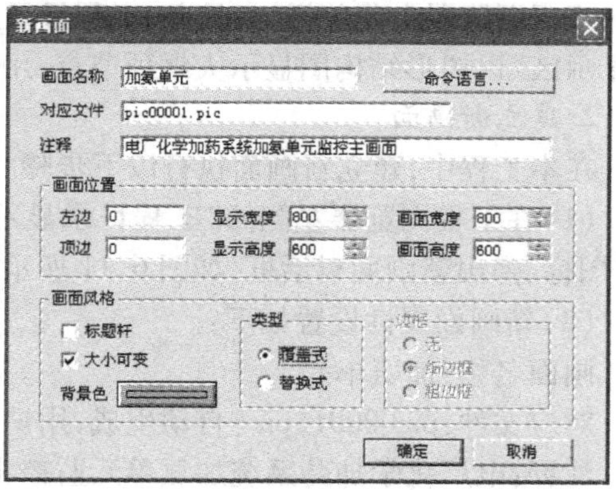

图 6.12　新画面属性设置

(3)在对话框中单击“确定”。TouchExplorer 会按照以上指定的风格生成一幅名为“加氨单元”的画面。

3. 使用图形工具箱

接下来在此画面中绘制各种图素。绘制图素的主要工具放置在图形编辑工具箱内。当画面打开时,工具箱自动显示。

(1)如果工具箱没有出现,选择“工具”菜单中的“显示工具箱”或按F10键将其打开,工具箱中各种基本工具的使用方法和Windows中的“画笔”很类似,如图6.13所示。

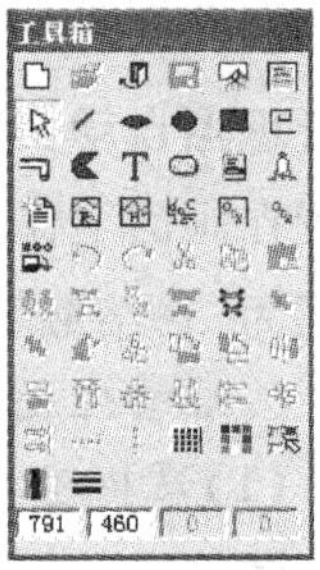

图6.13 开发工具箱

(2)在工具箱中单击文本工具,在画面中输入文字:化学加药系统加氨单元监控画面。

(3)如果要改变文本的字体、颜色和字号,先选中文本对象,然后在工具箱内选择字体工具。在弹出的“字体”对话框中修改文本属性。

4. 使用调色板

选择“工具”菜单中的“显示调色板”,或在工具箱中选择按钮,弹出调色板画面(注意,再次单击就会关闭调色板画面),如图6.14所示。

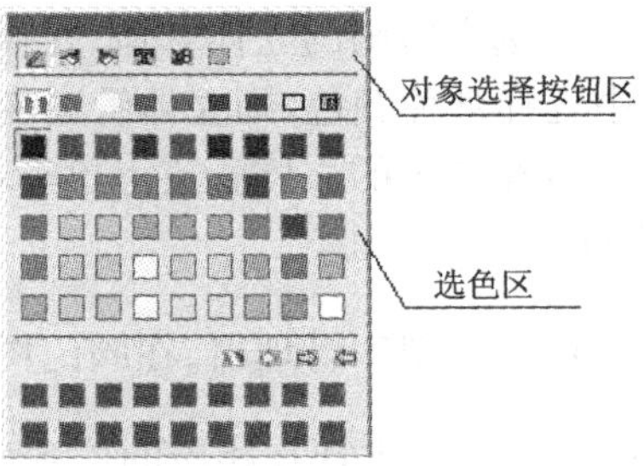

图6.14 调色板窗口

选中文本,在调色板上按下“对象选择按钮区”中“字符色”按钮,然后在“选色区”选择某种颜色,则该文本就变为相应的颜色。

5. 使用图库管理器

选择“图库”菜单中“打开图库”命令或者按F2键打开图库管理器,如图6.15所示。

使用图库管理器降低了工程设计人员开发界面的难度,用户可更加集中于维护数据库和增强软件内部的

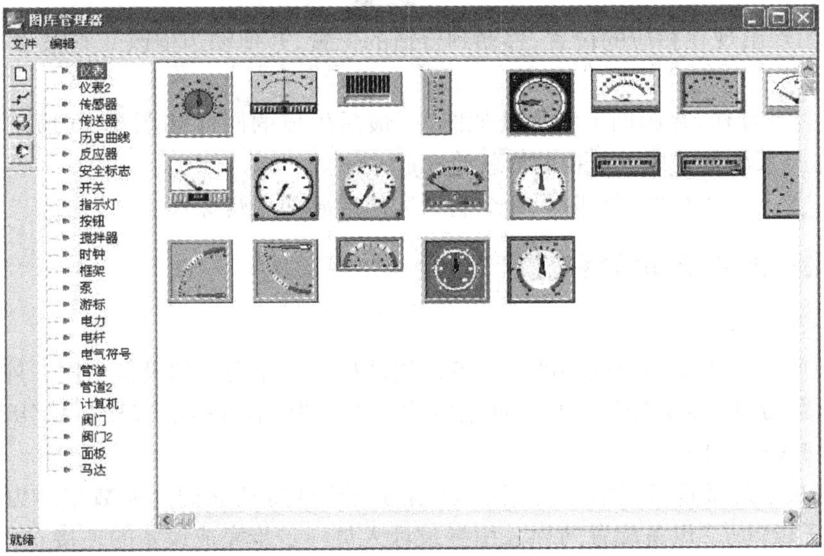

图6.15 图库管理器

逻辑控制,缩短开发周期;同时用图库开发的软件将具有统一的外观,方便工程人员学习和掌握;另外利用图库的开发性,工程人员可以生成自己的图库元素(亚控公司另提供专用软件开发包给高级用户,进行图库、驱动开发等)。

在图库管理器左侧“图库名称列表”中选择图库名称“反应器”，选中后双击鼠标，图库管理器自动关闭，在工程画面上鼠标位置出现“┃_”标志，在画面上单击鼠标，该图素就被放置在画面上作为溶液箱，拖动边框到合适的位置，改变其至适当的大小并利用 T 工具标注此罐为“1#溶液箱”。

6. 继续生成画面

(1)选择工具箱中的立体管道工具，在画面上鼠标图形变为“ + ”形状，取适当位置作为立体管道的起始位置，按住鼠标左键移动鼠标到结束位置后双击，则立体管道在画面上显示出来。如果立体管道需要拐弯，只需在折点处单击鼠标，然后继续移动鼠标，就可实现折线形式的立体管道绘制。

(2)选中所画的立体管道，在调色板上按下“对象选择按钮区”中“线条色”按钮，在“选色区”中选择某种颜色，则立体管道变为相应的颜色。

(3)在选中的立体管道上单击右键，在弹出的右键菜单中选择“管道宽度”，修改立体管道的宽度。

(4)打开图库管理器，在阀门图库中选择图素，双击后在加氨单元监控画面上单击鼠标，则该图素出现在相应的位置，移动到相应的立体管道上，并拖动边框改变其大小，并在其旁边标注文本：1#电磁阀。

(5)打开图库管理器，在阀门图库中选择图素，双击后在加氨单元监控画面上单击鼠标，则该图素出现在相应的位置，移动到合适的位置，并拖动边框改变其大小，并在其旁边标注文本：1#泵。

(6)重复以上操作，在画面上添加其他图素，最后生成的画面如图 6.16 所示，至此，一个简单的化学加药系统加氨单元监控画面就建立起来了。

(7)选择“文件”菜单的“全部存”命令将所完成的画面进行保存。

6.2.4 定义外部变量和数据变量

1. 定义外部设备

组态王把所有与之交换数据的硬件设备或软件程序都作为外部设备使用。外部设备包括 PLC、仪表、模块、板卡、变频器等。按照通信方式可以分为：串行通信(232/422/485)、以太网、专用通信卡(如 CP5611)等。

只有在定义了外部设备以后，组态王才能通过 I/O 变量和它们交换数据。为方便定义外部设备，组态王设计了“设备配置向导”，引导设计人员一步步完成设备的连接。

组态王设计了一个仿真 PLC，用于在无真实硬件设备的情况下调试程序。仿真 PLC 可以模拟现场的 PLC 为组态王提供数据。本项目即使用仿真 PLC 和组态王通信，假设仿真 PLC 连接在计算机的 COM1 口。

(1)在组态王工程浏览器的左侧选中“COM1”，在右侧双击“新建”图标弹出“设备配置向导”对话框，如图 6.17 所示。

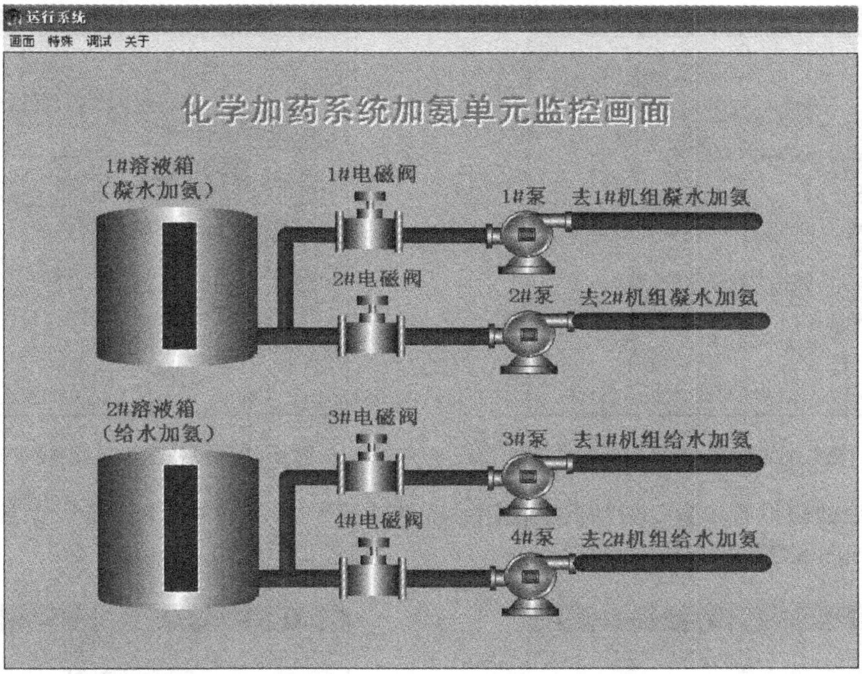

图6.16　加氨单元监控画面

(2)选择亚控提供的“仿真PLC”的“串口”项后单击“下一步”弹出对话框,如图6.18所示。

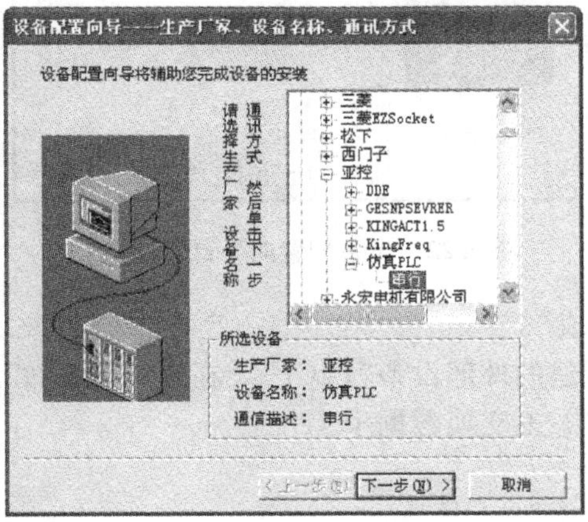

图6.17　设备配置向导:选择仿真PLC

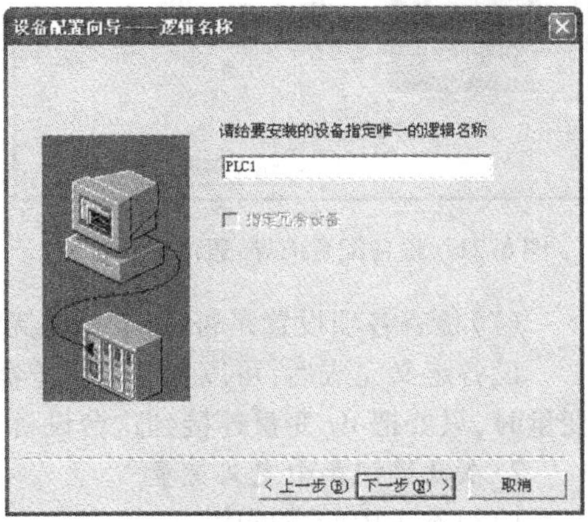

图6.18　设备配置向导:指定设备逻辑名称

(3)为仿真PLC设备指定一个名称,如PLC1,单击“下一步”弹出串口对话框,如图6.19所示。

(4)为设备选择连接的串口为COM1,单击“下一步”弹出设备地址对话框,如图6.20所示。实际连接设备时,设备地址处填写的地址要和用户实际设备设定的地址完全一致。

(5)填写设备地址为0,单击“下一步”弹出通信参数对话框,如图6.21所示。

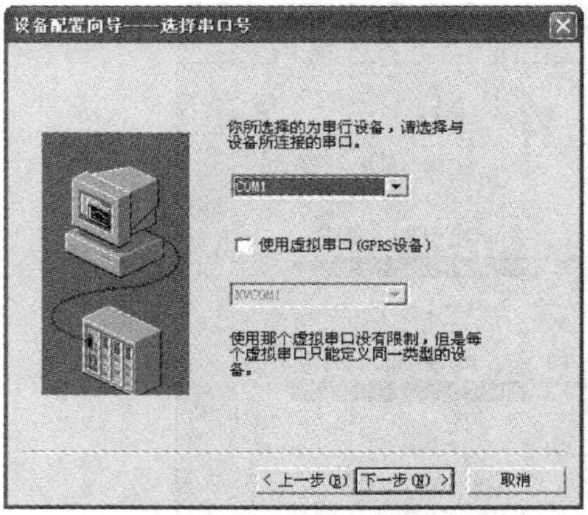

图 6.19　设备配置向导:选择串口号

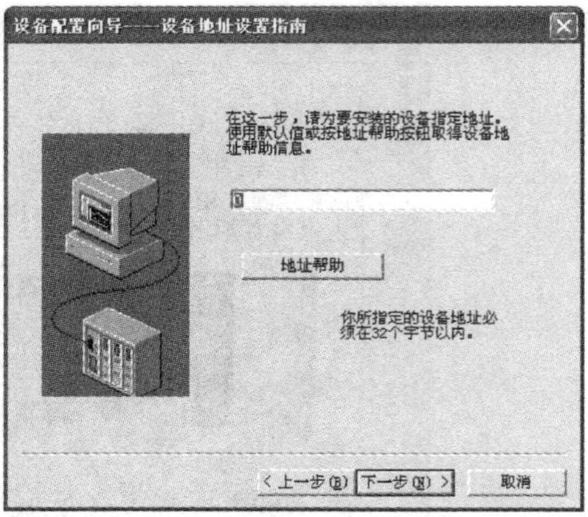

图 6.20　设备配置向导:设置设备地址

(6)通信故障设置参数一般情况下使用系统默认设置即可,单击“下一步”,系统弹出信息总结窗口,如图 6.22 所示。

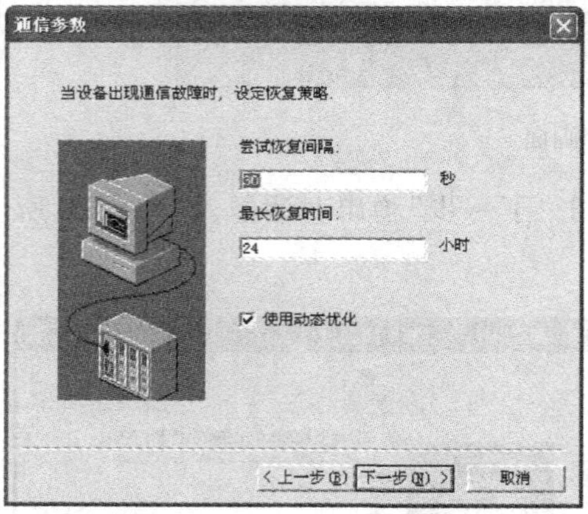

图 6.21　设备配置向导:通信参数设置

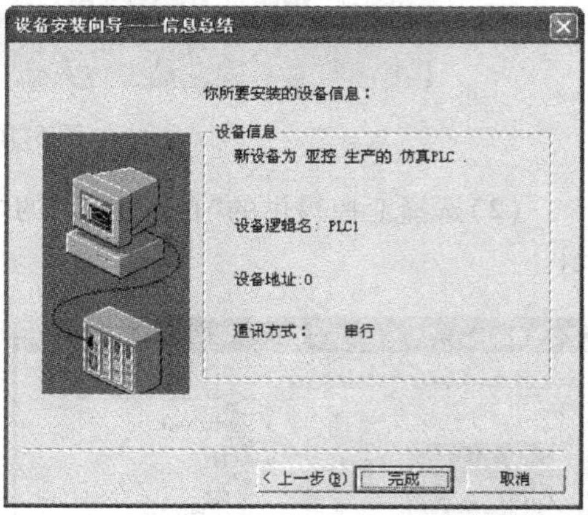

图 6.22　设备配置向导:信息总结

(7)检查各项设置是否正确,确认无误后,单击“完成”。

设备定义完成后,可以在工程浏览器的右侧看到新建的外部设备“PLC1”。在定义数据库变量时,只要把 IO 变量连接到这台设备上,就可以和组态王交换数据了。

2. *在数据词典中定义变量*

1)组态王中的数据库

数据库是组态王最核心的部分。在 TouchVew 运行时,工业现场的生产状况要以动画的形式反映在屏幕上,操作者在计算机前发布的指令也要迅速送达生产现场,所有这一切都是以实时数据库为中心环节,所以数据库是联系上位机和下位机的桥梁。

数据库中变量的集合形象地被称为“数据词典”,数据词典记录了所有用户可使用的数据变量的详细信息。

在组态王软件中,数据库分为实时数据库和历史数据库。

2)数据词典中变量的类型

数据词典中存放的是应用工程设计时定义的变量以及系统预先定义的变量。变量可以分为基本类型和特殊类型两大类,基本类型的变量又分为内存变量和I/O变量两类。

I/O变量是指需要组态王和其他应用程序(包括I/O服务程序)交换数据的变量。这种数据交换是双向的、动态的,也就是说在组态王系统运行过程中,每当I/O变量的值改变时,该值就会自动写入远程应用程序;每当远程应用程序的值改变时,组态王系统中的变量值也会自动定期更新。所以,从下位机采集来的数据或发送给下位机的指令,都需要设置成"I/O变量"。对于不需要和其他应用程序交换、只在组态王内使用的变量,比如计算过程的中间变量,可以设置成"内存变量"。

按照数据类型,基本类型的变量可以分为离散型、实型、长整数型和字符串型,下面分别加以说明。

(1)内存离散变量、I/O离散变量:类似一般程序设计语言中的布尔(BOOL)变量,只有0,1两种取值,用于表示开关量信号。

(2)内存实型变量、I/O实型变量:类似一般程序设计语言中的浮点型变量,用于表示浮点数据,取值范围10E-38~10E+38,有效值7位。

(3)内存整数变量、I/O整数变量:类似一般程序设计语言中的有符号长整数型变量,用于表示带符号的整型数据,取值范围-2 147 483 648~2 147 483 647。

(4)内存字符串型变量、I/O字符串型变量:类似一般程序设计语言中的字符串变量,用于记录有特定含义的字符串,如名称、密码等,该类型变量可以进行比较运算和赋值运算。

特殊变量类型有报警窗口变量、报警组变量、历史趋势曲线变量、时间变量4种。

3)变量的定义

对于我们正在建立的工程,需要从下位机(仿真PLC)采集1#溶液箱液位、2#溶液箱液位,所以需要在数据词典中定义这两个变量。因为这些数据是通过驱动程序采集到的,所以两个变量的类型都是I/O变量,变量定义方法如下。

在工程浏览器的左侧选择"数据词典",在右侧双击"新建"图标,弹出"定义变量"对话框,如图6.23所示。在图中定义了变量"溶液箱液位1",选择或输入各项参数,完成后单击"确定"按钮。

用类似的方法建立另一个变量"溶液箱液位2"。

此外还需建立8个离散型内存变量:"电磁阀1"、"电磁阀2"、"电磁阀3"、"电磁阀4"、"泵1"、"泵2"、"泵3"、"泵4"。图6.24所示是定义变量"电磁阀1"的画面。

完成后数据词典中的变量如图6.25所示。

4)仿真PLC内部寄存器变量说明

仿真PLC提供5种类型的内部寄存器变量INCREA,DECREA,RADOM,STATIC,CommErr,寄存器INCREA,DECREA,RADOM,STATIC的编号范围为1~1000,变量的数据类型均为整数(即SHORT)。举例如下。

递增寄存器INCREA100:变化范围0~100,表示该寄存器的值由0递加到100,并不断循环。

递减寄存器DECREA100:变化范围0~100,表示寄存器的值由100递减为0,并不断循环。

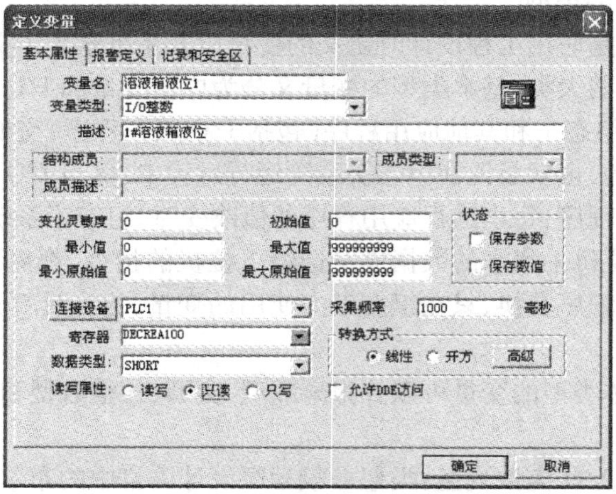

图 6.23　I/O 整数变量定义对话框

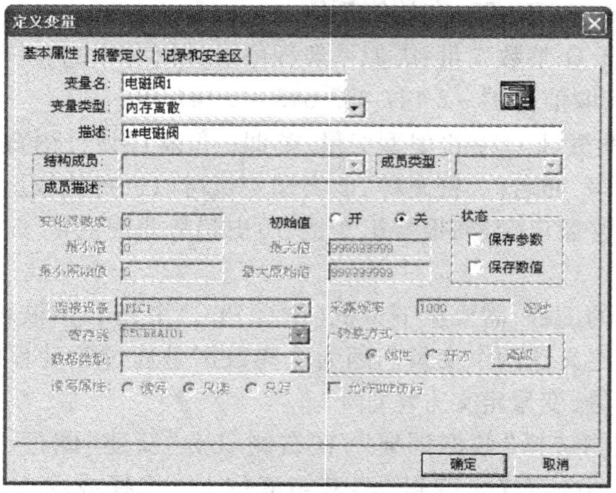

图 6.24　内存离散变量定义对话框

随机寄存器 RADOM100:变化范围 0 ~ 100,表示该寄存器的值在 0 到 100 之间随机地变化。

静态寄存器 STATIC100:该寄存器变量是一个静态变量,可保存用户下发的数据,当用户写入数据后就保存下来,并可供用户读出。STATIC100 表示寄存器的变量能够接收 0 ~ 100 之间的任意一个整数。

组态王对所支持的设备提供了相应的联机帮助,用户在定义实际设备时可以访问联机帮助来得到相应的信息。

至此,数据变量已经全部建立,而对于大批同一类型的变量,组态王还提供了可以快速成批定义变量的方法,即结构变量的定义。

下面的任务是:让画面上的图素(对象)运动起来,实现一个动画效果的监控系统。

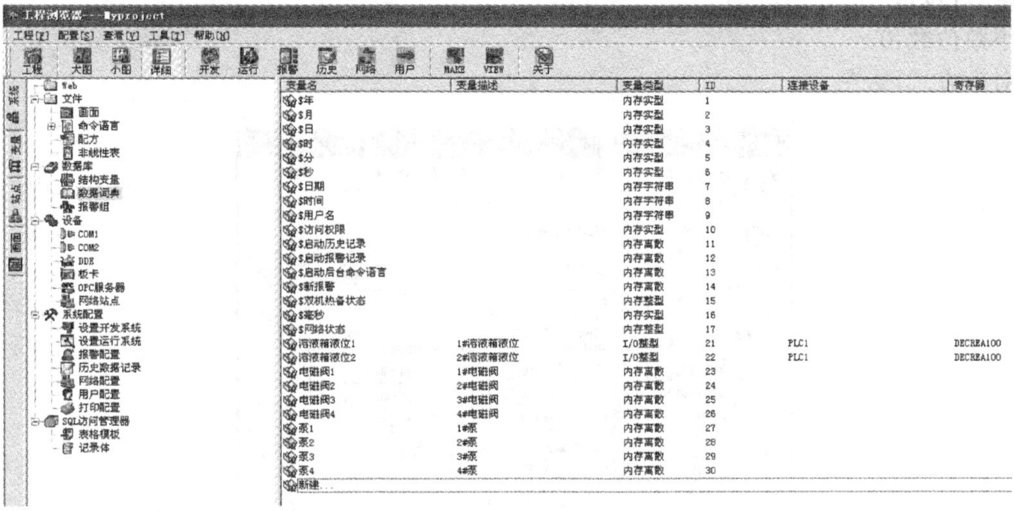

图 6.25　完成后数据词典中的变量

6.2.5　动画连接

1. 动画连接的作用

所谓动画连接就是建立画面的图素(对象)与数据库变量的对应关系。对于已经建立的加氨单元监控画面,如果画面上的溶液箱图素能够随着变量“溶液箱液位 1”数值的大小实时反映液位的变化,那么对于操作者来说,就能够看到一个反映工业现场的监控画面,这就是建立动画连接的目的。

2. 液位数值动画设置

操作步骤如下。

(1)在画面上双击“1#溶液箱” 图素,弹出该对象的动画连接对话框,如图 6.26 所示。对话框设置如下:

变量名(模拟量):\\本站点\溶液箱液位 1

填充背景颜色:绿色

最小值:0　　　　占据百分比:0

最大值:100　　　占据百分比:100

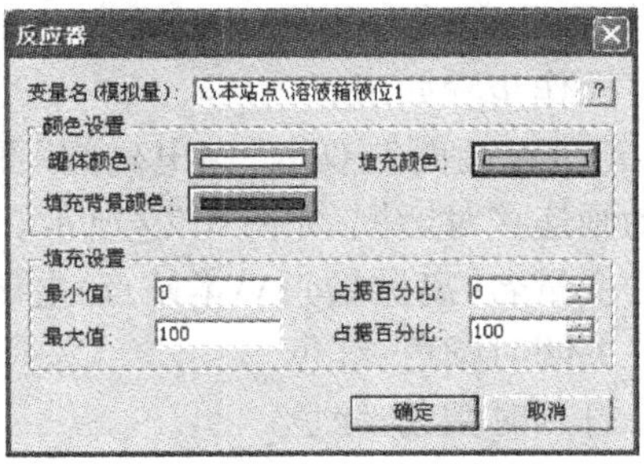

图 6.26　“1#溶液箱”动画连接对话框

(2)单击“确定”按钮,完成该动画连接。这样建立连接后,1#溶液箱液位的高度随着变量“溶液箱液位 1”数值的变化而变化。

(3)用同样的方法设置 2#溶液箱的动画连接,连接变量为:\\本站点\溶液箱液位 2。

(4)在工具箱中选择 **T** 工具,在溶液箱旁边输入字符串“#####”,这个字符串是任意的,当工程运行时,字符串的内容将被需要输出的模拟值所取代。

(5)双击文本对象“#####”,弹出动画连接对话框,如图 6.27 所示。在该对话框中选择“模拟值输出”选项,弹出模拟值输出动画连接对话框,如图 6.28 所示,设置如下:

表达式:\\本站点\溶液箱液位 1

整数位数:2

小数位数:0

对齐方式:居左

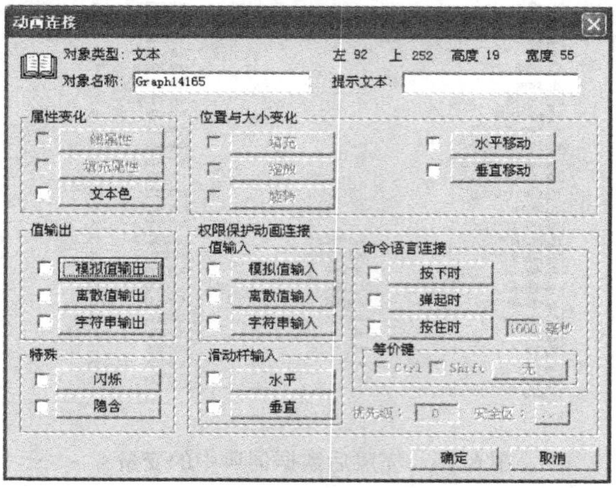

图 6.27 动画连接对话框

(6)单击“确定”按钮完成动画连接的设置。当系统处于运行状态时在文本框“#####”中将显示 1#溶液箱的实际液位数值。

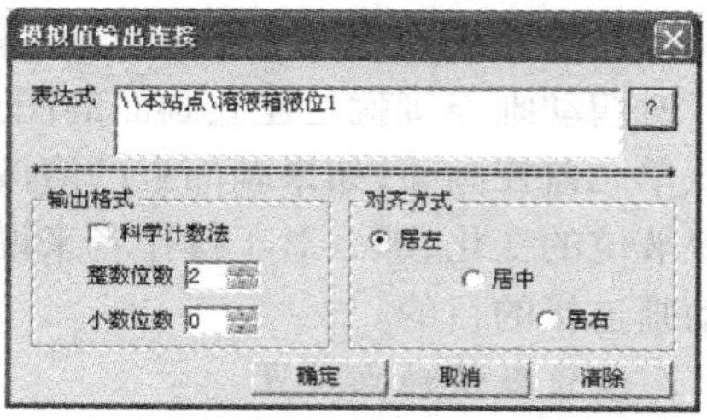

图 6.28 模拟值输出动画连接对话框

(7)用同样的方法建立文本框“#####”,设置 2#溶液箱的动画连接,连接变量为:\\本站点\溶液箱液位 2。

3. 电磁阀及泵的动画设置

操作步骤如下。

(1)在画面上双击“1#电磁阀”图素,弹出该图素的动画连接对话框,如图 6.29 所示。对话框设置如下:

变量名(离散量):\\本站点\电磁阀 1

关闭时颜色:红色

打开时颜色:绿色

(2)单击“确定”按钮后 1#电磁阀动画设置完毕,当系统进入运行环境时鼠标单击此阀门,变成绿色,表示阀门已打开,再次单击阀门变成红色,表示已关闭。实际应用中变量“\\本站点\电磁阀 1”设计为输出型 I/O 离散变量,以达到控制阀门打开和关闭的目的。

(3)用同样的方法设置 2#,3#,4#电磁阀的动画连接,连接变量分别为:\\本站点\电磁阀 2,\\本站点\电磁阀 3,\\本站点\电磁阀 4。

(4)按以上方法设置 1#,2#,3#,4#泵的动画连接,连接变量分别为:\\本站点\泵 1,\\本站点\泵 2,\\本站点\泵 3,\\本站点\泵 4。1#泵的动画连接如图 6.30 所示,单击“确定”按钮后 1#泵动画设置完毕,当系统进入运行环境时鼠标单击此泵,矩形块变成绿色,表示泵启动运行,再次单击则变成红色,表示泵停止运行。

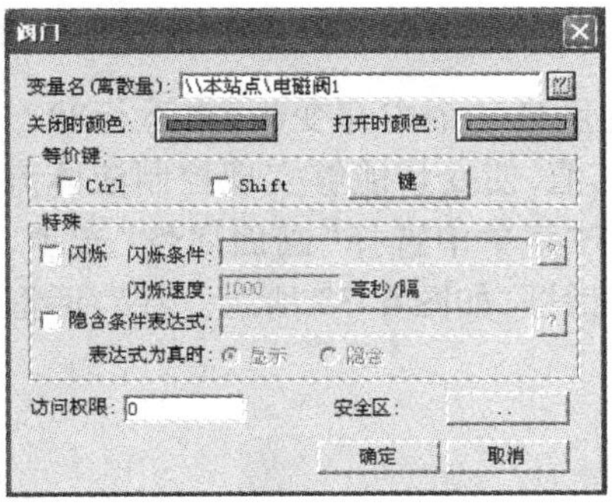

图6.29　电磁阀动画连接对话框

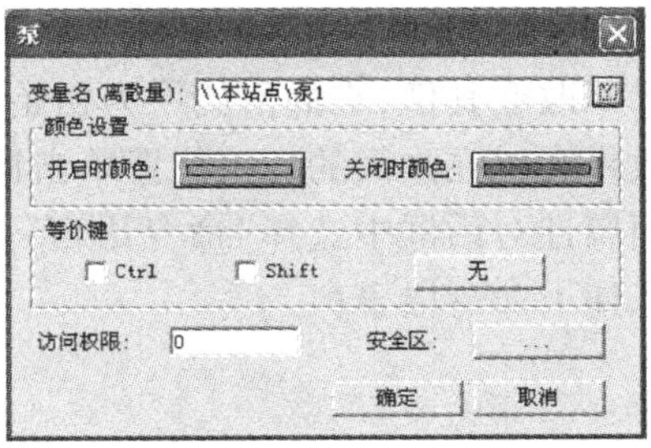

图6.30　泵动画连接对话框

实际应用中变量“\\本站点\泵1”设计为输出型I/O离散变量,以达到控制泵启动和停止的目的。

4.液体流动动画设置

操作步骤如下。

(1)在数据词典中定义一个内存整型变量:

变量名:控制水流

变量类型:内存整数

初始值:0

最小值:0

最大值:100

(2)选择工具箱中的“矩形”工具,在管道上画一小方块,宽度与管道相匹配,颜色区分于管道的颜色,然后利用“编辑”菜单中的“拷贝”、“粘贴”命令复制多个小方块排成一行作为液体,如图6.31所示(图中电磁阀已移至小方块上面)。

图6.31　管道中绘制液体

(3)选择所有小方块,单击鼠标右键,在弹出的下拉菜单中执行“组合拆分”→“合成组合图素”命令将其组合成一个图素,双击此图素弹出动画连接对话框(如图6.27所示),在对话框中单击“水平移动”选项,弹出水平移动设置对话框,如图6.32所示。对话框设置如下:

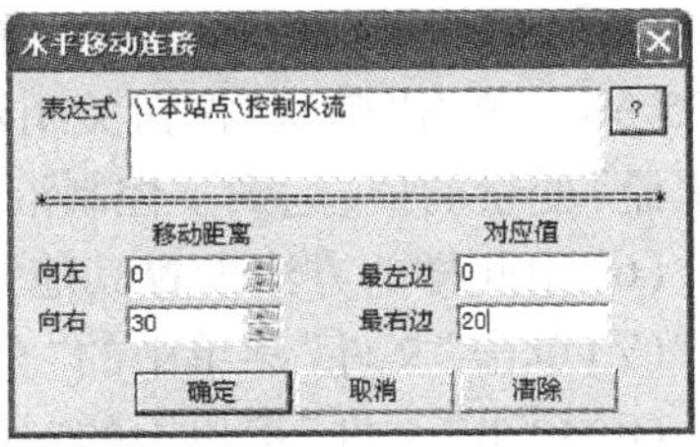

图6.32　水平移动连接动画对话框

表达式:\\本站点\控制水流

向左:0

向右:30

最左边:0

最右边:20

向右水平移动的距离可根据具体情况设置。

(4)上述"表达式"中连接的"\\本站点\控制水流"变量是一个内存变量,在运行状态下如果不改变其值,它的值始终为初始值0。那么如何改变其值,使变量能够实现控制液体流动的效果呢?在画面的任一位置单击鼠标右键,在弹出的下拉菜单中选择"画面属性"选项,在画面属性对话框中选择"命令语言"选项,弹出命令语言对话框,如图6.33所示。在对话框中输入如下命令语言:

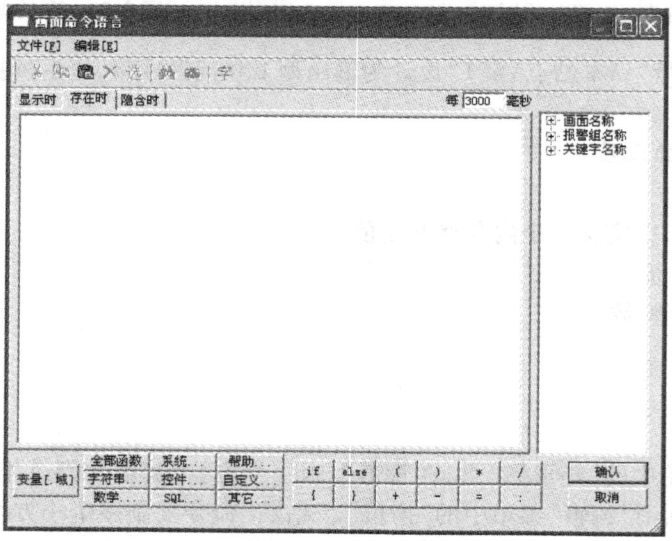

图6.33 命令语言对话框

if(\\本站点\电磁阀1 = =1)

\\本站点\控制水流 = \\本站点\控制水流 +5;

if(\\本站点\控制水流 >20)

\\本站点\控制水流 =0;

(5)上述命令语言是当"监控画面"存在时每隔3 000 ms执行一次,可以改变设定值,如设为55 ms。单击"确认"按钮关闭对话框。当"\\本站点\电磁阀1"开启时改变"\\本站点\控制水流"变量的值,达到了控制液体流动的目的。

(6)用同样的方法设置其他管道液体流动的动画。

(7)单击"文件"菜单中的"全部存"命令,保存上面所作的设置。

(8)单击"文件"菜单中的"切换到VIEW"命令,进入运行系统,在画面中可看到液位的变化情况。控制电磁阀的开关,可以控制液体的流动,从而达到了监控的目的。系统运行界面如图6.34所示。

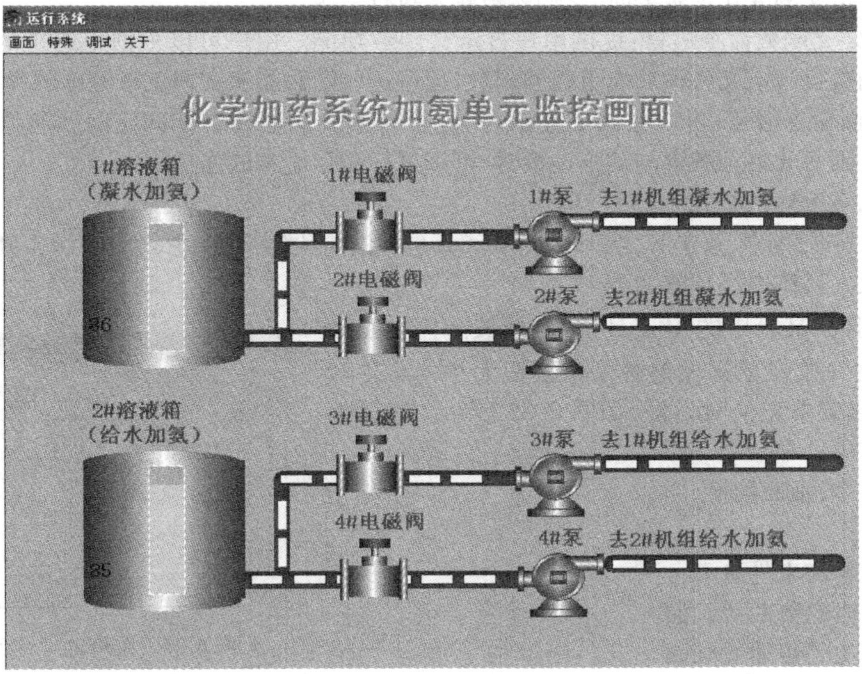

图 6.34　运行中的监控画面

6.2.6　命令语言

1. 命令语言概述

组态王除了在定义动画连接时支持连接表达式，还允许用户编写命令语言来扩展应用程序的功能，极大地增强了应用程序的可用性。

命令语言的格式类似 C 语言的格式，工程人员可以利用命令语言来增强应用程序的灵活性。组态王的命令语言编辑环境已经编好，用户只要按规范编写程序段即可。它包括：应用程序命令语言、热键命令语言、事件命令语言、数据改变命令语言、自定义函数命令语言和画面命令语言等。

命令语言的句法和 C 语言非常类似，可以说是 C 语言的一个简化子集，具有完备的词法、语法、查错功能和丰富的运算符、数学函数、字符串函数、控件函数、SQL 函数和系统函数。各种命令语言通过“命令语言编辑器”编辑输入并进行语法检查，在运行系统中进行编译执行。

命令语言有 6 种形式，其区别在于命令语言执行的时机或条件不同。

(1)应用程序命令语言：可以在程序启动时、关闭时或在程序运行期间周期执行。如果希望周期执行，还需要指定时间间隔。

(2)热键命令语言：被链接到设计者指定的热键上，软件运行期间，操作者随时按下热键都可以启动该段命令语言程序。

(3)事件命令语言：规定在事件发生、存在、消失时分别执行的程序。离散变量名或表达式都可以作为事件。

(4)数据改变命令语言：只链接到变量或变量的域。在变量或变量的域值变化到超出数据字典中所定义的变化灵敏度时，它们就被触发执行一次。

(5)自定义函数命令语言：提供用户自定义函数功能。用户可以根据组态王的基本语法及提供的函数自己定义各种功能更强的函数，通过这些函数能够实现工程特殊的需要。

(6)画面命令语言：可以在画面显示时、隐含时或在画面存在期间定时执行画面命令语言。在定义画面的各种图素的动画连接时，可以进行命令语言的连接。

2. 实现画面切换功能

利用系统提供的“菜单”工具和 ShowPicture( ) 函数能够实现在主画面中切换到其他任一画面的功能。具体操作步骤如下。

(1)选择工具箱中的工具，将鼠标放到监控画面的任一位置并按住鼠标左键画一个按钮大小的菜单对象，双击弹出菜单定义对话框，如图 6.35 所示。对话框设置如下：

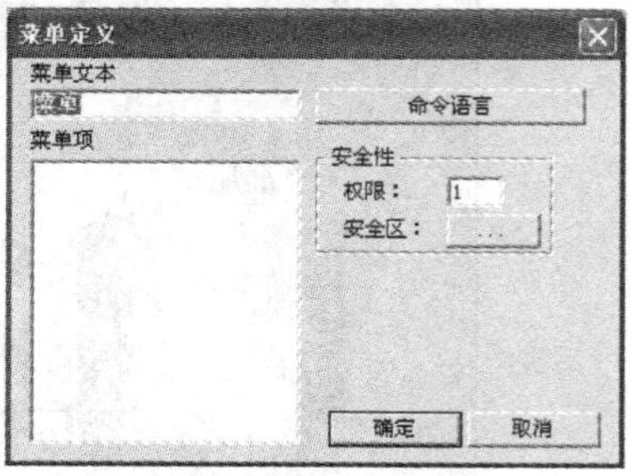

图 6.35　菜单定义对话框

菜单文本：画面切换

菜单项：

报警和事件画面

实时趋势曲线画面

历史趋势曲线画面

XY 控件画面

日历控件画面

实时数据报表画面

实时数据报表查询画面

历史数据报表画面

1 分钟数据报表画面

数据库操作画面

“菜单项”的输入方法为：在“菜单项”编辑区中单击鼠标右键，在弹出的下拉菜单中执行“新建项”命令即可编辑菜单项。菜单项中的画面是在工程后面建立的。

(2)菜单项输入完毕后单击“命令语言”按钮，弹出命令语言编辑框，在编辑框中输入如图 6.36 所示命令语言。

(3)单击“确认”按钮关闭对话框，当系统进入运行状态时单击菜单中的每一项，进入相应的画面中。

3. 退出系统

如果要退出组态王运行系统，返回到 Windows，可以通过 Exit( ) 函数来实现。

(1)选择工具箱中的工具，在画面上画一个按钮，选中按钮并单击鼠标右键，在弹出的下拉菜单中执行“字符串替换”命令，设置按钮文本为：系统退出。

(2)双击按钮，弹出“动画连接”对话框，在此对话框中选择“弹起时”选项弹出命令语言编辑框，在编辑框中输入如下命令语言：

```
Exit(  );
```

(3)单击“确认”按钮关闭对话框，当系统进入运行状态时单击此按钮，系统将退出组态王运行环境。

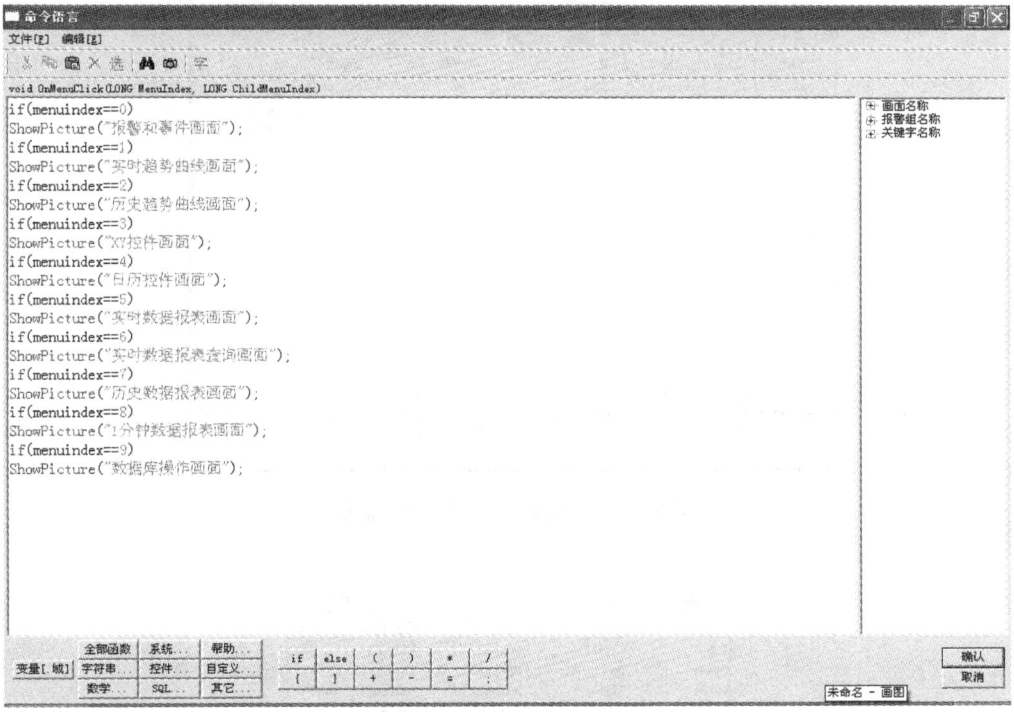

图 6.36　菜单命令语言编辑对话框

4. 定义热键

在实际的工业现场,为了操作需要,往往需要定义一些热键,当某键被按下时使系统执行相应的控制命令。例如当按下 F1 键时,电磁阀 1 被开启或关闭,这可以使用命令语言——热键命令语言来实现。

(1) 在工程浏览器左侧的“工程目录显示区”内选择“命令语言”下的“热键命令语言”选项,双击“目录内容显示区”的新建图标弹出“热键命令语言” 编辑对话框,如图 6.37 所示。

(2) 在对话框中单击“键”按钮,弹出如图 6.38“选择键”对话框,选择“F1”键后关闭对话框。

(3) 在命令语言编辑区中输入如下命令语言:

```
if (\\本站点\电磁阀 1 = =1)
\\本站点\电磁阀 1 =0;
else
\\本站点\电磁阀 1 =1;
```

(4) 单击“确认”按钮关闭对话框,当系统进入运行状态时,按下“F1”键执行上述命令语言:首先判断电磁阀 1 的当前状态,如果是开启的则将其关闭,否则将其打开,从而实现了开关的切换功能。

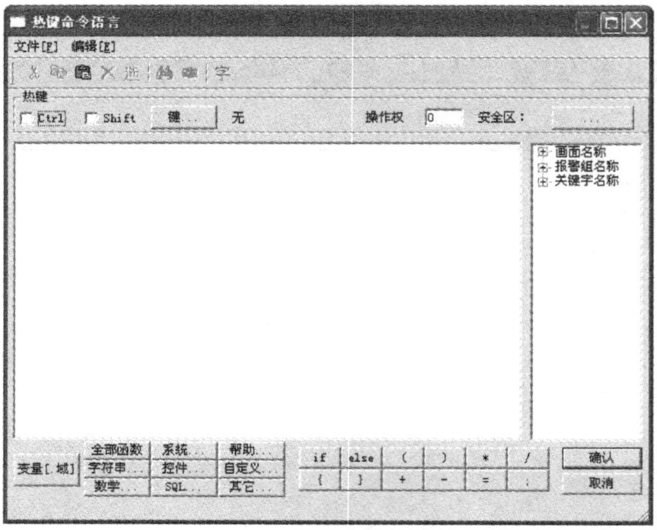

图 6.37 热键命令语言编辑对话框

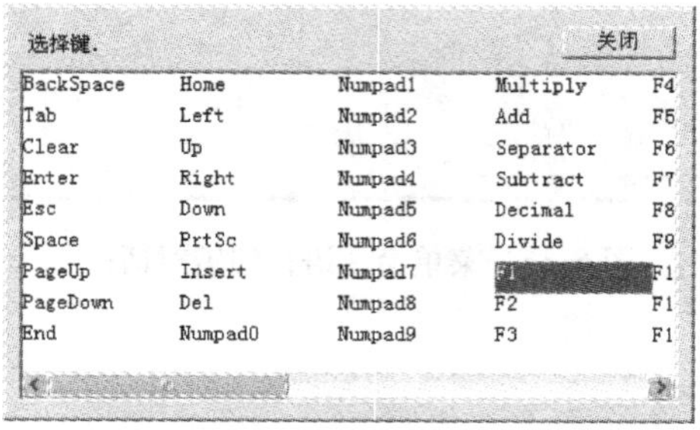

图 6.38 选择键对话框

任务 6.3 组态王对 ADAM 智能设备的组态

本节以 ADAM - 4000 模块、ADAM - 5000/485 控制器、ADAM - 5000TCP 控制器为硬件平台，分别介绍组态王 King View V6.51 的组态步骤。

6.3.1 组态王对 ADAM - 4000 模块的组态

以组态王对 ADAM - 4017 + 模块的组态为例，操作步骤如下（其他 ADAM - 4000 模块的操作步骤基本相同）。

1. 在组态王中创建一个工程

新建工程后的工程浏览器如图 6.39 所示。

2. 在串口添加 ADAM 模块

在 COM1 口添加 ADAM - 4017 + 模块，如图 6.40 所示，并指定名称为 m4017p。

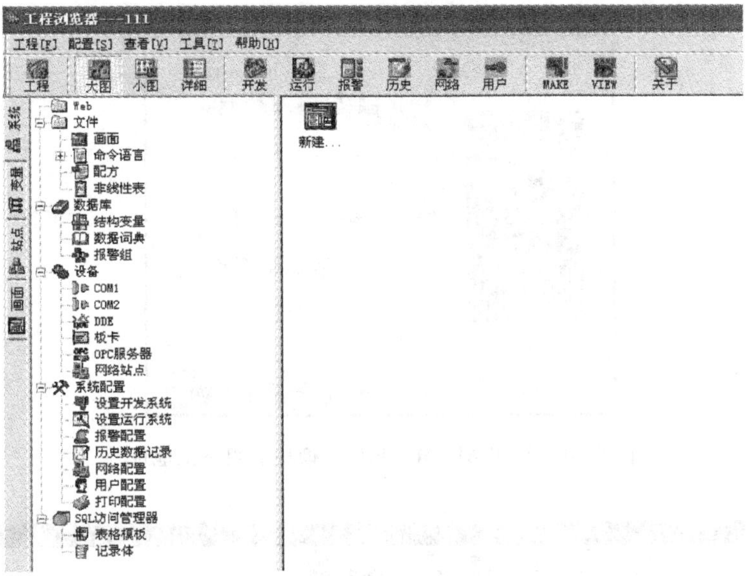

图 6.39　新建工程后的工程浏览器画面

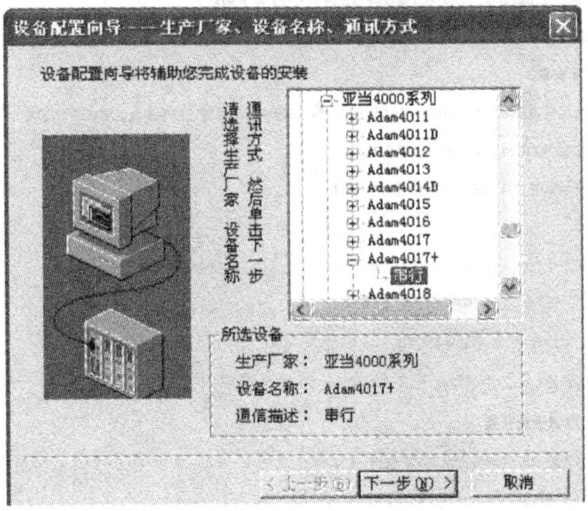

图 6.40　在 COM1 口添加 ADAM－4017＋模块

3. 正确设置模块地址

先利用 ADAM 4000 Utility 软件，在初始化状态将 4017＋模块的“CheckSum”参数设为 Disable。若模块的地址为 5，则组态王中应输入地址 5.1，如图 6.41 所示。

在这里可以利用“地址帮助”功能。组态王为几千种设备开发了驱动程序，在“地址帮助”中对各种驱动程序进行了详细描述。以 4017＋模块为例，其地址帮助如图 6.42 所示。

4. 设置串口属性

在菜单“配置”→“设置串口”中将 COM1 的奇偶校验属性改为“无校验”，如图 6.43 所示。

5. 信号测试

设备创建好后，应先对其性能进行测试，以验证组态王与模块的通信是否正常。图 6.44 是对 ADAM－4017＋模块第 0 通道输入的信号进行测试的画面。

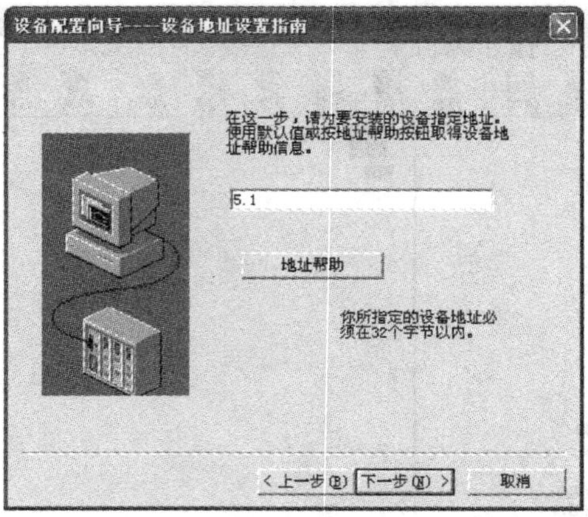

图 6.41　设置 ADAM－4017＋模块的组态王地址

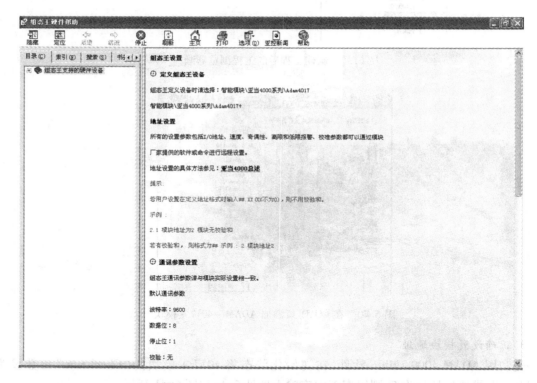

图 6.42　ADAM－4017＋模块的地址帮助

6. 建立变量

在数据词典中新建变量 V4017p _ 1，如图 6.45 所示。对应 4017＋模块的第 0～7 通道，寄存器分别为 AI0～AI7。

7. 在组态王画面中添加字符对象

新建画面，添加字符对象，如图 6.46 所示。

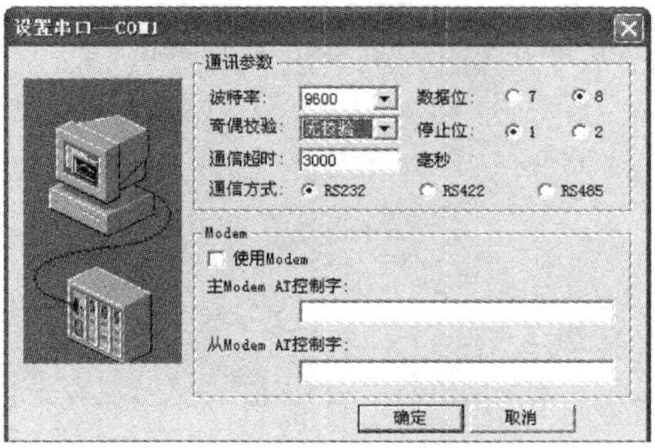

图6.43　在组态王中设置COM1口的奇偶校验属性

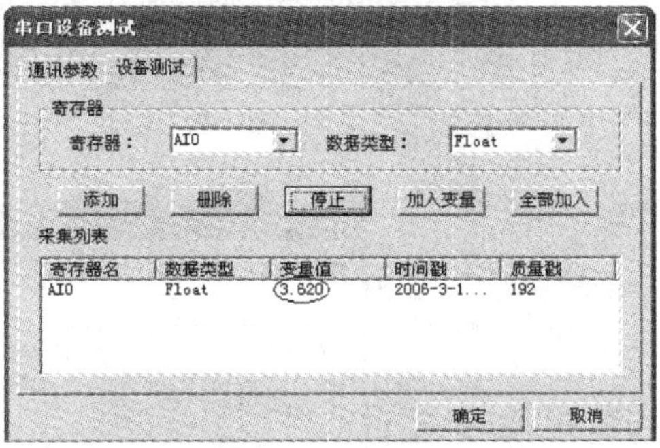

6.44　在组态王中测试ADAM-4017+模块输入信号

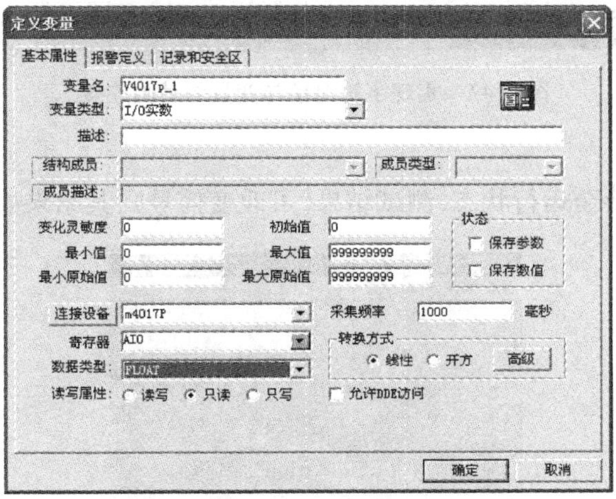

图6.45　在数据词典中新建变量

8. 建立字符对象与变量的动画连接

双击该字符对象，弹出动画连接对话框，选择模拟值输出按钮，建立与变量的动画连接，如图6.47所示。

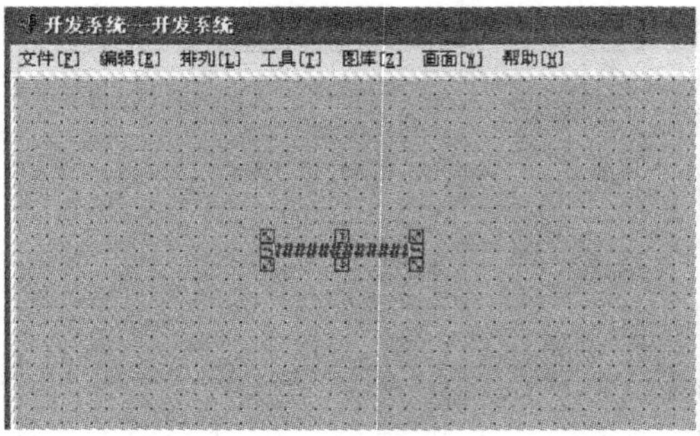

图 6.46　新建画面并添加字符对象

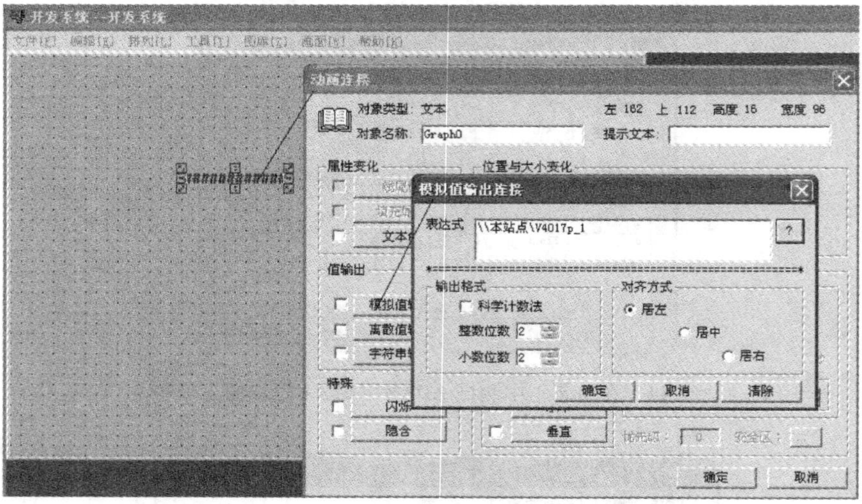

图 6.47　实现字符对象与变量的动画连接

9. 存盘运行

将该画面存盘，切换至运行状态，测试结果(可改变信号)，其结果如图 6.48 所示。

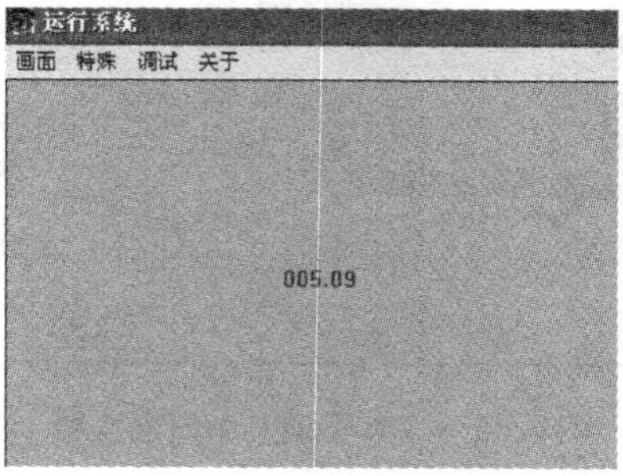

图 6.48　程序运行结果

6.3.2　组态王对 ADAM－5000/485 控制器及 ADAM－5000 模块的组态

组态王对 ADAM－5000/485 控制器及其插槽上模块的组态操作步骤如下（以 ADAM－5024 模块为例，其他 ADAM－5000 模块的操作步骤基本相同）。

1. 创建工程并添加 5024 模块驱动

新建工程后的工程浏览器画面如图 6.39 所示。

对 ADAM－5000/485 控制器，其插槽上模块驱动的添加与 ADAM－4000 模块相似，需在 COM 口分别添加。本例中，在 COM1 口添加 ADAM－5024 模块，如图 6.49 所示，并指定名称为 m5024。

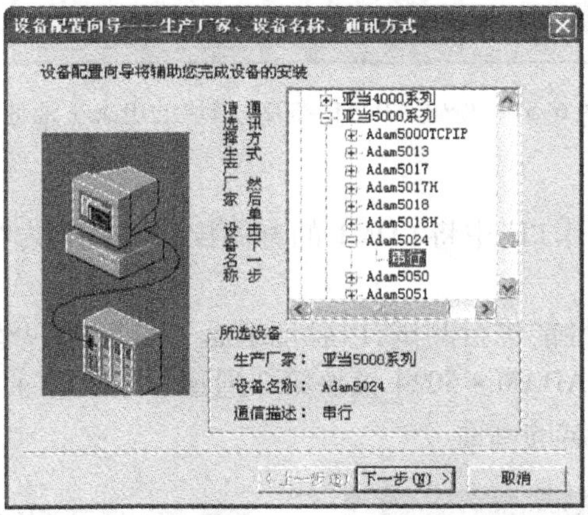

图 6.49　在 COM1 口添加 ADAM－5024 模块

2. 设置模块地址

先利用 ADAM 4000/5000 Utility 软件，在初始化状态将 5000/485 控制器的“CheckSum”参数设为 Enable；将硬件拨码开关地址设为 3，重新检测后画面如图 6.50 所示。

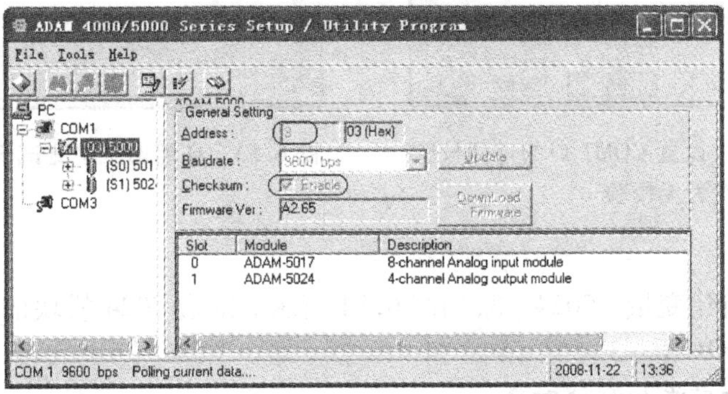

图 6.50　5000/485 控制器的参数设置

在组态王中将 ADAM－5024 模块的地址设置为 0031，其中 003 是 5000/485 控制器的网络地址，1 是 ADAM－5024 模块的槽号，如图 6.51 所示。

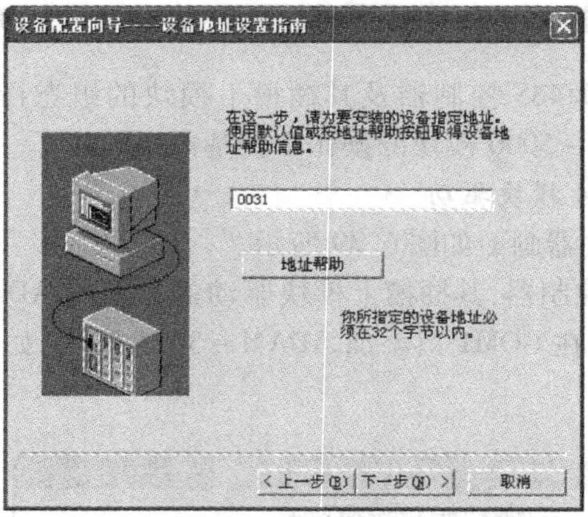

图 6.51 设置 ADAM－5024 模块的组态王地址

3. 设置串口属性

在菜单“配置”→“设置串口”中将 COM1 的奇偶校验属性改为“无校验”，如图 6.52 所示。

4. 信号测试

设备创建好后，先对其性能进行测试，以验证组态王与 5000/485 控制器及 5024 模块的通信是否正常。图 6.53 是对 ADAM－5024 模块第 2 通道（端子 V2＋，V2－）的输出信号（在 Utility 中设置为电压）进行测试的画面。

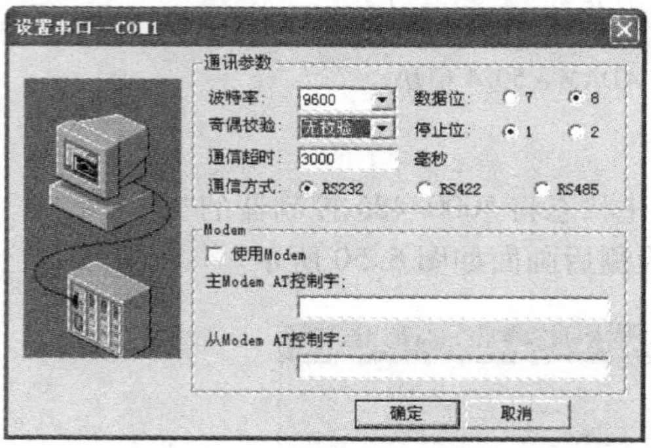

图 6.52 在组态王中设置 COM1 口的奇偶校验属性为无校验

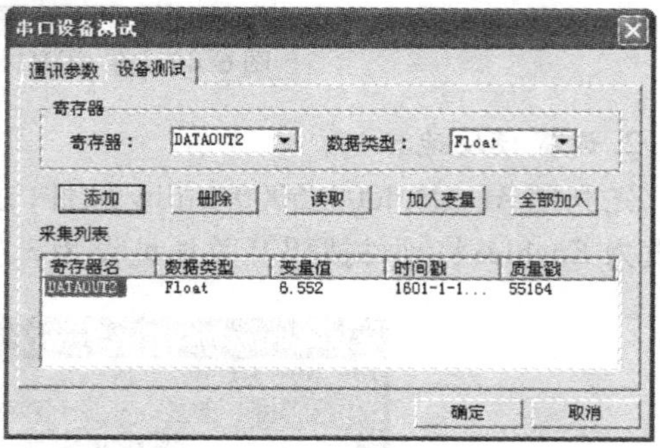

图 6.53 在组态王中测试 5024 模块输出信号

5. 建立变量

在数据词典中新建变量 V5024_3，如图 6.54 所示。对应 5024 模块的第 0～3 输出通道，寄存器分别为 DATAOUT0－3。

6. 在组态王画面中添加测试对象

新建画面，添加工具箱中的按钮，用“字符串替换”功能将文本改为“5024 第 2 通道输出”，如图 6.55 所示。点击该按钮将输出电压信号。

在该按钮的旁边添加一个文本对象“#####”，用于显示输出的电压信号值。

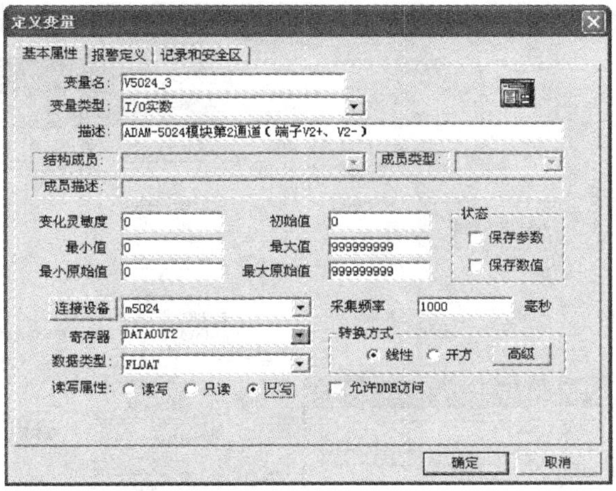

图6.54　在数据词典中新建变量

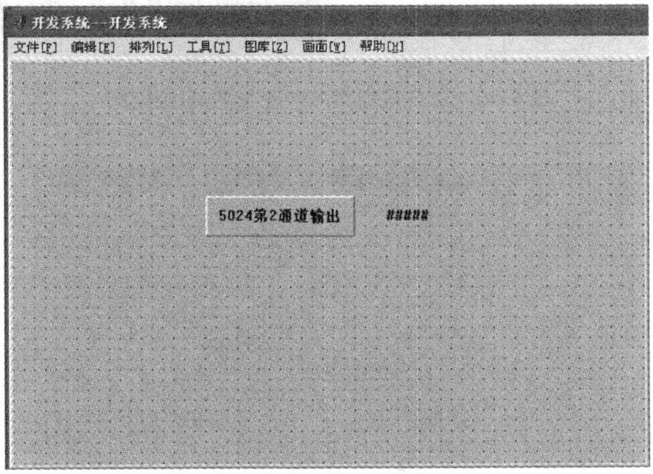

图6.55　新建画面并添加按钮和文本对象

7. 建立测试对象与变量的动画连接

双击该按钮对象,弹出动画连接对话框,选择模拟值输入,弹出模拟值输入连接对话框,选择变量 V5024 _ 3 建立动画连接,如图 6.56 所示。

双击“#####”文本对象,弹出动画连接对话框,选择模拟值输出,弹出模拟值输出连接对话框,选择变量 V5024 _ 3 建立动画连接,参考图 6.47。

8. 存盘运行

将该画面存盘,切换至运行状态,点击按钮输出电压信号,用万用表测试输出信号的大小,同时文本对象显示该数值,结果如图 6.57 所示。

6.3.3　组态王对 ADAM－5000TCP 控制器及 ADAM－5000 模块的组态

组态王对 ADAM－5000TCP 控制器及其插槽上 ADAM－5000 模块的组态操作步骤如下(以 ADAM－5051、ADAM－5056 模块为例)。

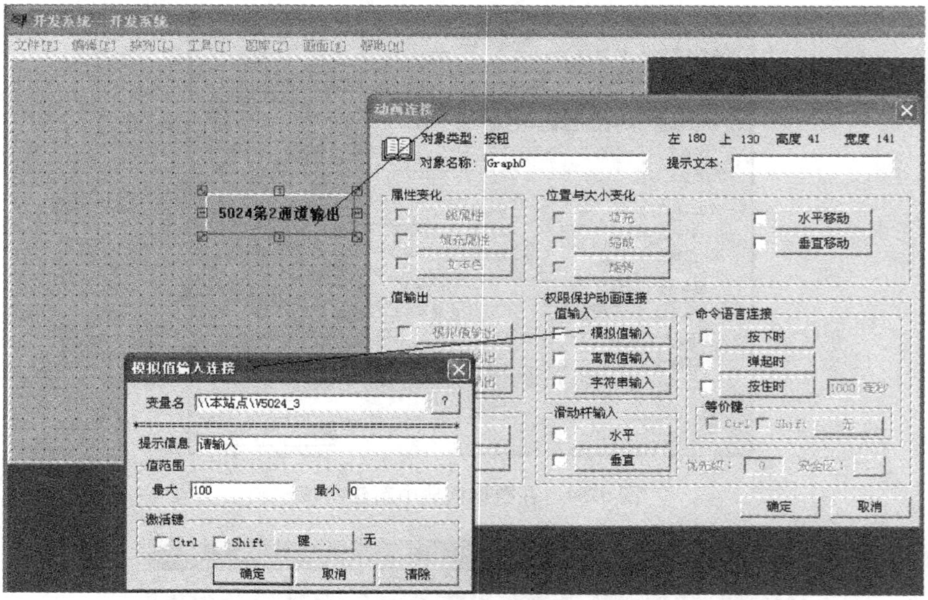

图 6.56　实现按钮对象与变量的动画连接

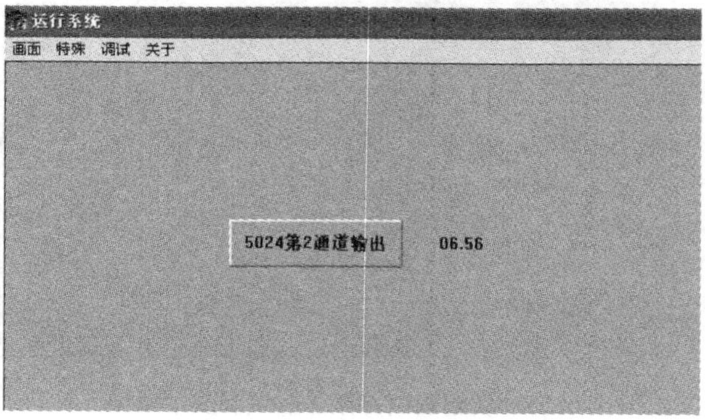

图 6.57　程序运行结果

1. 创建工程并添加 ADAM－5000TCP 控制器驱动

新建工程后的工程浏览器画面如图 6.39 所示。

在 COM 口（COM1 或 COM2）添加 ADAM－5000TCP 控制器，如图 6.58 所示，并指定名称为 m5000tcp。

2. 设置控制器地址

在组态王中将 ADAM－5000TCP 控制器的地址设为 10.0.0.15 1，其中 10.0.0.15 是 5000TCP 控制器的 IP 地址，1 是控制器的硬件拨码地址，如图 6.59 所示。

3. 信号测试

设备 m5000tcp 创建好后，先对其性能进行测试，以验证组态王与 5000TCP 控制器及 5051、5056 模块的通信是否正常。本例中，5051 插在 0 号槽，5056 插在 1 号槽，如图 6.60 所

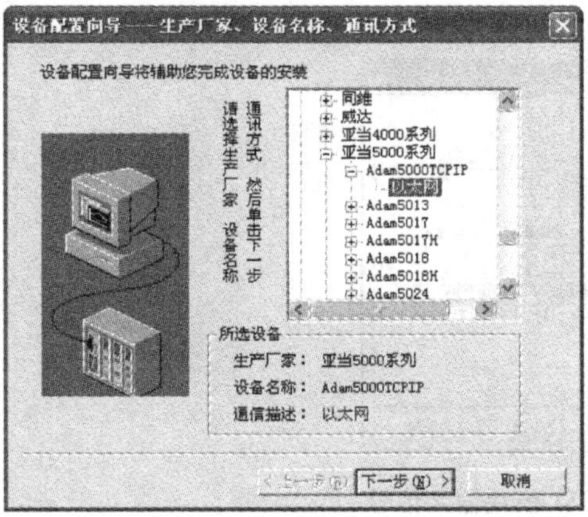

图 6.58　在 COM 口添加 ADAM－5000TCP 控制器

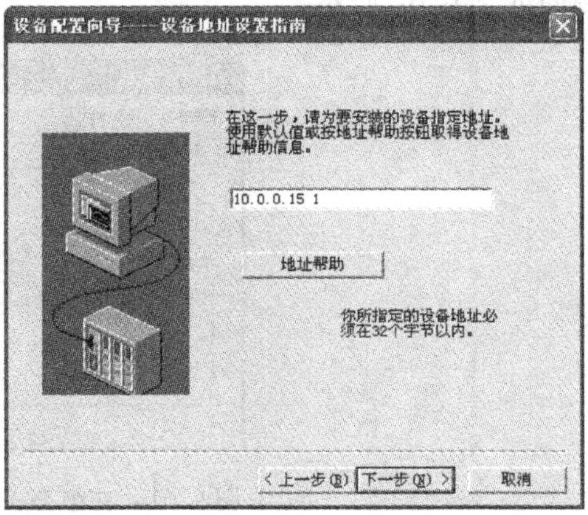

图 6.59　设置 ADAM－5000TCP 控制器的组态王地址

示，5051 通道 0～15 对应的组态王地址为 00001～00016，5056 通道 0～15 对应的组态王地址为 00017～00032。

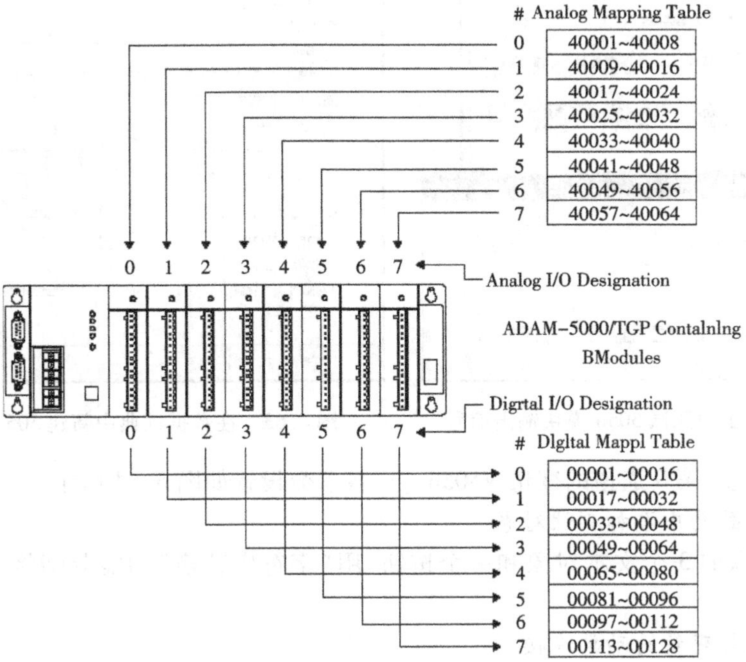

图 6.60　ADAM－5000TCP 控制器插槽上的组态王地址

假设有一个 5017 模块插在控制器的第 2 槽，一个 5024 模块插在第 3 槽，则 5017 模块通道 0～7 对应的组态王地址为 40017～40024，5024 模块通道 0～3 对应的组态王地址为 40025～40028。

5051 模块第 0 通道（输入）的测试画面如图 6.61 所示。5056 模块第 0 通道（输出）的测试画面如图 6.62 所示。

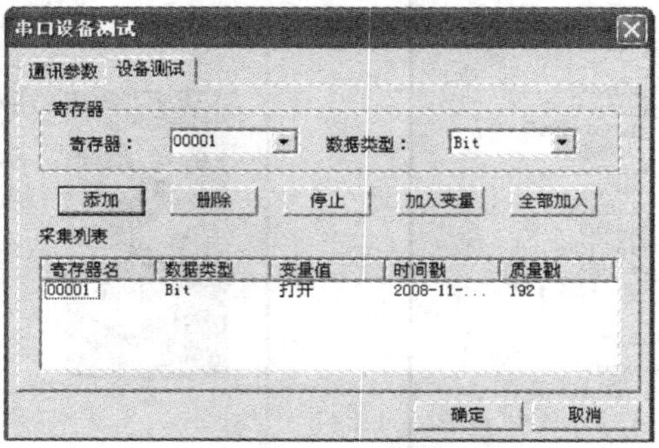

图 6.61　在组态王中测试 5051 模块输入信号

4. 建立变量

在数据词典中新建 5051 模块第 0 通道的变量 V5051 _ 1,各参数设置如图 6.63 所示。

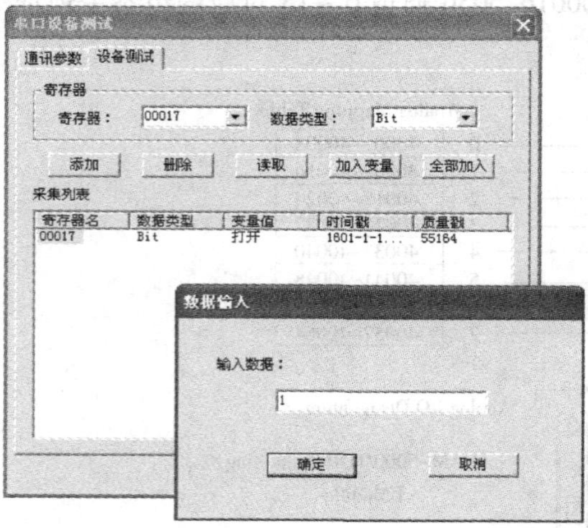

图 6.62　在组态王中测试 5056 模块输出信号

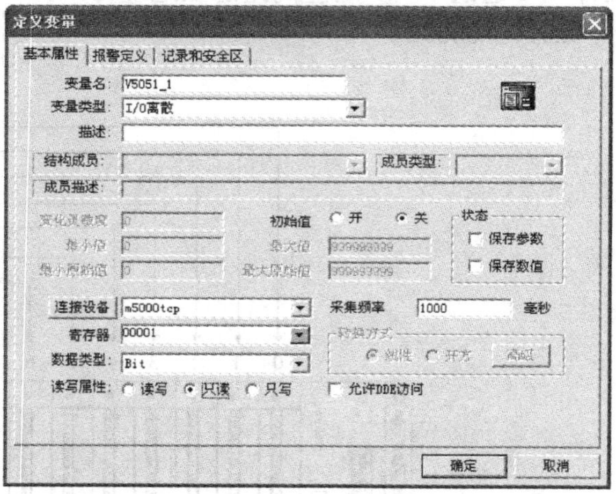

图 6.63　在数据词典中新建 5051 模块的变量

新建 5056 模块第 0 通道的变量 V5056 _ 1,各参数设置如图 6.64 所示。

5. 在组态王画面中添加测试对象

新建画面,添加 3 个文本对象和一个按钮,用"字符串替换"功能分别将文本改名,如图 6.65 所示。

6. 建立对象与变量的动画连接

双击文本对象"#####",弹出动画连接对话框,选择离散值输出,弹出离散值输出连接对话框,选择变量 V5051 _ 1 建立动画连接,如图 6.66 所示。

双击按钮对象,弹出动画连接对话框,选择离散值输入,弹出离散值输入连接对话框,选择变量 V5056 _ 1 建立动画连接,如图 6.67 所示。

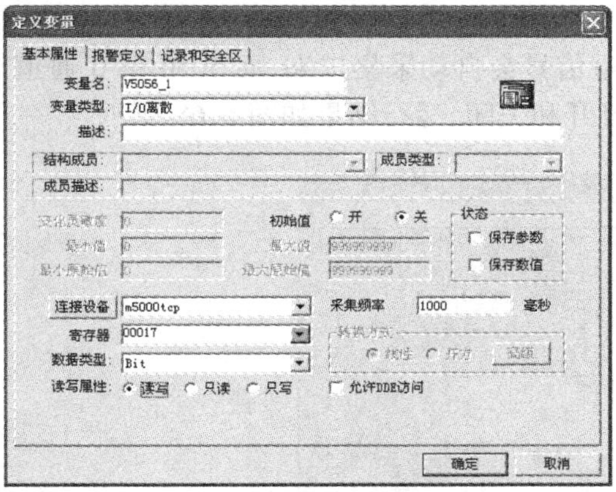

图 6.64　在数据词典中新建 5056 模块的变量

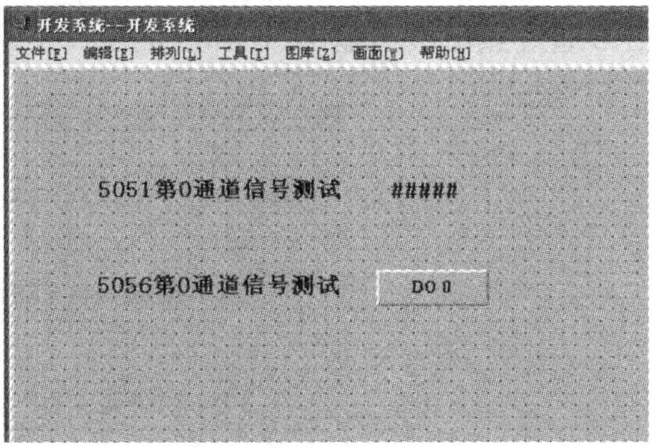

图 6.65　新建画面并添加对象

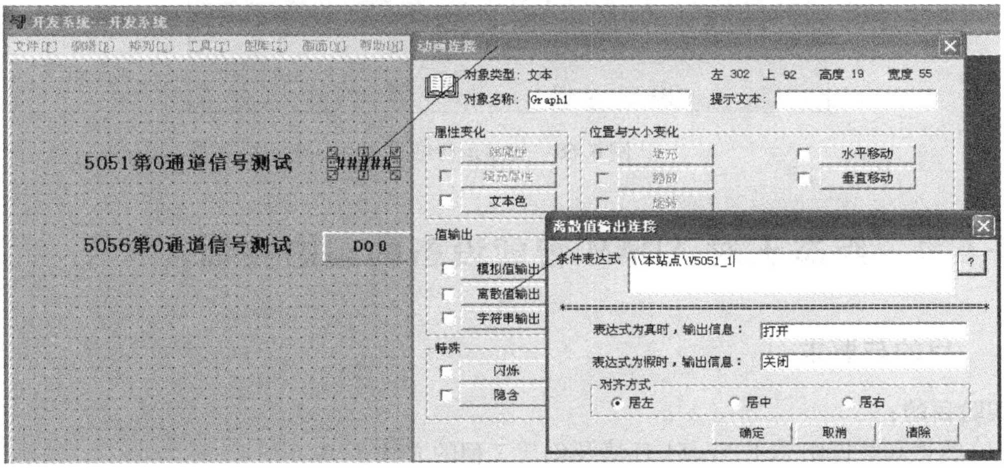

图 6.66　文本对象与变量的动画连接

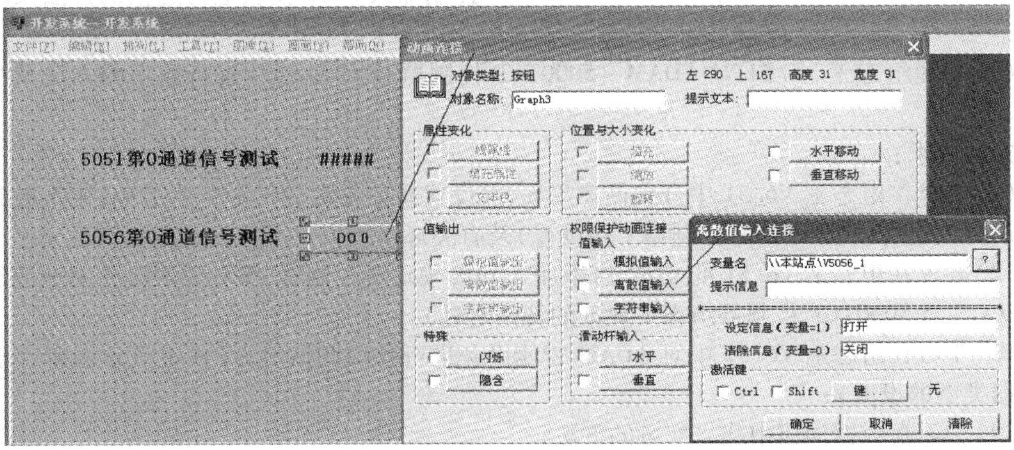

图 6.67　按钮对象与变量的动画连接

7. 存盘运行

将该画面存盘，切换至运行状态。5051 第 0 通道信号会自动采集进来，而 5056 第 0 通道信号通过点击按钮输出，在弹出的窗口中可以选择打开和关闭，运行结果如图 6.68 所示。

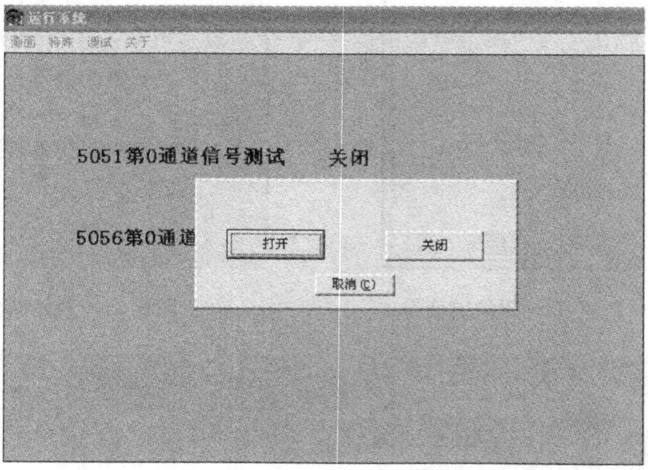

图 6.68　程序运行结果

任务 6.4　组态王对 ADAM 智能设备的组态实训

6.4.1　目的与要求

实验目的：

(1)熟悉和掌握组态王 V6.51 环境及创建工程的方法；

(2)掌握组态王 V6.51 对 ADAM－4000 模块进行通信的方法及组态步骤；

(3)掌握组态王 V6.51 对 ADAM－5000/485 控制器及 5000 模块进行通信的方法及组态步骤；

(4)掌握组态王 V6.51 对 ADAM－5000TCP 控制器及 5000 模块进行通信的方法及组态步骤。

实验要求：

(1)要求在组态王 V6.51 中分别创建工程，并设置通信参数(4000 模块、5000/485 控制器串口设为校验有效，5000TCP 控制器不用设置)及有关环境设置；

(2)要求在组态王 V6.51 的 COM 口添加 ADAM 模块或控制器，重点练习组态王地址的设置方法(注意 5000TCP 控制器组态王地址的特殊之处)；

(3)学习在组态王 V6.51 中对 ADAM 智能设备进行在线测试的方法(重点掌握寄存器及其数据类型的设置)；

(4)学习在数据词典中建立变量的方法；

(5)新建画面，添加字符对象，与所建变量建立动画连接；

(6)运行、调试程序。

6.4.2　设备

硬件：研华 IPC－610 工控机、ADAM－4017＋模块、ADAM－5000/485 控制器、ADAM－5017 模块、ADAM－5024 模块、ADAM－5000TCP 控制器、ADAM－5051 模块、ADAM－5056 模块、直流稳压电源、实验板、万用表、导线、剥线钳、螺丝刀等。

软件：ADAM－4000/5000 Utility，ADAM－5000TCP/6000 Utility 软件。

6.4.3　操作步骤

组态王 V6.51 监控软件可以很方便地与 ADAM 模块或控制器建立通信，进行 HMI 组态，其操作步骤如下。

（1）根据模块型号正确连接电源线、通信线及信号线，建立工控机与 ADAM 模块或控制器之间的通信。

（2）启动组态王 V6.51。

（3）设置 ADAM－4000 模块、5000/485 控制器地址，并在 ADAM－4000/5000 Utility 软件中修改“CheckSum”参数；在 ADAM－5000TCP/6000 Utility 软件中设置 5000TCP 控制器的 IP 地址。

（4）在组态王 V6.51 中创建一个新工程。

（5）在 COM1 口添加 ADAM 模块，对 5000TCP 控制器，添加“Adam5000TCPIP”选项下的“以太网”选项。

（6）在组态王中正确设置地址，可参考地址帮助文档。

（7）在菜单“配置”→“设置串口”中将 COM1 的奇偶校验属性改为“无校验”（对 5000TCP 控制器不用设置）。

（8）对模拟量输入/输出、开关量输入/输出模块进行信号测试；输出 5024 模拟量信号用万用表测试。

（9）在数据词典中新建变量。

（10）新建画面，添加测试对象。

（11）建立测试对象与变量的关联。

（12）将该画面存盘，切换至运行状态，测试结果（可改变信号）。

思考与练习

1. 组态软件的主要作用是什么？

2. 组态王软件有哪些系列？分别运行于什么操作平台？推荐配置标准是什么？

3. 组态王通用软件包 V6.51 由哪 4 部分组成？简述各部分的作用。

4. 简述用组态王建立应用工程的步骤。

5. 组态王是如何与下位机如 PLC，ADAM 智能设备进行通信的？

6. 组态王怎样实现动画效果？

7. 组态王通用版软件由哪些部分组成？各部分主要功能是什么？

8. 简述 DECREA100 的含义。

9. 简述在组态王中进行画面切换的方法。

10. 简述在组态王中实现水流流动的方法。

11. 设 ADAM－4015 模块地址为 2，当“CheckSum”为“Enable”时，在组态王 V6.51 中设置的地址是什么？当“CheckSum”为“Disable”时，在组态王 V6.51 中设置的地址又是什么？

模块7　WebAccess的工控组态技术

网络组态软件WebAccess以计算机网络方式构成监控系统,在系统中根据各个计算机的功能分配,分别承担数据的采集、处理、存储、管理、显示、操作、报警、报表、趋势图等功能,这些数据通过网络在各个子系统的计算机之间传送,并通过子系统计算机连接到系统中的各个自动化设备,形成分布式控制系统(DCS),实现对整个系统的监控。

通过本模块的学习,学生应掌握以下内容:

☆掌握WebAccess完全基于Web网页发布和IE浏览器技术等特点;

☆掌握WebAccess的安装,熟悉其应用环境;

☆掌握WebAccess创建工程的方法,并通过一个工程实例熟悉具体的组态步骤。

任务7.1　WebAccess组态软件的功能特点

WebAccess是研华科技发布的网络组态软件,它完全基于Web网页发布技术和IE浏览器,提供数据采集和监控的人机界面HMI开发平台,可运行于Windows NT/2000/XP/2003等操作系统。WebAccess主要有以下功能和特点。

1. 使用Web浏览器完成整个工程的创建与运行

WebAccess对所有工程的创建、组态、绘图与管理都通过标准的浏览器来实现。

2. 基于Web浏览器的客户端既可实现监视,又可以实现控制功能

通过使用标准的IE浏览器,用户可以对生产过程控制的自动化设备进行监视和控制。

3. 强大的远程诊断、维护功能

WebAccess区别于其他组态软件的最大特点就是,它的全部工程组态、数据库设置、图面制作和软件管理都可以通过Internet或Intranet在异地使用标准的浏览器完成。当现场出现异常状况或需要及时修改时,工程维护人员无论在何处,都可以通过网络及时做出相应调整,使工程维护变得及时、高效,降低了成本。

4. 普通的Web服务器

WebAccess使用普通的Web服务器,工程节点必须安装Microsoft IIS等Web服务器软件。

5. 分布式结构体系

WebAccess的每个监控节点都可以独立运行或与其他监控节点组合成一个大型工程。每个监控节点与自动化设备的通信在驱动程序的支持下进行。同时监控节点还提供报警、数据记录、报表、计算和其他一些功能。每个监控节点都拥有自己的图形列表和一个本地运行数据库。

6. 冗余功能

冗余SCADA节点和通信端口保证WebAccess持续、稳定地与现场的自动化设备通信,提高了系统可靠性。

7. 多层次网络安全体系

WebAccess 可以将用户划分为多种类型,不同的用户类型具有不同的界面访问权限;同时使用区域和安全等级的概念以保护监控点。

8. TCL 脚本编程

WebAccess 的脚本语言采用 TCL 编程,可以通过 TCL 语言编程建立运算和逻辑,扩展功能,实现强大和灵活的用户要求。TCL 简单易学,而且功能强大。

此外,WebAccess 还有历史和实时趋势显示、各类报表、权限等功能。

任务 7.2 WebAccess 的系统架构

WebAccess 完全基于 Web 网络架构,WebAccess 基本组成部分主要有工程节点(Project Node)、监控节点(SCADA Node)和客户端(Client)3 种类型的节点,这些节点的作用分别如下。

1. 工程节点(Project Node)

以 ASP(Active Server Pages)原理工作,是一个集中的中央 Access 数据库和 Web 服务器,相当于“工程管理员”的功能,实现系统的设置和存储系统的数据,保存工程的所有图画、脚本和其他组成部分的副本,编辑和创建 I/O 点、报警和图形,提供客户端和监控节点之间的初始连接等功能,通过下载将编辑的结果传送到监控节点,客户端通过工程节点动态浏览监控节点的运行状况。

2. 监控节点(SCADA Node)

监控节点向上连接工程节点和客户端,向下连接自动化设备。连接设备通过 WebAccess 的通信和设备的驱动程序(Modbus 总线、OPC 通信协议、各种 PLC 和 I/O 控制器、DCS 集散控制系统和 DDC 数字控制器),在监控节点计算机上的串口、以太网口或其他的通信接口实现和系统中工业自动化设备的各种控制器进行连接,完成实时的数据、报表和趋势的记录、报警、事件和安全等。典型自动化设备的控制器有多种 PLC,研华的 ADAM 模块/控制器以及各种远程 I/O 和智能化仪表设备,均可进行各种控制和数据采集。同时监控节点计算机通过网络将采集到的自动化设备中的数据和控制信息传输到客户端和工程节点。

3. 客户端(Client)

以 Windows IE 浏览器为基础的客户端计算机程序,以 TCP/IP 协议通过因特网(Internet)或局域网(Intranet)和监控节点的计算机进行连接,将自动化设备的生产实时数据通过监控节点的计算机进行采集和处理后传送到客户端计算机进行显示,以数字、动画、趋势、报警、报表等画面形式显示生产过程,并且使显示的画面能够反映被监控自动化设备运行时的实时数据的动态变化。在客户端,允许管理员可以根据权限改变控制对象(自动化设备的点)的某些变量值,确认报警和改变实时控制过程。此外还有微客户端(Thin Client),能够在手掌式计算机 PDA 上以较小的界面显示监控过程,并以较简单的方式改变对象的数据值、确认报警和事件等。

工程节点、监控节点和客户端组成的 WebAccess 监控系统如图 7.1 所示。

在整个控制系统中,工程节点在系统中是唯一的;监控节点的数量是根据系统中的自动化设备的数量和分布情况进行分配,在整个控制系统中监控节点的数量没有限制,但是每个监控

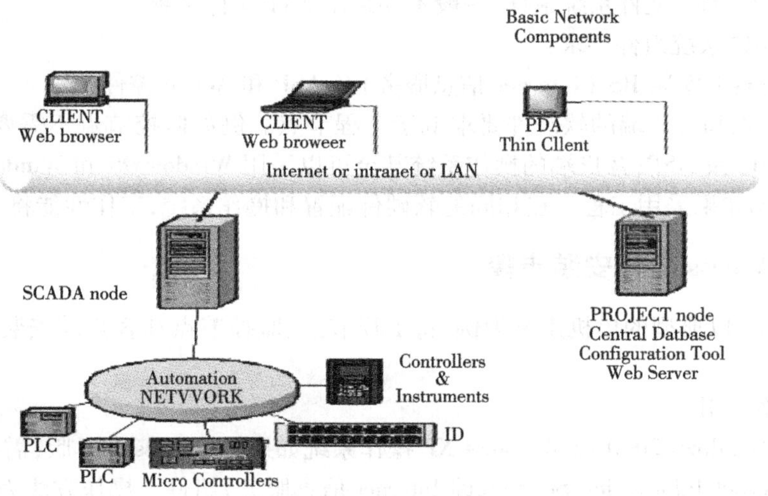

图 7.1 WebAccess 的基本网络架构

节点都需要硬件狗；客户端是管理人员访问系统的界面，在系统中无数量选择，但是根据访问者的身份，将给予不同的控制权限。

工程节点、监控节点和客户端既可以分别安装在多台计算机中，也可以安装在一台或两台计算机中。安装在一台计算机中，工程节点、监控节点和客户端就只能分别是一个，这时候 WebAccess 系统相当于是一个单机版的组态软件系统。

由于单机版的结构比较简单，需要的计算机比较少，因此在本教材中采用单机版的工程例子。如果要将单机版的工程改为多机网络控制，只要将工程节点、监控节点和客户端的软件分别安装在不同的计算机中，并修改各自的 IP 地址即可正常使用。

任务 7.3 WebAccess 的安装

7.3.1 安装 WebAccess 系统的软硬件要求

安装 WebAccess 软件，根据安装工程节点、监控节点和客户端软件的不同要求，对计算机的软硬件要求不同，一般安装工程节点的计算机软硬件要求大于安装监控节点和客户端；安装监控节点的计算机软硬件要求大于安装客户端。具体的软硬件要求如下。

（1）安装工程节点计算机硬件要求：

CPU：Pentium IV, Celeron 或 AMD

显示：1024 * 768（稍低也可工作）

（2）安装工程节点计算机软件要求：

操作系统：

Windows NT4.0 (Workstation & Server)

Windows2000 (Professional & Server)

Windows XP (Professional & Server)

硬盘格式以 NTFS 文件系统最佳，一般不要采用 FAT 文件系统。

Windows 操作系统组件要求：

SMTP 服务器上安装 IIS（Internet 信息服务）及 ASP 和 Active 控件。

（3）监控节点和客户端的软硬件要求低于工程节点。例如监控节点不需要安装 Windows 操作系统组件 IIS 及 ASP；客户端的操作系统甚至可以采用 Windows95 和 Windows98。当然监控节点和客户端如果采用工程节点相同的软硬件配置和操作系统，工作性能将更好。

7.3.2 WebAccess 软件安装步骤

软件安装中，以典型的单机系统为例，将工程节点、监控节点和客户端安装在同一台计算机上。

1. 安装预备工作

计算机的 Windows 2000 或 Windows XP 操作系统如果是 Professional 版，需要先安装 Windows 的 IIS（Internet Information Service，即 Internet 信息服务）组件。操作方法为：

从控制面板中选择添加、删除程序；

再进一步选择添加、删除 Windows 组件；

然后将 Internet 信息服务（IIS）添加安装，插入 Windows 操作系统的安装光盘，完成安装，如图 7.2 所示。

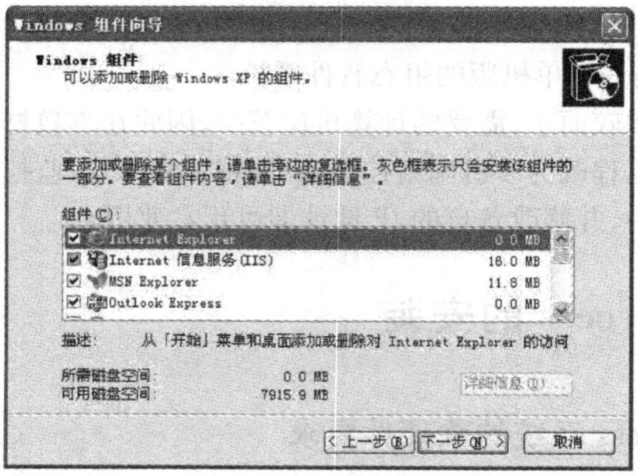

图 7.2　安装 Windows IIS 组件

需要说明，对 Windows XP（HOME 版），系统不支持 IIS，需安装 Professional 或 Serve 版的操作系统才能够安装 IIS。

如果计算机的操作系统是 Windows 2000 Serve 版，在安装 Windows 2000 操作系统时，已经安装了 IIS 组件，不需要再安装 IIS 组件。

如果计算机的 IIS 组件没有启动，也不能运行 WebAccess，这时需要从桌面“我的电脑”→“管理”→“计算机管理”→“服务和应用程序”→“Internet 信息服务（IIS 组件）”下的默认网站和默认 SMTP 虚拟服务器启动运行，如图 7.3 所示。

2. 工程节点和监控节点的安装

（1）插入安装光盘，自动启动菜单，如图 7.4 所示。在菜单中选择需要安装的选项，例如

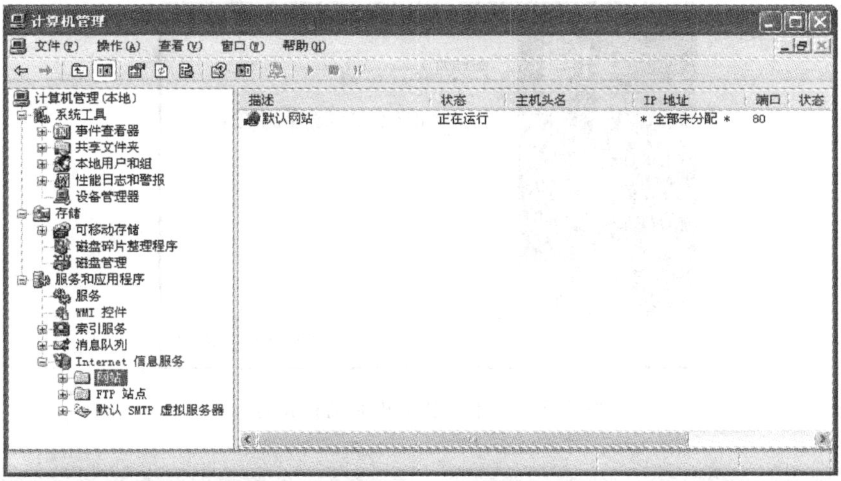

图 7.3　启动 IIS 组件

图 7.4　WebAccess 安装菜单

安装工程和监控接点，开始程序的安装，如图 7.5 所示。

(2) WebAccess Node 安装授权：软件安装许可证协议对话框如图 7.6 所示，接受软件安装许可证协议，单击“是”继续安装。

(3) 用户信息对话框：在“用户名”和“公司名称”对话框中添加公司和个人信息，单击“下一步”，如图 7.7 所示。

(4) 安装组件选项：在安装组件对话框中，选择“工程和监控节点”，WebAccess 将监控节点和工程节点同时安装在一台计算机上，如图 7.8 所示。若选择“工程节点”，则 WebAccess

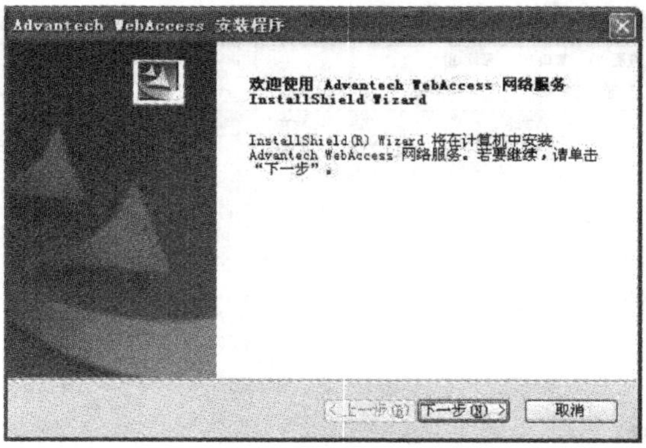

图 7.5　开始安装工程和监控接点

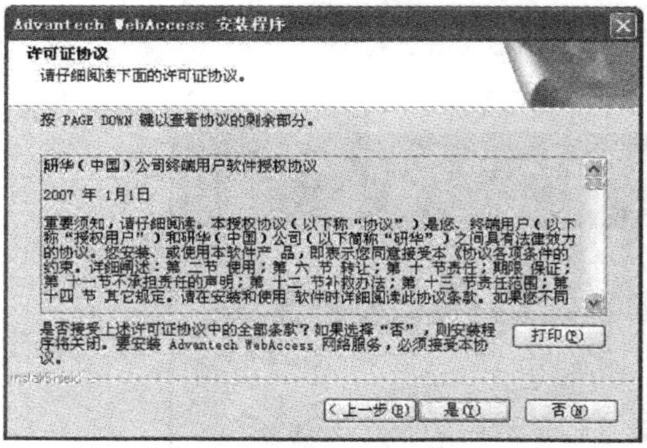

图 7.6　软件安装许可证协议对话框

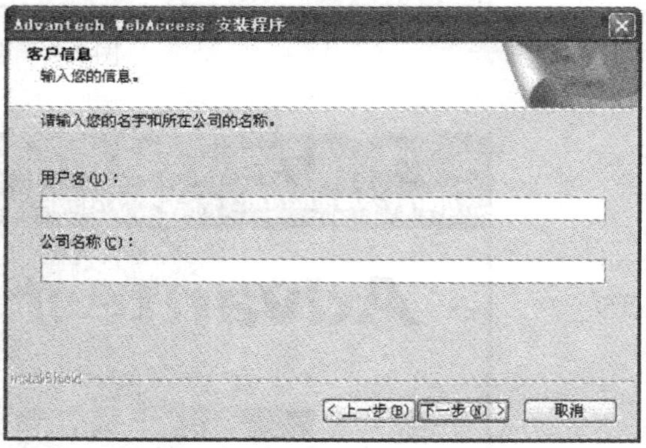

图 7.7　输入用户信息

工程节点安装在该计算机上；若选择“监控节点”，则 WebAccess 的监控节点安装在该计算机上；如果 OPC Server 和 SCADA 节点不在同一台计算机上，则选择“只有 OPC 服务”。

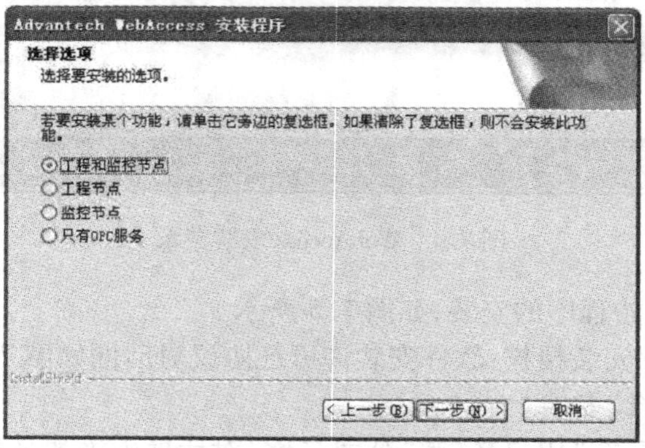

图 7.8　工程节点和监控节点安装选项

(5)安装目录对话框：默认的安装路径“C:\WebAccess\Node”，如图 7.9 所示。用“浏览”

按钮可进行安装路径修改。确认后，单击“下一步”继续进行软件安装。

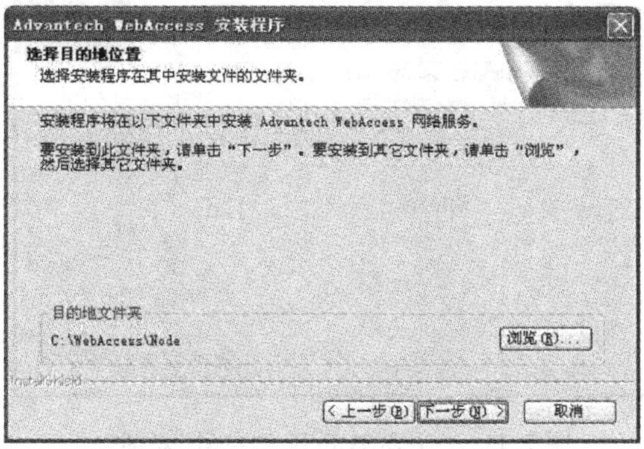

图 7.9　“选择安装目录”对话框

(6)远程存取密码对话框：远程存取密码的设置，是为了防止未被授权的用户建立新的工程或节点，一般不使用远程存取密码。如图 7.10 所示，不输或输入远程访问密码后，单击“下一步”继续进行软件安装。

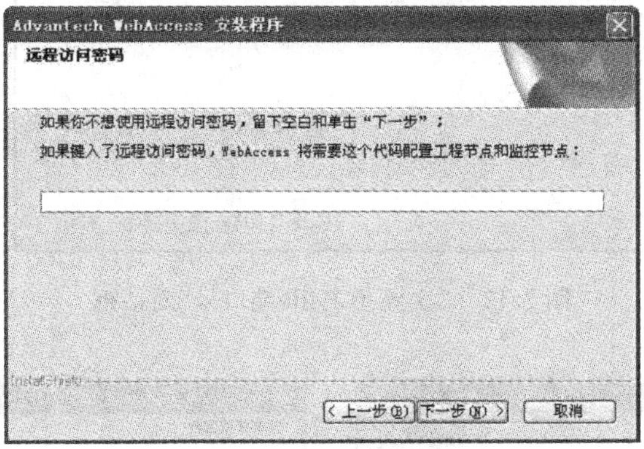

图 7.10　“远程访问密码”对话框

(7)主要 TCP 端口号对话框：如图 7.11 所示，选择主要 TCP 端口以穿过防火墙协议(使用防火墙后在绘图和浏览需要透过防火墙)。默认的端口设置“0”表示没有使用防火墙。网络上 WebAccess 工程节点、监控节点映射到路由器的一个端口，一般 HTTP 端口号 80，主要端口号 4592，用于下载图画、符号等。确认“主要 TCP 端口”后，单击“下一步”。

(8)次要 TCP 端口号对话框：如图 7.12 所示，选择次要 TCP 端口以穿过防火墙协议。默认的端口设置是“0”表示没有使用防火墙。一般次要 TCP 端口号 14592，用于实时数据传送。在确认“次要 TCP 端口”后，单击“下一步”。

(9)安装 ASP 文档对话框：如图 7.13 所示，确认 ASP 文件夹安装路径后，单击下一步。需要说明的是，该文件夹需要和 Windows 操作系统安装在同一个硬盘中。

(10)安装授权文件对话框：授权文件是监控节点和设备进行通信的许可协议，只有购买 WebAccess 软件和硬件狗，才能安装授权文件，如图 7.14 所示。

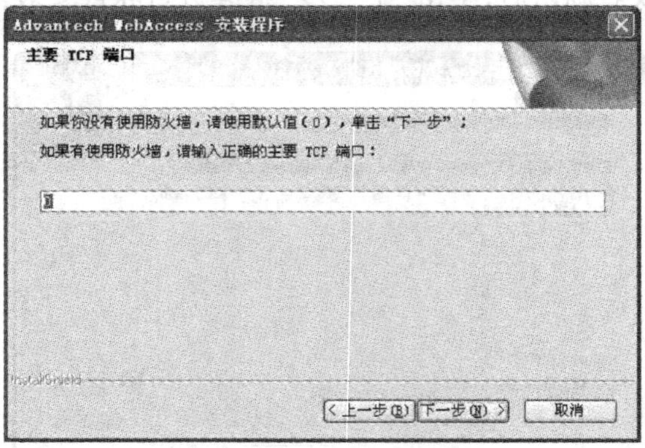

图 7.11 “主要 TCP/IP 端口号”对话框

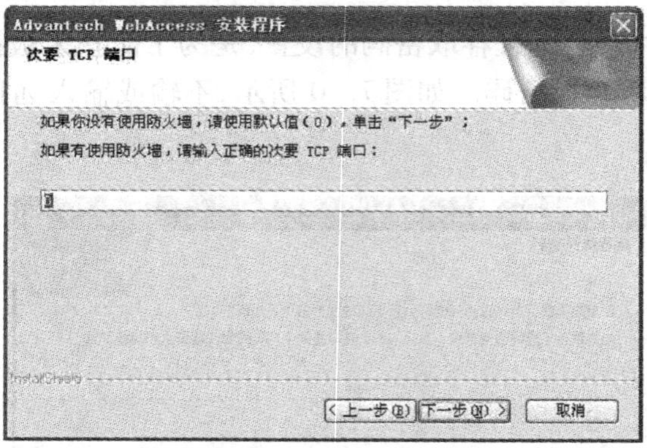

图 7.12 “次要 TCP/IP 端口号”对话框

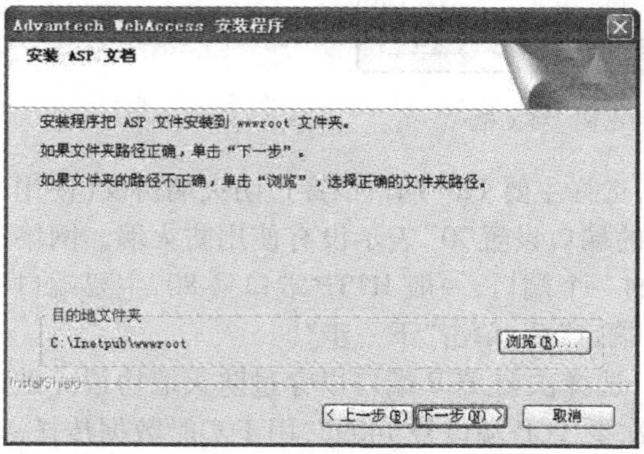

图 7.13 安装“ASP 文档”对话框

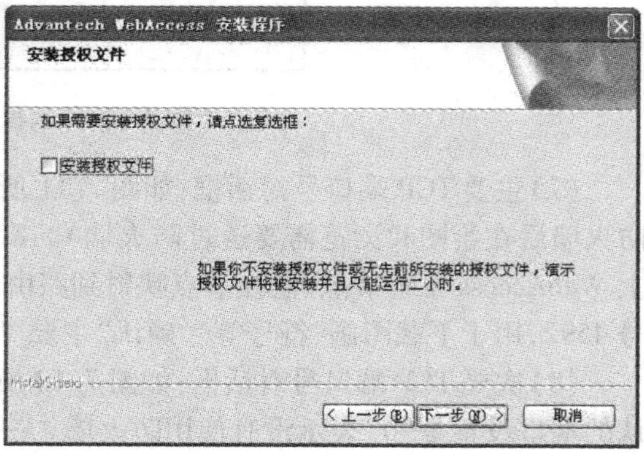

图 7.14 “安装授权文件”对话框

安装授权文件需要将授权文件的盘插入计算机，例如：插入 A 盘后，点击确定；如果控制文件不在 A 盘，点击浏览，选择路径后，按确定，系统开始复制授权文件；如果不安装授权文件，点击下一步，系统开始复制文件，安装 WebAccess Node，如图 7.15 所示。没有授权文件的

WebAccess系统,监控节点和设备进行限时通信,限时为2 h。

图7.15　安装WebAccess Node

WebAccess Node安装完毕后,必须重新启动计算机,如图7.16所示。在工具栏的右下角会出现监控节点(SCADA Node)的控制图标。

如果在网络系统安装WebAccess软件,必须确定每一台计算机的功能,然后在上述1~4步分别选择安装工程节点或监控节点,完成WebAccess软件的安装。

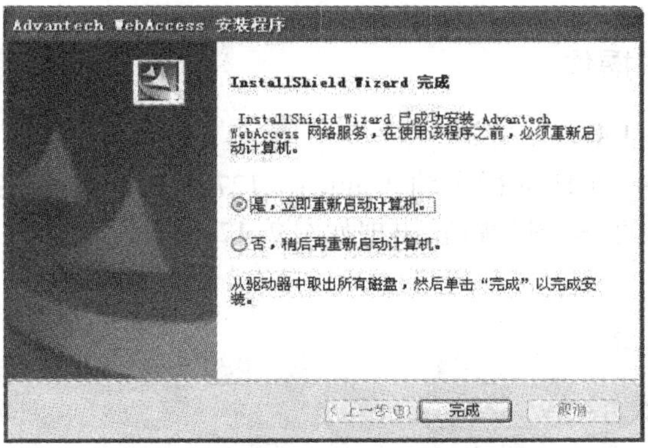

图7.16　安装完成重新启动计算机

3. 客户端(WebAccess Client)的安装

在单机版中,客户端和工程节点、监控节点安装在同一台计算机上,安装WebAccess Client软件的过程和安装工程节点、监控节点有类似的对话框,这里省略图画。过程步骤如下。

(1)点击图7.4中“WebAccess客户端”安装选项开始安装。

(2)WebAccess客户端许可证协议:在此画面选择是接受安装。

(3)客户信息对话框:在用户名和公司名称对话框中添加公司和个人信息,单击“下一步”。

(4)出现选择安装目录:默认的安装路径C:\WebAccess\Client,可用浏览按钮进行修改。确认后,单击“下一步”,开始复制文件,安装WebAccess客户端程序。

(5)安装完成,重新启动计算机后完成WebAccess客户端的安装。

任务7.4　快速建立WebAccess工程

在本节中,通过建立一个简单的应用实例,介绍建立WebAccess工程的基本方法、过程和步骤,以使读者对WebAccess的应用能够快速入门。

7.4.1　快速建立一个工程的步骤

快速建立WebAccess工程的步骤如下:

(1)打开Internet浏览器,进入Advantech WebAccess页面;

(2)点击 Advantech WebAccess 工程管理；
(3)创建新的工程；
(4)添加监控节点；
(5)添加通信端口；
(6)添加通信设备；
(7)添加 I/O 点；
(8)创建监控画面；
(9)下载和启动监控节点；
(10)启动监控。

7.4.2 组态工程具体操作

1. 进入 Advantech WebAccess 页面

启动 Internet Explorer，在地址栏中输入 http://127.0.0.1 或 http://localhost，然后按“回车”或者点击地址栏旁边的“转到”按钮，出现如图 7.17 画面。

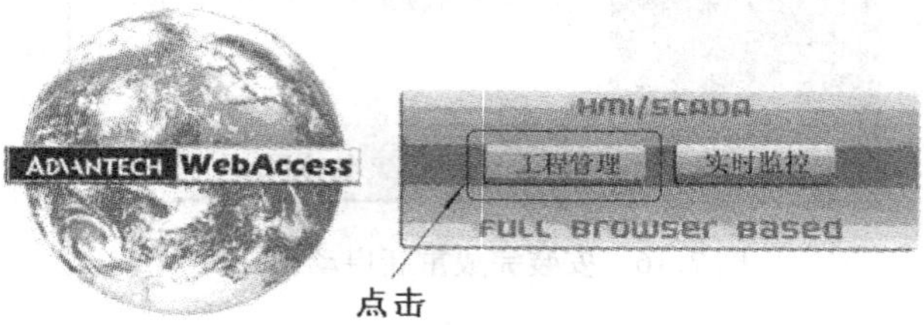

图 7.17 Advantech WebAccess 启动页面

点击“工程管理”进入登录页面，如图 7.18 所示，登录名称输入“admin”，密码为空。

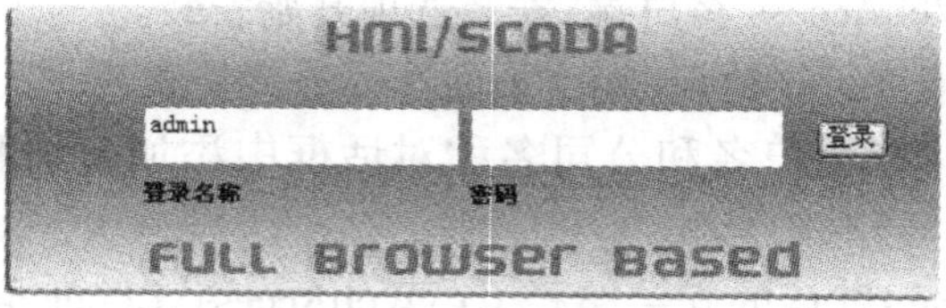

图 7.18 WebAccess 登录页面

点击登录后，进入工程管理界面，如图 7.19 所示，输入工程名称“Myproject”及工程描述等信息，工程节点 IP 地址默认为本机地址或计算机名，其他参数可以采用默认值(如果使用了防火墙，工程节点主要 TCP 端口需输入由系统管理员分配的 TCP 第 1 通信端口号)，然后按“提交新的工程”按钮，这样一个工程就创建好了。

2. 添加监控节点

如图 7.20 所示，在工程管理界面选择刚才创建的项目“Myproject”，弹出图 7.21 画面，点击“添加监控节点”按钮，弹出图 7.22“建立新的监控节点”画面，输入节点名称“MySCADA”、节点描述“监控节点”、IP 地址等信息，其他参数都采用默认值，最后按“提交”按钮。

3. 添加通信端口

如图 7.23 所示，点击监控节点“MySCADA”，然后选择添加通信端口，弹出图 7.24“新建

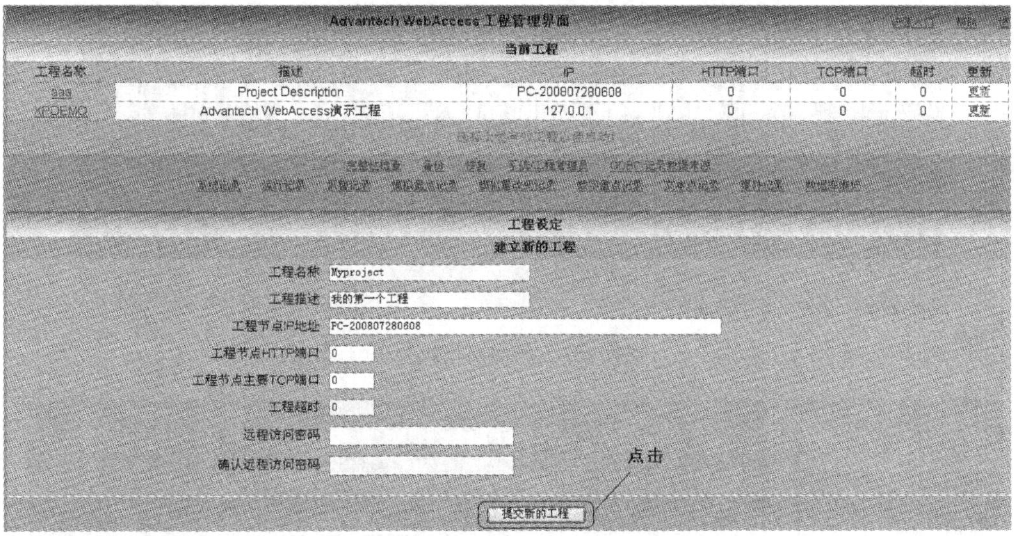

图 7.19　WebAccess 工程管理界面

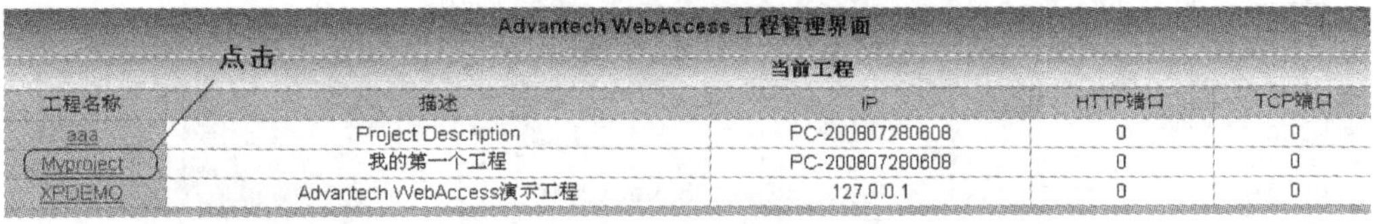

图 7.20　选择工程

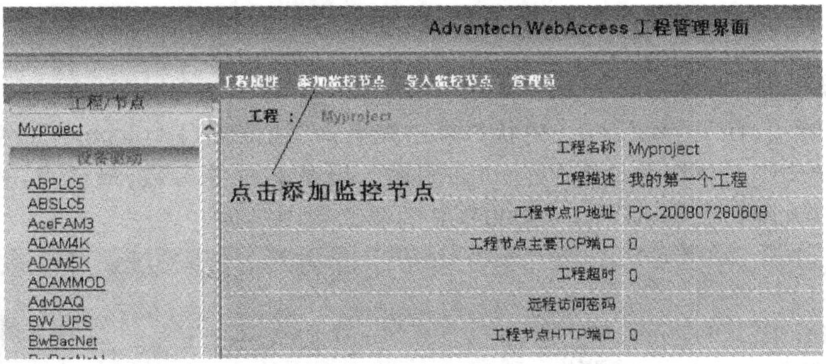

图 7.21　添加监控节点画面

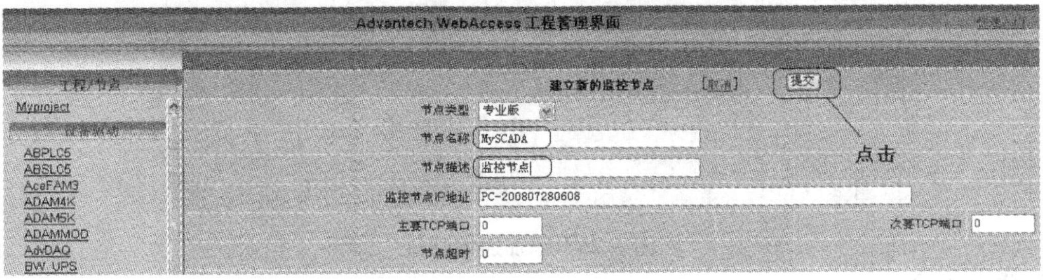

图 7.22　建立新的监控节点画面并提交

通信端口”画面，选择或输入接口名称等参数，这里选择 TCPIP，最后点击“提交”按钮。

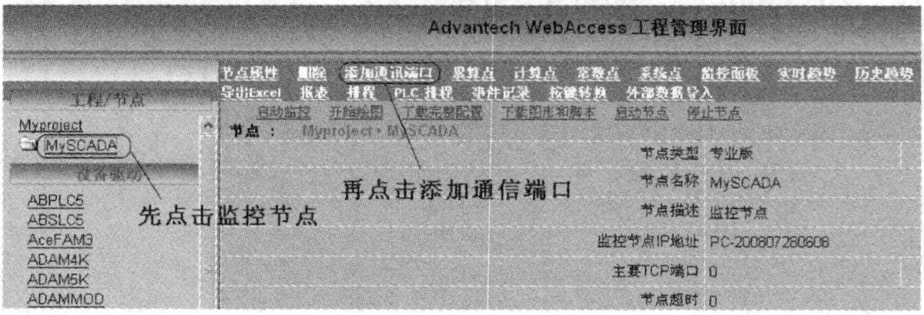

图 7.23　添加通信端口

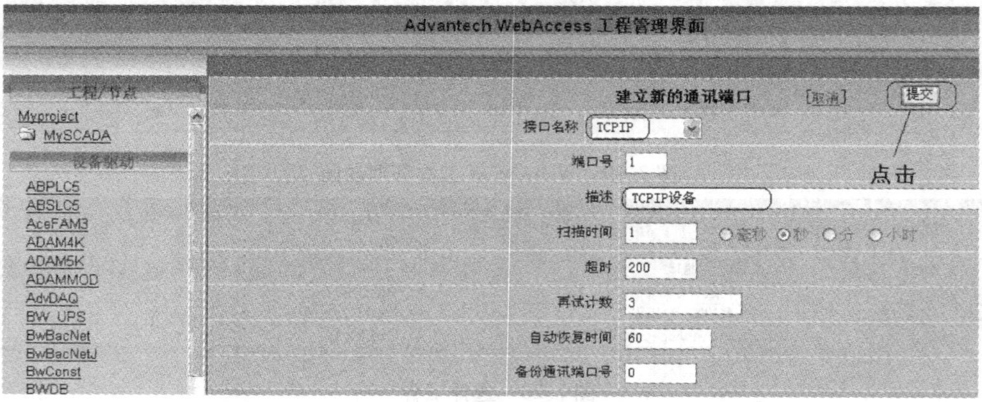

图 7.24　建立新的通信端口

4. 添加设备

如图 7.25 所示，在“工程/节点”树状目录中先点击“通信端口 1(tcpip)”，然后点击“添加设备”，进入图 7.26“建立新的设备”页面，如图输入设备名称等参数，最后点击“提交”按钮。至此研华工业以太网控制器 ADAM－5000TCP 的驱动程序已建好。

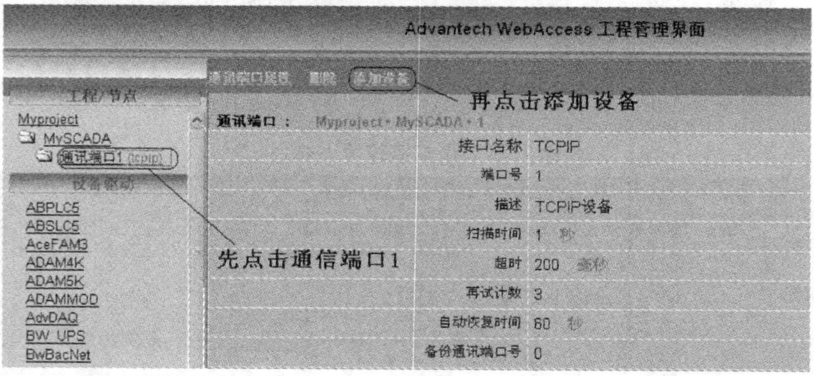

图 7.25　添加通信端口

5. 添加 I/O 点

如图 7.27 所示，在“工程/节点”树状目录中先点击设备“ADAM5000TCP”，然后点击“添加点”，进入图 7.28“建立新的点”页面，如图建立了一个模拟量变量，最后点击“提交”按钮。

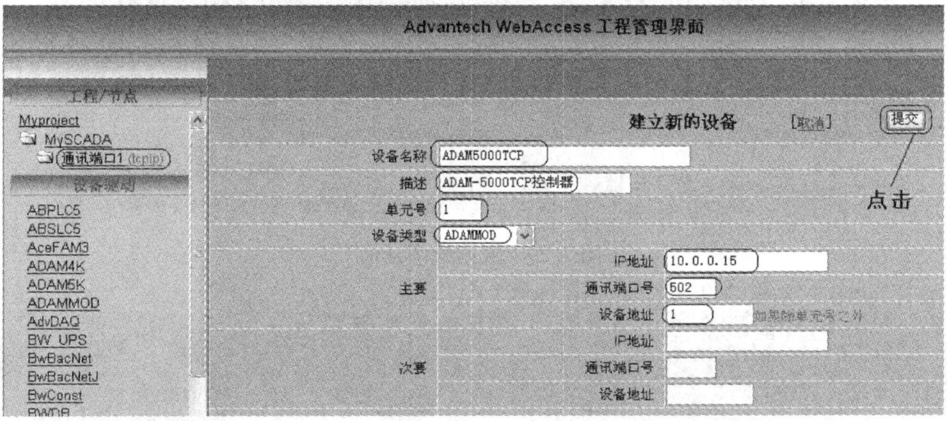

图 7.26　建立新的设备

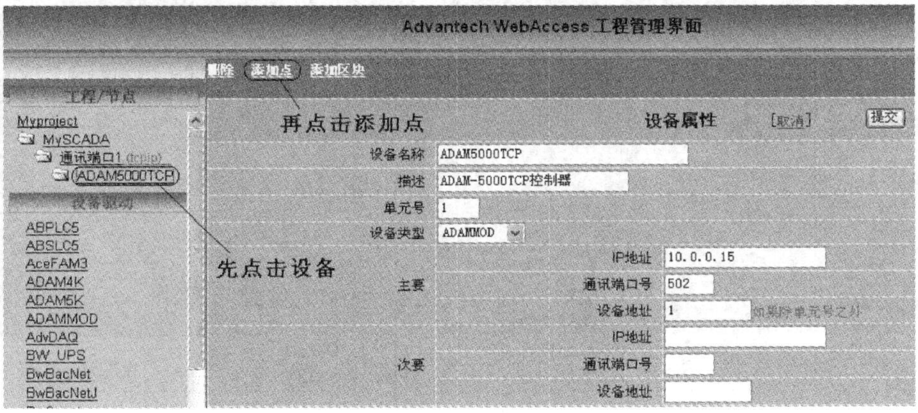

图 7.27　添加 I/O 点

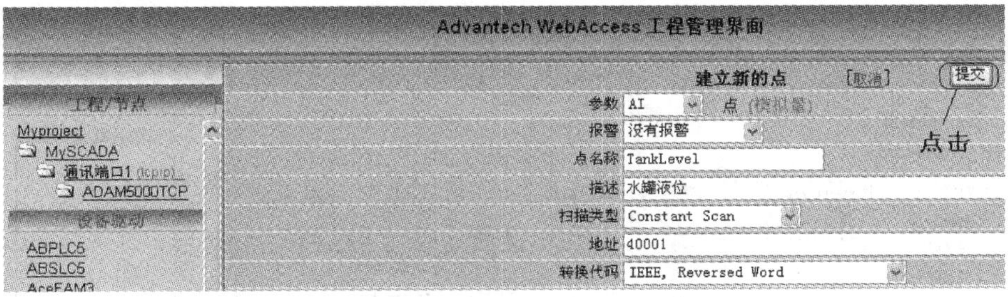

图 7.28　建立新的 I/O 点(模拟量)

6. 开始绘图

如图 7.29 所示,在“工程/节点”树状目录中先点击监控节点“MySCADA”,然后点击“开始绘图”按钮,进入图 7.30 所示绘图主界面。

下面以一个温度控制设定环节为例,在图 7.30 画面添加对象并连接动画。

(1)建立本地点文件。本地点文件中的点主要用于 WebAccess 内部使用,与外部设备通信必须使用 I/O 点。在图 7.30 点击工具栏上“设置图标参数”图标,弹出如图 7.31 所示画

图 7.29　开始绘图画面

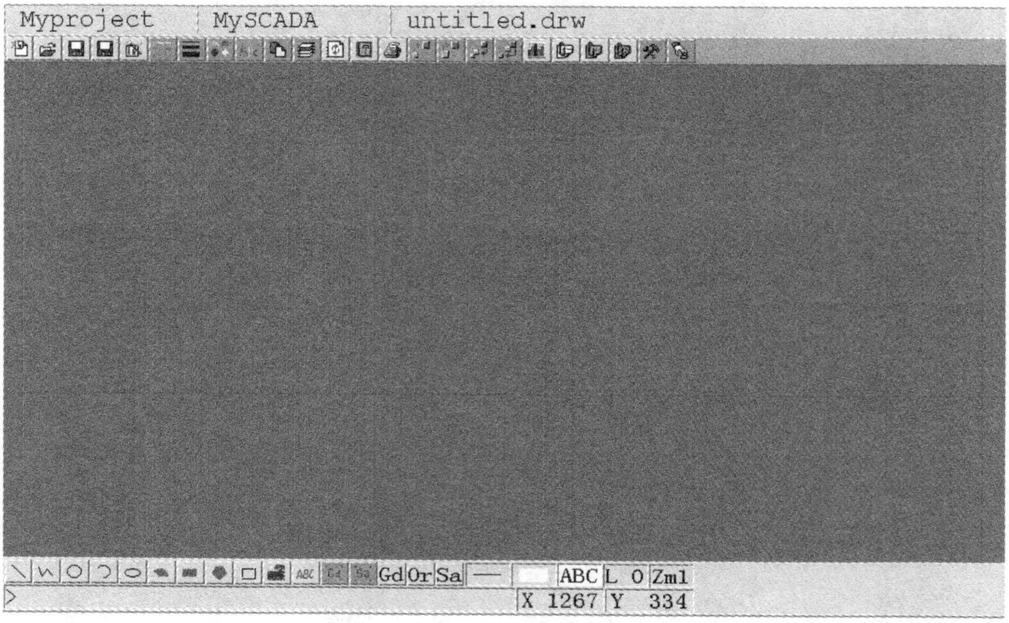

图 7.30　绘图主界面

面，建立了本地点文件 SetTemp. ltg，并添加了一个数字点。图 7.32 是添加模拟量点的画面。

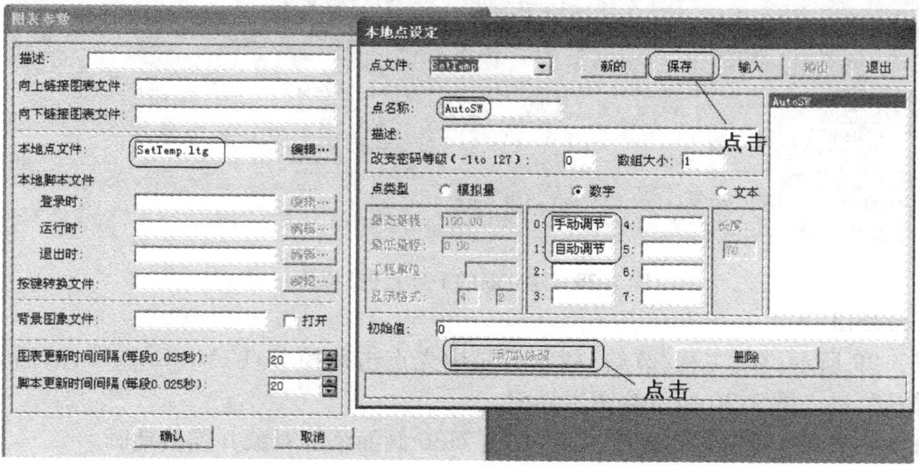

图 7.31　设置图标参数界面，并添加了一个数字点

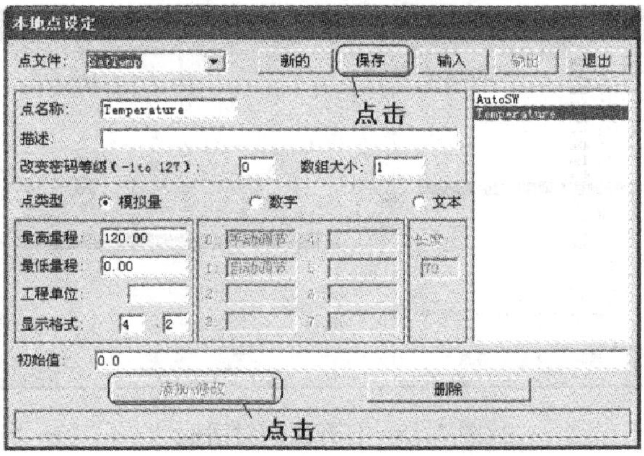

图 7.32　添加一个模拟量点

(2)建立文本按钮。在图 7.30 点击下方工具栏上“文本”图标 ABC ,添加一文本对象“自动调节”,再按“动画”图标 ,如图 7.33 所示进行动画设置,然后按确定。右击该文本对象,在弹出的对话框中选择“动态”→“按钮”,按图 7.34 进行设置,按确定后选择按钮区域,这里选择文本的大小。

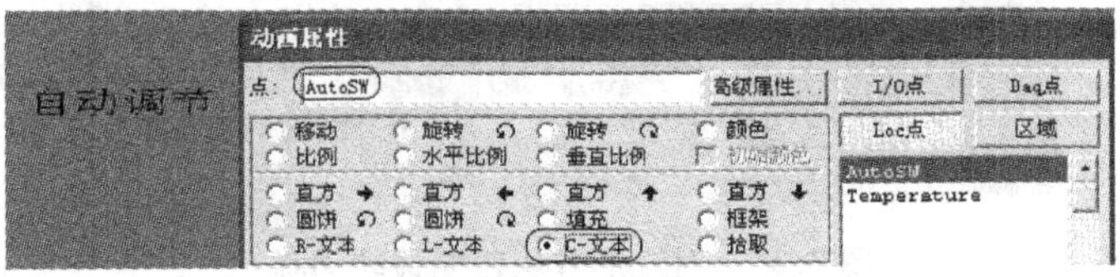

图 7.33　文本对象的动画设置

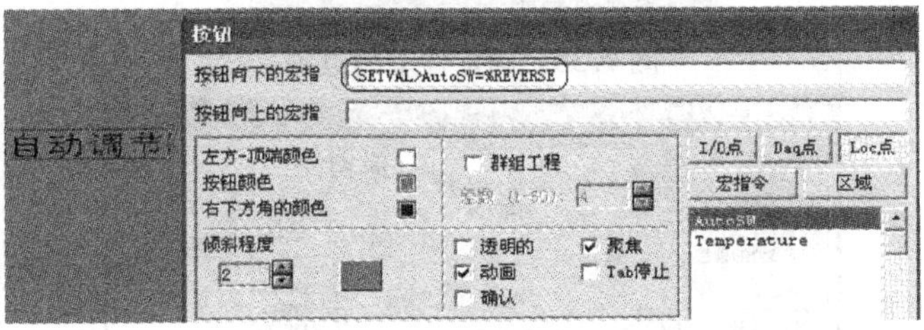

图 7.34　做成按钮

(3)添加刻度条图例。在图 7.30 点击工具栏上“图例”图标 ,打开如图 7.35 所示图例对话框,选择刻度条图例 $ Scale17. dsm,确定后添加到绘图主界面。右击该对象,在弹出的对话框中选择“编辑”→“拆开”,然后将原刻度值范围 0～60 修改为 0～120,如图 7.36 所示。

(4)建立移动动画。对矩形方块建立移动动画,并确定移动的范围,如图 7.37 和图 7.38 所示。

(5)建立拖曳条。右击主画面对象,在弹出的对话框中选择“动态”→“拖曳区域”,弹出图 7.39 对话框,“按钮向上的宏指”保留为空,按“确认”后选择拖曳区域,完成后的拖曳条如图 7.40 所示。

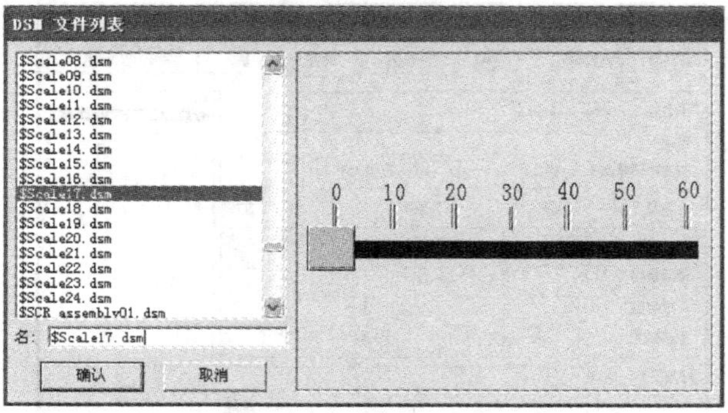

图 7.35　打开图例对话框

图 7.36　将原刻度值 0 ~ 60 修改为 0 ~ 120

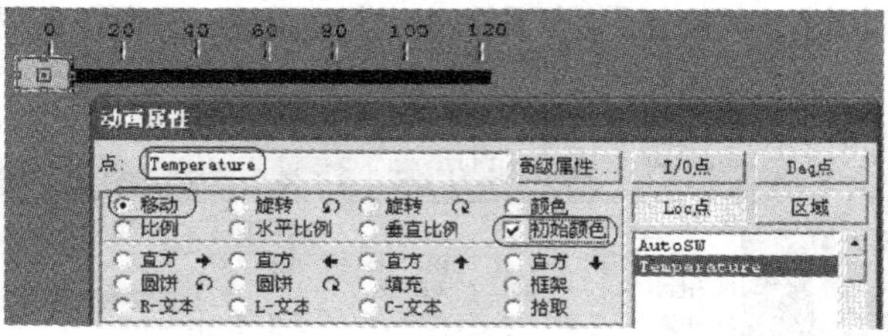

图 7.37　对矩形方块建立移动动画

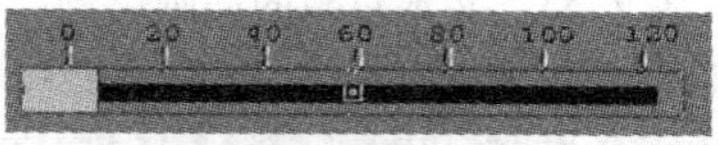

图 7.38　确定移动的范围

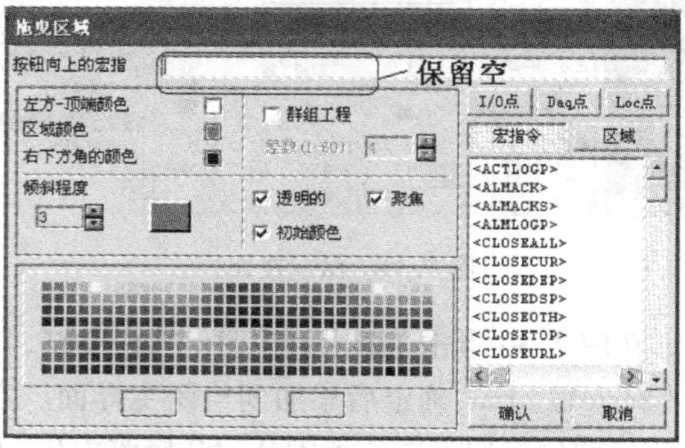

图 7.39　“拖曳区域”对话框

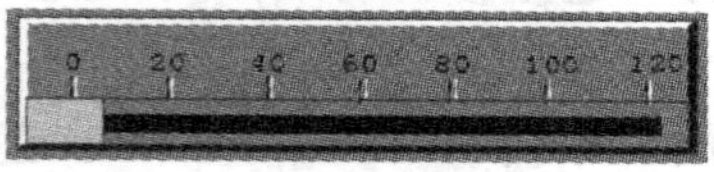

图 7.40　建好的拖曳条

(6)建立文本显示。在主画面中添加文本“室内温度设定状态”、手自动显示文本“#####”、温度显示文本“#######”,其中手自动显示文本“#####”的动画如图 7.41 所示,温度显示文本“#######”的动画如图 7.42 所示。

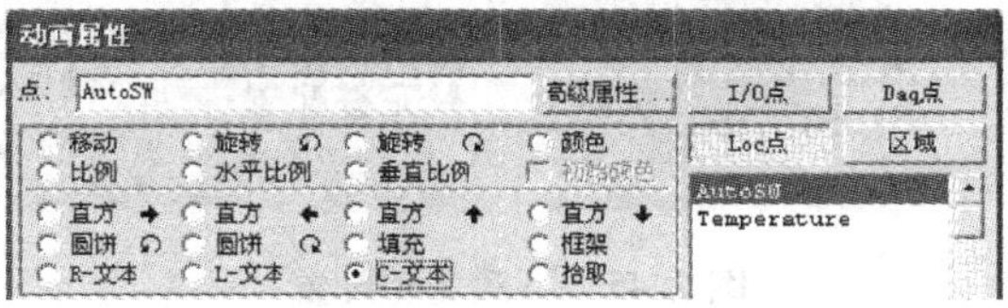

图 7.41　手自动显示文本“#####”的动画

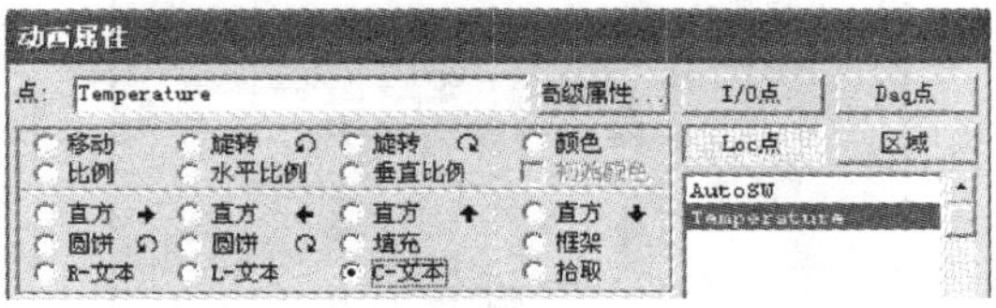

图 7.42　温度显示文本“#######”的动画

(7)建立温度计动态显示。在图 7.30 点击工具栏上“窗口小部件”图标,打开如图 7.43 所示对话框,选择温度计图例 $ slider08. dwt,关联点选择变量 Temperature,确定后添加到绘图主界面。

(8)保存完成的图片。在图 7.30 点击工具栏上的“另存 BGR”图标,打开如图 7.44 所示画面,注意将文件名改为 main. bgr,并点击“保存 DRW 文件”选项,按提示完成后面的保存操作(共保存 main. drw 和 main. bgr 两个文件)。

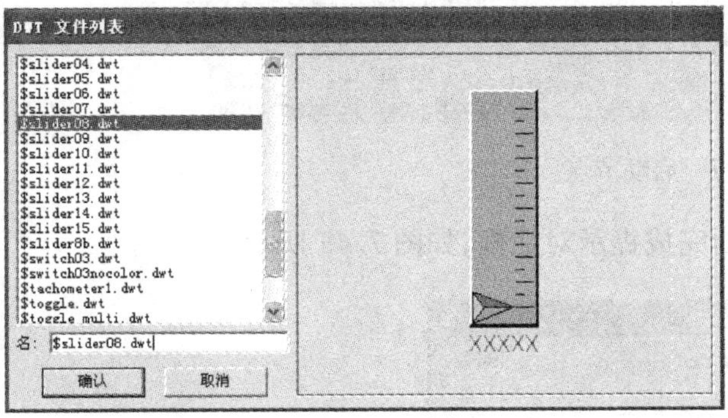

图 7.43　“窗口小部件”对话框

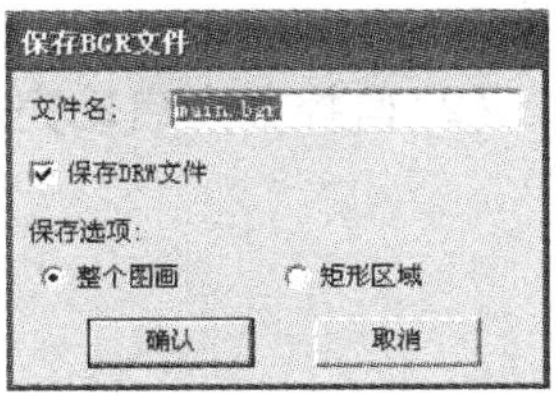

图 7.44　保存完成的图片

7. 下载节点

(1)在“工程/节点”树状目录中先点击监控节点名“MySCADA”,然后点击“下载完整配置”,如图 7.45 所示,并点击“提交”进行下载。

(2)下载完成后,系统弹出下载完成提示对话框,如图 7.46 所示。

8. 启动节点

(1)在“工程/节点”树状目录中先点击监控节点名“MySCADA”,然后点击“启动节点”,如

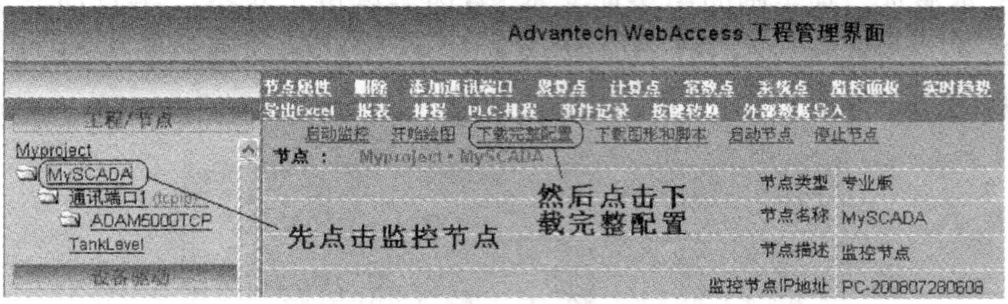

图 7.45　下载完整配置

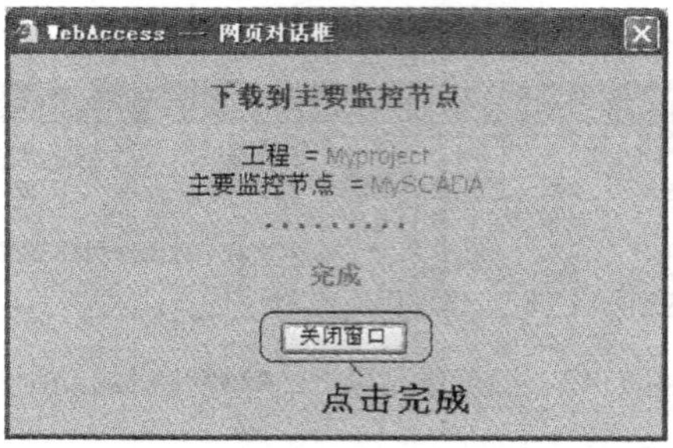

图 7.46　下载完成对话框

图 7.47 所示,并点击提交进行启动。

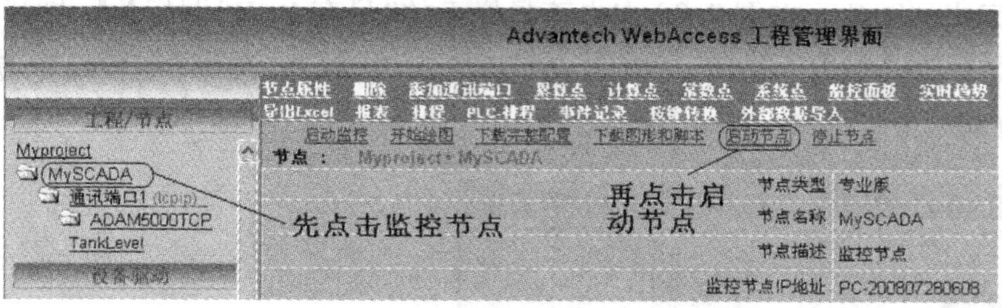

图 7.47　启动节点

(2)监控节点启动完成后,系统弹出启动完成提示对话框,如图 7.48 所示。

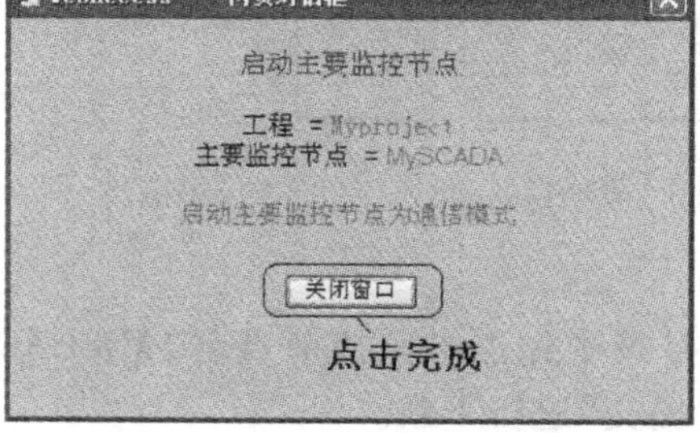

图 7.48　监控节点启动完成对话框

9. 启动监控

(1)在“工程/节点”树状目录中先点击监控节点名“MySCADA”,然后点击“启动监控”,如图 7.49 所示。

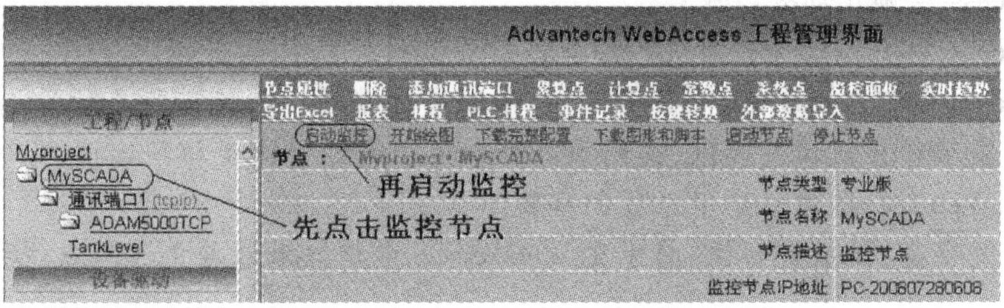

图 7.49　启动监控

(2)系统弹出登录界面,如图 7.50 所示,输入管理员名 admin,密码为空,然后按回车。系统弹出运行中的 HMI 监控画面,如图 7.51 所示。可以在此画面中进行拖曳条拖曳及按钮点击等操作。

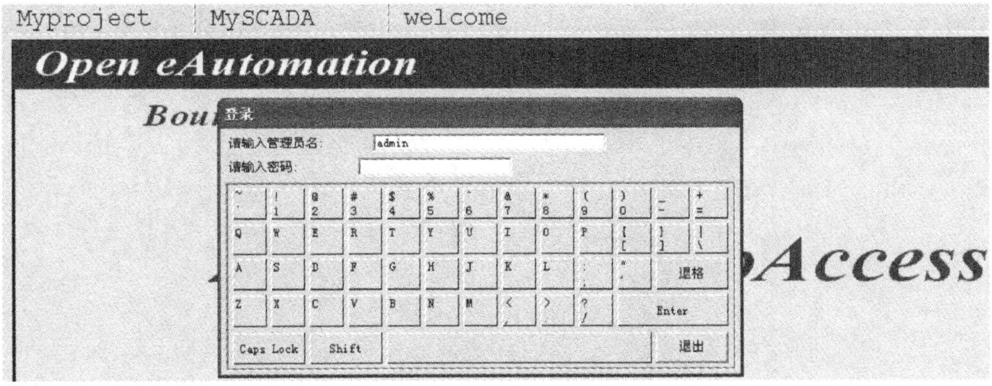

图 7.50　登录对话框

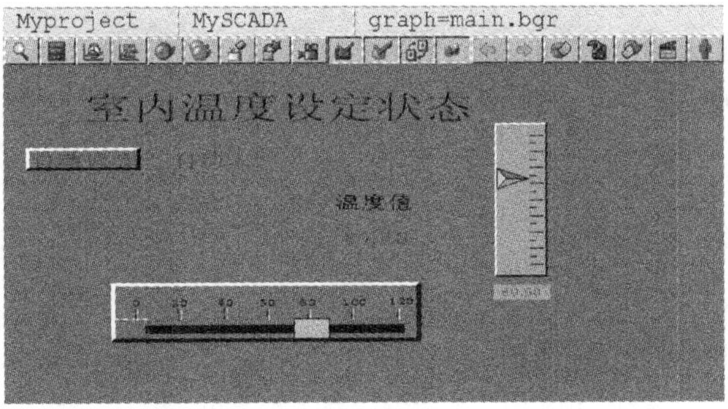

图 7.51　系统 HMI 监控画面(运行中)

思考与练习

1. 与组态王 V6.51 相比较,WebAccess 有什么特点?
2. WebAccess 由哪几部分组成?
3. WebAccess 的安装有什么要求?如何进行安装操作?
4. WebAccess 如何与 ADAM－5000TCP 控制器建立驱动?如何进行参数设置?
5. 以文本显示和移动动画为例,说明 WebAccess 中是如何实现动画连接的。
6. 简述用 WebAccess 建立应用工程的步骤。
7. 以建立数字量、模拟量为例,简述在 WebAccess 中建立本地点文件的方法和步骤。

模块 8　VB 与工控设备的通信与编程技术

在工程应用中,常采用面向对象语言对工业控制数据采集与控制设备进行通信和编程,VB,VC ++,Delphi 等软件是非常好的选择。本章介绍 VB 6.0 通过串口与研华 ADAM 分布式模块通信及编程的基本技术。有关 VB 全面和深入编程的知识可参考有关编程资料。

通过本模块的学习,学生应掌握以下内容:

☆MSComm 串口通信控件的使用方法;

☆VB 与 ADAM 模块的串口通信;

☆VB 与 ADAM 模块的编程应用。

任务 8.1　VB 6.0 软件使用入门

Visual Basic 是在原有的 Basic 语言基础上发展而来的。Visual 即可视的,指的是开发图形用户界面的方法,不需编写大量代码去描述界面元素的外观和位置,而只要把预先建立的对象拖放到屏幕上即可。Basic 指的是广为流行的 BASIC 计算机语言。Visual Basic 具有简单易学的特性,只要稍有计算机语言基础就可很快掌握它;可视化的用户界面设计功能,把程序设计人员从烦琐复杂的界面设计中解脱了出来;可视化编程环境的"所见即所得"功能,使界面设计如同积木游戏一样,从而使编程变得非常容易;强大的多媒体功能可以轻而易举地开发出集声音、动画和图像于一体的多媒体应用程序;新增的网络功能提供了快捷编写 Internet 程序的能力。

8.1.1　启动 VB 6.0 并新建项目

在安装好 VB 6.0 后,启动"开始"菜单,选择"程序",选择"Microsoft Visual Basic 6.0 中文版",在弹出菜单中选择"Microsoft Visual Basic 6.0 中文版"即可启动 VB,如图 8.1 所示。

VB 启动后,首先显示"新建工程"对话框,如图 8.2 所示,其中提示选择要建立的工程类型。

使用 VB 可以生成下列应用程序类型。

(1)"标准 EXE"程序:创建一个标准可执行文件。

(2)"ActiveX EXE"程序:创建一个 ActiveX 可执行文件。

(3)"ActiveX DLL"程序:创建一个 ActiveX DLL 文件。这种文件与 ActiveX EXE 文件在功能上是相同的,是支持 OLE 的自动化服务器程序,只是编译结果不同,一个编译成 EXE 类型的可执行文件,一个编译成动态链接库。

(4)"ActiveX 控件":创建一个用户自己的 ActiveX 控件。

(5)"VB 应用程序向导":这个向导可以帮助用户建立新的应用程序框架。用户在开发自已的工程时可以使用。

(6)"外接程序":建立自定义的 VB 外接程序。

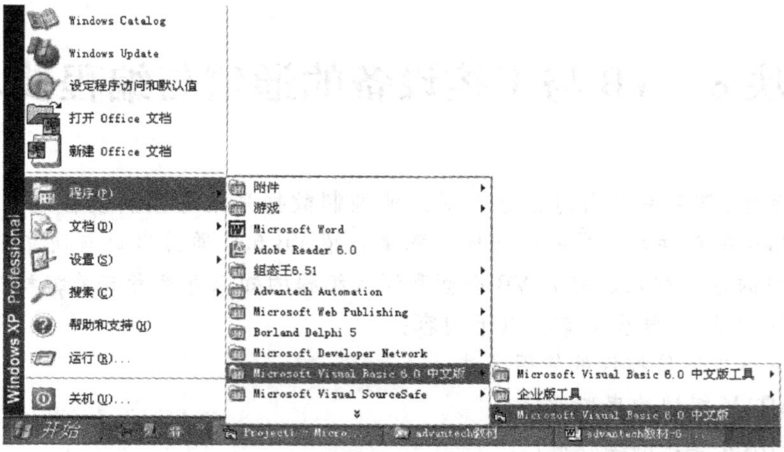

图 8.1 启动“Microsoft Visual Basic 6.0 中文版”

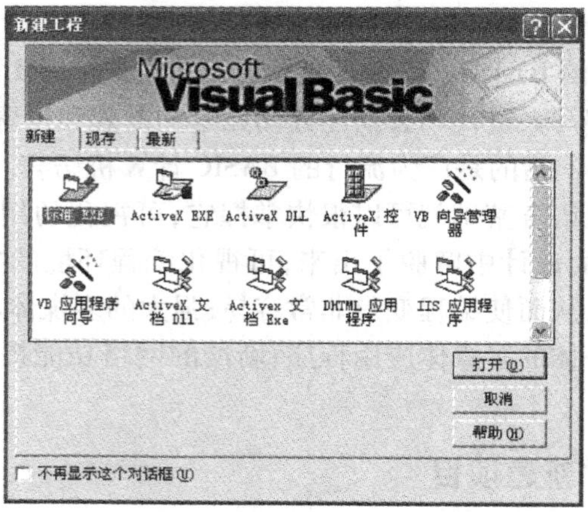

图 8.2 VB 的“新建工程”对话框

(7)“IIS 应用程序”:创建一个 IIS 应用程序。

(8)“数据工程”:创建一个数据工程。

(9)“ActiveX 文档”:ActiveX 文档实际上是可以在支持超级链接的容器中运行的 VB 应用程序。这个环境可能就是一个 Web 浏览器,如 Internet Explorer。

(10)“DHTML 应用程序”:创建一个 DHTML 应用程序。

“VB 向导管理器”能够帮助创建自定义的向导,效果与 VB 提供的向导非常相似。

在图 8.2 所示的窗口中有以下 3 个选项卡。

(1)“新建”:该选项卡中列出了上述可生成的工程类型。

(2)“现存”:该选项卡中列出了可以选择和打开的现有工程。

(3)“最新”:该选项卡中列出了最近使用过的工程。

双击新建选项卡中的“标准 EXE”项(默认选项)或直接单击文件菜单下的“新建工程”按钮新建一个工程,进入 VB 的集成开发环境,如图 8.3 所示。

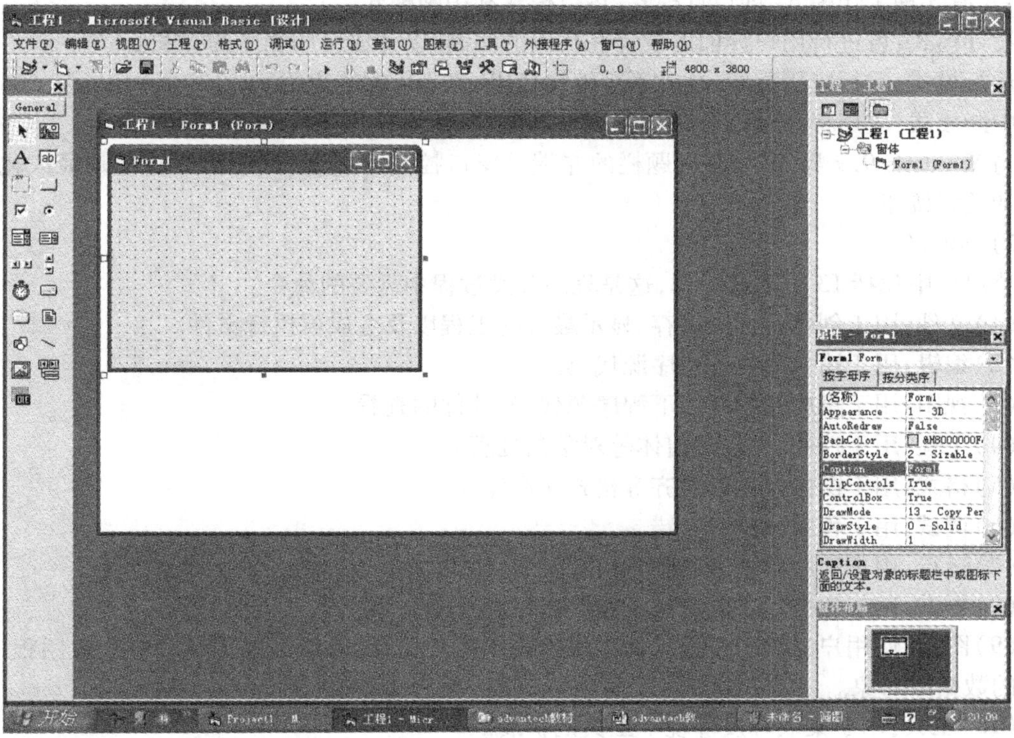

图 8.3　Visual Basic 6.0 的集成开发环境

在该集成开发环境中集中了许多不同的功能，如程序设计、编辑、编译和调试等。单击关闭按钮或者选择文件菜单中的退出命令时，VB 会自动判断用户是否修改了工程的内容，并询问用户是否保存文件或直接退出。

8.1.2　VB 6.0 集成开发环境简介

VB 的集成开发环境如图 8.3 所示，该界面由主窗口、工程资源管理器、属性窗口、窗体、工具箱 5 个窗口组成。这 5 个窗口构成了 VB 的开发环境，开发 VB 应用程序需要这 5 个窗口的配合使用。下面分别介绍这 5 个窗口。

1. 主窗口

主窗口由标题栏、菜单栏和工具栏组成，主要提供了用于开发 VB 程序的各种命令，如图 8.4 所示。

图 8.4　主窗口的标题栏、菜单栏和工具栏

1）标题栏

标题栏中的标题为“工程 1 - Microsoft Visual Basic［设计］”，说明此时集成开发环境处于设计模式，在进入其他状态时，方括号中的文字将作相应的变化。

VB 有 3 种工作模式，即设计模式、运行模式和中断模式。

设计模式：可进行用户界面的设计和代码的编制，以完成应用程序的开发。

运行模式：运行应用程序，这时不可编辑代码，也不可编辑界面。

中断模式：应用程序运行暂时中断，这时可以编辑代码，但不能编辑界面。

与 Windows 9. x 界面一样，标题栏的左端是窗口控制菜单框，标题栏的右端是最大化、最小化和关闭按钮。

2）菜单栏

菜单栏中包括 13 个下拉菜单，这是程序开发过程中需要的命令。

（1）文件：用于创建、打开、保存、显示最近的工程以及生成可执行文件。

（2）编辑：用于输入或修改程序源代码。

（3）视图：用于集成开发环境下程序源代码、控件的查看。

（4）工程：用于控件、模块和窗体等对象的处理。

（5）格式：用于窗体控件的对齐等格式化操作。

（6）调试：用于程序调试和查错。

（7）运行：用于程序启动、中断和停止等。

（8）查询：用于数据库表的查询及相关操作。

（9）图表：使用户能够用可视化的手段来表示相互关系，而且可以创建和修改应用程序所包含的数据库对象。

（10）工具：用于集成开发环境下工具的扩展。

（11）外接程序：用于为工程增加或删除外接程序。

（12）窗口：用于屏幕窗口的层叠、平铺等布局以及列出所有已打开的文档窗口。

（13）帮助：帮助用户系统地学习和掌握 VB 的使用方法及程序设计方法。

3）工具栏

工具栏可以快速地访问常用的菜单命令。VB 的标准工具栏如图 8.4 所示之外，还提供了编辑、窗体编辑器和调试等专用的工具栏。为了显示或隐藏工具栏，可以选择视图菜单的工具栏命令或将鼠标在标准工具栏处单击右键选取所需的工具栏。

2. 工程资源管理器窗口

工程资源管理器窗口如图 8.5 所示，用来保存一个应用程序所有属性以及组成这个应用程序的所有文件。工程文件的后缀是 . vbp，工程文件名显示在工程文件窗口内，以层次化管理方式显示各类文件，而且允许同时打开多个工程。

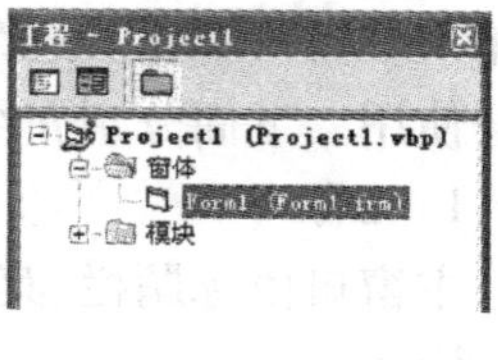

图 8.5　工程资源管理器窗口

工程资源管理器窗口上方有以下 3 个按钮。

（1）查看代码按钮：切换到代码窗口，显示和编辑代码。

（2）查看对象按钮：切换到模块的对象窗口。

（3）切换文件夹按钮：工程中的文件在按类型分或不分层次显示之间切换。

工程资源管理器下方的列表窗口，以层次列表形式列出组成这个工程的所有文件。它可以包含以下主要的 3 类文件。

（1）窗体文件（. frm 文件）：该文件存储窗体上使用的所有控件对象、对象的属性、对象相应的事件过程及程序代码。一个应用程序至少包含一个窗体文件。

(2)标准模块文件(.bas 文件):所有模块级变量和用户自定义的通用过程。通用过程是指可以被应用程序各处调用的过程。

(3)类模块文件(.cls 文件):可以用类模块来建立用户自己的对象。类模块包含用户对象的属性及方法,但不包含事件代码。

3. 属性窗口

属性窗口如图8.6所示,所有窗体或控件的属性如颜色、字体和大小等,都可以通过属性窗口来修改。

属性窗口由以下部分组成。

(1)对象列表框:单击其右边的箭头可拉出所选窗体包含的对象的列表。

(2)属性显示排列方式:有“按字母序”和“按分类序”两个按钮。前者以字母排列顺序列出所选对象的所有属性;后者按外观和位置等分类列出所选对象的所有属性。

(3)属性列表框:列出所选对象在设计模式可更改的属性和默认值。对于不同的对象,列出的属性也是不同的。属性列表由中间一条线将其分为两部分:左边列出的是各种属性,右边列出的是相应的属性值。

(4)属性含义说明:当在属性列表框中选取某属性时,在该区域显示所选属性的含义。

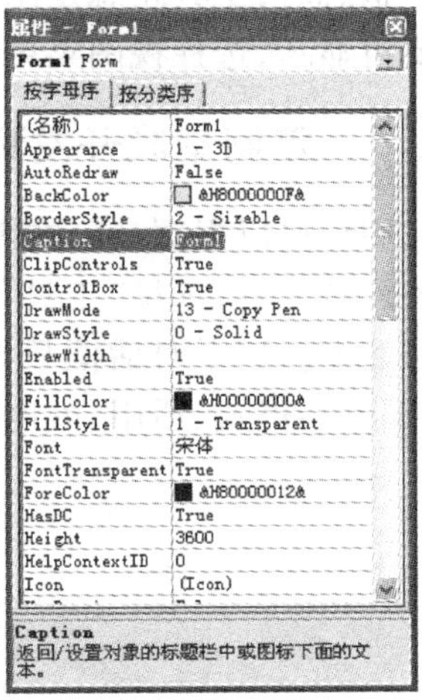

图8.6　属性窗口

4. 窗体

窗体如图8.7所示,它是用户工作区。用户可以在窗体中放置各种控件,以建立将要开发的VB应用程序的图形用户界面。

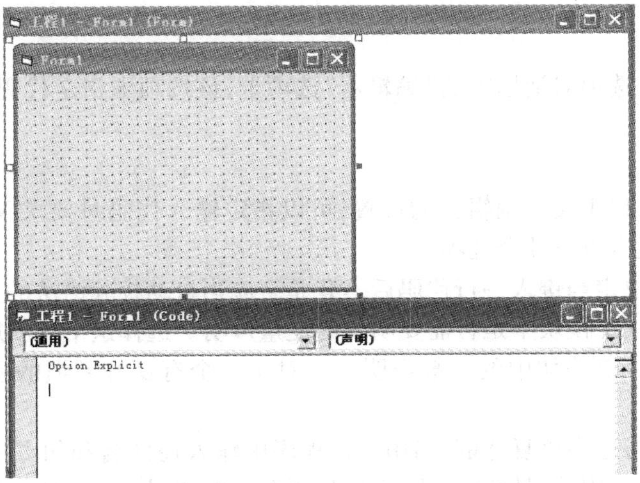

图8.7　窗体

窗体是VB应用程序的主要部分,用户通过与窗体上的控件进行交互来得到结果。每个窗体必须有一个唯一的窗体名字,建立窗体时的默认名为Form1,Form2等。

在设计状态下窗体是可见的,窗体的网格点间距可以通过工具菜单的选项命令,在通用标签的窗体设置网格中输入宽度和高度来改变。运行时可通过属性控制窗体的可见性(窗体的网格始终不显示)。一个应用程序至少有一个窗体,用户可在应用程序中拥有多个窗体。

5. 工具箱

工具箱如图 8.8 所示,它提供了用于开发 VB 应用程序的各种控件。在设计状态时,工具箱总是出现的。若要不显示工具箱,可以关闭工具箱窗口;若要再显示,选择视图菜单的工具箱命令。在运行状态下,工具箱自动隐藏。

图 8.8　工具箱

8.1.3　定制集成开发环境

用户可以根据自已的需要定制 VB 集成开发环境。为了访问集成开发环境的配置工具,选择“工具”菜单下的“选项”菜单项,出现如图 8.9 所示的选项对话框。这个对话框只能在设计时使用,其中包含以下 6 个选项卡:编辑器、编辑器格式、通用、可连接的、环境、高级。

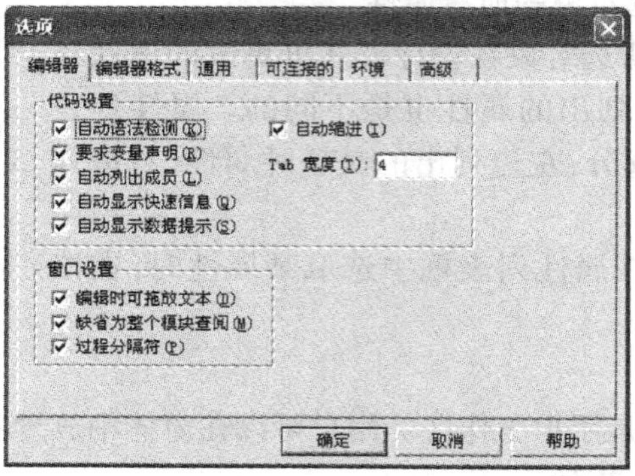

图 8.9　选项对话框及编辑器选项卡

1. 编辑器选项卡

图 8.9 所示即为选项对话框中的“编辑器”选项卡,该选项卡指定代码窗口和工程窗口设置值。

1)代码设置

可以指定代码窗口中文字编辑器的设置,可以指定输入代码时要求 VB 提供帮助。编辑器选项卡的代码设置有以下几个选项。

自动语法检测:决定当键入一行代码后,VB 是否应当自动校验语法的正确性。

要求变量声明:决定模块中是否需要明确的变量声明。选择这个选项后,将把“Option Explicit”语句添加到任何新模块中的一般声明中。对于一个有良好习惯的程序员来说,应选中该复选框。

自动列出成员:若选中该复选框,当用户在程序中输入控件名和句点后,系统自动列出该控件在该运行模式下可用的属性和方法,用户只要在出现的列表框中选中所需内容,按空格键或双击鼠标即可。

自动显示快速信息:若选中该复选框,当输入程序时,显示关于函数及其参数的信息。

自动显示数据提示:若选中该复选框,当输入程序时,显示在其上面放置光标的变量值。

自动缩进:若选中该复选框,当输入程序时,对第一行代码进行制表,所有后续行都将以该制表符位置为起点。

Tab宽度：设置制表符宽度，即编辑程序时的缩排字符数，其范围可以从1到32个空格。默认值为4个空格。

2）窗口设置

窗口设置部分用于指定代码编辑器的几个基本特征，其中有以下几个选项。

编辑时可拖放文本：在当前代码内，从代码窗口向立即或者监视窗口内拖放部件。

缺省为整个模块查阅：为新模块设置默认状态，从而可以在代码窗口内查看多个过程，查看方式可以作为单个可滚动列表，也可以每次一个过程。它不改变查看当前打开模块的方式。

过程分隔符：显示或者隐藏出现在代码窗口中每个过程结尾处的分割符条。只有当缺省为整个模块查阅被选中它才起作用。

2. 编辑器格式选项卡

编辑器格式选项卡用于指定VB代码的外观，如图8.10所示。

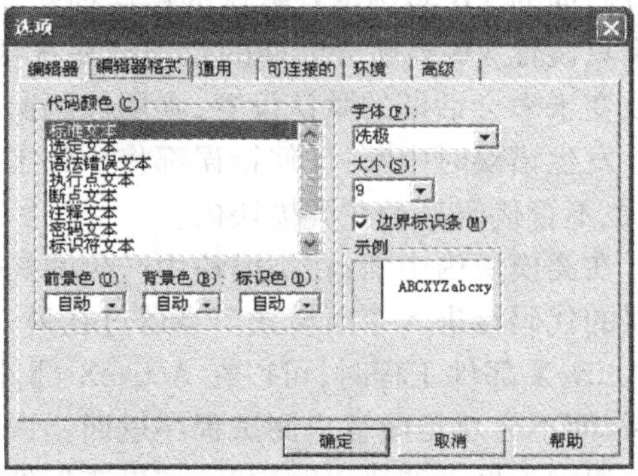

图8.10　编辑器格式选项卡

该选项卡中的选项有如下几个。

1）代码颜色

用于决定列表框中选定文本类型的前景和背景颜色，其中包括：

文本列表：列出具有可定制颜色的文本项；

前景色：为在彩色文本列表中选定的文本指定前景色；

背景色：为在彩色文本列表中选定的文本指定背景色；

标识色：指定边距颜色。

2）字体

用于指定所有代码使用的字体。

3）大小

用于指定所有代码使用的字体的大小。

4）边界标识条

使得边距标识条成为可见的或者不可见的。

5）示例

为所指定的字体、大小和颜色设置值显示示例文本。

3. 通用选项卡

通用选项卡为当前VB工程指定设置值、错误处理以及编译设置值，如图8.11所示。

该选项卡中的选项有如下几个。

1）窗体网格设置

用于决定设计时窗体网格的外观。其中包括如下内容。

显示网格：决定在设计时是否显示网格。

网格单位：显示窗体所用的网格单位，默认为Twips。

宽度：决定某个窗体上的网格单元宽度。

高度:决定某个窗体上的网格单元高度。

对齐控件到网格:自动将控件的外部边缘定位在网格线上。

2)显示工具提示

为工具栏和工具箱各项显示工具提示。

3)项目折叠收起时隐藏窗口

决定当工程浏览器中的某个工程崩溃时是否隐藏窗口。

4)错误捕获

决定在 VB 开发环境中怎样处理错误,并为所有后面的 VB 实例设置默认的错误捕获状态。如果只设置 VB 当前会话期的错误捕获选项,而不改变未来会话期的默认设置,则用代码窗口的快捷键菜单中的切换命令。

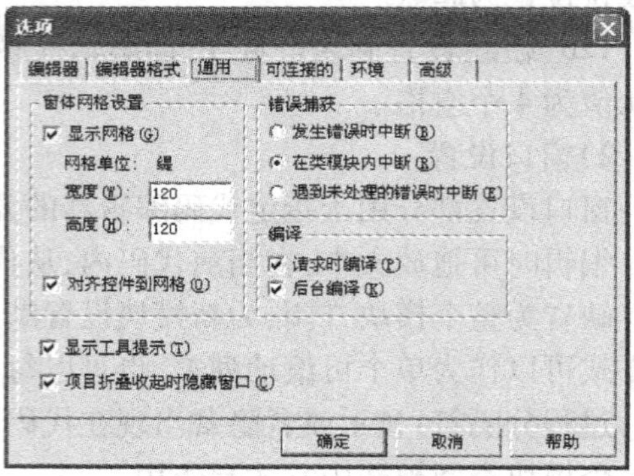

图 8.11　通用选项卡

发生错误时中断:任何错误都将导致工程进入中断模式——不管错误处理器是否是活动的,也不管代码是否在类模块内。

在类模块内中断:在类模块中产生的任何未处理的错误,都将导致工程在类模块中产生该错误的代码行进入中断模式。当通过在另一个工程中运行一个 ActiveX 客户测试程序调试一个 ActiveX 部件工程时,可以在 ActiveX 部件工程中设置该选项,使其在类模块中出错时立即中断,而不会总是向客户测试程序返回错误信息。

遇到未处理的错误时中断:如果错误处理器是活动的,那么该错误用不着进入中断模式就能被捕获。如果没有活动的错误处理器,那么错误就会导致工程进入中断模式。然而,类模块中未经处理的错误,将导致工程在调用该类未结束过程的代码行上进入中断模式。

5)编译

决定如何编译工程。其中包括如下两点。

请求时编译:决定是在启动一个工程之前完全编译,还是根据需要来编译代码,而允许应用程序在以后启动。如果在运行菜单上选择了全编译执行命令,那么 VB 就忽略请求时编译设置,并执行一次完全编译。

后台编译:决定在运行时是否使用空闲时间在后台完成对工程的编译。后台编译可以提高运行时的执行速度。不过,除非同时选择了请求时编译命令,否则该特性是不起作用的。

4. 可连接的选项卡

可连接的选项卡选择想要连接的那些窗口,如图 8.12 所示。

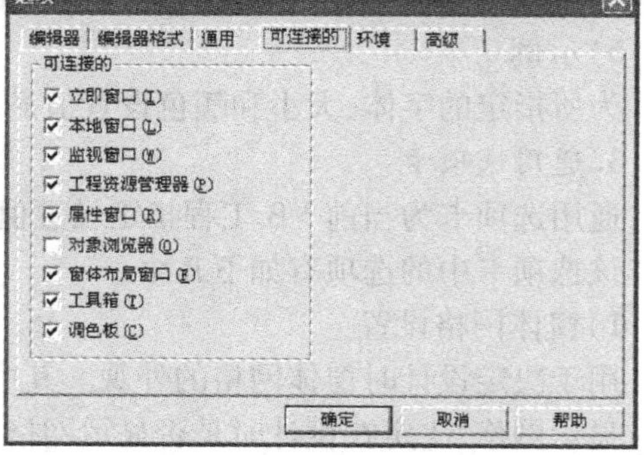

图 8.12　可连接的选项卡

在 MDI(多文档界面)模式时,当一个窗口被附加到或者被“锚定”在另一个可连接的窗口或者主窗口时,该窗口就成为被连接的。当移动一个可连接的窗口时,该窗口就能“快照”下那个位置。如果可以将某个窗口移动到屏幕上任何地方,并将它留在该处,那么该窗口是不可连接的。

该选项卡中的选项是可连接的窗口。我们可以选择想使之具有可连接性的窗口，并清除那些不想使之具有可连接性的窗口。在可连接窗口列表中可以有任意多个、一个也没有或者有全部窗口。

5. 环境选项卡

环境选项卡指定 VB 开发环境的属性，如图 8.13 所示。

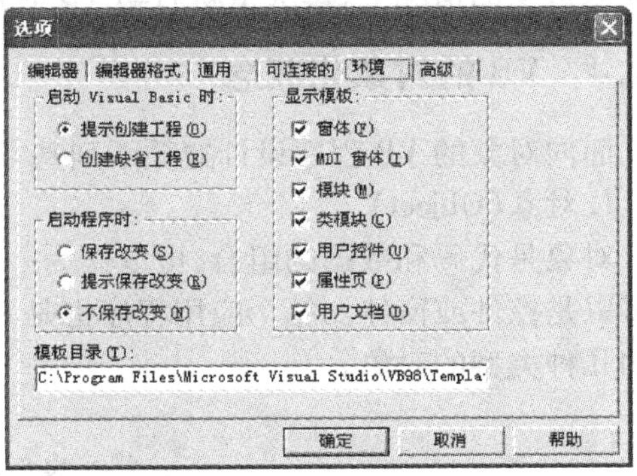

图 8.13　环境选项卡

Windows 会将该对话框中所作的修改保存在注册表文件中，并在每次重新启动 VB 时自动加载这些修改。该选项卡中的选项有以下几个。

(1)启动 Visual Basic 时选项组包括以下选项。

提示创建工程：询问每次启动 VB 时想要打开的工程。

创建缺省工程：创建一个默认的可执行(.exe)工程，每次启动 VB 时都打开该工程。

(2)启动程序时选项组包括以下选项。

保存改变：在修改工程并按 F5 键运行或选择运行菜单的启动命令时无须提示就可自动保存修改后的内容。如果新建文件，则会出现“另存为”命令对话框，在该对话框中可为工程指定名字和路径。

提示保存改变：在按 F5 键运行工程或选择运行菜单的启动命令时总会显示一个对话框，询问是否保存修改的内容。如果选择是，则出现另存为公共对话框，从而可指定工程的名字和路径。如果选择否，则 VB 将工程调入内存运行，但不保存任何修改。

不保存改变：在运行工程时，VB 运行内存中的工程版本，且不保存任何修改。

(3)显示模板：当向工程中添加项时，确定哪些模板在“添加 <项>”对话框中是可视的。如果删除该选项，则在选择“添加 <项>”命令时，屏幕将显示一个空白窗体。可以显示的模板有窗体、MDI 窗体、模块、类模块、用户控件、属性页和用户文档 7 项。

(4)模板目录：其中列出了模板文件的位置。

6. 高级选项卡

高级选项卡用于设置各种应用于 VB 工程的高级特征，如图 8.14 所示。

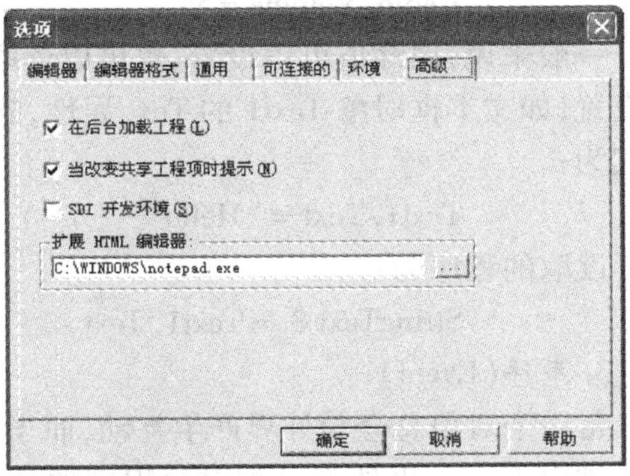

图 8.14　高级选项卡

该选项卡中有以下几个选项。

在后台加载工程：确定是否在后台加载代码，并更迅速地将控制返回给开发者。

当改变共享工程项时提示：当修改一个诸如窗体或模块这样的共享工程项而且还要保存它时，该选项卡决定系统是否给出提示。几个工程可共享相同的项。将共享项加载在内存中,并在每个工程中为其备份。如果在一个工程中修改了共享项,那么其他工程仍将保留该项以前的备份,直到保存这些工程为止。于是,最后一个被保存的工程就决定了共享文件是哪个文件。选择该选项时,系统会在进行保存前询问是否使所有项的备份都同步。

SDI 开发环境:选择该项时,开发环境从多文档界面(MDI)转换到单文档界面(SDI)。在选择该选项的情况下,每次重新启动 VB 时都会显示 SDI,直到删除该选项为止。

8.1.4 VB 的对象化概念

面向对象的 VB 程序设计遵循下列基本概念。

1. 对象(Object)

对象是代码和数据的组合,可以作为一个单位来处理。对象可以是应用程序的一部分,比如可以是控件或窗体。整个应用程序也是一个对象。表 8.1 列出了在 Visual Basic 中可能用到的几种类型的对象。

表 8.1 对象举例

对象	描述
命令按钮	窗体上的控件,像命令按钮和框架,它们都是对象
窗体	Visual Basic 工程中的每一个窗体都是独立的对象
数据库	数据库是对象,并且还包含其他对象,如字段、索引等
图表	Microsoft Excel 中的图表都是对象

对象可提供现成代码,因此可以大大简化编程工作量,这就是面向对象编程带来的好处。

2. 属性(Property)

Visual Basic 对象支持属性、事件和方法。在 Visual Basic 中,称对象所具备的特性、数据为属性。

改变对象的属性就可改变对象的特性。用收音机打比方,收音机的一个属性是音量。用 Visual Basic 的行话来说,就是收音机 Radio 这个对象有个属性“Volume”,改变其值就可调节音量的大小。假定收音机的音量值可设置在 0 到 10 之间,如果能够通过 Visual Basic 控制收音机,则可在一个过程中写代码,把“Volume”属性值从 3 提高到 5,使声音更响一些:

```
Radio. Volume = 5
```

一般来说,属性值可以设置,也可以读取;属性值既可以在程序中设置,也可以在属性窗口中设置,如文本框对象 Text1 的 Text 属性,除了可以在属性窗口中设置,在程序中设置的调用格式为:

```
Text1. Text = “Hello”
```

读取的程序为:

```
StringText $  = Text1. Text
```

3. 事件(Event)

每一个对象总会与外界产生互动,而当外界与此对象有交互作用时,就是这个对象有一个事件被引发了。事件就是被对象识别的动作,例如单击鼠标和按下键盘键;鼠标可以有单击(Click 事件)、双击(Double Click)、拖动(Drag Over)、移动(Move)等等事件;其他对象也有类似的事件。

可编写代码来响应事件，实现用户需要的功能。下面是按钮 Command1 的 Click 事件的程序代码：

```
Private Sub Command1 _ Click( )
'用户代码
MSComm1. Output = Trim( Text1. Text) &Chr( 13 )
End Sub
```

4. 方法(Method)

方法是对对象进行的操作。如窗体 Form1 的 Show 方法就是将窗体调入内存，并将窗体显示给用户进行操作，调用格式为：

```
Form1. Show
```

Hide 方法则是将窗体隐藏，使窗体相对于用户来说是不可见的，调用格式为：

```
Form1. Hide
```

而窗体的 Cls 方法则是清除窗体，调用格式为：

```
Form1. Cls
```

方法隐藏了控件特性的实现细节，编程人员可以直接调用方法，一条简单的程序就可实现复杂的功能，免去了大量的编程任务。

8.1.5　VB 的画面与程序

基于 Windows 操作系统的应用程序的设计原本是一件非常复杂的事情，但有了面向对象的编程语言如 VB，其编程就变得非常简单，许多非常复杂的工作，VB 提供的对象都给我们完成了，我们的任务只是要把这些对象添加到画面上，并进行一些简单的属性设置和程序设计，一个基本的应用程序就完成了。当然，要编写一个功能完备的应用程序，其工作量也是不言而喻的。

VB 的画面设计是一个所见即所得的设计方式，与该画面对应的是程序设计，分成两个不同的设计界面，如图 8.15 所示是画面设计窗口，图 8.16 所示是程序设计窗口。

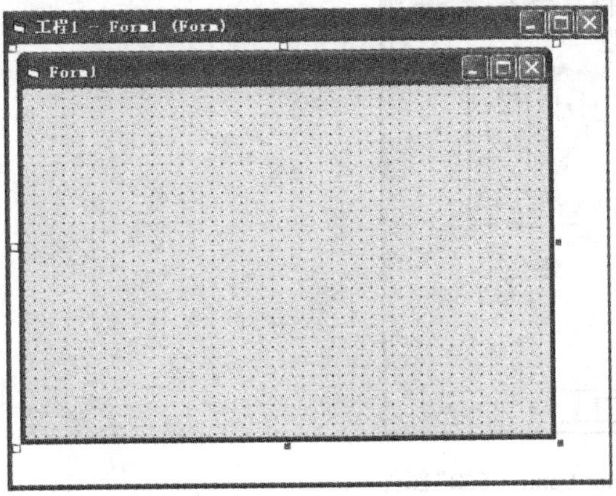

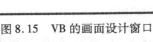

图 8.15　VB 的画面设计窗口

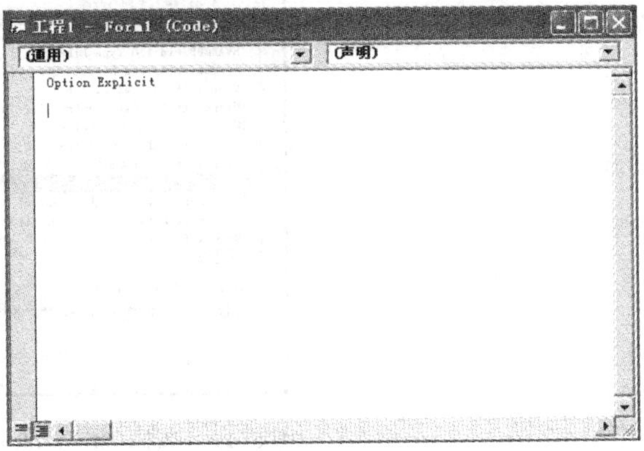

图 8.16　VB 的程序设计代码窗口

在图 8.15 中添加按钮、文本框等画面对象，在图 8.16 中编写代码。在工程资源管理器窗口中通过查看代码按钮和查看对象按钮进行代码窗口和对象窗口的切换。

8.1.6　VB 中控件的引用

VB 的工具栏提供了许多组件让设计者选用,如标签组件、按钮组件、文本框组件等,这些内建组件可以提供基本系统的设计使用。只要双击这些组件就可以把它放到对象窗口上,也可以单击这些组件,然后在对象窗口上用鼠标放置,大小可根据需要调整。

图 8.17 所示对象窗口放置了两个按钮组件和两个文本框组件。

但一些具有特别功能的控件在工具栏默认情况下并没有出现,这时我们可以根据需要手动添加。方法如下。

右击工具栏空白处,弹出图 8.18 所示窗口,选择“部件”,也可以通过“工程”菜单选择“部件”。

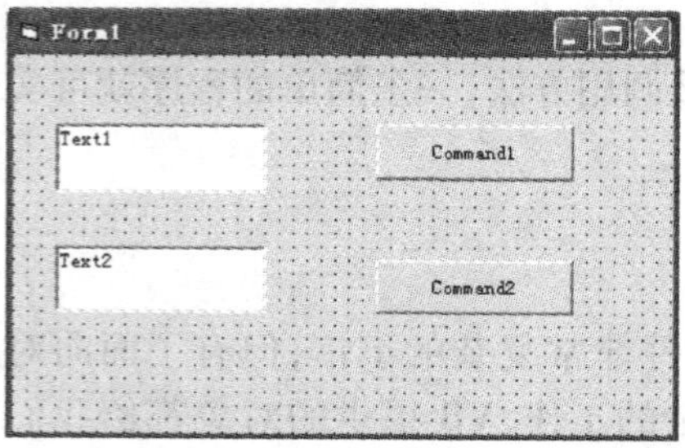

图 8.17　在窗体中添加控件

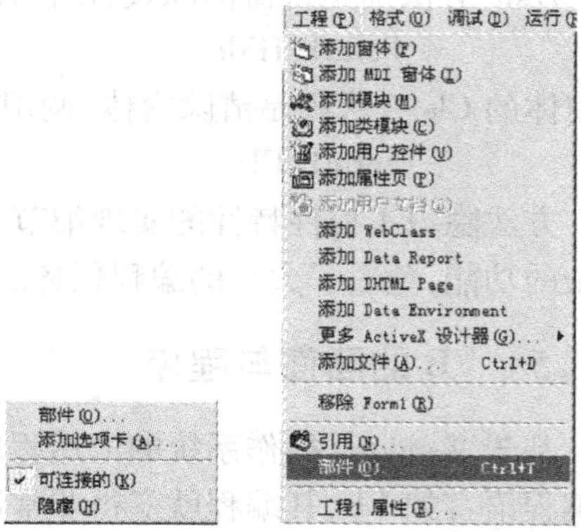

图 8.18　添加部件

在弹出的部件窗口中选择“Microsoft Comm Control 6.0”(即在前面打钩),如图 8.19 所示。

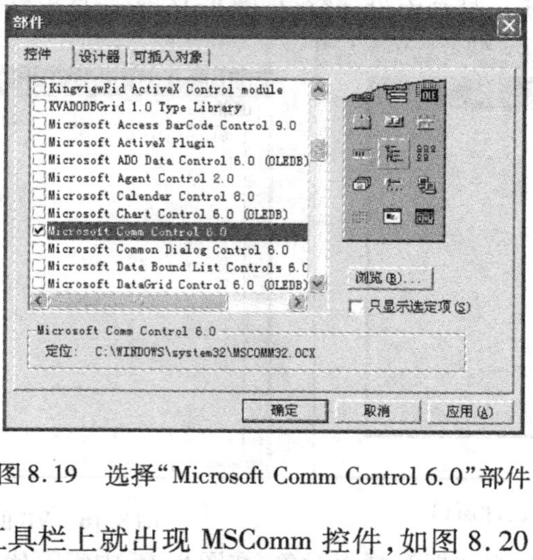

图 8.19　选择“Microsoft Comm Control 6.0”部件

按确定按钮,这时在工具栏上就出现 MSComm 控件,如图 8.20 所示,就可以和内建组件一样方便地使用了。在图 8.20 的窗体中添加 MSComm 控件。

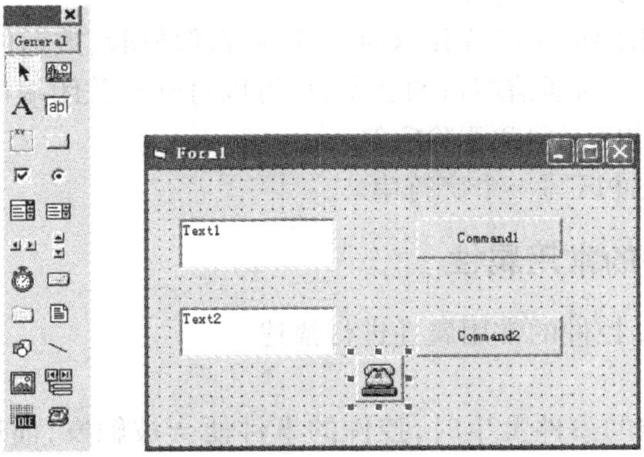

图 8.20　在窗体中添加 MSComm 控件

任务 8.2　MSComm 串行通信控件

MSComm 控件通过串行端口传输和接收数据，为应用程序提供串行通信功能。MSComm 控件在串口编程时非常方便，程序员不必花时间去了解较为复杂的 API 函数，而且在 VC，VB，Delphi 等语言中均可使用。Microsoft Communications Control（以下简称 MSComm）是 Microsoft 公司提供的简化 Windows 下串行通信编程的 ActiveX 控件，它为应用程序提供了通过串行接口收发数据的简便方法。

8.2.1　MSComm 控件处理通信的两种方式

MSComm 控件提供了两种处理串行通信问题的方式：一是事件驱动（Event - driven）方式，一是查询方式。

1. 事件驱动方式

事件驱动通信是处理串行端口交互作用的一种非常有效的方法。在许多情况下，当事件发生时需要得到通知，例如，在串口接收缓冲区中有字符，或者 Carrier Detect（CD）或 Request To Send（RTS）线上一个字符到达或一个变化发生时。在这些情况下，可以利用 MSComm 控件的 OnComm 事件捕获并处理这些通信事件。OnComm 事件还可以检查和处理通信错误。所有通信事件和通信错误的列表，可参阅 CommEvent 属性。在编程过程中，就可以在 OnComm 事件处理函数中加入自己的处理代码。这种方法的优点是程序响应及时，可靠性高。每个 MSComm 控件对应着一个串行端口。如果应用程序需要访问多个串行端口，必须使用多个 MSComm 控件。

2. 查询方式

查询方式实质上还是事件驱动，但在有些情况下，这种方式显得更为便捷。在程序的每个关键功能之后，可以通过检查 CommEvent 属性的值来查询事件和错误。如果应用程序较小，并且是自保持的，这种方法可能是更可取的。例如，如果写一个简单的电话拨号程序，则没有必要对每接收一个字符都产生事件，因为唯一等待接收的字符是调制解调器的"确定"响应。

MSComm 控件有很多重要的属性，而最常用的属性有如下几个。

(1)CommPort:设置并返回通信端口号。

(2)Settings:以字符串的形式设置并返回波特率、奇偶校验、数据位、停止位。

(3)PortOpen:设置并返回通信端口的状态,也可以打开和关闭端口。

(4)Input:从接收缓冲区返回和删除字符。

(5)Output:向传输缓冲区写一个字符串。

8.2.2 MSComm 控件的常用属性

下面分别对 MSComm 控件的常用属性进行描述。

1. CommEvent 属性

在通信控件中有规定的事件发生时,控件的事件便会被触发,而通过 CommEvent 属性的值,便可得知发生事件的原因。最受关注的 3 个原因是接收、发送与错误。

当 CommEvent 属性值改变时产生 OnComm 事件,表明产生了通信事件或通信错误。

MSComm 控件中的 Rthreshold 属性用于指定发生接收事件的字符数,当串行端口所接收到的字符大于等于此数值时,便触发事件。

Sthreshold 属性则是当串行通信端口传送区的字符数小于设定值时触发事件,特别需注意,这仅在传送区的字符数小于设定值时触发一次,其他时候并不触发。

CommEvent 属性捕获了 OnComm 产生事件或错误的代码,该属性在设计时不可用,在运行时是只读的。

语法 object. CommEvent

object 表示对象表达式,其值是“应用于”列表中的一个对象。

通信事件的设置值如下:

常数	值	描述
comEvSend	1	发送事件
comEvReceive	2	接收事件
comEvCTS	3	clear-to-send 线变化
comEvDSR	4	data-set ready 线变化
comEvCD	5	carrier detect 线变化
comEvRing	6	振铃检测
comEvEOF	7	文件结束

通信错误包含了下面的设置:

常数	值	描述
comEventBreak	1 001	接收到中断信号
comEventCTSTO	1 002	Clear-to-send 超时
comEventDSRTO	1 003	Data-set ready 超时
comEventFrame	1 004	数据帧错误
comEventOverrun	1 006	端口溢出
comEventCDTO	1 007	Carrier detect 超时
comEventRxOver	1 008	接收缓冲区溢出
comEventRxParity	1 009	Parity 错误

comEventTxFull	1 010	传输缓冲区满
comEventDCB	1 011	检索端口设备控制块(DCB)时的意外错误

数据类型　　Integer

2. CDHolding 属性

通过查询 Carrier Detect（CD）线的状态确定当前是否有传输。Carrier Detect 是从调制解调器发送到相连计算机的一个信号,指示调制解调器正在联机。该属性在设计时无效,在运行时为只读。

语法　object. CDHolding

object 表示对象表达式,其值是“应用于”列表中的一个对象。

CDHolding 属性的设置值为:

设置	描述
True	Carrier Detect 线为高电平
False	Carrier Detect 线为低电平

说明:当 Carrier Detect 线为高电平(CDHolding = True)且超时时,MSComm 控件设置 CommEvent 属性为 comEventCDTO(Carrier Detect 超时错误),并产生 OnComm 事件。

注意:在主机应用程序中捕获一个丢失的传输是特别重要的,例如一个公告板,因为呼叫者可以随时挂起(放弃传输)。

Carrier Detect 也被称为 Receive Line Signal Detect(RLSD)。

数据类型　Boolean

3. CommPort 属性

设置并返回通信端口号。

语法　object. CommPort[value]

object 表示对象表达式,其值是“应用于”列表中的一个对象。

value 整型值,说明端口号。

说明:在设计时,value 可以设置成从 1 到 16 的任何数(缺省值为 1)。但是如果用 PortOpen 属性打开一个并不存在的端口时,MSComm 控件会产生错误 68(设备无效)。

注意:必须在打开端口之前设置 CommPort 属性。

数据类型　Integer

4. CTSHolding 属性

确定是否可通过查询 Clear To Send(CTS)线的状态发送数据。Clear To Send 是调制解调器发送到相连计算机的信号,指示传输可以进行。该属性在设计时无效,在运行时为只读。

语法　object. CTSHolding(Boolean)

object 表示对象表达式,其值是“应用于”列表中的一个对象。

Mscomm 控件的 CTSHolding 属性设置值:

True	Clear To Send 线为高电平
False	Clear To Send 线为低电平

说明:如果 Clear To Send 线为低电平(CTSHolding = False)并且超时时,MSComm 控件设置 CommEvent 属性为 comEventCTSTO(Clear To Send Timeout)并产生 OnComm 事件。

Clear To Send 线用于 RTS/CTS(Request To Send/Clear To Send)硬件握手。如果需要确定

Clear To Send 线的状态,CTSHolding 属性给出一种手工查询的方法。

要获取详细信息或有关握手协议,请参阅 Handshaking 属性。

数据类型　Boolean

5. DSRHolding 属性

确定 Data Set Ready (DSR)线的状态。Data Set Ready 信号由调制解调器发送到相连计算机,指示作好操作准备。该属性在设计时无效,在运行时为只读。

语法　object. DSRHolding

object 表示对象表达式,其值是“应用于”列表中的一个对象。

DSRHolding 属性返回以下值:

值	描述
True	Data Set Ready 线高
False	Data Set Ready 线低

说明:当 Data Set Ready 线为高电平 (DSRHolding = True)且超时时,MSComm 控件设置 CommEvent 属性为 comEventDSRTO(数据准备超时)并产生 OnComm 事件。

当为 Data Terminal Equipment(DTE)机器写 Data Set Ready/Data Terminal Ready 握手例程时,该属性是十分有用的。

数据类型　Boolean

6. EOFEnable 属性

确定在输入过程中 MSComm 控件是否寻找文件结尾(EOF)字符。如果找到 EOF 字符,将停止输入并激活 OnComm 事件,此时 CommEvent 属性设置为 comEvEOF。

语法　object. EOFEnable[= value]

EOFEnable 属性的语法包括下列部分:

value 布尔表达式,确定当找到 EOF 字符时,OnComm 事件是否被激活,如“设置值”中所描述。

value 的设置值:

True	当 EOF 字符找到时 OnComm 事件被激活
False(缺省)	当 EOF 字符找到时 OnComm 事件不被激活

说明:当 EOFEnable 属性设置为 False,OnComm 控件将不在输入流中寻找 EOF 字符。

7. Error 消息(MS Comm 控件)

下表列出 MSComm 控件可以捕获的错误:

常量	值	描述
comInvalidPropertyValue	380	无效属性值
comSetNotSupported	383	属性为只读
comGetNotSupported	394	属性为只读
comPortOpen	8 000	端口打开时操作不合法
	8 001	超时值必须大于 0
comPortInvalid	8 002	无效端口号
	8 003	属性只在运行时有效
	8 004	属性在运行时为只读

comPortAlreadyOpen	8 005	端口已经打开
	8 006	设备标识符无效或不支持该标识符
	8 007	不支持设备的波特率
	8 008	指定的字节大小无效
	8 009	缺省参数错误
	8 010	硬件不可用(被其他设备锁定)
	8 011	函数不能分配队列
comNoOpen	8 012	设备没有打开
	8 013	设备已经打开
	8 014	不能使用 comm 通知
comSetCommStateFailed	8 015	不能设置 comm 状态
	8 016	不能设置 comm 事件屏蔽
comPortNotOpen	8 018	仅当端口打开时操作才有效
	8 019	设备忙
comReadError	8 020	读 comm 设备错误
comDCBError	8 021	为该端口检索设备控制块时的内部错误

8. Handshaking 属性

设置或返回硬件握手协议。

语法　object. Handshaking[= value]

object 表示对象表达式,其值是"应用于"列表中的一个对象。

value 整型表达式设置值如下:

常数	值	描述
comNone	0	无握手
comXOnXOff	1	XOn/Xoff 握手
comRTS	2	Request-to-send/clear-to-send 握手协议
comRTSXOnXOff	3	Request-to-send 和 clear-to-send 握手皆可

数据类型　Integer

9. InBufferCount 属性

返回在接收缓冲区中等待的字符数,该属性在设计时不可用。

语法　object. InBufferCount[= value]

object 表示对象表达式,其值是"应用于"列表中的一个对象。

value 一个整型表达式,指定在接收缓冲区中等待的字符数。

说明:InBufferCount 是指已被接收到缓冲区、等待应用程序读取的字符数。将 InBufferCount 设置为 0 将清除接收缓冲区。

数据类型　Integer

10. InBufferSize 属性

设置或返回接收缓冲区大小的字节数。

语法　object. InBufferSize[= value]

object 表示对象表达式,其值是"应用于"列表中的一个对象。

value 是一个整型表达式,指定接收缓冲区大小的字节数。

说明:InBufferSize 是指整个接收缓冲区的大小,缺省是 1 024 个字节。不要将该属性与反映等待应用程序读取字符数的 InBufferCount 属性混淆。

数据类型　Integer

11. Input 属性

返回或删除接收缓冲区中的数据流。该属性在设计时不可用,在运行时是只读的。

语法　object. Input

object 表示对象表达式,其值是"应用于"列表中的一个对象。

说明:InputLen 属性确定了 Input 属性读入的字符数。将 InputLen 属性设置为 0 将使 Input 属性读入整个接收缓冲区的内容。

数据类型　Variant

12. InputLen 属性

设置并返回 Input 属性从接收缓冲区读取的字符数。

语法　object. InputLen[= value]

object 表示对象表达式,其值是"应用于"列表中的一个对象。

value 是一个整型表达式,指定 Input 属性从接收缓冲区中读取的字符数。

说明:InputLen 属性的缺省值是 0。设置 InputLen 为 0 时,使用 Input 将使 MSComm 控件读取接收缓冲区中的全部内容。

若接收缓冲区中没有可读的字符,Input 属性返回一个空字符串""。在使用 Input 前,用户可以检查 InBufferCount 的值,以便确定缓冲区中是否已有需要数目的字符,是否读取了所要求的字符数。

该属性在从输出格式为定长数据的机器读取数据时非常有用。

数据类型　Integer

下面的程序演示了如何读取 10 个字符的数据:

```
Private Sub Command1 _ Click( )
Dim CommData AS String
'Specify a 10 character block of data
MSComm1. InputLen = 10
'Read data
CommData = MSComm1. Input
End Sub
```

13. InputMode 属性

设置和返回 Input 属性所读取数据的类型。

语法　object. InputMode[= value]

object 表示对象表达式,其值是"应用于"列表中的一个对象。

value 是一个值或常量,指定输入模式,设置值如下:

常数	值	描述
comInputModeText	0(缺省)	通过 Input 属性以文本方式读取回数据。
comInputModeBinary	1	通过 Input 属性以二进制方式读取回数据。

下面的程序从通信端口中读取了10字节的二进制数据并分配给一个矩阵：

```
Private Sub Command1 _ Click( )
Dim Buffer AS Variant
Dim Arr( ) As Byte
'Set and open port
MSComm1. CommPort = 1
MSComm1. PortOpen = True
'Set InputMode to read binary data
MSComm1. InputMode = comInputModeBinary
Do Until MSComm1. InBufferCount < 10
Do Events
Loop
'Store binary data in buffer
Buffer = MSComm1. Input
'Assign to byte array for processing
Arr = Buffer
End Sub
```

14. OnComm 事件

当 CommEvent 属性值改变时产生该事件，表明产生了通信事件或通信错误。

语法　Private Sub object _ OnComm( )

object 表示对象表达式，其值是“应用于”列表中的一个对象。

说明：CommEvent 属性捕获了 OnComm 事件产生事件或错误的代码。将 Rthreshold 或 Sthreshold 属性置为0将不捕获 comEvReceive 和 comEvSend 事件。

15. OutBufferCount 属性

返回在发送缓冲区中等待的字符数。可以使用该属性清除发送缓冲区。该属性在设计时不可用。

语法　object. OutBufferCount[= value]

object 表示对象表达式，其值是“应用于”列表中的一个对象。

value 是一个整型表达式，指定在发送缓冲区中等待的字符数。

说明：将 OutBufferCount 设置为0将清除发送缓冲区。

数据类型　Integer

16. OutBufferSize 属性

设置或返回发送缓冲区的字节大小。

语法　object. OutBufferSize[= value]

object 表示对象表达式，其值是“应用于”列表中的一个对象。

value 是一个整型表达式，指定发送缓冲区大小的字节数。

说明：OutBufferSize 是指整个发送缓冲区的大小。缺省是512个字节。不要将该属性与 OutBufferCount 属性混淆。

数据类型　Integer

17. Output 属性

将数据写入发送缓冲区。该属性在设计时不可用,在运行时是只写的。

语法　object. Output[= value]

object 表示对象表达式,其值是“应用于”列表中的一个对象。

value 是一个字符串,是写入发送缓冲区中的字符。

说明:Output 属性可以发送文本数据或二进制数据。要使用 Output 属性发送文本数据,必须指明包含字符串的一个 Variant 变量。要发送二进制数据,必须将包含字节矩阵的 Variant 变量传递给 Output 属性。

数据类型　Variant

18. PortOpen 属性

设置或返回通信端口的状态(打开或关闭)。在设计时该属性不可用,应用于 MSComm 控件。

语法　object. PortOpen[= value]

object 表示对象表达式,其值是“应用于”列表中的一个对象。

value 是一个布尔表达式,指定通信端口的状态。

说明:将 PortOpen 设置为 True 将打开端口。设置为 False 将关闭端口并清除接收和发送缓冲区。当应用程序终止时,MSComm 控件将自动关闭串口。

数据类型　Boolean

19. RThreshold 属性

在 MSComm 控件设置 CommEvent 属性为 comEvReceive 并产生 OnComm 事件之前,设置并返回的要接收的字符数。

语法　object. Rthreshold[= value]

object 表示对象表达式,其值是“应用于”列表中的一个对象。

value 是整型表达式,说明在产生 OnComm 事件之前要接收的字符数。

说明:当接收字符后,若 Rthreshold 属性设置为 0(缺省值)则不产生 OnComm 事件。

例如,设置 Rthreshold 为 1,接收缓冲区收到每一个字符都会使 MSComm 控件产生 OnComm 事件。

数据类型　Integer

20. Settings 属性

设置并返回波特率、奇偶校验、数据位、停止位参数。

语法　object. Settings[= value]

object 表示对象表达式,其值是“应用于”列表中的一个对象。

value 是一个字符串表达式,代表通信端口设置。

说明:当端口打开时,如果 value 非法,则 MSComm 控件产生错误 380(非法属性值)。

Value 由四个设置值组成,有如下的格式:

“BBBB,P,D,S”

其中 BBBB 为波特率;P 为奇偶校验;D 为数据位数;S 为停止位数。

value 的缺省值是:“9600,N,8,1”。

有效的波特率如下:

设置
110
300
600
1200
2400
9600(缺省)
14400
19200
28800
38400(保留)
56000(保留)
128000(保留)
256000(保留)

有效的奇偶校验值如下:

设置	描述
E	偶校验
M	屏蔽
N	无校验(缺省)
O	奇校验
S	空格

有效的数据位如下:

设置
4　5　6　7　8

有效的停止位如下:

设置
1(缺省)　1.5　2

数据类型　String

下面是一个设置的实例。

MSComm1.Setting = "9 600,N,8,1"

21. SThreshold 属性

MSComm 控件设置 CommEvent 属性为 comEvSend 并产生 OnComm 事件之前,设置并返回传输缓冲区中允许的最小字符数。

语法　object.SThreshold[= value]

object 表示对象表达式,其值是"应用于"列表中的一个对象。

value 是整型表达式,表示在 OnComm 事件产生之前在传输缓冲区中的最小字符数。

说明:若设置 Sthreshold 属性为0(缺省值),数据传输事件不会产生 OnComm 事件。若设置 Sthreshold 属性为1,当传输缓冲区完全空时,MSComm 控件产生 OnComm 事件。如果在传输缓冲区中的字符数小于 value,CommEvent 属性设置为 comEvSend,并产生 OnComm 事件。

comEvSend 事件仅当字符数与 Sthreshold 交叉时被激活一次。

例如,如果 Sthreshold 等于 5,仅当在输出队列中字符数从 5 降到 4 时,comEvSend 才发生。如果在输出队列中从没有比 Sthreshold 多的字符,comEvSend 事件不会发生。

8.2.3 使用 MSComm 控件实现串行通信的步骤及参数设置

1. 步骤

通常我们按下面的步骤来使用 VB 的 MSComm 控件作通信控制:

(1)加入通信对象,也就是 MSComm 对象;

(2)设定通信端口号码,即 CommPort 属性;

(3)设定通信协议,即 HandShaking 属性;

(4)设定传输速度等参数,即 Settings 属性;

(5)设定其他参数,若必要时再加上其他的属性设置;

(6)开启通信端口,即 PortOpen 属性;

(7)送出字符串或读入字符串,使用 Input 及 Output 属性;

(8)使用完 MSComm 通信对象后,将通信端口关闭。

步骤 5 以前可以在设计环境中的属性窗口中作设定,也可以在程序中设置;步骤 6 以后的设定则必须在程序中以 VB 的相关语句进行设定。

2. 参数设置实例

下面是使用调制解调器进行基本通信的例子:

```
Private Sub Form _ Load( )
'Buffer to hold input string
Dim Instring AS String
'Use COM1
MSComm1. CommPort = 1
'9 600 baud,no parity, 8data, and 1 stop bit
MSComm1. Setting = "9600,N,8,1"
'Tell the control to read entire buffer when input is used
MSComm1. InputLen = 0
'Open the port
MSComm1. PortOpen = True
'Send the attention command to the modem
MSComm1. Output = "ATVtQ0"&Chr $ (13)
'Ensure that the modem responds with"OK"
'Wait for data to come back to the serial port
Do
Do Events
Buffer $  = Buffer $ &MSComm1. Input
Loop Until InStr( Buffer $ ,"OK"&vbCRLF)
'Read the"OK"response data in the serial port
```

```
'Close the serial port
MSComm1. PortOpen = False
End Sub
```

任务 8.3　VB 与 ADAM 模块的串口通信

本部分内容以 ADAM－4017＋模块为例进行编程和调试。为保证 VB 与研华模块串口通信的顺利进行,需要对串口及通信线路进行测试。这里采用 ADAM－4000/5000Utility 软件对 ADAM－4017＋模块进行测试。在此基础上,在 VB 中对 ADAM－4017＋模块进行串行通信的编程及调试。

8.3.1　串行通信性能测试

ADAM－4000/5000Utility 软件对 ADAM－4017＋模块进行串口性能测试的主界面如图 8.21 所示。假设连接的是串口 COM1,则选中 COM1 口,这时菜单"Tools"下的"Terminal"选项可见,选中它,弹出图 8.22 所示"Terminal"画面。

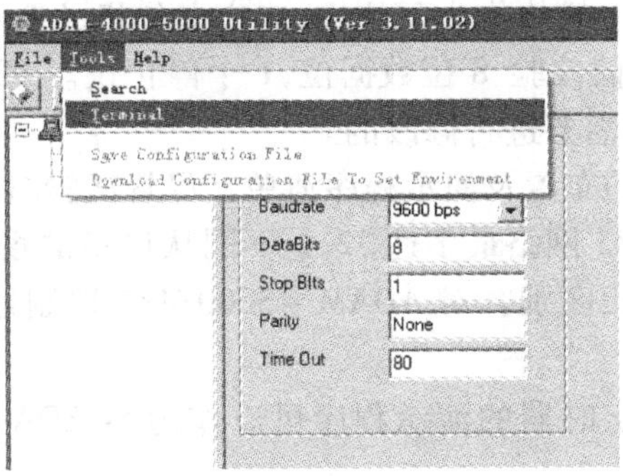

图 8.21　ADAM－4017＋模块串口性能测试界面

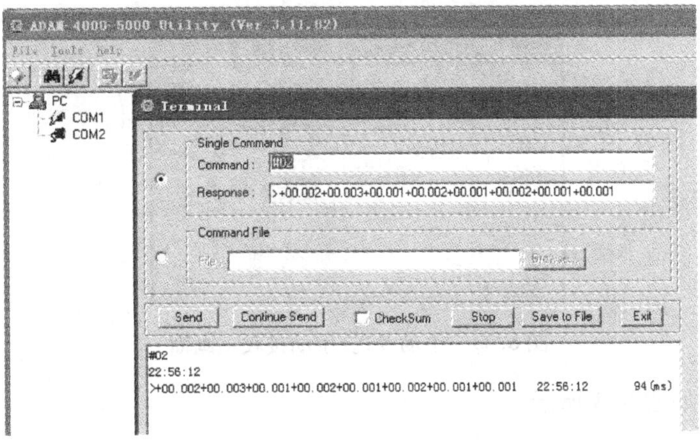

图 8.22　ADAM－4017＋模块的命令测试

在该画面中,输入图示命令进行测试。用于测试的 ADAM－4017＋模块的地址设为 2,因此发送的命令是"#02",含义是读取该模拟量模块 8 路输入通道采集的数据,响应中" > "是前导符,其后跟 8 路数据值,每路占 7 个字符,加上最后面的回车符,总共是 58 个字符。

表 8.2 中列出了 ADAM－4017＋模块的部分命令字,详细命令内容请参阅研华公司有关技术文档。

表 8.2　ADAM－4017＋模块部分命令字

命令	响应	描述
$022	！02FF0600	读模块配置信息
$02M	！024017P	读模块型号
#02	> +00.002 +00.002 +00.002 +00.002 +00.001 +00.001 +00.001 +00.002	读 8 路输入数值

8.3.2　VB 与 ADAM 模块的串行通信实例

本部分内容是工控机与 ADAM 模块采用 MSComm 控件通信的实例,工控机作为上位机发送和接收命令,ADAM－4017＋模块作为下位机,响应上位机的命令并回应相应数据。基于串口 COM1,波特率 9 600,无奇偶校验,8 位数据位,1 个停止位。ADAM－4017＋模块地址设为 2,当然,这些参数是可以根据需要进行修改的。

本实例给出了画面控件的布置及演示程序清单。尽管试验时是以一个 ADAM－4017＋模块为例,但完全可以扩展到 485 网络最多达 32 个不同从设备的场合,只不过这些设备是以互不相同的地址和发送命令字相区别。对 ADAM－5000/485 控制器上的 ADAM－5000 系列模块的通信与编程是相似的。

下面的程序特别是基于定时器的演示程序可以作为 SCADA 工程应用系统的核心程序,具有实际应用意义。

1. 手动发送,手动接收

主画面如图 8.23 所示。

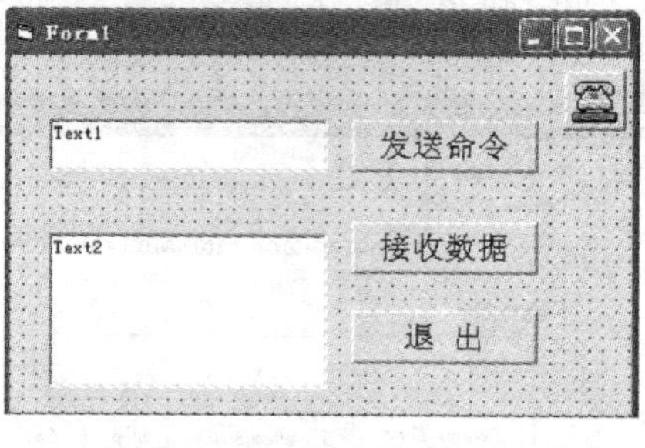

图 8.23　手动发送/手动接收主画面

主画面中控件如表 8.3 所示。

表 8.3　手动发送/手动接收主画面组件列表

控件类别	对象名称	描述
文本框 TextBox	Text1	在该文本框输入命令
文本框 TextBox	Text2	在该文本框自动响应输出
命令按钮 CommandButton	Command1	发送命令按钮
命令按钮 CommandButton	Command2	接收数据按钮
命令按钮 CommandButton	Command3	退出按钮
通信控件 MSComm	MSComm1	串行通信

程序清单如下：

```
Private Sub Command1 _ Click( )
'发送命令
MSComm1. Output = Trim( Text1. Text)  & Chr( 13)
End Sub
Private Sub Command2 _ Click( )
'接收数据
Text2. Text = MSComm1. Input
End Sub
Private Sub Command3 _ Click( )
'关闭串口
MSComm1. PortOpen = False
'退出
End
End Sub
Private Sub Form _ Load( )
'串口设置参数:Use COM1 ,9 600 baud,no parity, 8data, and 1 stop bit
MSComm1. CommPort = 1
MSComm1. Setting = "9600 ,N ,8 ,1"
MSComm1. InputLen = 0
'打开串口
MSComm1. PortOpen = True
End Sub
```

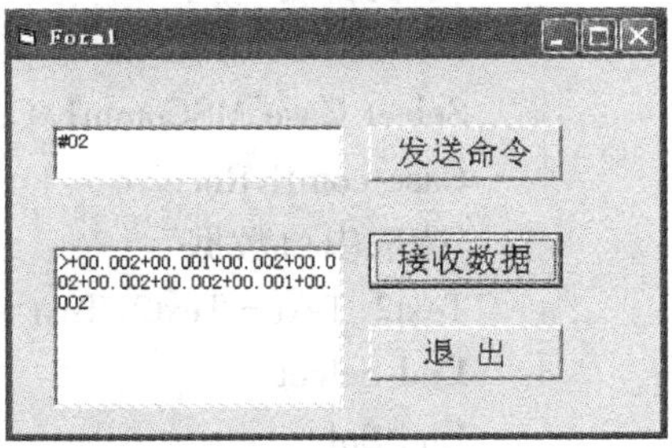

图 8.24　手动发送/手动接收程序运行界面

程序运行界面如图 8.24 所示。在 Text1 中输入命令"#02"，然后按发送命令按钮，紧接着按接收数据按钮，在 Text2 中就自动出现了采集到的数据。

2. 手动发送，自动接收

主画面如图 8.25 所示。

主画面中控件如表 8.4 所示。

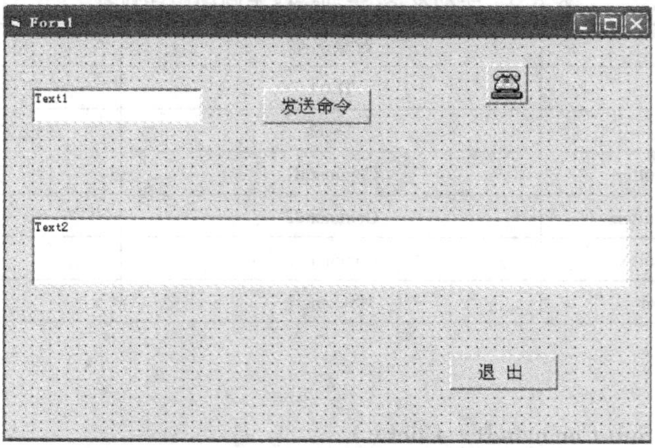

图 8.25 手动发送/自动接收主画面

表 8.4 手动发送/自动接收主画面组件列表

控件类别	对象名称	描述
文本框 TextBox	Text1	在该文本框输入命令
文本框 TextBox	Text2	在该文本框自动响应输出
命令按钮 CommandButton	Command1	发送命令按钮
命令按钮 CommandButton	Command3	退出按钮
通信控件 MSComm	MSComm1	串行通信

程序清单如下：

```
'手动发送命令按钮事件
Private Sub Command1 _ Click( Index As Integer)
'请接收数据文本框
Text2. Text = " "
MSComm1. Output = Trim( Text1. Text) & Chr( 13)
End Sub
'系统自动响应 MSComm1 的 OnComm 事件
Private Sub MSComm1 _ OnComm( )
Select Case MSComm1. CommEvent
Case comEvReceive
'读取串口数据
Text2. Text = Text2. Text + MSComm1. Input
End Select
End Sub
'打开 MSComm1
Private Sub Form _ Activate( )
MSComm1. PortOpen = True
```

```
MSComm1.RThreshold = 1
End Sub
'退出
Private Sub Command4 _ Click()
'关闭串口
MSComm1.PortOpen = False
End
End Sub
```

程序运行界面如图 8.26 所示。在 Text1 中输入命令“$02M”,然后按发送命令按钮,系统自动接收数据,显示在 Text2 中。本程序与上面手动发送/手动接收不同之处是利用了 MSComm 的 OnComm 事件,自动接收串口的数据。

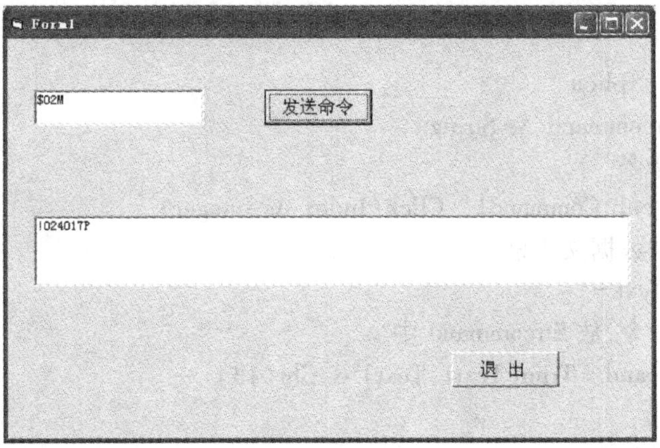

图 8.26　手动发送/自动接收程序运行界面

3. 自动发送,自动接收

主画面如图 8.27 所示。

主画面中控件如表 8.5 所示。

表 8.5　自动发送/自动接收主画面组件列表

控件类别	对象名称	描述
文本框 TextBox	Text1	在该文本框输入需设置的命令
文本框 TextBox	Text2	在该文本框自动响应串口数据
命令按钮 CommandButton	Command1	设置命令按钮
命令按钮 CommandButton	Command4	退出按钮
通信控件 MSComm	MSComm1	串行通信
定时控件 Timer	Timer1	定时,设为 1 秒

程序清单如下:

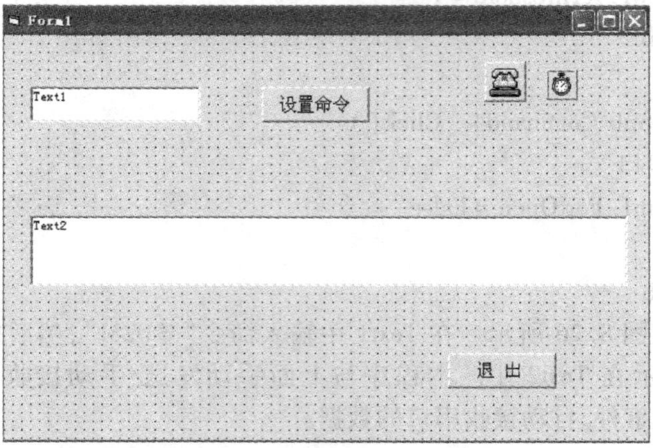

图 8.27　自动发送/自动接收主画面

```
Option Explicit
Dim Strcommand As String
'设置命令
Private Sub Command1 _ Click( Index As Integer)
'请接收数据文本框
Text2. Text = “ ”
'设置命令,放 Strcommand 中
Strcommand = Trim( Text1. Text) & Chr( 13 )
End Sub
'定时器程序
Private Sub Timer1 _ Timer( )
Text2. Text = “ ”
'定时发送命令
MSComm1. Output = Strcommand
End Sub
'打开 MSComm1
Private Sub Form _ Activate( )
MSComm1. PortOpen = True
MSComm1. RThreshold = 1
End Sub
'系统自动响应 MSComm1 的 OnComm 事件
Private Sub MSComm1 _ OnComm( )
Select Case MSComm1. CommEvent
Case comEvReceive
'读取串口数据
Text2. Text = Text2. Text + MSComm1. Input
```

```
End Select
End Sub
'退出
Private Sub Command4 _ Click( )
'关闭串口
MSComm1. PortOpen = False
End
End Sub
```

程序运行界面如图 8.28 所示。在 Text1 中输入命令"#02",然后按设置命令按钮,在 Text2 中就自动出现了采集到的数据,且每秒更新 1 次。这是因为定时器每秒自动发送命令 1 次,OnComm 事件自动接收 MSComm1 的数据,然后显示在 Text2 中。

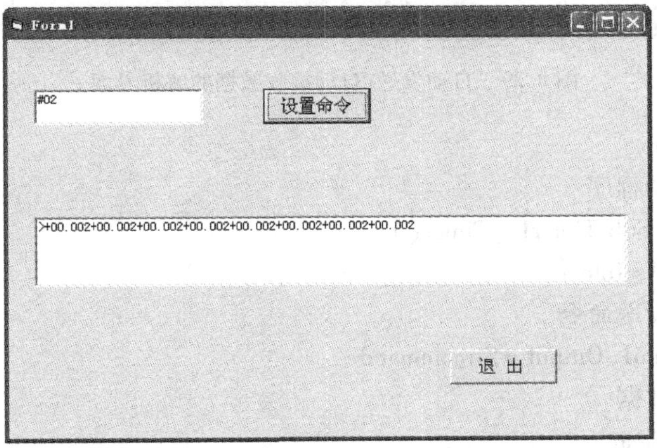

图 8.28　自动发送/自动接收程序运行界面

4. 采集数据的解析

对 ADAM－4017＋模块,VB 不仅需要将 8 路模拟量采集值读入到工控机中,而且需解析出每一路的数值提供给各种组态应用。如图 8.28 所示,"#02"是发送命令,读取模块 8 个通道采集的数据,响应中" > "是前导符,其后跟 8 路数据值,每路占 7 个字符,加上最后面的回车符,总共是 58 个字符。对这一采集数据的解析正是工程实际应用的基本要求。我们在图 8.27 中再加入一个对象 List1,它是 ListBox 控件,用于显示解析的 8 路数据,如图 8.29 所示。

程序清单如下:

```
Option Explicit
Dim Strcommand As String
'设置命令
Private Sub Command1 _ Click( Index As Integer)
'请接收数据文本框
Text2. Text = ""
'设置命令,放 Strcommand 中
Strcommand = Trim( Text1. Text) & Chr(13)
```

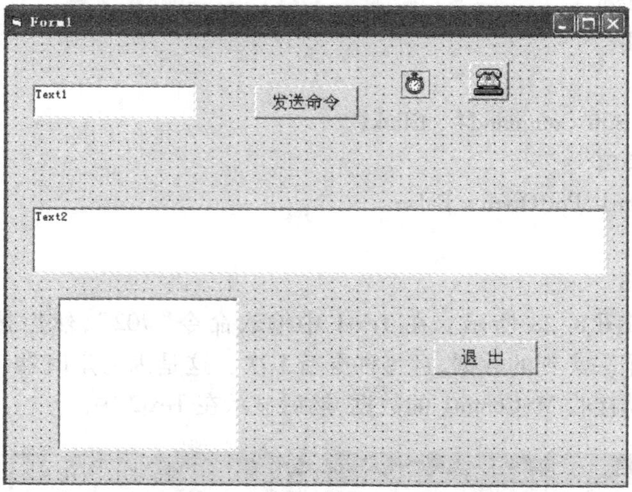

图 8.29　自动发送/自动接收数据的解析界面

```
End Sub
'定时器程序
Private Sub Timer1 _ Timer( )
Dim i As Integer
'定时发送命令
MSComm1. Output = Strcommand
'解析数据
List1. Clear
For i =0 To 7 Step 1
List1. AddItem Mid $ ( Text2. Text,2 +7 * i,7)
Next i
Text2. Text = " "
End Sub
'系统自动响应 MSComm1 的 OnComm 事件
Private Sub MSComm1 _ OnComm( )
Select Case MSComm1. CommEvent
Case comEvReceive
'读取串口数据
Text2. Text = Text2. Text + MSComm1. Input
End Select
End Sub
'打开 MSComm1
Private Sub Form _ Activate( )
MSComm1. PortOpen = True
```

```
MSComm1.RThreshold = 1
End Sub
'退出
Private Sub Command4 _ Click()
'关闭串口
MSComm1.PortOpen = False
End
End Sub
```

程序运行界面如图 8.30 所示，在 List1 中显示的是 8 路解析的数据。

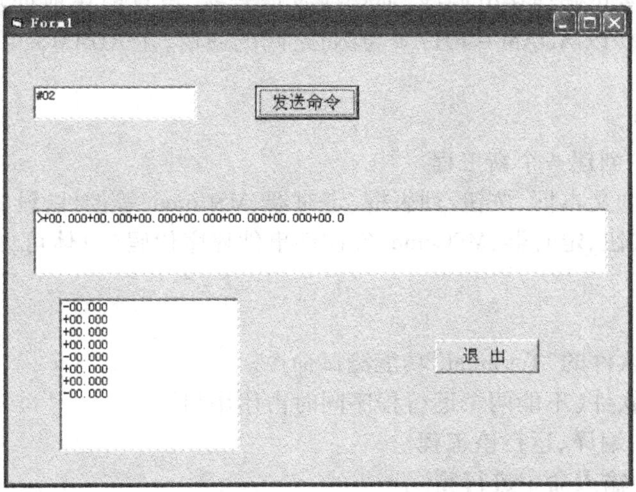

图 8.30　数据采集的解析界面

任务 8.4　VB 与 ADAM 模块通信编程实训

8.4.1　目的与要求

实验目的：

(1)熟悉和掌握 VB 6.0 环境及创建工程的方法；

(2)掌握 VB 6.0 对 ADAM－4000 模块进行通信的方法及步骤。

实验要求：

(1)在 VB 6.0 中创建一个工程，熟悉有关环境设置。

(2)要求在 VB 6.0 中添加文本框、按钮、定时器等常用控件，添加串行通信控件 MSComm，重点练习各控件参数的设置方法。

(3)ADAM－4000 模块命令的测试方法。

(4)对串行通信控件 MSComm 编程的方法。

(5)定时采集模块数据或发送模块控制命令，解析采集数据并在窗体中显示。

8.4.2 设备

硬件：研华 IPC－610 工控机、ADAM－4017＋模块、直流稳压电源、实验板、万用表、导线、剥线钳、螺丝刀等。

软件：VB 6.0 中文版软件，ADAM－4000/5000Utility 软件。

8.4.3 操作步骤

VB 6.0 通过 MSComm 控件与 ADAM－4017＋模块建立通信，进行 HMI 组态，其操作步骤如下。

（1）根据模块型号正确连接电源线、通信线及信号线，设置模块地址及参数，建立工控机与 ADAM－4000 模块（以 ADAM－4017＋为例）之间的通信，在 ADAM－4000/5000Utility 软件中进行测试。

（2）启动 VB 6.0。

（3）在 VB 6.0 中创建一个新工程。

（4）在窗体中添加文本框、按钮、列表框、定时器、MSComm 等控件，设置各控件属性参数。

（5）添加窗体、按钮、定时器、MSComm 等控件事件程序代码（具体可参考任务 8.3 中的内容）。

（6）保存工程。

（7）利用 Utility 软件的"Terminal"功能测试命令。

（8）退出 Utility 软件（不能两个运行程序同时占用串口）。

（9）在 VB 6.0 中编译、运行该工程。

（10）在文本框中输入命令进行测试。

（11）连接在线信号进行测试。

（12）将采集信号进行解析，在窗体中显示。

思考与练习

1. 简述 VB 与 ADAM 模块串口通信的主要步骤。

2. 串口通信控件 MSComm 是如何与下位机进行通信的？

3. 模拟量模块输入信号如何进行解析？

4. 简述定时器控件的使用方法。

5. VB 中如何实现 ADAM 模块控制信号的输出？

6. ADAM－4000/5000Utility 软件与 VB 软件能否同时对 ADAM－4017＋模块进行通信？为什么？

7. 结合一个具体工程，谈谈 VB 与 ADAM 模块串口通信技术的实际应用意义。

模块9　LabVIEW 与工控设备的编程技术

随着计算机技术尤其是软件技术的不断发展,越来越多的用户采用专门的组态软件来构建数据采集与控制系统,如 iFix、WinCC、组态王 King View 等,以快速完成数据采集和控制任务。美国 NI 公司的 LabVIEW 软件虽然从严格意义上讲并非专业的组态软件平台,但以其丰富的界面表达能力、强大的信号处理功能以及独特的图形化数据流编程特点成为构建测量与控制系统的常用平台。如今,通用计算机加研华数据采集控制模块/板卡加 LabVIEW 编程,已经成为一种高效而便捷的测量与控制系统解决方案。

为了方便用户在 LabVIEW 软件中使用研华数据采集模块/板卡完成测量与控制系统,研华公司提供了相应的 LabVIEW 驱动程序,这个驱动程序可以在研华公司的网站上免费下载得到。

本章将以最新的 LabVIEW 8.5 中文版为例,讨论在 LabVIEW 下面如何使用研华数据采集模块/板卡,实现一个完整的测量与控制系统。

通过本模块的学习,学生应掌握以下内容:

☆研华 LabVIEW 驱动程序的安装;

☆PCI 数据采集板卡的 LabVIEW 编程;

☆ADAM 智能数据采集模块(RS-485)的 LabVIEW 编程。

任务9.1　虚拟仪器技术和 LabVIEW 简介

9.1.1　虚拟仪器概述

1. 什么是虚拟仪器

虚拟仪器是现代仪器技术与计算机技术深层次结合的产物。计算机与仪器的密切结合是目前仪器发展的一个重要方向。粗略地说,这种结合有两种方式。一种是将计算机装入仪器,其典型的例子就是所谓的智能化仪器。另一种方式是将仪器装入计算机,以通用的计算机硬件及操作系统为依托。虚拟仪器主要指这种方式。

所谓虚拟仪器(Virtual Instrument,简称 VI),即是在通用计算机平台上,用户根据自己的需求来定义和设计仪器的测量功能。其实质是以计算机为基础,配以相应测试功能的硬件作为信号输入输出的接口,完成信号的采集、测量与调理,从而完成各种测试功能的一种计算机化仪器系统。

它利用虚拟仪器软件开发平台(例如 LabVIEW,labwindow/CVI),在计算机的屏幕上形象地模拟各种仪器的面板(包括显示器、按钮、指示灯、旋钮、开关等)以及相应的功能。用户在屏幕上通过虚拟仪器面板对仪器的操作就如同在真实仪器上操作一样直观、方便、灵活。图9.1的框图反映了常见的虚拟仪器方案。

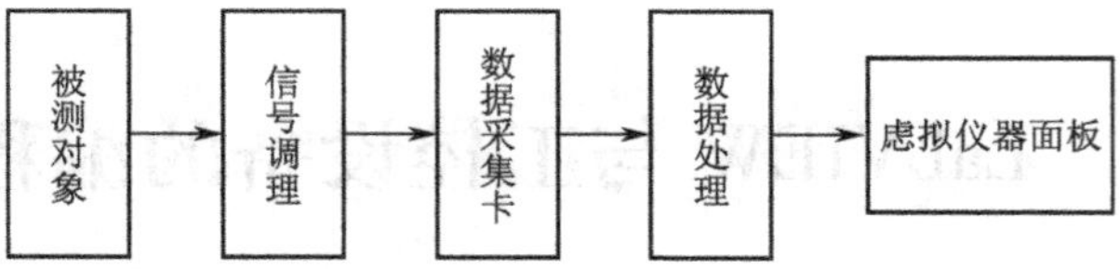

图 9.1 常用虚拟仪器方案

2. 虚拟仪器的特点

虚拟仪器的出现和兴起，改变了传统仪器的概念、模式和结构。与传统仪器比较，其在智能化程度、处理能力、性能价格比和可操作性等方面具有明显的技术优势。其特点可归纳为表 9.1。

表 9.1 虚拟仪器与传统仪器的比较

虚拟仪器	传统仪器
开发和维护费用低	开发和维护费用高
技术更新周期短(0.5～1 年)	技术更新周期长(5～10 年)
软件是关键	硬件是关键
价格低	价格昂贵
开放灵活，与计算机同步，可重复用和重配置	固定
可用网络联络周边各仪器	只可联络有限的设备
自动、智能化、远距离传输	功能单一、操作不便

3. 虚拟仪器的基本功能

任何一台仪器或系统可概括为由 3 大功能模块组成：信号的采集、数据的处理、结果的输出。

1）信号调理与采集功能

对被测信号进行调理和采集是虚拟仪器的基本功能。此项功能主要是由虚拟仪器的硬件平台完成的。仪器硬件可以是：插入式数据采集卡 DAQ、带标准总线接口的仪器，如 GPIB，VXI，PXI 等。

2）数据分析和处理功能

虚拟仪器充分利用了计算机的高速存储和运算功能，并通过软件实现对输入信号的分析处理，如数值计算、信号分析、统计处理、数字滤波等。

3）参数设置和结果表达

虚拟仪器充分利用计算机的人机对话功能，完成仪器的各种工作参数的设置，如量程、频率等参数的设置。对测量结果的表达与输出有多种方式，如屏幕显示、绘图打印、网络传输等。

4. 虚拟仪器的构成

虚拟仪器由两大部分构成：通用仪器硬件平台（简称硬件平台）和应用软件。

1）硬件平台

由计算机和 I/O 接口设备组成。计算机是硬件平台的核心，一般是工作站，也可以是普通的 PC。

I/O 接口设备负责被测信号的采集、调整、放大、模数转换。常用有如图 9.2 所示的 5 种类型。

2）虚拟仪器软件

应用程序（包含两方面功能的程序）：实现虚拟面板功能的软件程序和定义测试功能的流程图软件程序。

I/O 接口仪器驱动程序：完成特定外部硬件设备的扩展、驱动与通信。

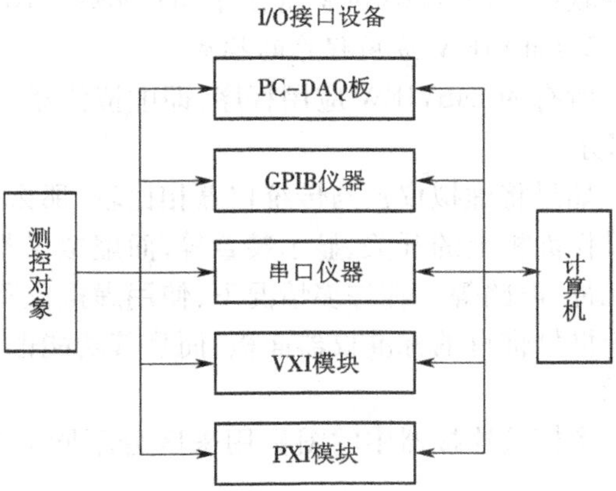

图 9.2　虚拟仪器的构成

5. 虚拟仪器的开发平台和领导厂商

虚拟仪器软件开发平台有基于文本式编程语言开发工具和基于图形化编程语言开发工具。前者如 VC + +，VB，C + + Build，LabWindows/CVI 等，后者有 NI 公司的 LabVIEW 和 HP 公司的 HP VEE。其中，已经有 30 年虚拟仪器开发经验的美国 NI 公司已经作为业界的领导厂商。

1976 年，James Truchard、Jeff Kodosky 和 Bill Nowlin 在奥斯汀成立了 NI 公司。30 年后 NI 已经成长为一个成功的跨国企业，拥有超过 3 800 名员工，分布于世界 40 个国家，共有 50 多个分公司和办事处。NI 创造了基于计算机的革新性测试测量和自动化产品，改善了人们的日常生活，又为客户提供了测量与自动化及相关行业的最佳方案。在过去的 30 年中，NI 开辟了虚拟仪器领域，它将现成商用技术与革新性软硬件相结合，从而为嵌入式设计、工业控制和测试与自动化提供了独特的解决方法。

用一句话可以概括 NI 产品无所不在的应用：“NI 共提供 1 000 多款软硬件产品，应用遍布电子、机械、通信、汽车制造、生物、医药、化工、科研、教育等各个行业领域。从日本的 Honda 汽车测试、澳洲的心脏起搏器设计/验证，到英国电信电话线路性能测试，全世界数以万计的工程师和科学家都在使用 NI 的产品，以达到他们共同的目的——更快、更好、更省钱。”

9.1.2　LabVIEW 概述

1. 什么是 LabVIEW

LabVIEW（Laboratory Virtual instrument Engineering）是一种图形化的编程语言，它广泛地被工业界、学术界和研究实验室所接受，视为一个标准的数据采集和仪器控制软件。LabVIEW 集成了与满足 GPIB，VXI，RS - 232 和 RS - 485 协议的硬件及数据采集卡通信的全部功能。它还内置了便于应用 TCP/IP，ActiveX 等软件标准的库函数。这是一个功能强大且灵活的软件。利用它可以方便地建立自己的虚拟仪器，其图形化的界面使得编程及使用过程都生动有趣。

图形化的程序语言，又称为“G”语言。使用这种语言编程时，基本上不写程序代码，取而代之的是流程图。它尽可能利用了技术人员、科学家、工程师所熟悉的术语、图标和概念，因此，LabVIEW 是一个面向最终用户的工具。它可以增强人们构建自己的科学和工程系统的能力，提供了实现仪器编程和数据采集系统的便捷途径。使用它进行原理研究、设计、测试并实现仪器系统时，可以大大提高工作效率。

利用 LabVIEW，可产生独立运行的可执行文件，它是一个真正的 32 位编译器。像许多重要的软件一样,LabVIEW 提供了 Windows,UNIX,Linux,Macintosh 的多种版本。

2. LabVIEW 应用程序的构成

所有的 LabVIEW 应用程序,即虚拟仪器(VI),均包括前面板、程序框图以及图标/连结器 3 部分。

如果将虚拟仪器与传统仪器相比较,那么虚拟仪器前面板上的各类控件就相当于传统仪器操作面板上的开关、显示装置等,而虚拟仪器程序框图上的东西相当于传统仪器箱内部的电器元件、电路等。在许多情况下,使用虚拟仪器 VI 可以仿真传统标准仪器,不仅在屏幕上出现一个惟妙惟肖的标准仪器面板,而且其功能也与标准仪器相差无几,甚至更为出色。如图 9.3 所示。

图标及连接器中的图标用来区分不同的 VI,设置连接器使该 VI 可以在其他 VI 中被调用。

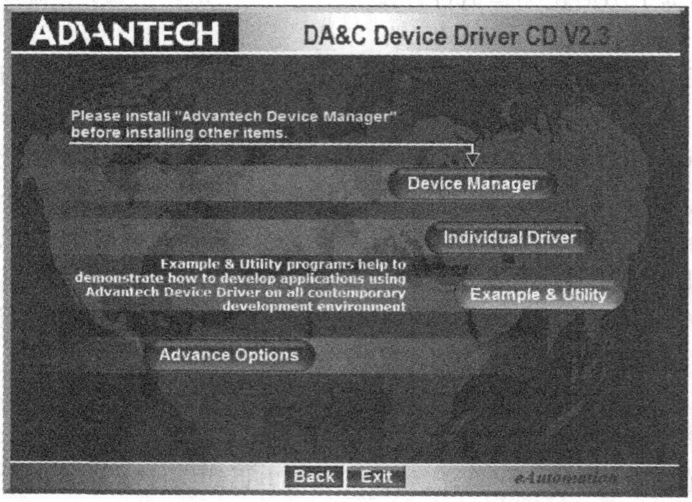

图 9.3　LabVIEW 应用程序的前面板和程序框图

3. LabVIEW 软件的特点

LabVIEW 软件有如下特点。

(1)是基于图形化的软件编程平台,是应用于测控领域的专用软件开发工具。

(2)"所见即所得"的可视化技术建立人机界面。

(3)采用数据流编程模式,是能够同时运行多个程序的多任务系统。

(4)提供了丰富的用于数据采集、分析、表达及数据存储的函数库。

(5)提供如设置断点、单步运行、高亮执行等调试工具,使程序的调试和开发更为便捷。

(6)内置了 PCI,DAQ,GPIB,PXI,VXI,RS-232 和 RS485 在内的各种仪器通信总线标准的所有功能函数,支持数据采集卡和 GPIB、串口设备、VXI 仪器、PLC、工业现场总线以及用户特殊的硬件板卡。

(7)具有强大的外部接口能力,可以实现 LabVIEW 与外部的应用软件(如 Word,Excel 等)、C 语言、Windows API,MATLAB 等编程语言之间的通信。

(8)强大的 Internet 功能,内置了便于应用 TCP/IP,DDE,Active X 等软件标准的库函数。

支持常用网络协议,方便网络、远程测控仪器的开发。

(9)支持多操作系统平台,可直接移植到其他平台上。

任务9.2　研华 LabVIEW 驱动程序的安装

LabVIEW 驱动是建立在32bitDLL 驱动基础之上的,所以要安装 LabVIEW 驱动先要安装32bitDLL 驱动,包括设备管理器 DeviceManager 和对应板卡的 DLL 驱动,然后再安装对应的 LabVIEW 驱动。

9.2.1　安装 Device Manager 和32bitDLL 驱动

第1步:将设备驱动启动光盘插入光驱,安装执行程序将会自动启动安装,出现初始安装界面以后,点击 CONTINUE,再点击 Installtion,即出现安装选择界面,如图9.4所示。

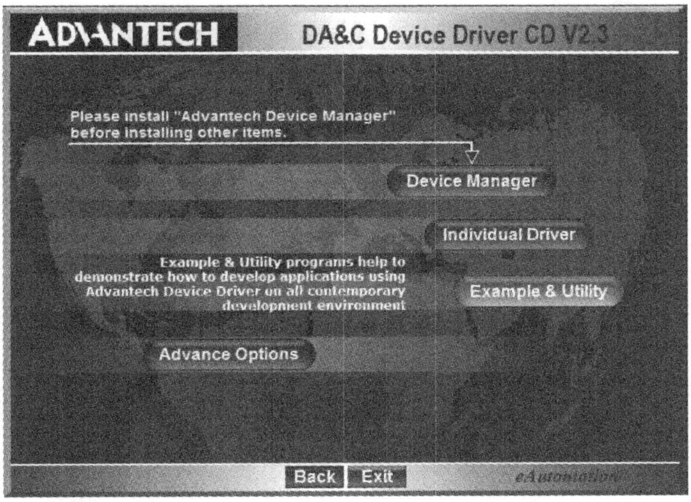

图9.4　驱动程序安装选择界面

第2步:首先选择安装 Device Manager,也可以在光盘中执行\tools\DevMgr. exe 直接安装。按照安装提示进行 Device Manager 的安装,安装路径如图9.5所示。

其中在"Select Manual"这一步骤可以选择《研华设备驱动手册》的语言,选择中文继续,如图9.6所示。安装 Device Manager 结束后,有关研华32bitDLL 驱动程序的函数说明、例程说明等资料都可以在《研华设备驱动手册》中获取,如图9.7所示。《研华设备驱动手册》快捷方式位置为:开始/程序/Advantech Automation/Device Manager/DeviceDriver's Manual。也可以直接执行在图示的默认安装路径文件 C:\ProgramFiles\ADVANTECH\ADSAPI\Manual\General. chm。

第3步:回到如图9.4所示安装选择界面,点击 Individual Driver,然后选择所安装的板卡的类型和型号(本任务中,以 PCI－1710 数据采集卡为例),然后按照提示就可一步一步完成板卡驱动程序的安装,如图9.8所示。

第4步:回到图9.4所示安装选择界面,点击 Example&Utility,选择对应的语言安装示例

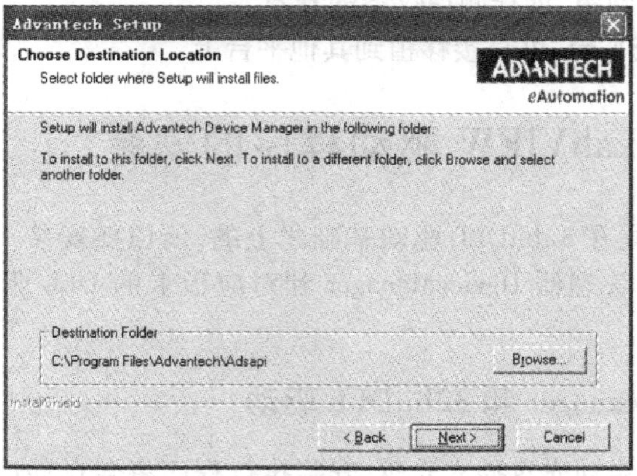

图 9.5　选择安装路径(默认安装路径)

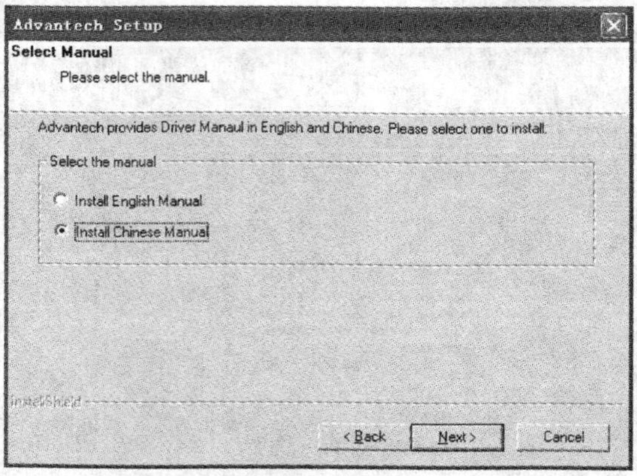

图 9.6　选择安装语言

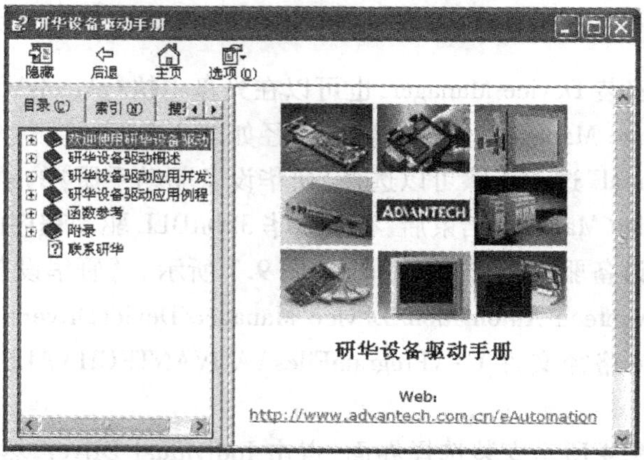

图 9.7　《研华设备驱动手册》中文版首页

程序。例程默认安装在 C:\Program Files\ADVANTECH\ADSAPI\Examples 下。可以在这里找

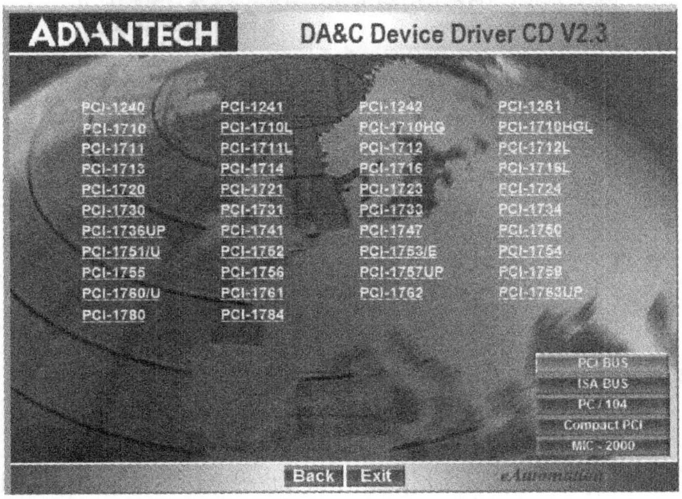

图 9.8　选择板卡驱动程序

到 32bitDLL 驱动函数使用的示例程序供编程时参考，有关示例程序的说明在《研华设备驱动手册》中均有说明。

9.2.2　LabVIEW 驱动程序安装使用说明

研华已经提供了 LabVIEW 驱动程序。(注意:安装完 LabVIEW 软件以及前面步骤的 Device Manager 和 32bitDLL 驱动后 LabVIEW 驱动程序才可以正常工作。)在图 9.4 所示安装选择界面中点击 Advance Options 出现如图 9.9 所示界面。点击 LabVIEW Drivers 来安装 LabVIEW 驱动程序和 LabVIEW 驱动手册及示例程序。LabVIEW 驱动默认安装路径如图 9.10 所示。

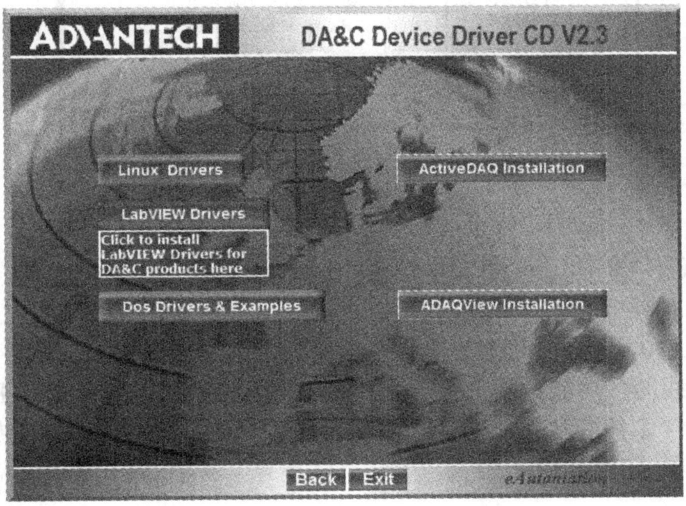

图 9.9　Advance Options 安装界面

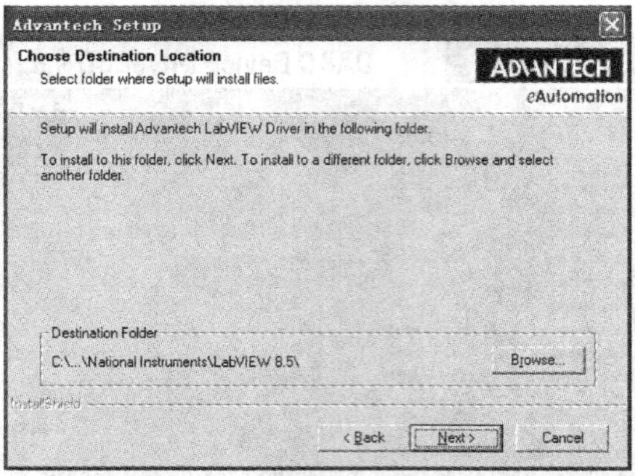

图 9.10 LabVIEW 驱动默认安装路径

安装完后，LabVIEW 驱动帮助手册快捷方式为：开始/程序/Advantech Automation/LabVIEW/LabVIEW Driver's Manual. chm。默认安装下也可以在 C:\Program Files\National Instruments\LabVIEW 8.5\help\Advantech 中直接打开。LabVIEW 驱动帮助手册还提供了 4 个典型应用的教程，如图 9.11 所示。LabVIEW 驱动示例程序默认安装在 C:\Program Files\National Instruments\LabVIEW 8.5\examples\Advantech 目录下。

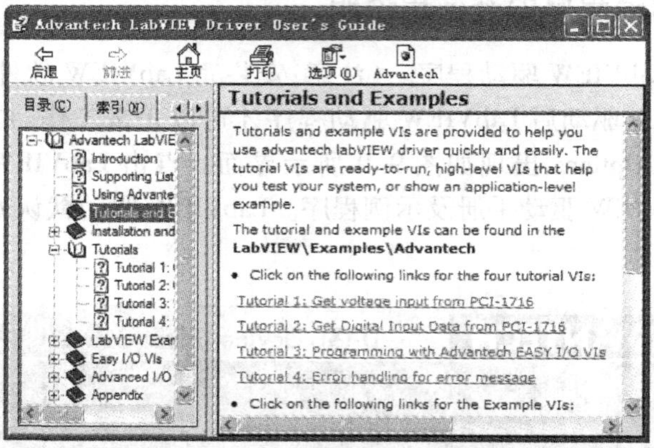

图 9.11 LabVIEW 驱动帮助手册

任务 9.3 PCI 数据采集板卡的 LabVIEW 编程

这里以 PCI－1710 卡为例，介绍数据采集板卡的 LabVIEW 编程。PCI－1710 是研华公司推出的一款 PCI 总线的多功能数据采集卡。其先进的电路设计使得它具有更高的质量和更多的功能。这其中包含 5 种最常用的测量和控制功能：12 位 A/D 转换、D/A 转换、数字量输入、数字量输出及计数器/定时器功能。

9.3.1 数据采集卡的安装

第 1 步：关掉计算机，将板卡插入到计算机后面空闲的 PCI 插槽中。（注意：在手持板卡之前触摸一下计算机的金属机箱壳以免手上的静电损坏板卡。)

第2步:检查板卡是否安装正确,可以通过右击"我的电脑",点击"属性",弹出"系统属性"框;选中"硬件"页面,点击"设备管理器",将弹出画面,如图9.12所示。从图中可以看到板卡已经成功安装。

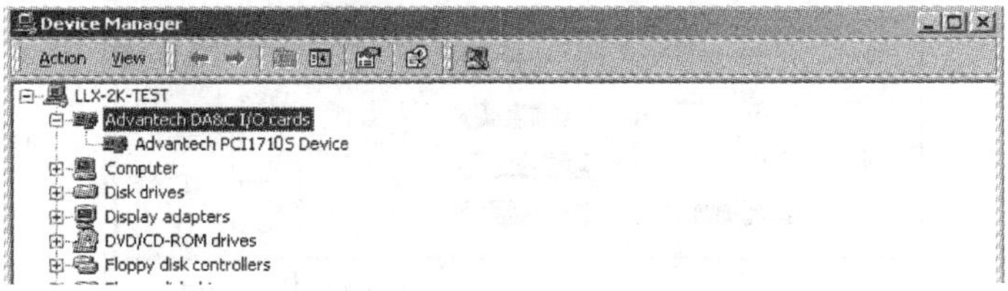

图9.12　计算机设备管理器

第3步:从开始菜单/程序/Advantech Automation / Device Manager,打开 Advantech Device Manager,如图9.13所示。

当计算机上已经安装好某个产品的驱动程序后,它前面将没有红色叉号,说明驱动程序已经安装成功。PCI 总线的板卡插好后计算机操作系统会自动识别,Device Manager 在 Installed Devices 栏中 My Computer 下也会自动显示出所插入的器件,如图9.13所示。

点击"Setup",可设置模拟输入通道是单端输入或是差分输入以及两个模拟输出通道 D/A 转换的参考电压。设置完成后点击"OK"即可。

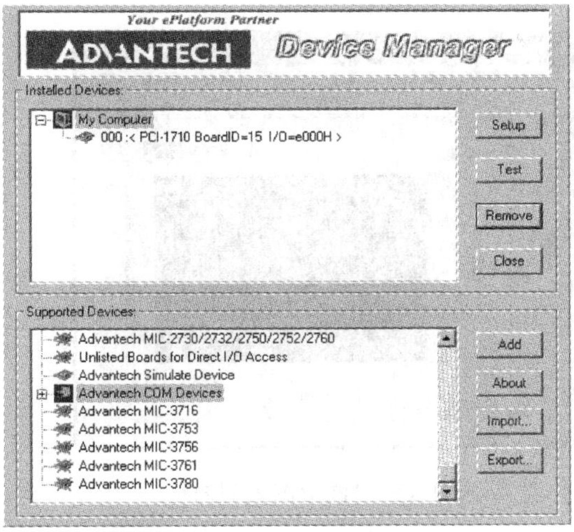

图9.13　研华设备管理器

9.3.2　板卡功能测试

在图9.13的界面中点击"Test",弹出图9.14所示的界面,可进行模拟量输入输出、数字量输入输出以及计数器功能的测试(详见 PCI-1710 板卡的使用手册)。

9.3.3　LabVIEW 编程实例

下面,从一个简单的例子开始来看一下,如何在 LabVIEW 下面使用研华的数据采集卡。

(1)在 LabVIEW 的"前面板"上面布置一个"波形图表"控件,用来显示从数据采集卡中取得的数据,如图9.15所示。(注:图形显示对于虚拟仪器面板设计是一个重要的内容。LabVIEW 为此提供了丰富的功能。波形图表是其中常用的一种,是将数据源(例如采集得到的数据)在某一坐标系中,实时、逐点地显示出来,它可以反映被测物理量的变化趋势,例如显示一个实时变化的波形或曲线,像传统的模拟示波器、波形记录仪一样。)

(2)切换到程序框图窗口。

①找到实现仪器控制的研华公司提供的对板卡操作的库函数,这些函数在安装完上述

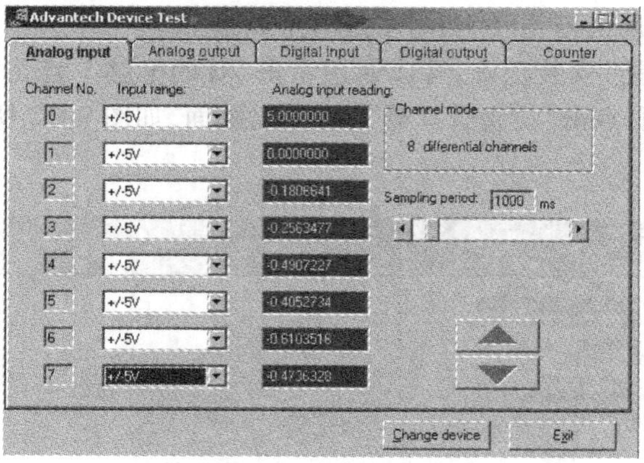

图 9.14　板卡模拟量输入输出测试

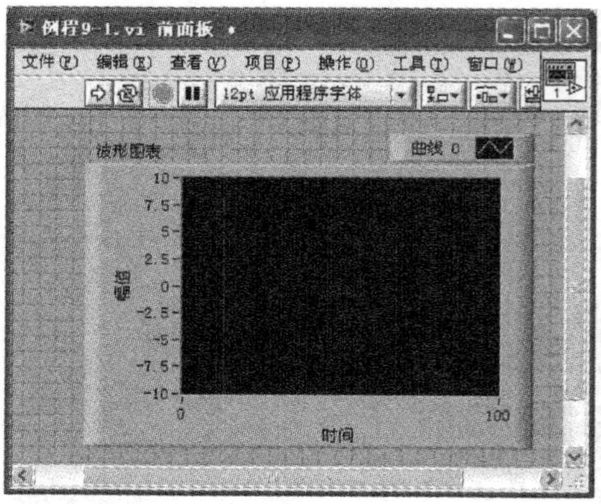

图 9.15　“波形图表”控件

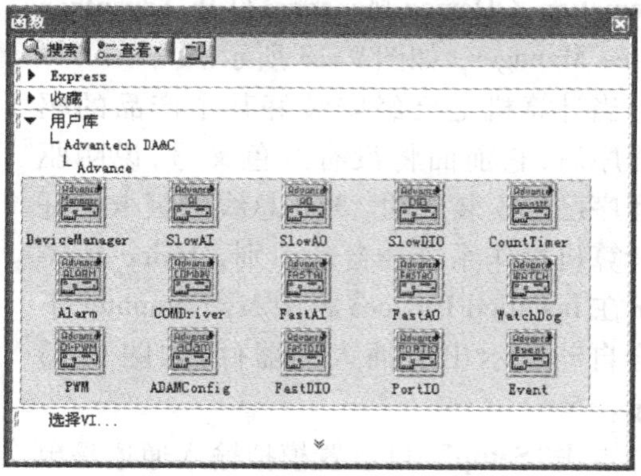

图 9.16　Advantech DA&C 函数

LabVIEW 驱动程序之后就可以在 LabVIEW 的函数面板中找到。路径：函数模板“用户库”Advantech DA&C Advance，如图 9.16 所示。

②在 ADVANCE 模板中选择 DeviceManager，在 DeviceManager 中选择 DeviceOpen，DeviceClose 函数拖动到程序框图窗口中，如图 9.17 所示。这两个函数分别是“打开设备”和“关闭设备”函数。

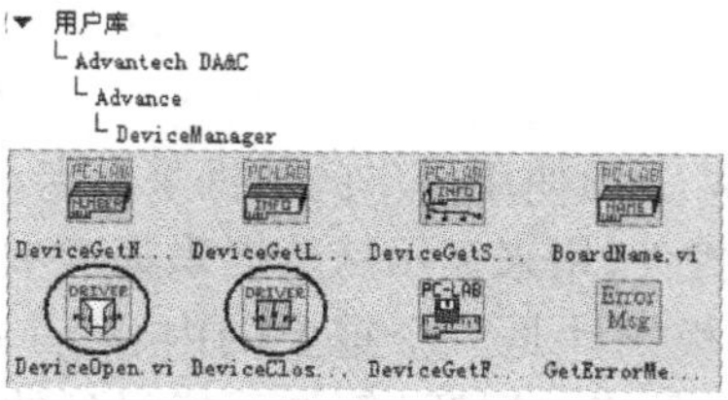

图 9.17　DeviceOpen，DeviceClose 函数

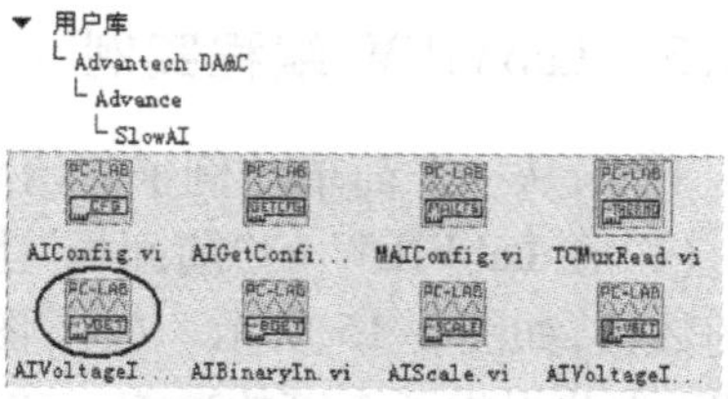

图 9.18　AIVoltageIn 函数

③在 ADVANCE 选择 adsSlowAI 函数库，在 adsSlowAI 中选择 AIVoltageIn 函数拖放到程序框图窗口中，如图 9.18 所示。这一个函数将实现“电压采集功能”。

(3)编辑程序框图,完成数据采集功能。

①给 Device Open 函数提供一个 Device Number;板卡的 Device Number,可以在研华提供的板卡安装测试工具 Device Manger 中找到(如图 9.13 所示,首先板卡要在这里测试好,这样在编程的时候就可以顺利使用了)。除了本例中 PCI-1710 等真实的数据采集卡之外,为了学习的方便,研华提供了一块虚拟的 demo 板,使用测试与 LabVIEW 编程方法和真实的板卡完全一样,所以用户可以不需要购买研华的板卡来学习研华板卡的编程使用方法。在这里,可以先以虚拟的 demo 为例,来看一下数据采集系统的集成过程。如图 9.19 所示,在 Advantech Device Manager 添加一块 demo 板,先进行 demo 板卡的测试。然后开始编辑程序框图,把各个函数需要传递的参数连接起来:DevHandle 连接起来(蓝色线条),把出错信息连接起来(粉色线条)——前一个函数的 error out 连接到下一个函数的 error in,最后加一个出错提示的函数——这样一旦系统出现问题可以比较容易地判断问题出现在系统的哪一部分。最后把测量到的电压数据送到波形图标显示控件。如图 9.20 所示。

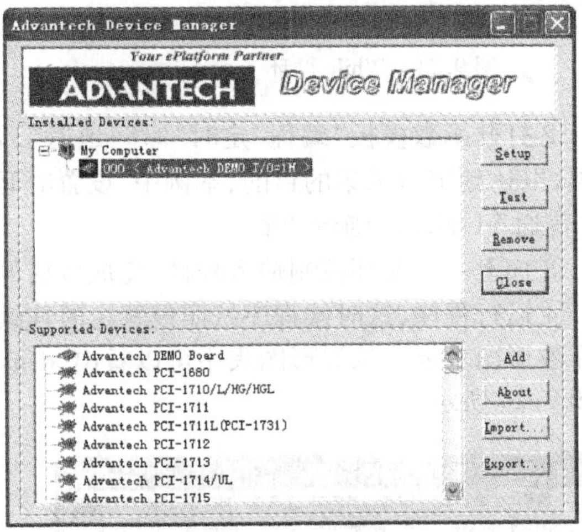

图 9.19　添加虚拟的 demo 板

②保存程序,每点击一次运行按钮,就可以采集一次数据,并显示在波形图标显

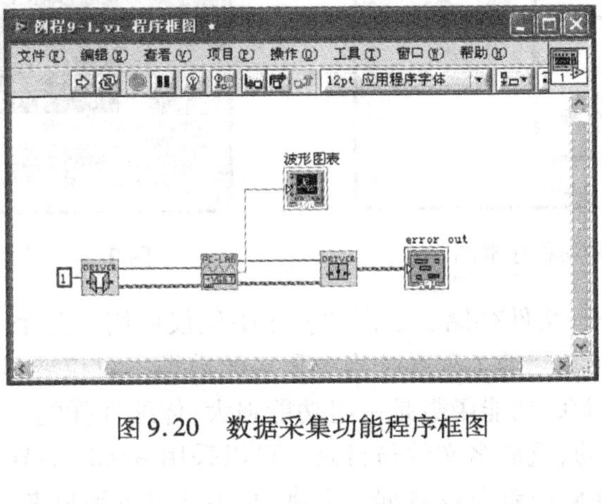

图 9.20　数据采集功能程序框图

示控件中。

(4)完善程序功能——定时连续采集。为了实现定时连续的数据采集,需要在以上的程序框图基础上添加一个循环结构和定时器。

①打开函数模板"编程"结构"While 循环",如图 9.21 所示。While 循环可以反复执行循环内的框图程序,直到特定条件满足,停止循环。类似于 C 语言的 Do-While 结构。反复执行的循环次数不固定,只有当特定条件满足时,才停止循环。循环计数端 i 的初始值为 0,每执行

一次循环自动加 1；条件端口用于判断循环是否执行，每次循环结束时，条件端口会自动检测输入的布尔值。不管条件是否成立，VI 程序至少要执行一次。

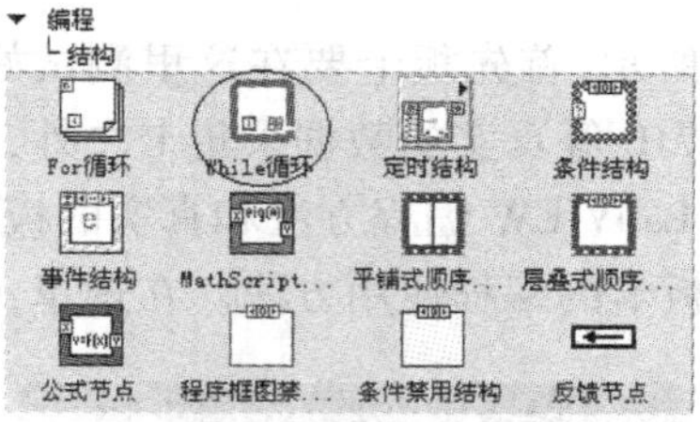

图 9.21　While 循环

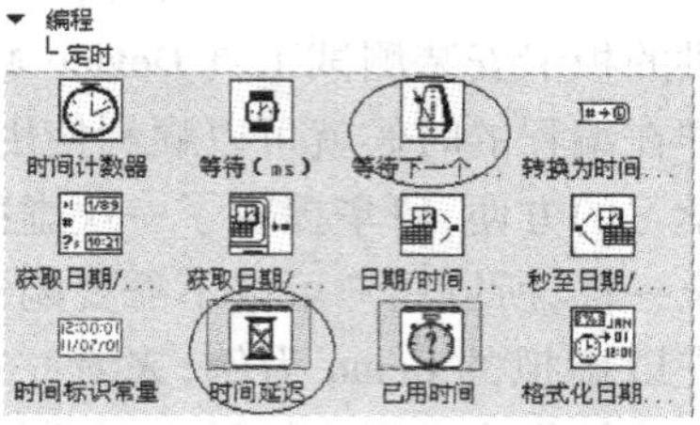

图 9.22　定时函数

②打开函数模板“编程”定时“时间延迟”，如图 9.22 所示。该快捷 VI 将方便地实现时间延迟，以达到定时采集的目的，本例中，设置时间延迟 0.5 s。也可以使用“等待下一个整数倍 ms”普通 VI 实现该函数功能。

③加上一个循环控制输入控件，完成以后的程序框图，如图 9.23 所示。

④运行程序，这时候程序按照设置定时连续采集 demo 板的第一个通道上面的数据，并显示在波形图表上。从波形图表中可以看出，demo 板第一个通道是幅值为 5V 的正弦交流信号，如图 9.24 所示。

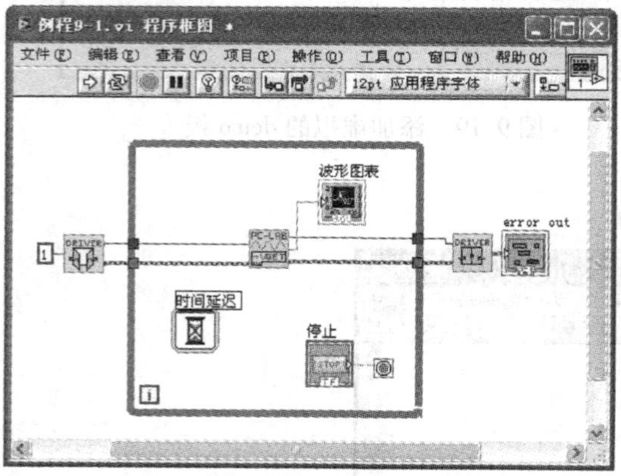

图 9.23　定时连续采集程序框图

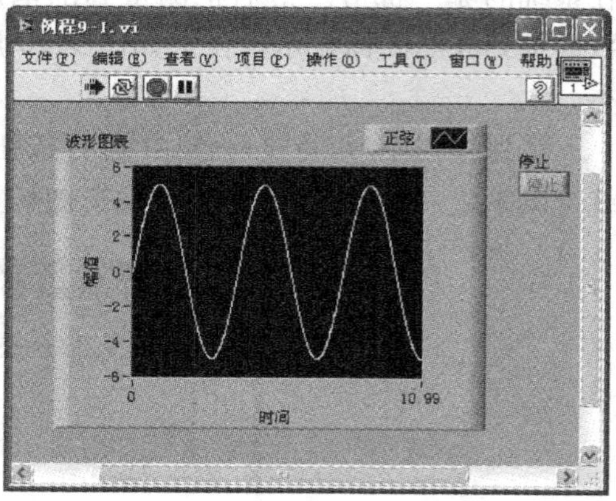

图 9.24　定时连续采集波形图表

（5）完善程序功能——文件存储。上面的程序中仅仅使用了几个控件就实现了一个数据采集/显示的系统，但是在实际的工程系统当中采集的数据不仅仅要显示出来，而且要存储数据，作历史资料用。文件 I/O 功能函数是一组功能强大、伸缩性强的文件处理工具。它们不仅可以读写数据，还可以移动、重命名文件与目录。可以采用 ASCII 字节流、数据记录文件、二进制字节流 3 种文件格式存储或者获得数据。本例中，用到以下函数来完成数据写入的功能。

——打开待写入的文件，打开的方式是创建或替换。

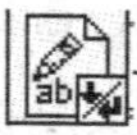——字符串按行写入文件，本例中，将来自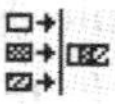的字符串写入文件。

——关闭文件。

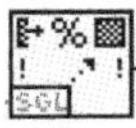——字符串格式控制，这里将数据精度控制到小数点后 3 位。

——使用“时间格式代码”指定格式，按该格式将时间标识的值显示为时间。

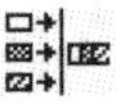——将输入字符串连接成一个输出字符串。本例中，将数据采集值、采集时间和一个换行符合并输出。即一个数据一行，这样数据读出清晰方便。

最后程序框图编辑如图 9.25 所示，如果在这些函数的使用方面有什么问题，可以参考 LabVIEW 方面的资料。

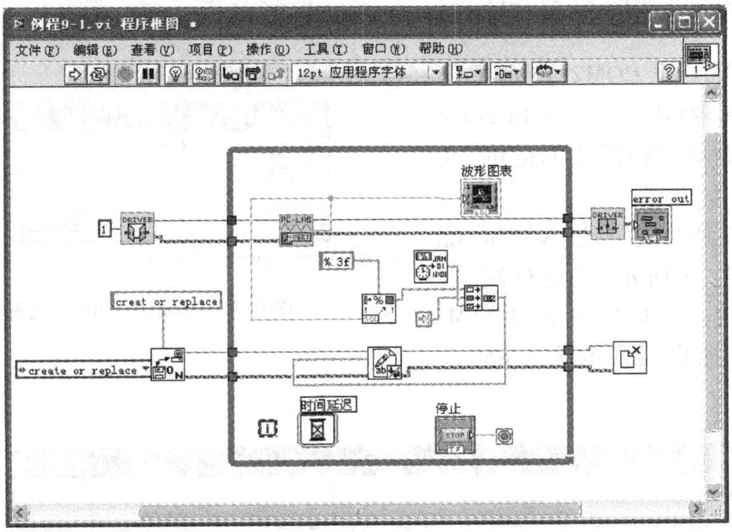

图 9.25　文件存储功能程序框图

基于 PCI－1710 板卡的数据采集系统的组态编程过程与上述 DEMO 板基本一致，读者可以自行完成。

任务 9.4　ADAM 智能数据采集模块（RS－485）的 LabVIEW 编程

9.4.1　硬件接线

在本实例中，将会使用到：ADAM4017＋16 位 A/D8 通道的模拟量输入模块、ADAM－4520 隔离式 RS－232 到 RS－485 转换器、直流电源 －30V～＋30V。

系统接线示意图如图 9.26 所示，详细情况参见 ADAM4017＋、ADAM－4520 使用说明书。

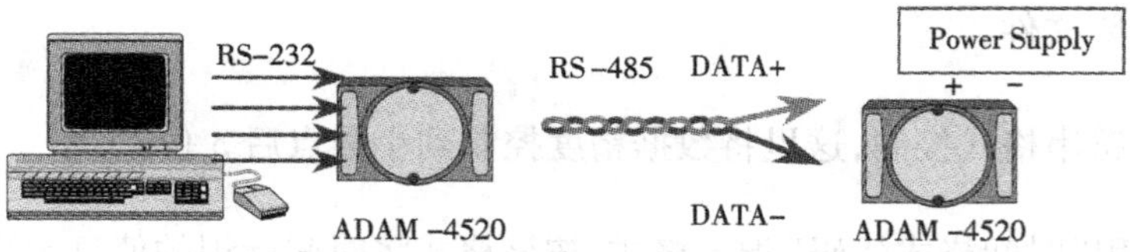

图 9.26 系统接线示意图

9.4.2 ADAM-4000Utility 的使用

(1)安装 ADAM Utility 软件(随机附带光盘)后,启动出现如图 9.27 所示界面。

(2)选中 COM1 或 COM2,点击工具栏快捷键 search,弹出"Search Installed Modules"窗口,提示扫描模块的范围,允许输入 0~255。

(3)点击扫描到的模块,进入测试/配置界面,如下图 9.28 所示,可进行测试、模块配置、校准等。可以看到在 ADAM-4017+模块 CH1 通道输入的为 4.850 V 的电压量。

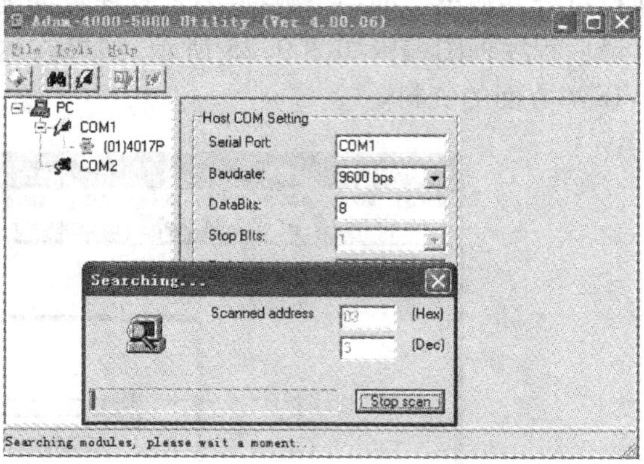

图 9.27 ADAM Utility 配置界面

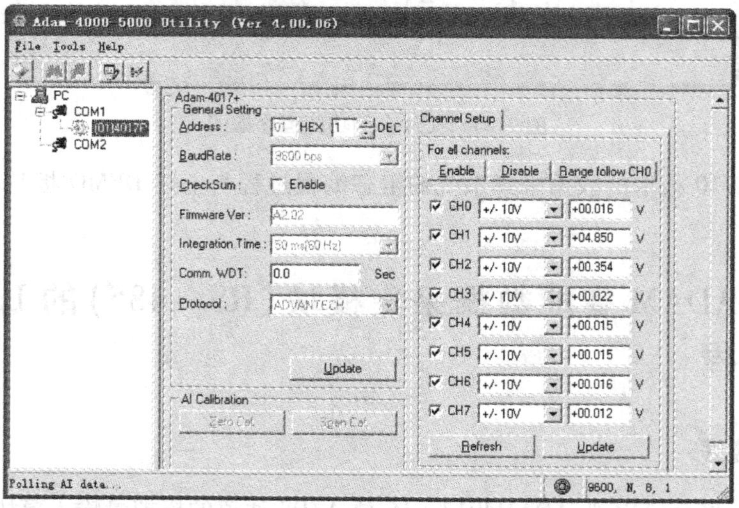

图 9.28 ADAM-4017+模块测试

9.4.3 ADAM-4017 的编程

对 ADAM-4017 通过调用 DLL 库函数编程的方法如下。

(1)安装 Advantech Device Manager,安装 ADAM－4000 的驱动程序 ADAMdll. exe,安装例程 All-example. exe。

(2)打开 Advantech Device Manager,添加串口以及模块,如图 9. 29 所示。设置 ADAM－4017 参数,如图 9. 30 所示。

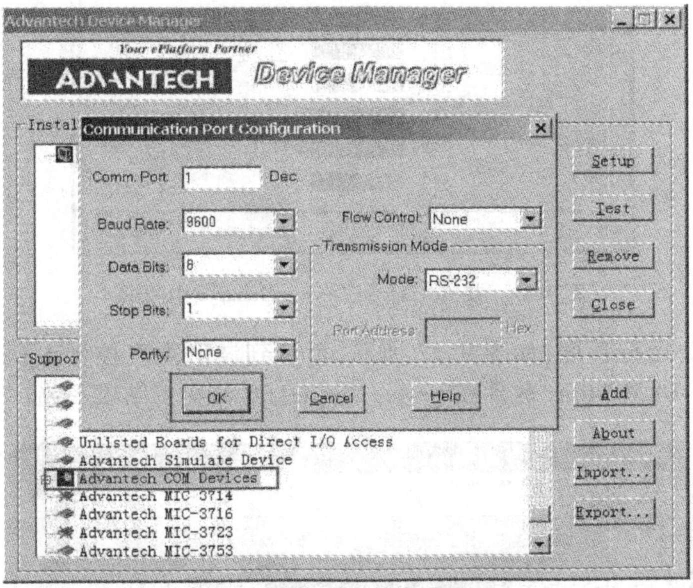

图 9. 29　添加串口以及模块

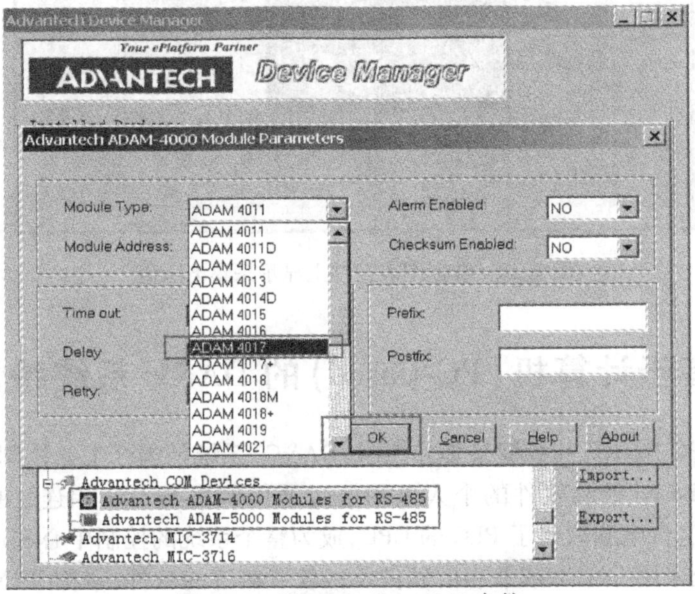

图 9. 30　设置 ADAM－4017 参数

(3)点击"test"进行测试。可以看到在 ADAM－4017 第一通道输入的为 4. 849 V 的电压量,与在 ADAM Utility 软件中测试的结果一致,如图 9. 31 所示。

(4)启动 LabVIEW 软件,添加前面板控件和后面板程序流程图,详细过程与上数据采集

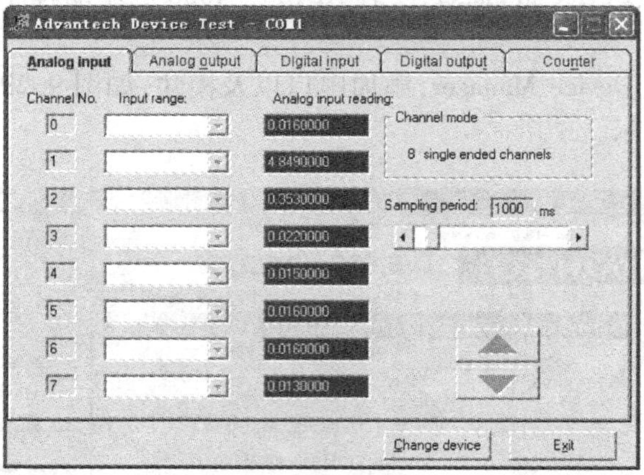

图 9.31　在 Advantech Device Manager 中测试

卡相同,不再赘述。运行程序,如图 9.32 所示,可看到波形图表控件上显示测得电压值为 4.85V 左右,与在 ADAM Utility 软件和 Device Manager 中测得的结果一致。

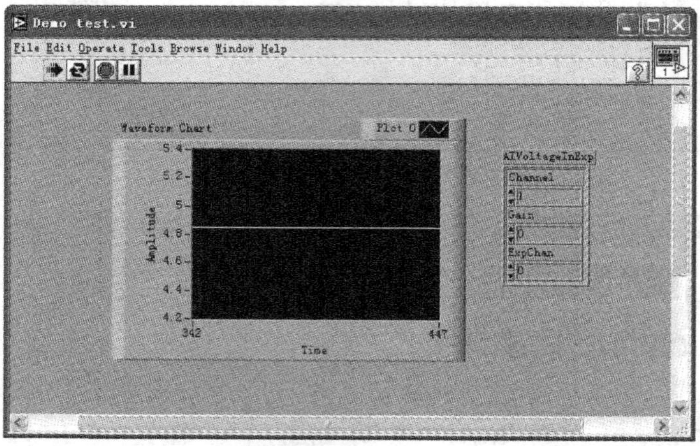

图 9.32　波形图表控件上显示采集电压值

任务 9.5　基于计算机(PC-Based)的 DA&C 系统特性

基于计算机(PC-Based)的数据采集和控制(DA&C)系统是当今工业控制领域中的热门话题。一台运行 PC-Based 控制软件的个人电脑通过通信网络与 I/O 相连,便构成了一个 PC-Based 控制系统。这台电脑取代了 PLC 的 CPU,成为整个系统的控制中心和通信枢纽。

PC-Based 系统采用 INTEL 或兼容的硬件及微软或兼容的软件,俗称 WINTEL 架构。由于 WINTEL 架构已经成为商业 PC 机的主流,其标准公开、结构公开、软件及开发工具公开,因此具有很好的开放性,且硬件成本和开发成本相比较均很低。因此,PC-Based 的 DA&C 架构受到广大用户的欢迎。(注:WINTEL 架构字面上是指由 Microsoft Windows 操作系统与 Intel CPU 所组成的个人计算机。实际上是指 Microsoft 与 Intel 的商业联盟,该联盟成功地取代了 IBM 公司在个人计算机市场上的主导地位。所以也称为 Wintel 联盟。)

PC-Based 控制系统充分利用了电脑(工控机或普通 PC)的优势。

(1)个人电脑高速的 CPU 和大容量的内存、硬盘使得 PC-Based 控制方案在大规模的、具有大量过程控制和需要复杂数学运算的应用中具有先天的优势。

(2)个人电脑能很方便地与各种通用的通信网络和现场总线相连,这样在 I/O 硬件的选择上就非常灵活。运行在个人电脑上的 PC-Based 控制软件能很方便地与其他程序交换数据,这样用户可以根据控制的要求构造自己的应用环境。

(3)个人电脑拥有巨大的开发队伍和应用群体,新的硬件和软件层出不穷,性能越来越高,价格越来越低,维护和支持非常方便,使那些专用的控制系统无法与其比拟。

与基于 PLC 的顺序逻辑控制系统和基于 DCS 的大型控制系统相比,PC-Based 控制系统的优缺点如表 9.2 所示。

表 9.2　PC-Based 控制系统的优缺点

比较项目	PLC	DCS	PC-Based
实时性	高。可用于严格场合,如锅炉、电梯、机车等控制	高。可用于大型严格场合,如化工、钢铁、石油等场合	中
价格	中	高	低
开放性	差。属于专属系统	差。属于专属系统	强
易使用性	中	差	好
运算能力	差	差	强
通信能力	差	差	强
开发成本	中	高	低

总之,先进、灵活、通用、开放、简便是 PC-Based 控制方案最吸引人的地方。而研华 Advantech 公司和美国国家仪器 NI 公司正是 PC-Based 的代表厂商。

随着 PC 及网络技术的迅猛发展,未来的趋势是 PLC 及 DCS 逐渐向 PC-Based 靠拢,如采用 PC 的 CPU、流行的 Ethernet、TCP/IP 通信协议;同时 PC-Based 逐渐向 PLC 及 DCS 渗透,如采用遵循 IEC－1131 的软 PLC。三者会取长补短,即 PLC 和 DCS 的开放性及通信能力逐渐加强,同时 PC-Based 的实时性进一步提高。

在这里,我们分别用基于板卡的集中式和基于模块的分布式两种方式实现了一个 PC-Based 的数据采集系统。可以看到在通用计算机上平台上,使用 LabVIEW 的软件和研华的硬件数据采集装置,完成一个数据采集/显示/存档的方案是多么简单的事情,由此可见,通用计算机平台＋研华数据采集控制模块/板卡＋LabVIEW 编程和人机界面,是一种真正高效而便捷的测量与控制系统解决方案,也体现了上述基于计算机(PC-Based)的数据采集和控制(DA&C)系统的强大优势。

在上面的例子中,为了方便大家快速上手,省略了很多有关控件接口函数使用方面的说明,例如控制电压采集函数 AIVoltageIn——

,采集的通道号/增益等等,这些细节,用户可以在使用的时候参考研华提供的帮助文档。

多通道数据采集方面，只需要选择相应的多通道采集函数 MAIVoltageIn——就可以了。

研华公司提供了丰富的例子程序，从模拟量到数字量；从单通道到多通道；从软件触发例程到 DMA 方式采集的例程应有尽有。用户只要稍作修改，甚至不需修改就可以应用到自己的系统当中，对最终应用客户来讲这应该是比较有价值的资源。

从 http://www.advantech.com.cn 可以获得所有最新的驱动和例程。

思考与练习

1. 试述研华 LabVIEW 驱动程序的安装步骤。
2. 采用 LabVIEW 软件对研华数据采集板卡如何进行编程？试简述其步骤。
3. 采用 LabVIEW 对 ADAM 系列智能数据采集模块的编程步骤是什么？

模块 10　数据采集与监控综合应用项目

数据采集与监控 SCADA 系统在交通、电力、楼宇、钢铁、石化等工业控制领域有广泛的应用。本章以 ADAM－4000 智能模块、ADAM－5000/485 控制器、ADAM－5000TCP 控制器等控制设备为硬件平台，以组态王 King View 及 WebAccess 软件为人机界面(HMI)组态工具，重点构建了 10 个 SCADA 综合应用项目。通过这些具体项目，进一步帮助学生熟练掌握以下知识和技能：

☆建立工控 SCADA 系统的项目背景知识和感性认识；

☆掌握 SCADA 系统软硬件选型及 I/O 配置；

☆掌握各类智能设备的电气接线及性能测试；

☆掌握组态王及 WebAccess 软件与 ADAM 智能设备的通信及变量定义；

☆针对具体项目进行 HMI 组态及编程；

☆系统调试与改进。

项目 10.1　三相交流电动机启停控制及运行状态监视的监控系统

10.1.1　项目背景描述及任务目标

三相交流电动机广泛应用于各行各业，如各类自动化生产线、楼宇自动化系统、各种电动设备/装备，是工控领域最基本的控制对象。对三相交流电动机进行启动、停止控制，包括正反转控制，监视其运行工作状态及故障状态信号，是 SCADA 系统设计的基本要求。

图 10.1 是水箱温度控制系统的原理图，其搅拌电机 M 就是一台三相交流电动机。因此该图也就是三相交流电动机启动/停止控制及运行状态监视电气原理图，以该搅拌电机为监控对象，考虑手动控制和自动控制两种方式：按钮 SB1 实现手动启/停控制，中间继电器 KA1 的常开触点实现自动启/停控制，KA1 的线圈受控于智能模块或 PLC 输出的开关量控制信号 DO0。搅拌电机的运行状态信号和故障状态信号分别取自交流接触器 KM1 和热继电器 FR 的辅助触点，由开关量输入模块或 PLC 采集信号 DI0，DI2。

图 10.1 中加热部件的控制、进水和出水电磁阀的状态监视及其控制的设计在后面有关项目中进行介绍。

项目任务目标见表 10.1。

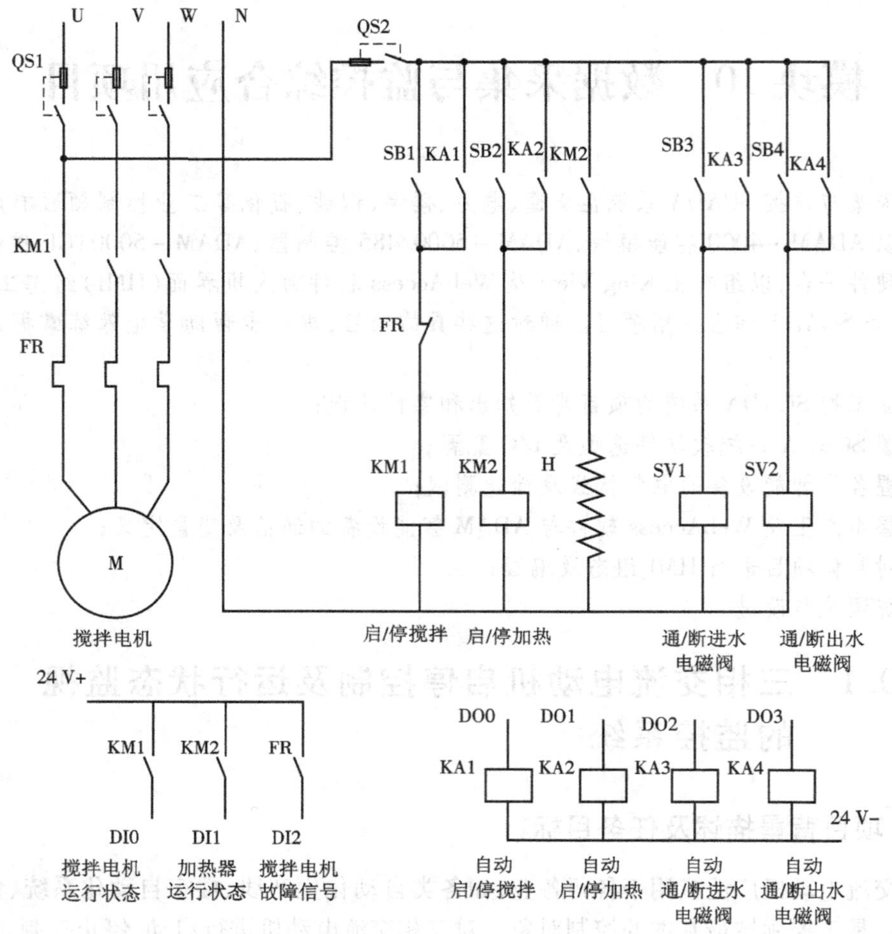

图 10.1　三相交流电动机启动/停止控制及运行状态监视电气原理图

表 10.1　三相交流电动机项目任务目标

项目任务	任务目标	
	能力(技能)目标	知识目标
任务 1:掌握三相交流电动机启停控制及运行状态监视电气控制原理及 HMI 组态要求	1. 模拟真实现场,构建三相交流电动机启停控制及运行状态监视监控系统 2. 掌握该系统电气控制原理及模块选型依据 3. 确定系统 HMI 组态要求	掌握三相交流电动机启停控制(包括正反转)及运行状态监视有关知识
任务 2:掌握 ADAM－5000TCP 控制器硬件配置及系统电气接线,进行信号在线测试	1. 掌握 ADAM－5000TCP 控制器硬件模块配置及组网 2. 掌握各模块电气接线 3. 进行信号在线测试	掌握 ADAM－5000TCP 控制器及 5051,5056 模块电气特性、信号测试有关知识

续表

项目任务	任务目标	
	能力(技能)目标	知识目标
任务 3:建立组态王与该控制系统的通信,进行 HMI 组态、命令语言编程及系统调试	1. 掌握组态王与 ADAM – 5000TCP 控制器通信及与 5051,5056 模块的变量定义 2. 进行 HMI 组态、命令语言编程 3. 进行系统调试	掌握组态王对 ADAM – 5000TCP 及 5051,5056 模块的组态及命令语言编程有关知识

10.1.2　系统软硬件选型及 I/O 配置

本项目选用基于工业以太网的 ADAM – 5000TCP 8 通道集中控制器,监控对象为 1 台搅拌电机。采集信号为搅拌电机的运行和故障信号共 2 路开关量输入信号,控制信号为搅拌电机启动和停止控制信号 1 路开关量输出信号,因此选择 1 块 ADAM – 5051 模块(16 路开关量输入)和 1 块 ADAM – 5056 模块(16 路开关量输出)即可。

软件采用组态王 V6.51,HMI 组态主要任务就是对搅拌电机的运行和故障状态进行监视,并对其启停进行控制。

项目的 I/O 配置见表 10.2。

表 10.2　三相交流电动机监控系统 I/O 配置表

序号	监控内容	模块	通道号	功能描述
1	搅拌电机启动/停止控制	ADAM – 5056	DO0	控制搅拌电机的启动和停止,1 为启动,0 为停止
2	搅拌电机运行状态信号	ADAM – 5051	DI0	搅拌电机运行为 0,停止为 1
3	搅拌电机故障状态信号	ADAM – 5051	DI2	搅拌电机正常为 0,故障为 1

10.1.3　监控要求

项目具体监控要求如下。

(1)掌握三相交流电动机监控系统的电气控制原理及软硬件选型、I/O 配置。

(2)掌握 ADAM – 5000TCP 控制器组成工业以太网的原理及组网方法。

(3)熟练进行 ADAM – 5000TCP 控制器电源接线、ADAM—5051 开关量输入模块及 ADAM – 5056 开关量输出模块的信号接线。

(4)掌握 ADAM – 5000TCP 控制器、5051 和 5056 模块的电气特性及拨盘地址的设置要求和方法。

(5)掌握 ADAM – 5000TCP/6000 Utility 软件对 5000TCP 控制器建立通信、对模块 5051 和 5056 在线测试、进行 IP 地址等参数的设置。

(6)掌握组态王 V6.51 对 5051 和 5056 模块定义变量的方法。

(7)在组态王 V6.51 中建立 HMI 画面,实现一个三相交流电动机监控系统界面。

10.1.4 实验设备

硬件：研华 IPC－610 工控机、ADAM－5000TCP 控制器、ADAM－5051 模块、ADAM－5056 模块、中间继电器、旋钮开关、万用表、实验板、以太网通信电缆、导线、剥线钳、螺丝刀等。

软件：ADAM－5000TCP/6000 Utility、组态王 V6.51。

10.1.5 操作步骤

1. 电气连接

连接 ADAM－5000TCP 控制器电源接线、ADAM－5051 开关量输入信号接线、ADAM－5056 开关量输出信号接线，如图 10.2 所示。

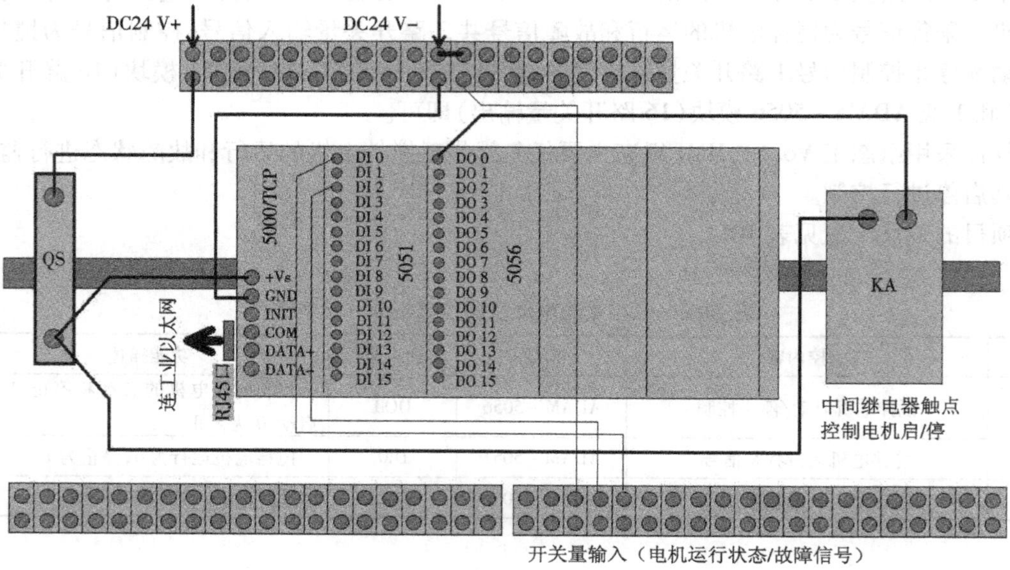

图 10.2 三相交流电动机监控系统电源、网络及信号接线图

2. 建立通信

建立工控机与 ADAM－5000TCP 的通信，连接工控机网卡的 RJ45 口与 ADAM－5000TCP 的 RJ45 口之间的通信电缆（采用超五类双绞交叉线）或分别连至交换机（采用超五类双绞直通线），如图 10.2 所示。

3. Utility 软件测试

操作步骤如下。

(1) 自动搜索 ADAM－5000TCP 控制器，出现如图 10.3 所示画面，工控机的 IP 地址为 10.0.0.100，5000TCP 控制器的 IP 地址为 10.0.0.15。

(2) 控制器的模块及槽号信息：点击 5000TCP 控制器，出现如图 10.4 所示画面，由图可见，模块 5051 装在 5000TCP 的第 0 插槽，5056 装在第 1 插槽。

(3) 5051 模块信号测试：在 5051 输入端 DI0 与 GND 端之间串联一个开关，点击图 10.4 画面中的 5051 模块，出现如图 10.5 所示测试画面，进行开关通断测试操作。

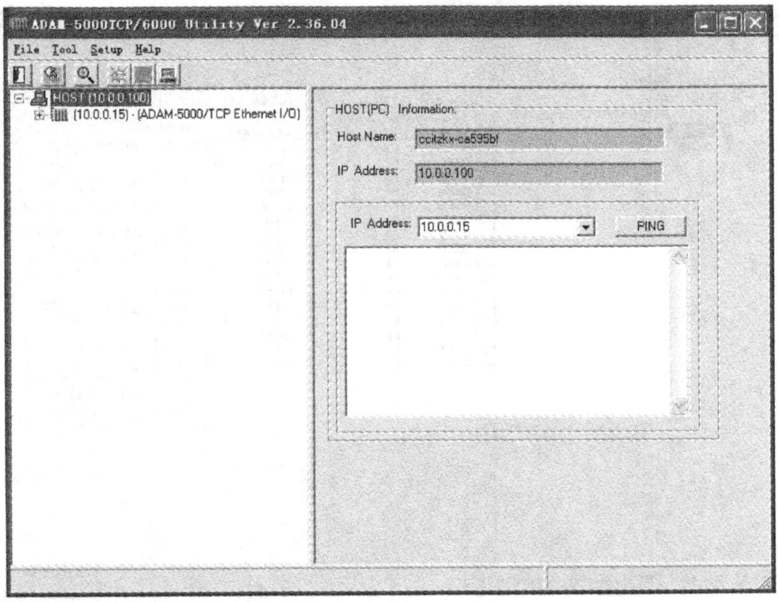

图 10.3　ADAM－5000TCP 控制器自动搜索画面

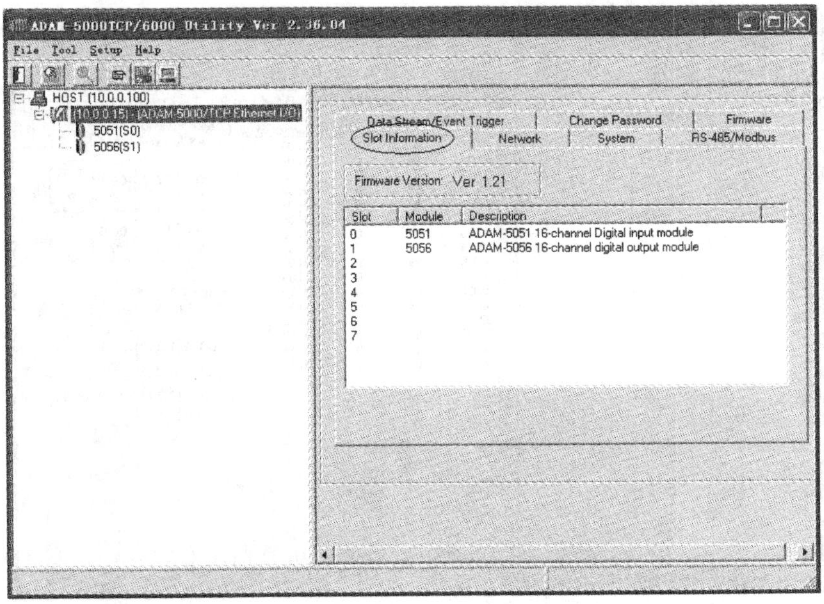

图 10.4　ADAM－5000TCP 控制器的模块及槽号信息

(4)5056 模块信号测试:将 5056 输出端 DO0 连接中间继电器的一端,中间继电器的另一端连接 DC24 V 电源 +;点击图 10.4 画面中的 5056 模块,出现如图 10.6 所示测试画面,点击 DO0 通道输出开关量通断信号,观察中间继电器的吸合情况。

(5)设置 ADAM－5000TCP 控制器的参数:在图 10.4 中,点击"Network"选项按钮可以更改 5000TCP 控制器的 IP 地址,注意应设为工控机所在网段的 IP 地址,如图 10.7 所示;点击其

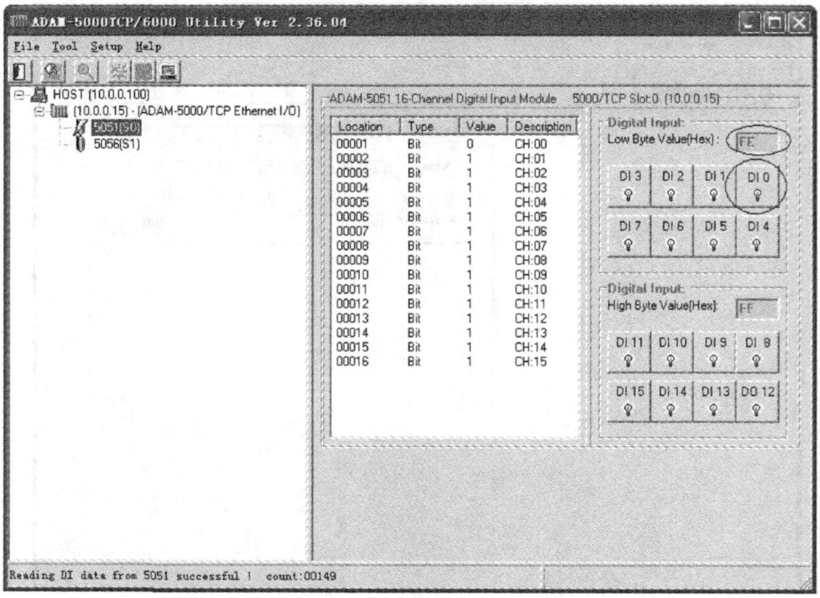

图 10.5 ADAM－5051 模块测试画面

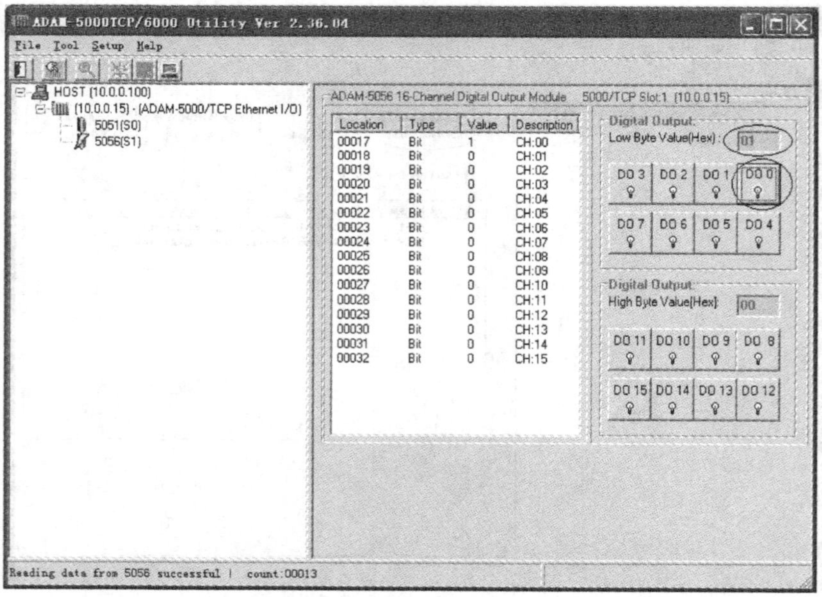

图 10.6 ADAM－5056 模块测试画面

他选项按钮如“Password”,“System”可以更改其他参数。

(6)退出 Utility 软件。

4. 组态王组态

操作步骤如下。

(1)按向导新建一个工程,输入工程名,如 Project _ sxdj。

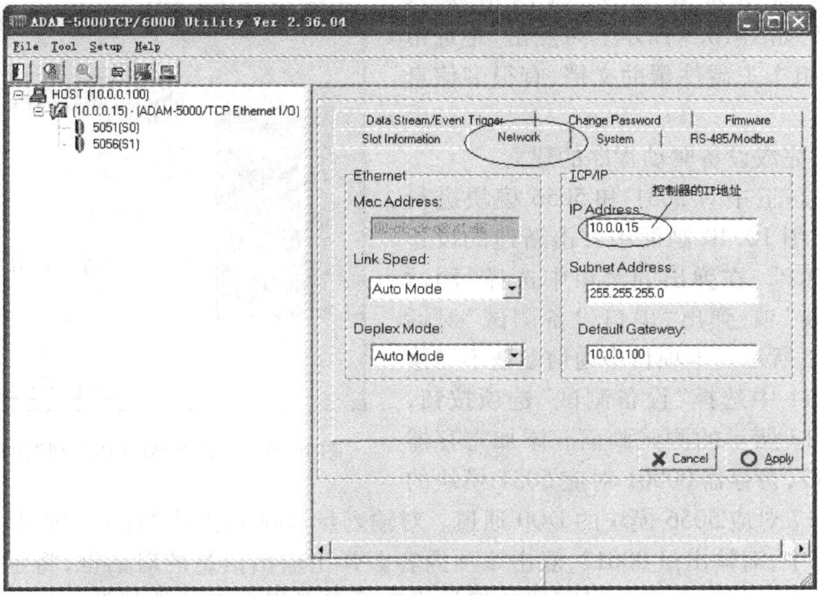

图 10.7　5000TCP 控制器的 IP 地址设置

(2)在工程浏览器树状目录“设备”下的 COM1 或 COM2 口新建一个设备,选择“智能模块”→“亚当 5000 系列”→“Adam5000TCPIP”→“以太网”,如图 10.8 所示。

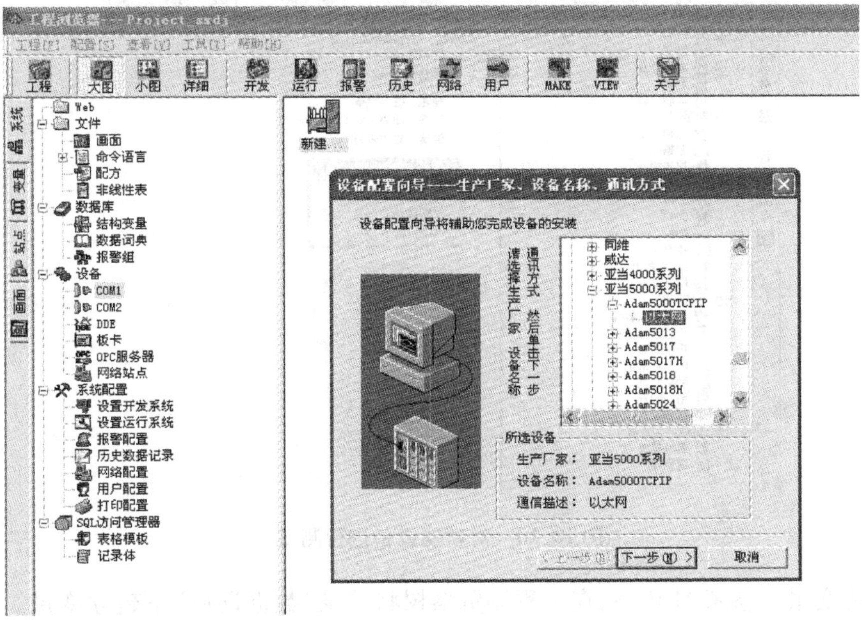

图 10.8　新建 5000TCP 设备

①按向导操作,指定设备的逻辑名称,如 ADAM5000TCP。

②设置正确的地址,格式应为:IP 地址 拨盘地址。本项目 5000TCP 控制器的 IP 地址为

10.0.0.15，拨盘地址设为1，所以应输入10.0.0.15 1，如图10.9所示。可点击“地址帮助”按钮打开组态王硬件帮助文档，有很多信息可供参考。

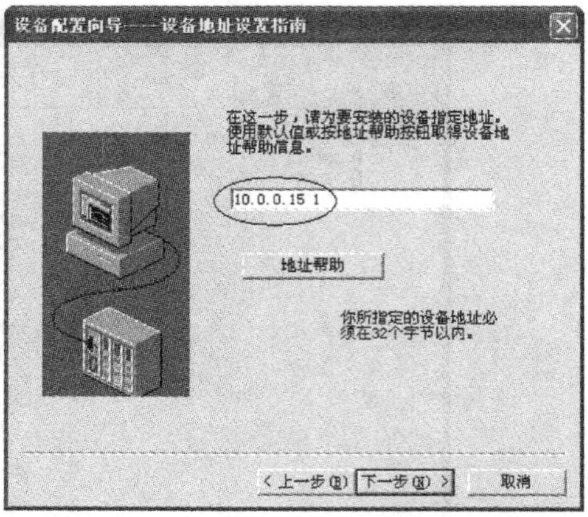

图10.9 设置5000TCP控制器的IP地址

③按提示完成设备驱动程序的建立。

(3)在组态王中对5051和5056模块进行信号测试。在图10.10画面中右击新建的设备“ADAM5000TCP”，在弹出的菜单中选择“测试ADAM5000TCP”项，弹出“串口设备测试”对话框，如图10.11所示。本项目中通信参数不需修改。在图10.11中选择“设备测试”选项按钮，显示如图10.12所示的测试画面。添加寄存器00001和00017，寄存器00001对应5051模块的DI0通道，00017对应5056模块的DO0通道。对输入量00001，点击“读入”按钮，外部信号就读入到组态王中；对输出量00017，双击该项内容会弹出输出信息的对话框，将组态王中的数据传送到模块中。(说明：有关寄存器的编号规定可参考组态王硬件帮助文档。如信号测试正常说明组态王与5000TCP及5051，5056模块的通信正确。)

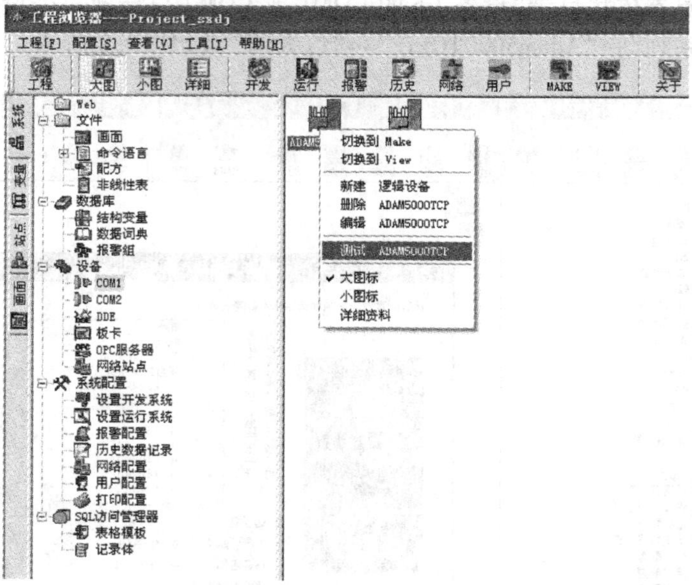

图10.10 对新建设备进行测试

(4)新建变量。参考图10.8，在工程浏览器树状目录“数据词典”下建立变量。5051模块DI0通道的变量定义为V5051_1，对应搅拌电机的运行状态，变量类型为离散型，寄存器地址为00001，读写属性为只读，如图10.13所示；按同样的操作，DI2通道的变量定义为V5051_3，对应搅拌电机的故障信号，寄存器地址为00003。5056模块DO0通道的变量定义为V5056_1，对应搅拌电机的启停控制，寄存器地址为00017，读写属性需设为只写或读写，如图10.14

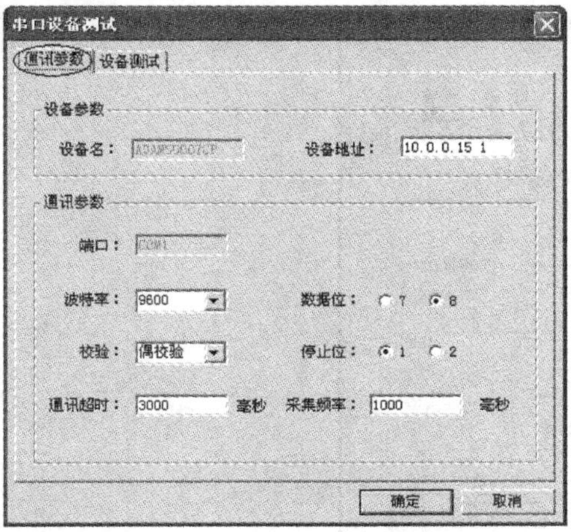

图 10.11　串口设备测试对话框

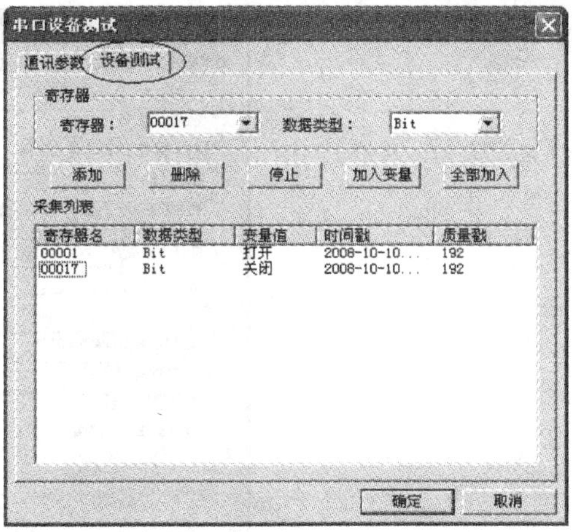

图 10.12　在组态王中对 5051 和 5056 模块进行信号测试

所示。系统变量见表 10.3。

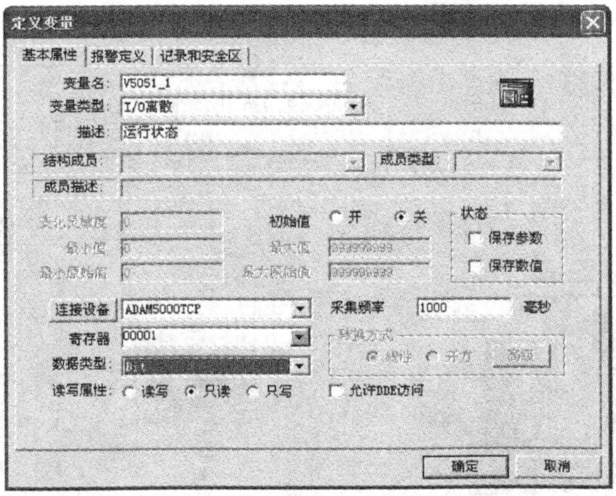

图 10.13　在组态王中定义 5051 开关量输入变量

表 10.3　三相交流电动机监控系统变量一览表

序号	监控内容	变量名	变量类型	数据类型	寄存器	读写属性	模块及通道
1	电动机启动/停止控制	V5056＿1	I/O 离散	Bit	00017	读写/只写	ADAM－5056:DO0
2	电动机运行状态信号	V5051＿1	I/O 离散	Bit	00001	只读	ADAM－5051:DI0
3	电动机故障状态信号	V5051＿3	I/O 离散	Bit	00003	只读	ADAM－5051:DI2
4	搅拌电机旋转控制	搅拌旋转控制	内存整数	—	—	—	—

(5)新建画面,添加各对象,其 HMI 监控界面可参考图 10.15,其中“三相电机正反转控

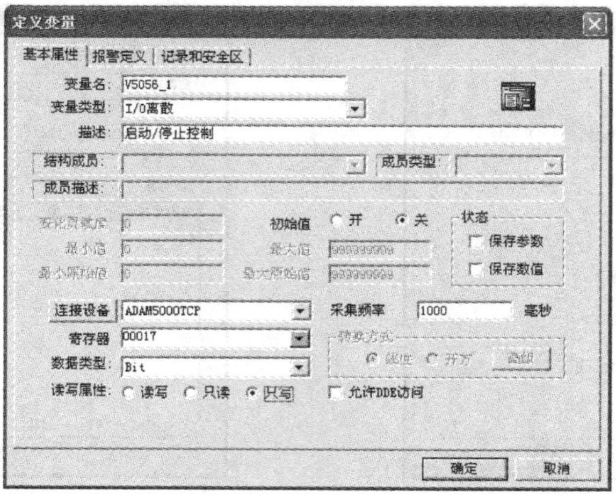

图 10.14　在组态王中定义 5056 开关量输出变量

制”作为本项目拓展部分的训练内容。建立各对象与变量的关联,实现动画效果。其中指示灯“运行”与变量“\\本站点\ V5051 _1”建立动画;“故障”与变量“\\本站点\ V5051 _3”建立动画;电机与变量“\\本站点\ V5051 _1”建立动画;按钮“启动”、“停止”及搅拌电机旋转的动画由命令语言编程实现。

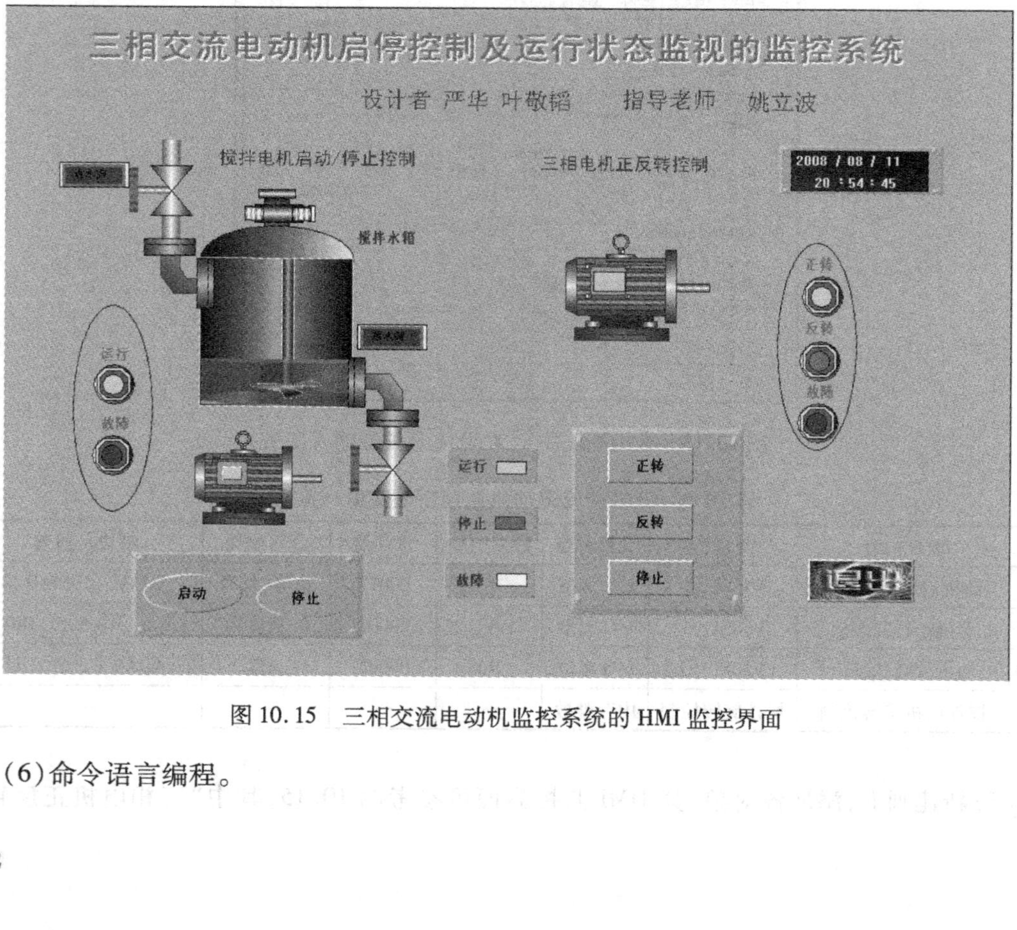

图 10.15　三相交流电动机监控系统的 HMI 监控界面

(6)命令语言编程。

①按钮的命令语言编程：

“启动”按钮“按下时”的命令语言代码：\\本站点\ V5056 _ 1 =1；

“停止”按钮“按下时”的命令语言代码：\\本站点\ V5056 _ 1 =0；

“退出”按钮“按下时”的命令语言代码：exit(0)。

②搅拌电机旋转的命令语言编程：

在工程浏览器“命令语言”栏用鼠标左键双击“应用程序命令语言”，打开如图 10.16 所示的对话框，输入相关代码，其中“搅拌旋转控制”为一内存整型变量。

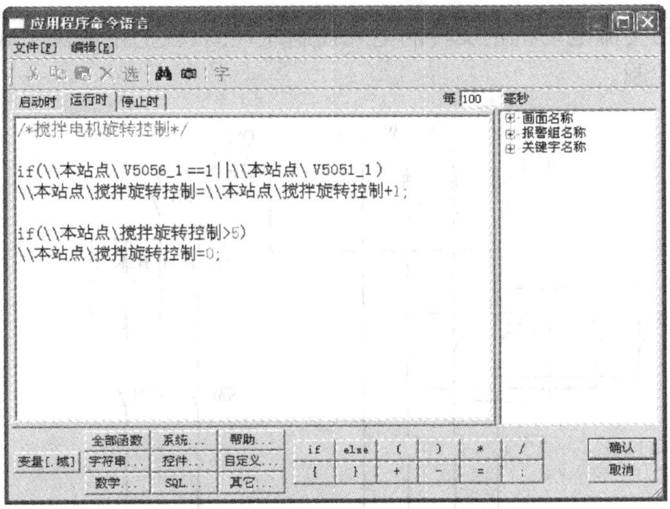

图 10.16　搅拌电机旋转的命令语言编程

搅拌电机旋转由个叶片组成，如图 10.17 所示。

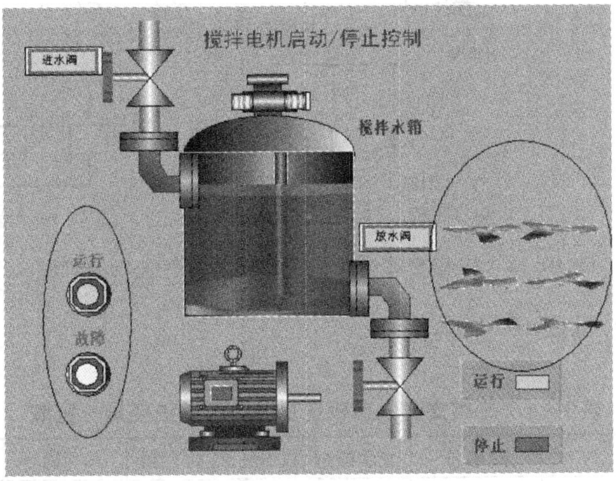

图 10.17　搅拌电机旋转的叶片组成

鼠标左键分别双击各叶片，组态“隐含”的命令语言代码，条件表达式分别为：

\\本站点\搅拌旋转控制 = =0

\\本站点\搅拌旋转控制 = =1

\\本站点\搅拌旋转控制 = =2

\\本站点\搅拌旋转控制 = =3

\\本站点\搅拌旋转控制 = =4

\\本站点\搅拌旋转控制 = =5

(7)对项目进行调试,修改和完善。

10.1.6 项目拓展

图 10.18 是三相交流电动机正反转的电气控制原理图,在上述项目完成的基础上,实现交流电动机的正反转控制。

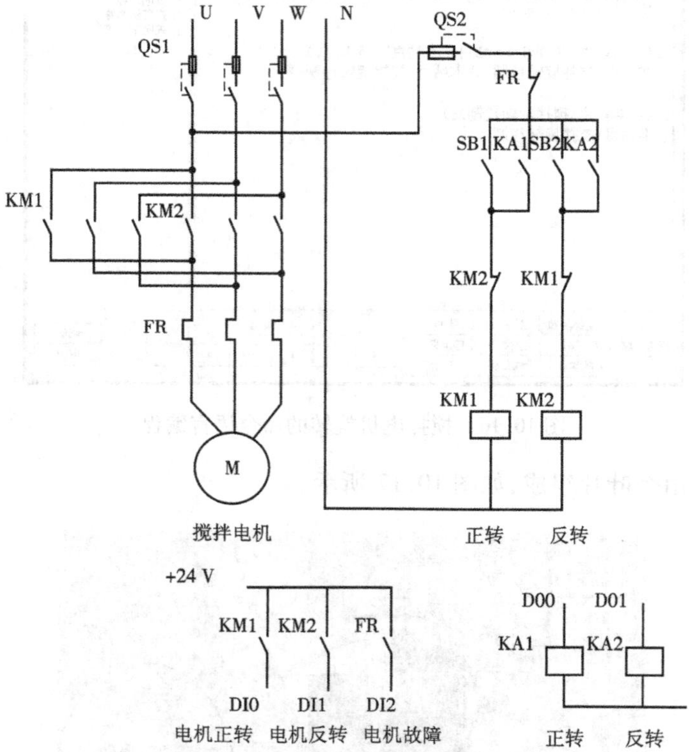

图 10.18 三相交流电动机正反转的电气控制原理图

(1)增加控制变量,见表 10.4。

表 10.4 三相交流电动机正反转监控系统变量一览表

序号	监控内容	变量名	变量类型	数据类型	寄存器	读写属性	模块及通道
1	电机正转控制	V5056 _1	I/O 离散	Bit	00017	读写/只写	ADAM—5056;DO0
2	电机反转控制	V5056 _2	I/O 离散	Bit	00018	读写/只写	ADAM—5056;DO1
3	电机正转运行状态信号	V5051 _1	I/O 离散	Bit	00001	只读	ADAM—5051;DI0

续表

序号	监控内容	变量名	变量类型	数据类型	寄存器	读写属性	模块及通道
4	电机反转运行状态信号	V5051 _2	I/O 离散	Bit	00002	只读	ADAM—5051:DI1
5	电机故障状态信号	V5051 _3	I/O 离散	Bit	00003	只读	ADAM—5051:DI2
6	搅拌电机旋转控制	搅拌旋转控制	内存整数	—	—	—	—

(2)参考图 10.15 所示监控界面进行组态,其中指示灯“正转”、“反转”、“故障”分别与变量“\\本站点\ V5051 _1”、“\\本站点\ V5051 _2”、“\\本站点\ V5051 _3”建立动画连接。三相电机运行状态的指示用矩形框颜色的填充来表示,其组态如图 10.19 所示。

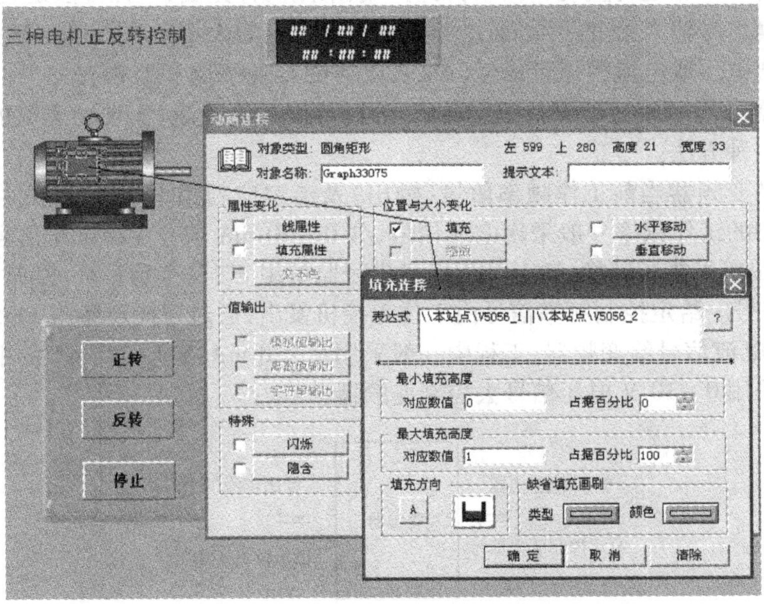

图 10.19　三相电机运行状态指示的组态

(3)按钮命令语言编程。

“正转”按钮“按下时”的命令语言:

\\本站点\ V5056 _1 =1

\\本站点\ V5056 _2 =0

“反转”按钮“按下时”的命令语言:

\\本站点\ V5056 _2 =1

\\本站点\ V5056 _1 =0

“停止”按钮“按下时”的命令语言:

\\本站点\ V5056 _1 =0

\\本站点\ V5056 _2 =0

项目 10.2 变频器自动调速监视和控制系统

10.2.1 项目背景描述及任务目标

变频器是一种将固定频率的交流电变换成频率、电压连续可调的交流电，以供给电动机运行的电源装置。采用变频器调速，可以大大提高生产机械的控制精度，较大幅度地提高劳动生产率和产品质量，对生产过程实施自动控制，并且具有非常显著的节能效果。因此，变频调速技术获得了迅速发展和广泛应用。

对变频器的频率值进行监视和控制，目前一般采用两种方法：一种方法是直接将电压或电流类型的模拟量信号输入给变频器，通过调节电压或电流的大小来改变和控制变频器的频率，同时变频器输出电压或电流模拟量信号供仪表或智能设备读取和监视；另一种方法是通过现场总线将变频器与 PLC 或智能设备建立通信，进行数据双向传递，实现频率值的监视和控制。本项目采用第一种方法。

图 10.20 是变频器当前工作频率信号（输出）及给定控制频率信号（输入）的示意图。工程中变频器输出的工作频率一般采用电流信号，如 0 ~ 20 mA 或 4 ~ 20 mA 信号，经过智能设备或 PLC 等下位机采集和转换，送上位工控机进行监视组态；在实验室环境，常常方便地采用 0 ~ 10 V 电压信号。给定控制频率信号由上位工控机发出，通过智能设备或 PLC，进行 D/A 转换，输出电压或电流信号给变频器，工程中一般采用 0 ~ 20 mA 或 4 ~ 20 mA 的电流信号，实验室中也方便地采用 0 ~ 10 V 电压信号去控制变频器。

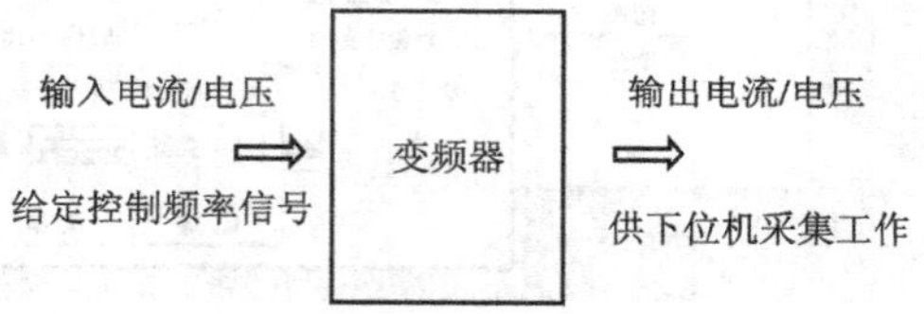

图 10.20 变频器频率信号输入/输出示意图

项目任务目标见表 10.5。

表 10.5 变频器自动调速监视和控制系统项目任务目标

项目任务	任务目标	
	能力（技能）目标	知识目标
任务 1：掌握变频器自动调速控制原理及 HMI 组态要求	1. 构建变频器自动调速监控系统 2. 掌握该系统电气控制原理及模块选型依据 3. 确定系统 HMI 组态要求	掌握变频器自动调速控制系统有关知识
任务 2：掌握 ADAM - 5000/485 控制器硬件配置及系统电气接线，进行信号在线测试	1. 掌握 ADAM - 5000/485 控制器硬件模块配置 2. 掌握各模块电气接线 3. 进行信号在线测试	掌握 ADAM - 5000/ 485 控制器及 5017，5024 模块电气特性、信号测试有关知识

续表

项目任务	任务目标	
	能力(技能)目标	知识目标
任务 3:建立组态王与该控制系统的通信,进行 HMI 组态及系统调试	1. 掌握组态王与 ADAM－5000/485 控制器的通信及变量定义 2. 进行 HMI 组态及系统调试	掌握 ADAM－5000/ 485 控制器及 5017,5024 模块的组态王组态知识

10.2.2　系统软硬件选型及 I/O 配置

本项目选用基于 485 总线技术的 ADAM－5000/485 4 通道集中控制器,监控对象为 1 台变频器。采集信号为变频器输出的工作频率,对 ADAM－5000/485 来说则为模拟量输入信号;控制信号为 ADAM－5000/485 输出的模拟量信号,输入变频器控制其运行频率。系统选择 1 块 ADAM－5017 模块(8 路模拟量输入)和 1 块 ADAM－5024 模块(4 路模拟量输出),插在 ADAM－5000/485 控制器的 2 个插槽内。

软件采用组态王 King View V6.51,HMI 组态的主要任务是:对变频器的工作频率信号进行采集,进行动画显示处理,并组态控制部件,输出模拟量信号,给定变频器的控制频率。

本项目的 I/O 配置见表 10.6。

表 10.6　变频器自动调速监视和控制系统 I/O 配置表

序号	监控内容	模块	通道号	功能描述
1	变频器给定控制频率	ADAM－5024	AO3	5024 输出可为 0～10 V 或 4～20 mA,本项目采用 0～10 V 输出,对应变频器频率 0～50 Hz
2	变频器工作频率	ADAM－5017	AI0	对应 0～50 Hz 的变频器模拟量输出为 0～10 V 或 4～20 mA,本项目采用 0～10 V

10.2.3　监控要求

项目具体要求如下。

(1)掌握变频器自动调速监视和控制系统的电气控制原理及软硬件选型、I/O 配置。

(2)掌握 ADAM－5000/485 控制器组成 485 总线网的原理及组网方法。

(3)熟练进行 ADAM－5000/485 控制器电源接线、ADAM－5017 模拟量输入模块及 ADAM－5024 模拟量输出模块的信号接线。

(4)掌握 ADAM－5000/485 控制器、5017 和 5024 模块的特性及拨盘地址的设置要求和方法。

(5)掌握使用 ADAM－4000－5000 Utility 软件对 5017 和 5024 模块在线测试的方法,进行通信参数的设置。

(6)掌握用组态王 V6.51 对 5017 和 5024 模块进行通信的方法。

(7)在组态王 V6.51 中建立画面,实现一个变频器自动调速监视和控制系统界面。

(8)对 5017 和 5024 模块的其他通道信号进行测试。

10.2.4 实验设备

硬件：研华 IPC－610 工控机、ADAM－5000/485 控制器、ADAM－5017 模块、ADAM－5024 模块、万用表、直流稳压电源、电压表、实验板、232 通信电缆、导线、剥线钳、螺丝刀等。

软件：ADAM－4000－5000 Utility、组态王 V6.51。

10.2.5 操作步骤

1. 电气连接

连接 ADAM－5000/485 控制器的电源线、ADAM－5017 模拟量输入信号接线、ADAM－5024 模拟量输出信号接线，如图 10.21 所示。

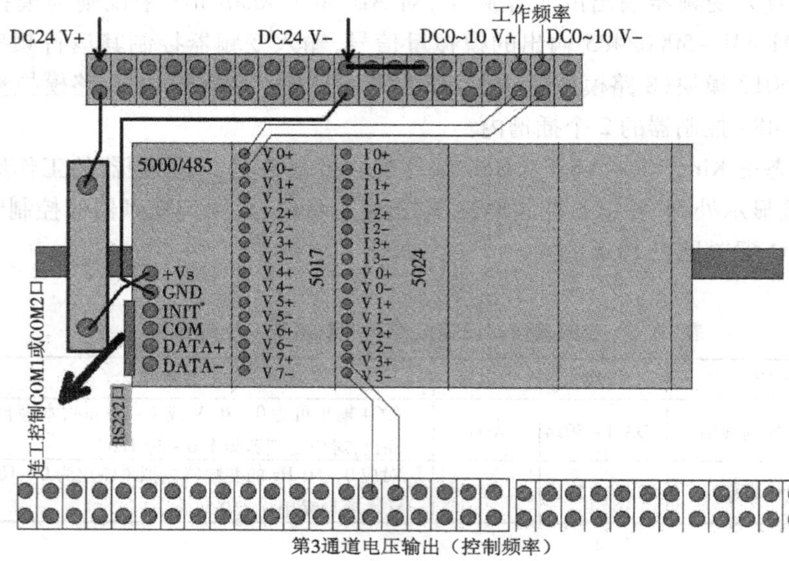

图 10.21　变频器自动调速监视和控制系统电源、网络及信号接线图

2. 建立通信

建立工控机与 ADAM－5000/485 的通信，连接工控机 COM1/2 口与 ADAM－4520 的 RS232 口之间的通信电缆或工控机 COM1/2 口直接与 ADAM－5000/485 的 RS232 口相连。

3. Utility 软件测试

操作步骤如下。

(1)自动搜索 ADAM－5000/485 控制器，如图 10.22 所示，5000/485 控制器的地址为 01。

(2)模块及槽号信息：点击 5000/485 控制器并展开，出现如图 10.23 所示模块及槽号信息画面，5017 装在控制器的第 0 插槽上，5024 装在控制器的第 1 插槽上。

(3)5017 模块的性能测试：连接直流稳压电源 0～10 V 信号至 5017 输入端 V0＋(正端)、V0－(负端)，点击图 10.23 中的 5017 模块并展开，出现图 10.24 所示测试画面。可分别点击 8 个通道，查看参数信息。

(4)5024 模块的性能测试：将 5024 模块的电压输出端 V3＋(正端)、V3－(负端)分别接至电压表的＋，－端。点击图 10.23 中的 5024 模块，打开图 10.25 所示画面，用鼠标拖动游标

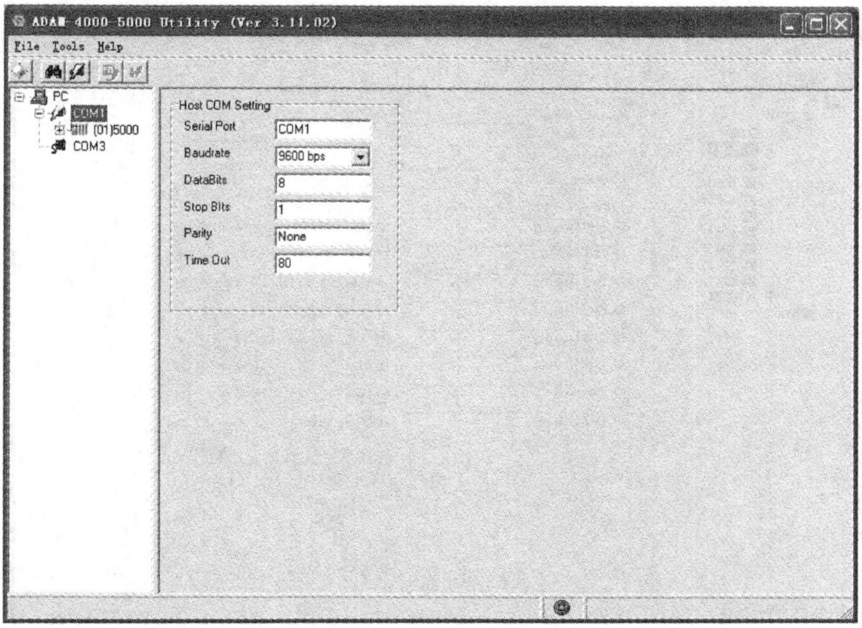

图10.22 ADAM—5000/485控制器自动搜索画面

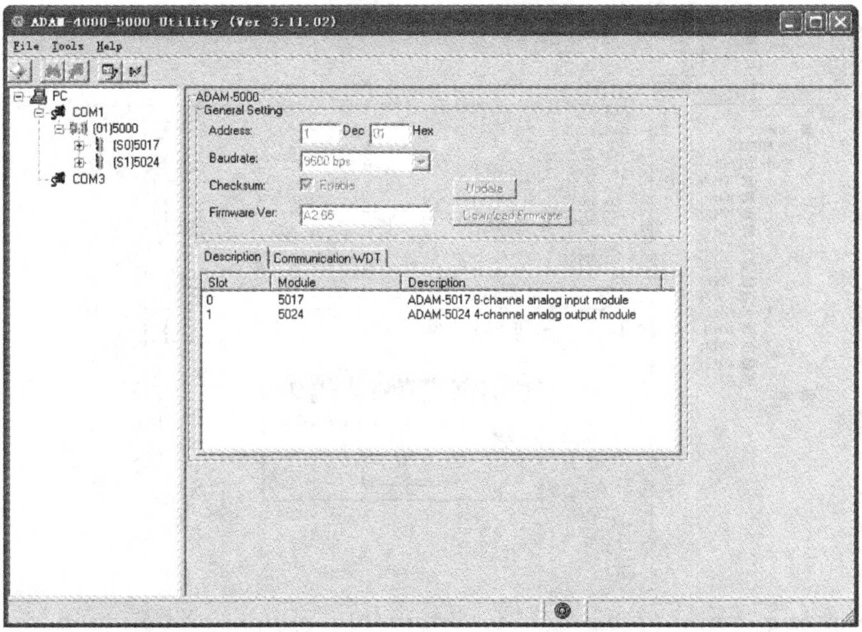

图10.23 ADAM－5000/485控制器的模块及槽号信息

并点击"Send"按钮，输出电压信号，观察电压表示值是否一致。在图10.25中，可以对CH0～CH3 4个通道的输出信号类型、范围进行设置，电压为0～10 V，电流有4～20 mA和0～20 mA两种选择，选中后按"Update"按钮生效。注意模块的电压、电流信号输出分别有单独的接线端

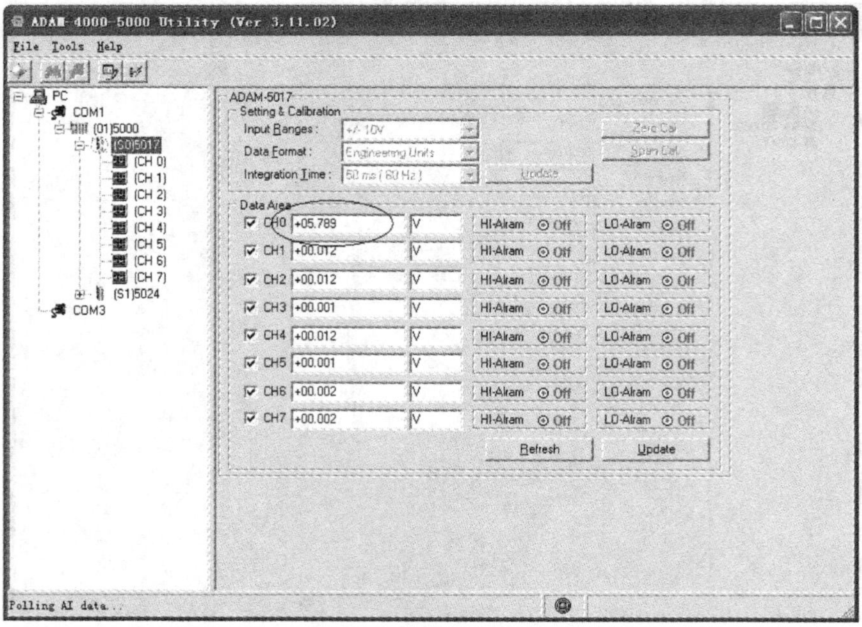

图 10.24　ADAM－5017 模块性能测试

子。

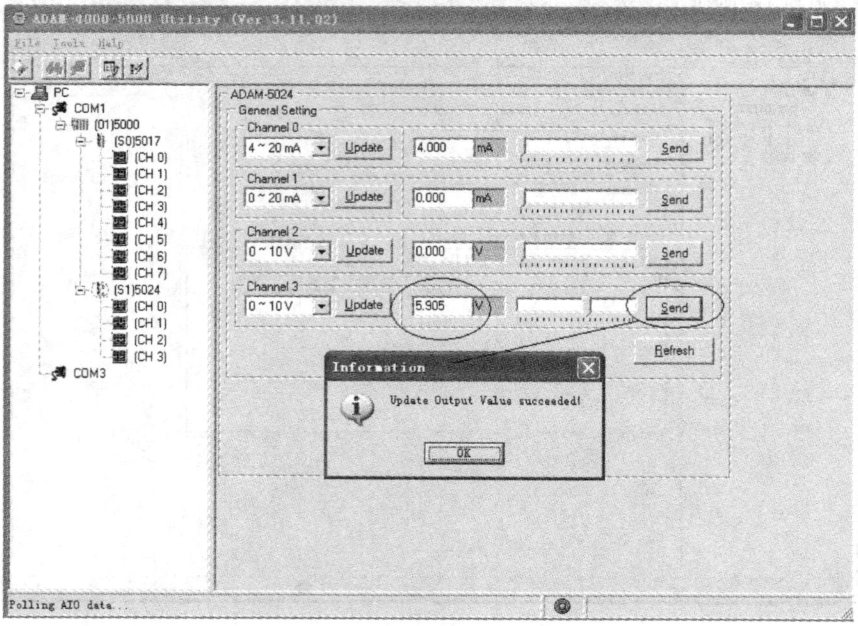

图 10.25　ADAM－5024 模块性能测试

（5）设置控制器参数：5000/485 控制器的地址通过硬件 8 位拨码开关设置。如图 10.23 所示，波特率（Baudrate）、校验和（CheckSum）等参数的设置不可以直接修改，必须在初始化状态下才能操作。在组态王 King View6.51 中必须将校验和选项选中才能正常通信，这是因为驱动程序采用了校验和的方式。

(6)退出 Utility 软件。

4. 组态王组态

操作步骤如下。

(1)按向导新建一个工程,指定工程名,如 Proj _ bpq。

(2)在工程浏览器树状目录“设备”下的 COM1 或 COM2 口新建一个设备,选择“智能模块”→“亚当 5000 系列”→“Adam5017”→“串行”,如图 10.26 所示。按提示操作,设备名称指定为 m5017。

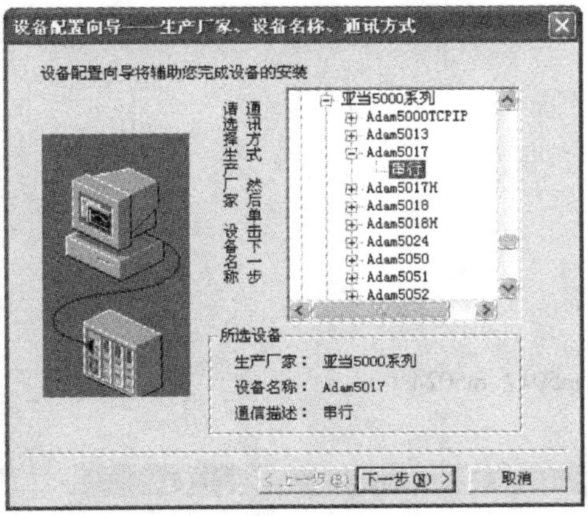

图 10.26　新建 5017 设备

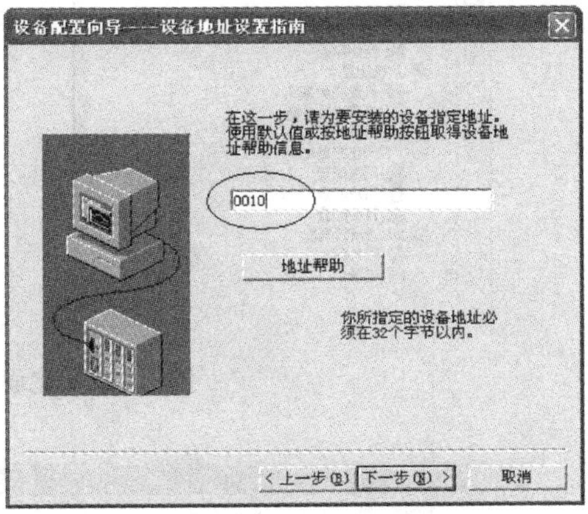

图 10.27　设置 5017 模块的地址

①5000/485 设备地址设置格式为四位整数,前三位为 ADAM5000/485 控制器的网络地址,第四位为 I/O 模块所在的槽号(范围为 0 ~ 7)。本项目 5017 的地址应设置为 0010,其中 001 是 5000/485 的网络地址,0 是 5017 模块的槽号,如图 10.27 所示。可点击“地址帮助”按钮打开组态王硬件帮助文档,有很多信息可供参考。

②按提示操作完成 5017 模块驱动程序的建立。

③按同样的操作完成模块 5024 驱动程序的建立:在工程浏览器树状目录“设备”下的 COM1 或 COM2 口新建设备,选择“智能模块”→“亚当 5000 系列”→“Adam5024”→“串行”,设备名称指定为 m5024,设备地址设置为 0011(5024 模块处于 1 号槽)。完成的设备驱动程序如图 10.28 所示。

(3)在组态王中对 5017 和 5024 模块进行信号测试。在图 10.28 画面中右击新建的设备“m5017”,在弹出的菜单中选择“测试 m5017”项,弹出“串口设备测试”对话框,如图 10.29 所示,在通信参数中将“偶校验”改为“无校验”。

①切换到“设备测试”页,寄存器输入 ADATAIN0,数据类型选择 Float,依次点击“添加”、“读取”按钮,弹出图 10.30 所示画面,5017 通道 0 的数据已正确读出。这说明组态王与 5017 的通信一切正常。

②按同样的操作对 5024 进行测试。校验方式的更改除了按图 10.29 介绍的方法,还可以在工程浏览器菜单“配置” →“设置串口”弹出的对话框中进行,如图 10.31 设为“无校验”。在项目运行前,必须按这种方法进行设置,否则通信无法正常进行。

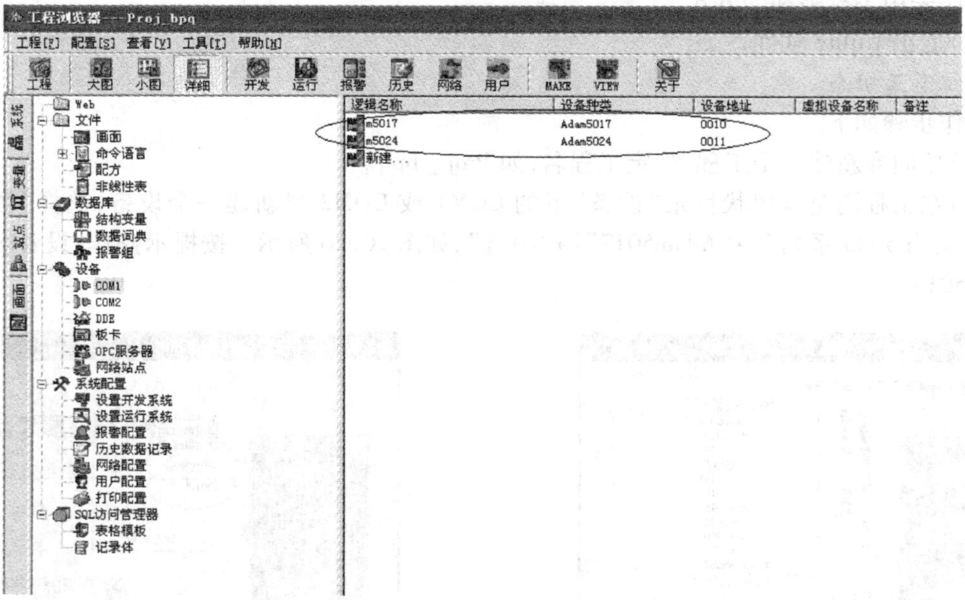

图 10.28　完成的设备驱动程序 m5017、m5024

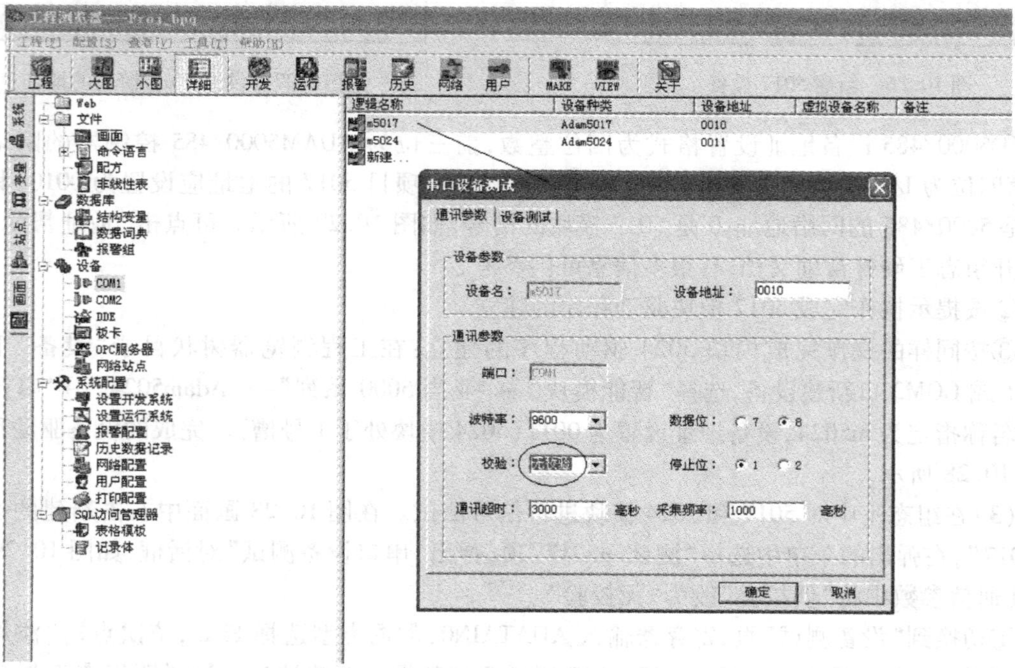

图 10.29　5017 模块的串口设备测试对话框

③在 5024“设备测试”页，寄存器输入 DATAOUT3，数据类型选择 Float，点击“添加”按钮，双击添加的 DATAOUT3 项，弹出如图 10.32 所示画面，输入需输出的电压数值，在“设备测试”页和电压表都能看到这一数据。

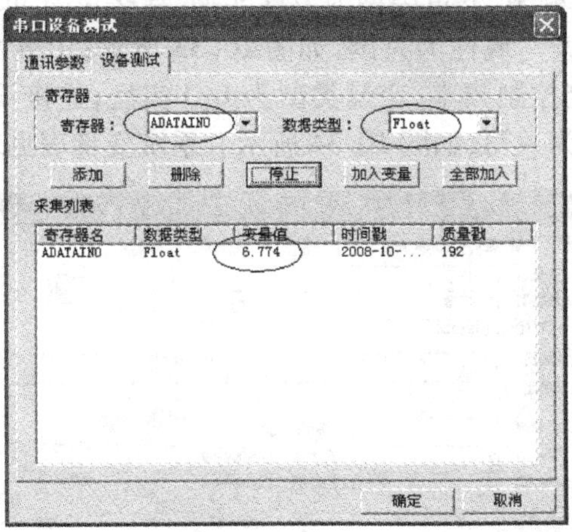

图 10.30　5017 通道 0 的数据显示

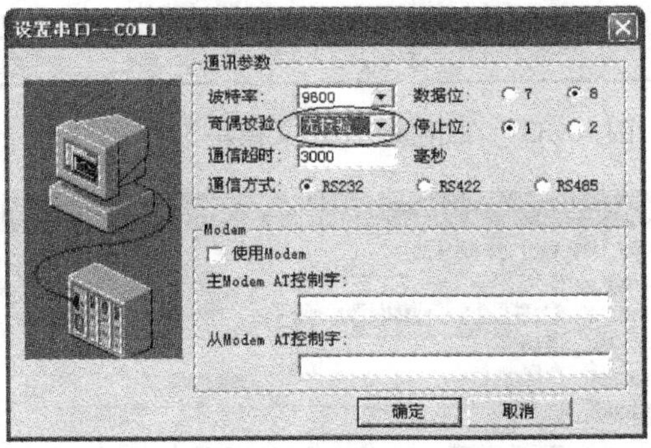

图 10.31　“设置串口”对话框

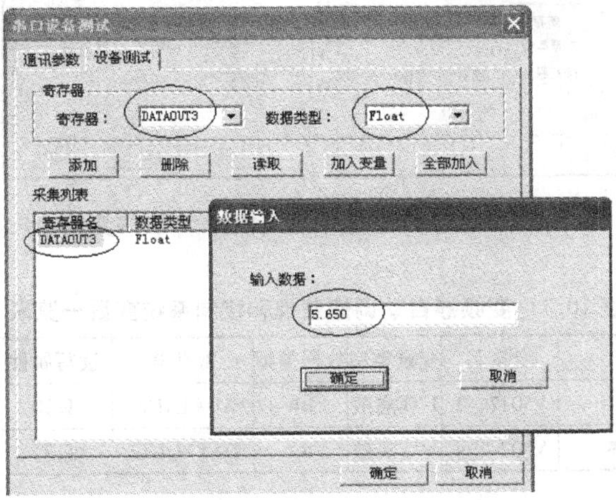

图 10.32　5024 通道 3 输出信号测试

(4)在工程浏览器树状目录“数据词典”下新建变量。5017 模块第 0 通道的变量定义为

V5017 _ 1,对应变频器工作频率,变量类型为 I/O 实型,连接设备 m5017,寄存器地址为 ADATAIN0, 数据类型为 Float,读写属性为只读,如图 10.33 所示;5024 模块第 3 通道变量定义为 V5024 _ 4,对应变频器给定控制频率,变量类型为 I/O 实型,连接设备 m5024,寄存器地址为 DATAOUT3,读写属性需设为只写,如图 10.34 所示。系统变量表见表 10.7。

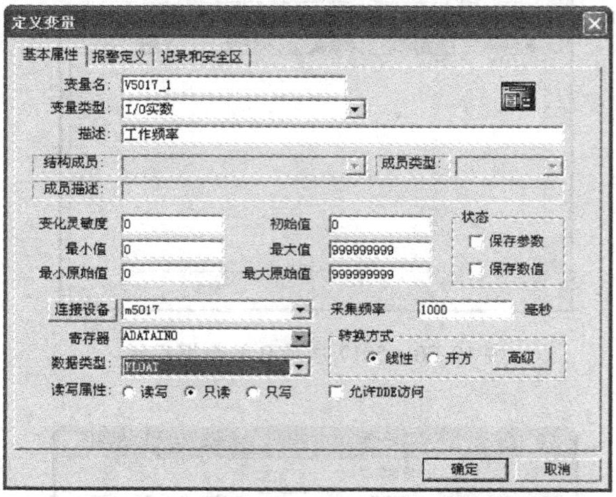

图 10.33 在组态王中定义模块 5017 的变量

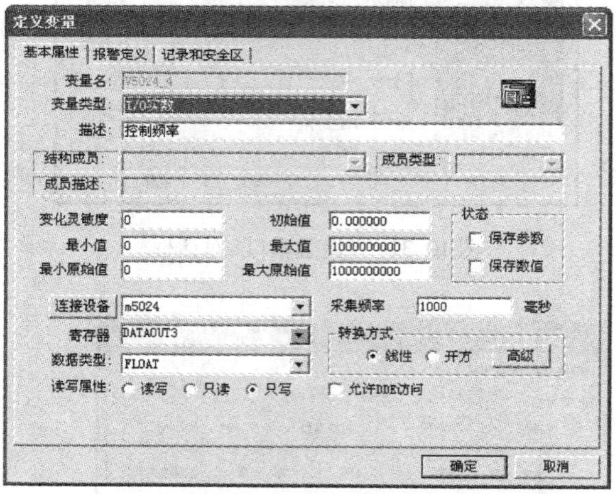

图 10.34 在组态王中定义模块 5024 的变量

表 10.7 变频器自动调速监视和控制系统变量一览表

序号	监控内容	变量名	变量类型	数据类型	寄存器	读写属性	模块及通道
1	变频器工作频率	V5017 _ 1	I/O 离散	Bit	ADATAIN0	只读	ADAM – 5017:IN0
2	变频器给定控制频率	V5024 _ 4	I/O 离散	Bit	DATAOUT3	只写	ADAM – 5024:OUT3

(5)新建画面,添加各对象,其 HMI 监控界面可参考图 10.35。建立各对象与变量的关联,实现动画效果。其中按钮“频率输出”与变量“\\本站点\ V5024 _ 4” 建立动画,如图

10.36 所示，在“动画连接”对话框中选择“模拟值输入”；按钮“细调”也与变量“\\本站点\V5024 _ 4”建立动画，实现信号微调，操作同按钮“频率输出”相似；频率显示部分的数值及仪表向导对象均与变量“\\本站点\ V5017 _ 1”建立动画，但在“动画连接”对话框中应选择“模拟值输出”。按钮“退出”用命令语言“exit(0)；”实现退出功能。

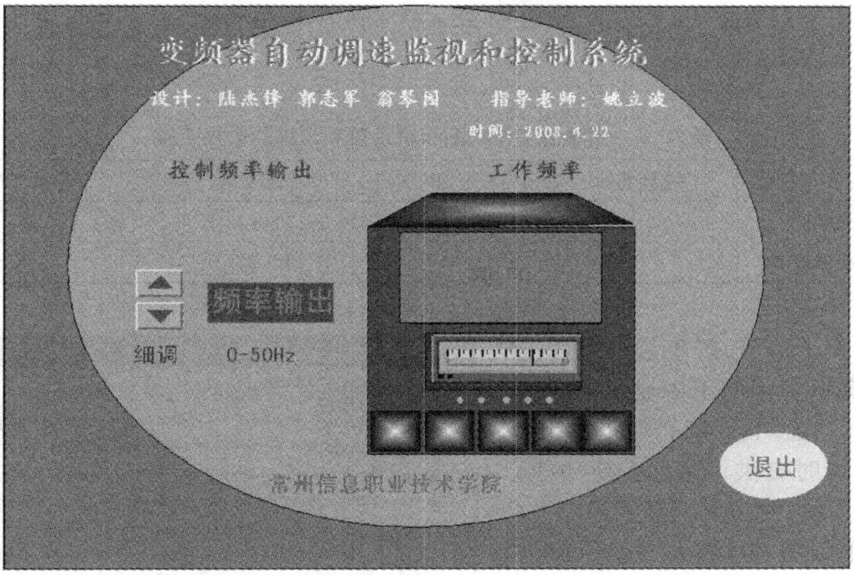

图 10.35　变频器自动调速监视和控制系统的 HMI 监控界面

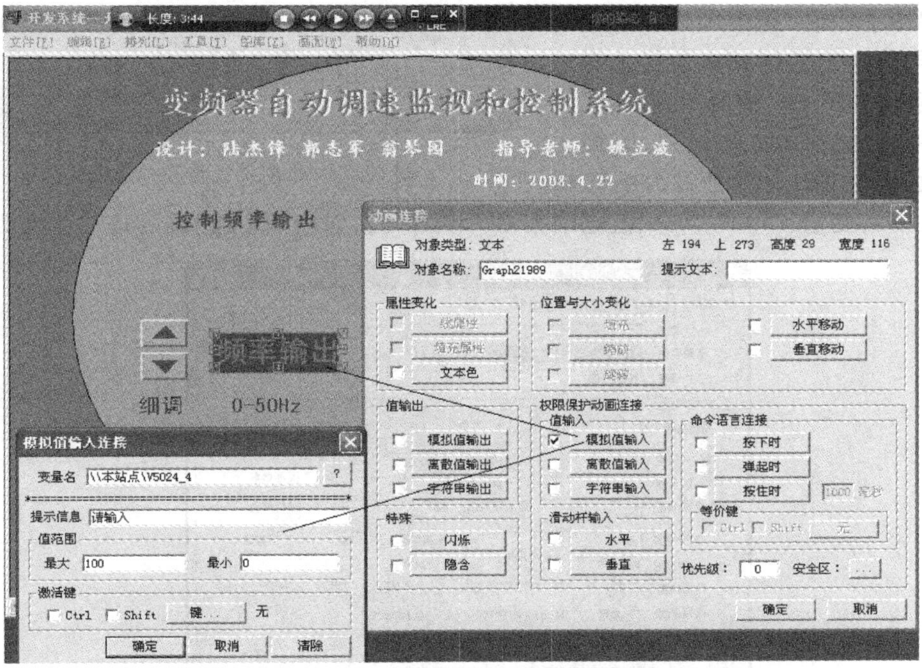

图 10.36　按钮“频率输出”的动画连接

10.2.6 项目拓展

量程变换是工程应用中必须考虑的，以使计算机数值显示与工业现场的参数保持一致。本项目中采集的变频器工作频率和传送给变频器的给定控制频率信号均涉及量程变换问题。假设工作频率采集的是 0 ~ 10 V 电压信号，给定控制频率采用的是 4 ~ 20 mA 电流信号，其对应变换关系如表 10.8 所示。

表 10.8 变频器工作频率和给定控制频率的量程变换

监控内容	变频器输入/输出信号范围	变量名	频率数值范围(Hz)
变频器工作频率	0 ~ 10 V	V5017 _ 1	0 ~ 50
变频器给定控制频率	4 ~ 20 mA	V5024 _ 4	0 ~ 50

对工作频率信号，若不进行量程变换，5017 采集后在组态王中显示的数值将是 0 ~ 10，这显然与实际不符。组态王在定义变量时提供了量程变换功能，如图 10.37 所示，在定义变量 V5017 _ 1 时，将最大值设为 50，最大原始值设为 10，这样在组态王中显示的数值范围就变为 0 ~ 50 Hz，与变频器的实际工作频率数值保持了一致。

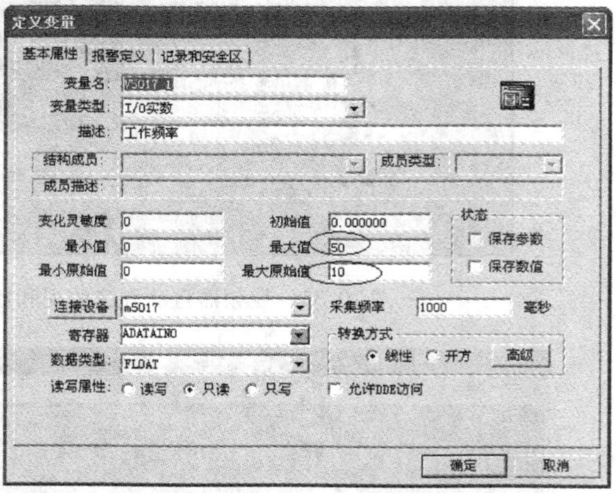

图 10.37 变频器工作频率量程变换

同样，对给定控制频率信号也需进行量程变换，如图 10.38 所示，在定义变量 V5024 _ 4 时，将最大值设为 50，最大原始值设为 20，最小原始值设为 4，这样当组态王中给变量 V5024 _ 4 赋值范围为 0 ~ 50 Hz 时，对应 5024 输出的信号就变为 4 ~ 20

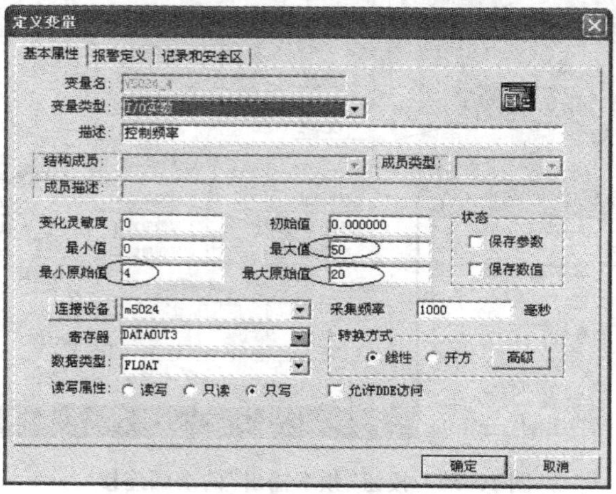

图 10.38 变频器给定控制频率量程变换

mA,与实际控制频率信号保持了一致。

项目 10.3　电厂热井电磁阀循环检漏控制系统

10.3.1　项目背景描述及任务目标

电厂热井也即凝汽器,是火电厂中将热力管道中经汽轮机做功排出的水汽混合物经毛细铜管冷却为凝结水(纯水)的专用装置,其工作环境为真空。冷却水为工业水,毛细铜管受工业冷却水腐蚀可能发生泄漏,一旦泄漏,含杂质的工业冷却水就会进入热力循环纯水系统,恶化水质,影响锅炉、汽轮机、热力管道等设备安全、稳定、可靠运行。因此,需要对热井的泄漏进行在线检测,一般需通过专用的适于真空环境、由电磁阀及真空泵组成的专用循环检漏控制装置来实现。

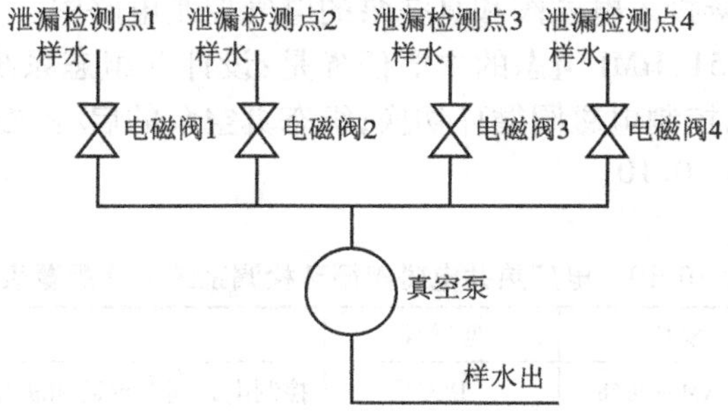

图 10.39　电厂热井电磁阀循环检漏控制系统原理

图 10.39 是热井电磁阀循环检漏控制原理图,4 只电磁阀对应 4 个泄漏检测区域。由于热井泄漏检测实时性要求不是很高,而真空泵成本较高,故 4 个泄漏点合用一台真空泵抽取样水,分别由电磁阀 1 ~ 4 循环切换,现场循环间隔时间一般设为 15 ~ 30 min,在第一个循环时间电磁阀 1 导通,其他电磁阀关断;在第二个循环时间电磁阀 2 导通,其他电磁阀关断;在第三个循环时间电磁阀 3 导通,其他电磁阀关断;在第四个循环时间电磁阀 4 导通,其他电磁阀关断;然后又由电磁阀 1 导通,依次循环切换。真空泵由一只三相交流电动机带动。在实验室中循环间隔时间可设短些,如 30 s。

项目任务目标见表 10.9。

表 10.9　电厂热井电磁阀循环检漏控制系统项目任务目标

项目任务	任务目标	
	能力(技能)目标	知识目标
任务 1:掌握电厂热井电磁阀循环检漏控制系统原理及 HMI 组态要求	1. 模拟电厂热井现场,构建电磁阀循环检漏控制系统 2. 掌握该系统电气控制原理及模块选型依据 3. 确定系统 HMI 组态要求	掌握电厂热井电磁阀循环检漏控制系统有关知识

续表

项目任务	任务目标	
	能力(技能)目标	知识目标
任务2:掌握ADAM-4068模块的电气接线,进行信号在线测试	1.掌握4068模块电气接线 2.掌握4068模块信号在线测试	掌握4068模块电气特性及信号测试有关知识
任务3:建立组态王与ADAM-4068模块的通信,进行HMI组态、命令语言编程及系统调试	1.掌握组态王与4068模块的通信及变量定义 2.进行HMI组态,采用命令语言编程实现循环检漏功能,进行系统调试	掌握组态王对4068模块组态的相关知识

10.3.2 系统软硬件选型及I/O配置

本项目根据热井电磁阀循环切换及真空泵检漏控制要求,选用ADAM-4068模块输出开关量信号控制电磁阀的切换和真空泵的启/停。ADAM-4068是8路带继电器的开关量输出模块,其开关量信号可直接接入电磁阀和真空泵的电气控制电路中。

软件采用组态王V6.51,HMI组态的主要任务是:设计并组态系统主画面;用命令语言编程,定时输出开关量信号,控制电磁阀循环切换;组态真空泵的启/停控制。

项目的I/O配置见表10.10。

表10.10 电厂热井电磁阀循环检漏系统I/O配置表

序号	监控内容	模块	通道号	描述
1	电磁阀1通/断	ADAM-4068	DO0	控制电磁阀1导通和断开,1为导通,0为断开
2	电磁阀2通/断	ADAM-4068	DO1	控制电磁阀2导通和断开,1为导通,0为断开
3	电磁阀3通/断	ADAM-4068	DO2	控制电磁阀3导通和断开,1为导通,0为断开
4	电磁阀4通/断	ADAM-4068	DO3	控制电磁阀4导通和断开,1为导通,0为断开
5	真空泵启/停	ADAM-4068	DO4	控制真空泵的启动和停止,1为启动,0为停止

10.3.3 监控要求

项目监控要求如下。

(1)掌握热井电磁阀循环切换及真空泵检漏控制系统的电气控制原理及软硬件选型、I/O配置。

(2)熟练进行ADAM-4068模块的电源接线、485网络接线及信号接线。

(3)掌握4068模块的电气特性特别是继电器输出特性。

(4)掌握用ADAM-4000 Utility软件对4068模块进行信号测试的方法,通信参数的设置方法。

(5)掌握组态王V6.51对4068模块进行通信及测试的方法。

(6)在组态王V6.51中建立画面,实现系统的HMI控制界面。

10.3.4 实验设备

硬件:研华IPC-610工控机、ADAM-4520模块、ADAM-4068模块、直流稳压电源、

DC24 V 中间继电器、万用表、实验板、232 通信电缆、导线、剥线钳、螺丝刀等。

软件：ADAM－4000 Utility、组态王 V6.51。

10.3.5　操作步骤

1. 电气连接

连接 ADAM－4520 通信模块、ADAM－4068 开关量输出模块的电源线、网络线及信号线，如图 10.40 所示。

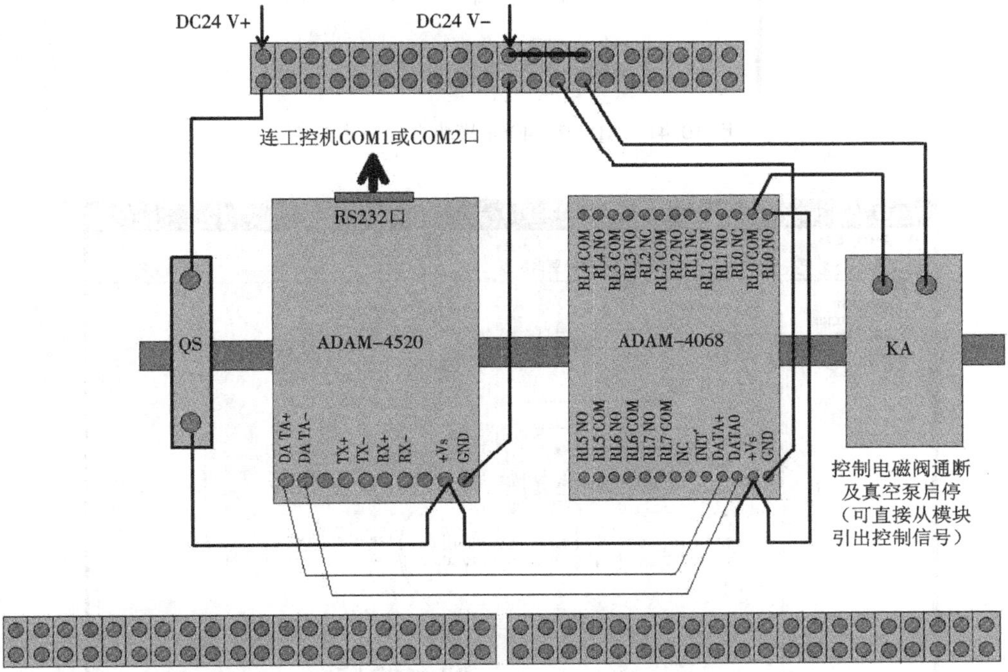

图 10.40　电厂热井电磁阀循环检漏系统电气接线图

2. 建立通信

连接工控机 COM1/2 口与 ADAM－4520 的 RS232 口之间的通信电缆。

3. Utility 软件测试

操作步骤如下。

(1)自动搜索 4068 模块，如图 10.41 所示。由图可见，4068 模块的地址为 2，此地址即 4068 模块在 485 网络中的地址。在本 485 网络中，只有 4068 一个模块。

(2)进行信号测试：按图 10.40 连接 4068 模块的外围接线，即在第 0 通道输出端子连接中间继电器线圈；在图 10.41 中点击 4068 模块，展开画面如图 10.42 所示，点击 DO0～DO7 灯泡发出开关量输出信号，观察模块指示灯亮灭和中间继电器的吸合情况。

(3)正确设置 4068 模块的参数。由图 10.42 可见，地址可以直接更改，并按“Update”按钮生效。波特率(Baudrate)、校验和(CheckSum)等参数是灰色的，不能直接修改，必须在初始化状态下才能设置。图中 CheckSum 参数已被选中，如没有选中，则按模块初始化的要求和步骤将其修改。

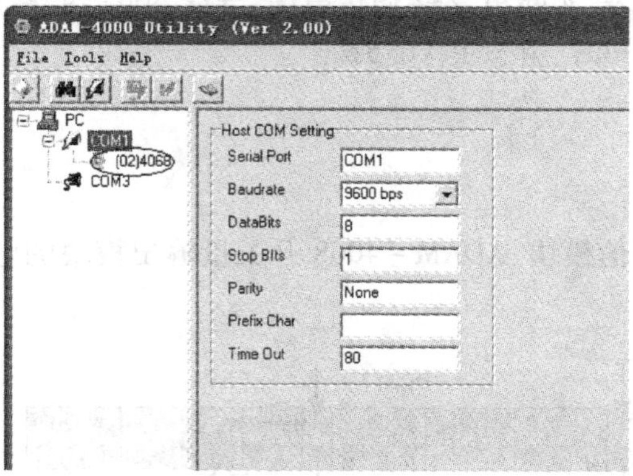

图 10.41　ADAM－4068 模块自动搜索画面

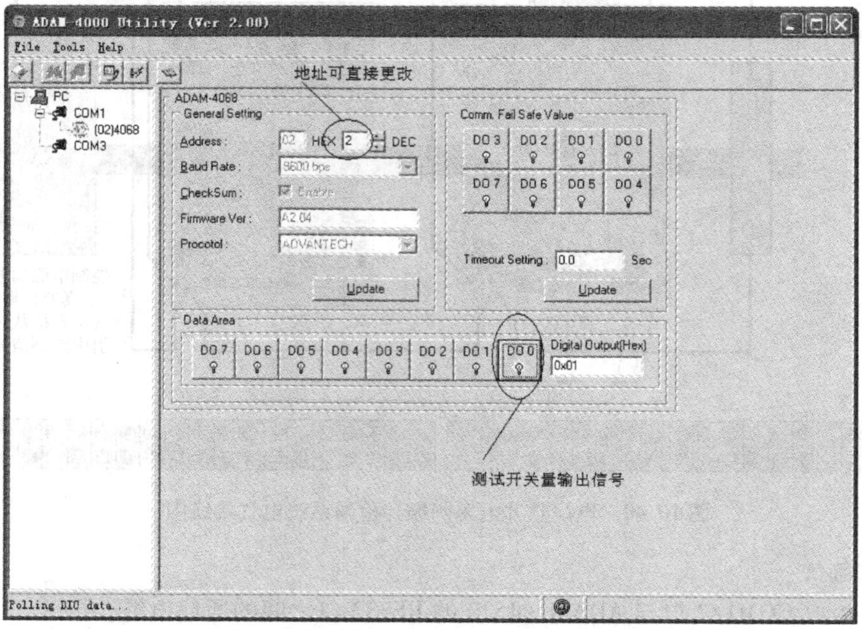

图 10.42　4068 模块性能测试

(4)退出 Utility 软件。

4. 组态王组态

操作步骤如下。

(1)创建一个工程,工程名定为 Proj_dcrj。

(2)在工程浏览器树状目录“设备”下的 COM1 或 COM2 口新建一个设备,选择“智能模块”→“亚当 4000 系列”→“Adam4060”→“串行”,如图 10.43 所示。组态王没有专门为 ADAM－4068 编写驱动程序,4060 的驱动程序完全支持 4068。按提示操作,设备名称指定为 m4068。

(3)在图 10.44 中设置 4068 的地址:本项目 4068 模块的网络地址为 2,CheckSum 选中,故组态王地址设为 2;若 CheckSum 未选中,则地址应为 2.1。可点击“地址帮助”按钮打开组态王硬件帮助文档参考。

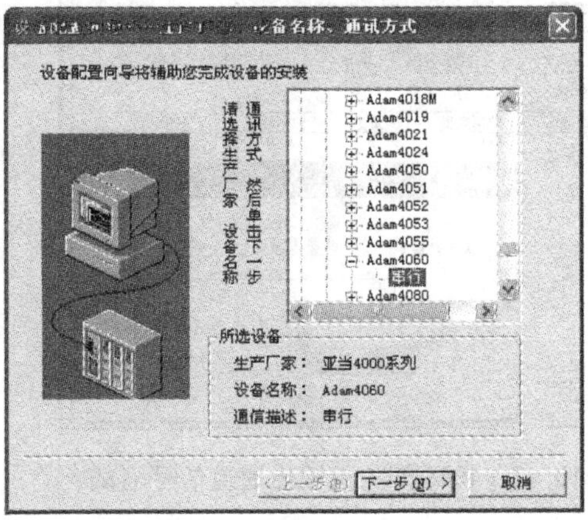

图 10.43　新建 4068 模块的驱动程序

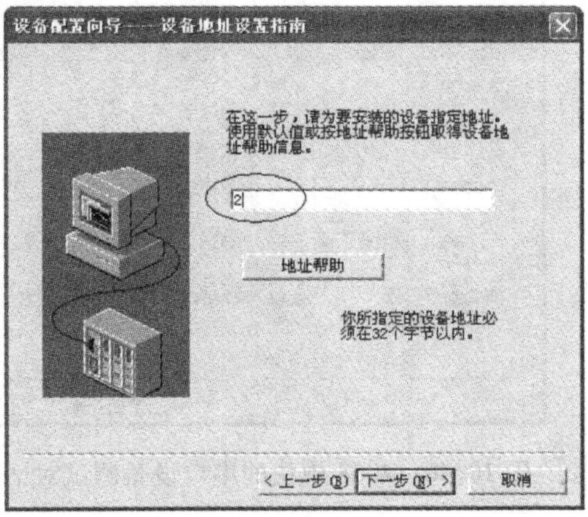

图 10.44　设置 4068 模块的组态王地址

(4)按提示操作完成 4068 模块驱动程序的建立。完成的设备驱动程序如图 10.45 所示。

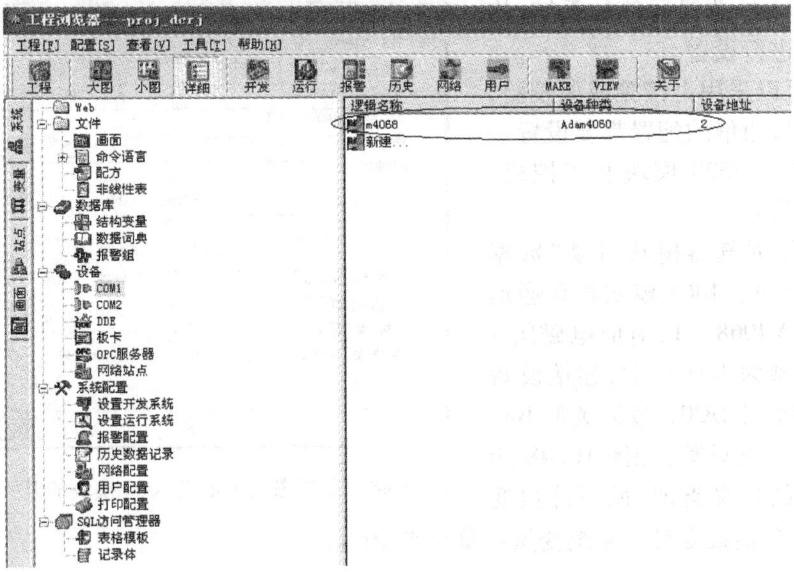

图 10.45　完成的设备驱动程序 m4068

(5)在组态王中对 4068 模块进行信号测试。在图 10.45 画面中右击新建的设备“m4068”,在弹出的菜单中选择“测试 m4068”项,弹出“串口设备测试”对话框,如图 10.46 所示,在通信参数中将“偶校验”改为“无校验”。

(6)切换到“设备测试”页,如图 10.47 所示,寄存器输入 DO0,数据类型选择 Bit,点击“添加”按钮,双击添加的 DO0 项,弹出“数据输入”画面,输入 1,则通道 0 打开,模块第0 位指示灯亮,中间继电器吸合;输入 0,则通道 0 关闭,模块第0 位指示灯灭,中间继电器断开。对其他通道的测试只要在寄存器中分别输入 DO1 ~ DO7,再按上面的操作即可。

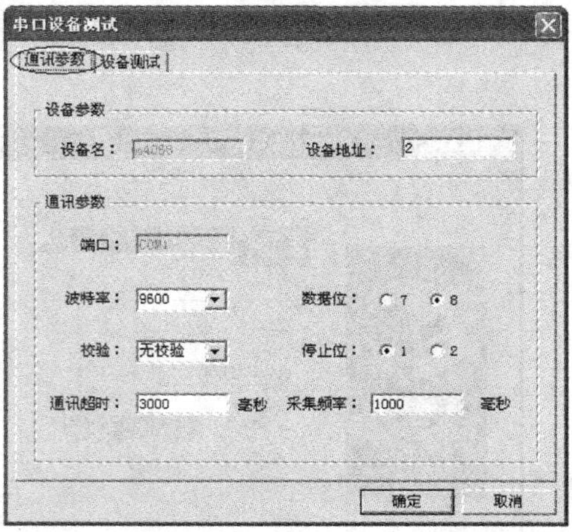

图 10.46　4068 模块的串口设备测试对话框

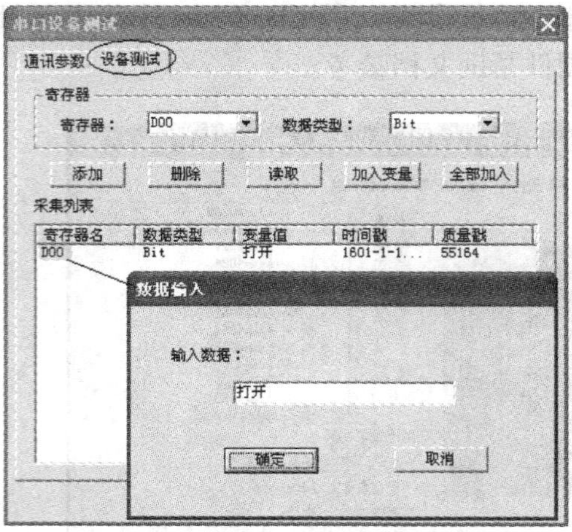

图 10.47　4068 开关量输出通道信号测试

说明：同项目 10 任务 2 组态王和 ADAM－5000/485 控制器及其模块的通信相似，校验方式的更改可以在工程浏览器菜单“配置”→“设置串口”弹出的对话框（图 10.31）中进行，设为“无校验”，在项目运行前必须按这种方法预先设置好。在本章介绍的应用项目中，凡是通过工控机 RS－232 外总线通信的系统，均需按这种方法进行设置。

注意：也可以采用奇校验或偶校验，但所有涉及串口通信的配置都要设置一致，包括 ADAM－4520 模块及工控机，否则通信无法建立。

（7）在工程浏览器树状目录“数据词典”下新建变量。4068 模块第 0 通道的变量定义为 V4068 _1，对应电磁阀 1 通/断，变量类型为 I/O 离散，连接设备 m4068，寄存器地址 DO0，数据类型 Bit，读写属性为读写或只写，如图 10.48 所示。其他变量的定义类似，循环计数变量 Vcount 为内存整数变量。系统变量一览见表 10.11。

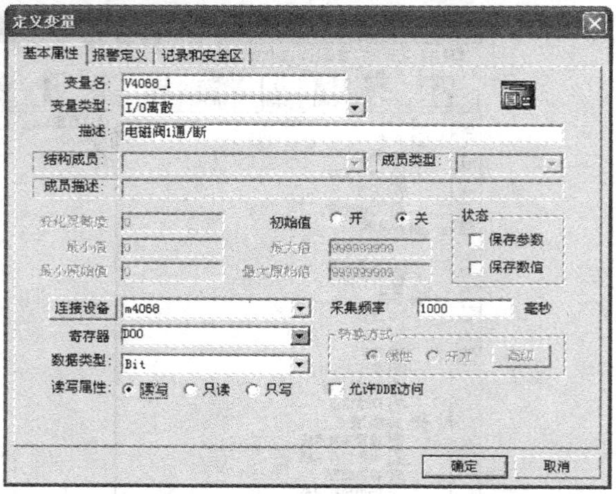

图 10.48　在组态王中定义 4068 模块的开关量输出变量

表 10.11　电厂热井电磁阀循环检漏系统变量一览表

序号	监控内容	变量名	变量类型	数据类型	寄存器	读写属性	模块及通道
1	电磁阀 1 通/断	V4068 _1	I/O 离散	Bit	DO0	读写/只写	ADAM－4068：DO0
2	电磁阀 2 通/断	V4068 _2	I/O 离散	Bit	DO1	读写/只写	ADAM－4068：DO1
3	电磁阀 3 通/断	V4068 _3	I/O 离散	Bit	DO2	读写/只写	ADAM－4068：DO2
4	电磁阀 4 通/断	V4068 _4	I/O 离散	Bit	DO3	读写/只写	ADAM－4068：DO3
5	真空泵启/停	V4068 _5	I/O 离散	Bit	DO4	读写/只写	ADAM－4068：DO4
6	循环计数	Vcount	内存整数	—	—	—	—

(8)新建画面,添加各对象,其 HMI 监控界面可参考图 10.49。

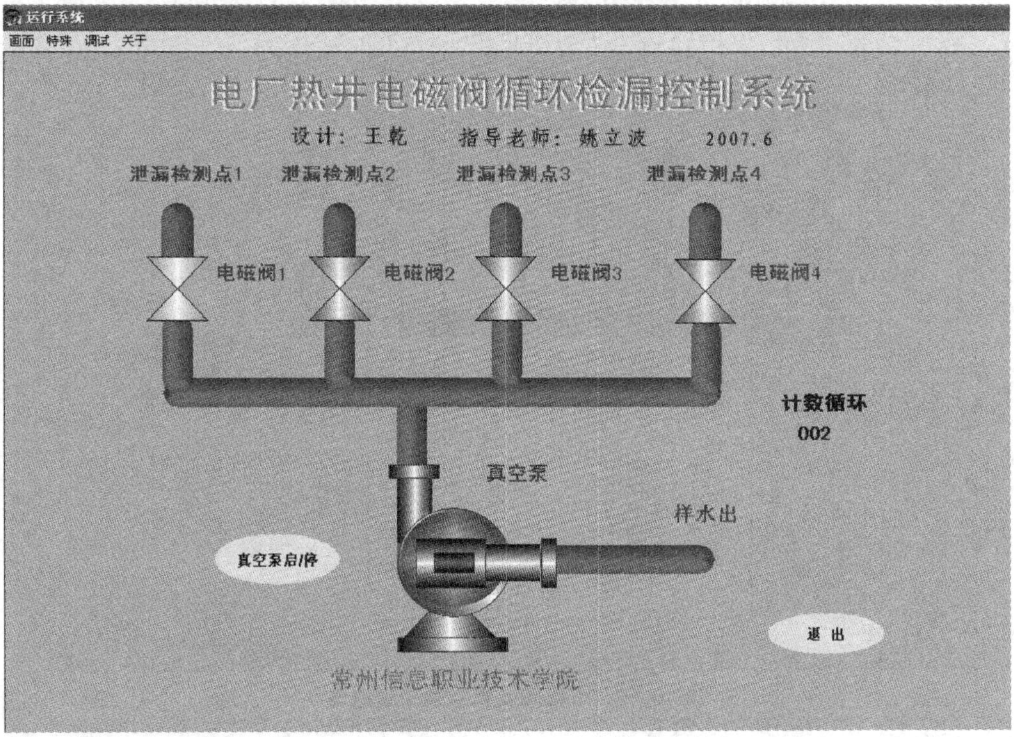

图 10.49　电厂热井电磁阀循环检漏系统的 HMI 监控界面

(9)建立各对象与变量的关联,实现动画效果。其中电磁阀 1,2,3,4 及真空泵分别与变量\\本站点\ V4068 _1、\\本站点\ V4068 _2、\\本站点\ V4068 _3、\\本站点\ V4068 _4、"\\本站点\ V4068 _ 5"建立动画,如图 10.50 所示;按钮"真空泵启/停"也与变量\\本站点\ V4068 _ 5"建立动画,其组态如图 10.51 所示,在"动画连接"对话框中需选择"离散值输入"按钮;文本"#####" 与变量"\\本站点\ Vcount"建立动画,用于显示计数循环,在"动画连接"对话框中需选择"模拟值输出"按钮。

(10)命令语言编程:本项目 4 只电磁阀的循环切换由命令语言来实现。其编程步骤如下。

①右击画面空白处,弹出画面属性对话框,如图 10.52 所示。

②点击"命令语言"按钮,弹出"画面命令语言"对话框,选中"显示时"选项栏,如图 10.53 所示,输入代码"\\本站点\Vcount = 0;",在该画面被调入内存并显示时对计数循环变量 Vcount 清零。

③选中"存在时"选项栏,如图 10.54 所示,在程序运行时每隔 1 000 ms 执行一次下面的代码:

```
\\本站点\Vcount = \\本站点\Vcount + 1;
if( \\本站点\Vcount = =41)
\\本站点\Vcount =1;
```

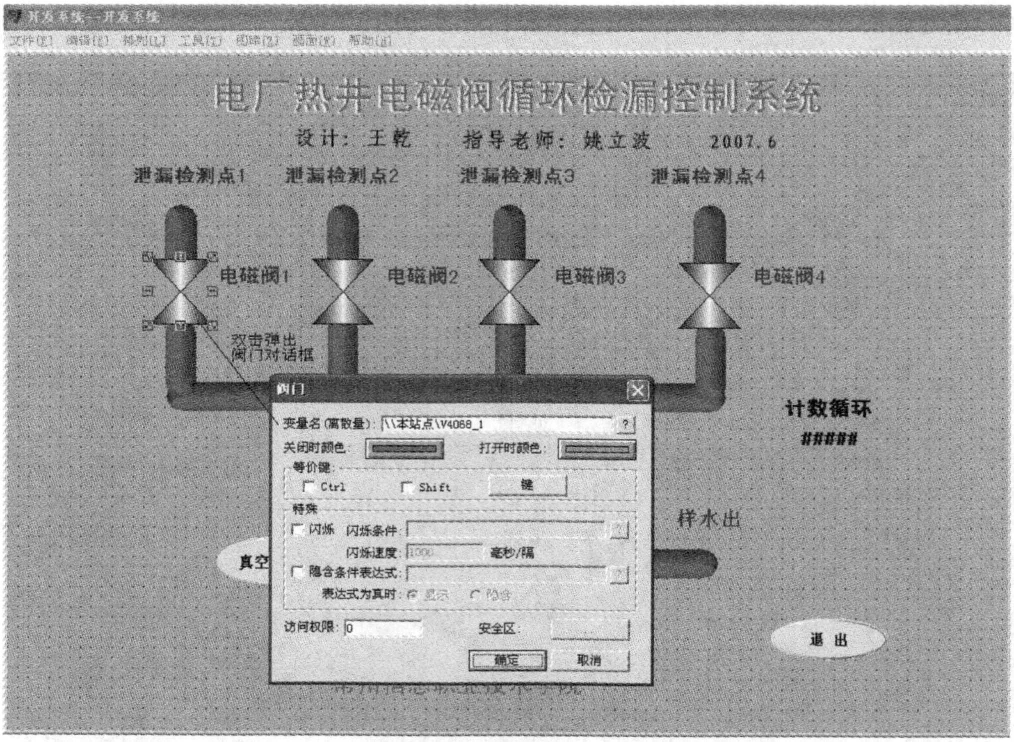

图 10.50　电磁阀及真空泵动画组态

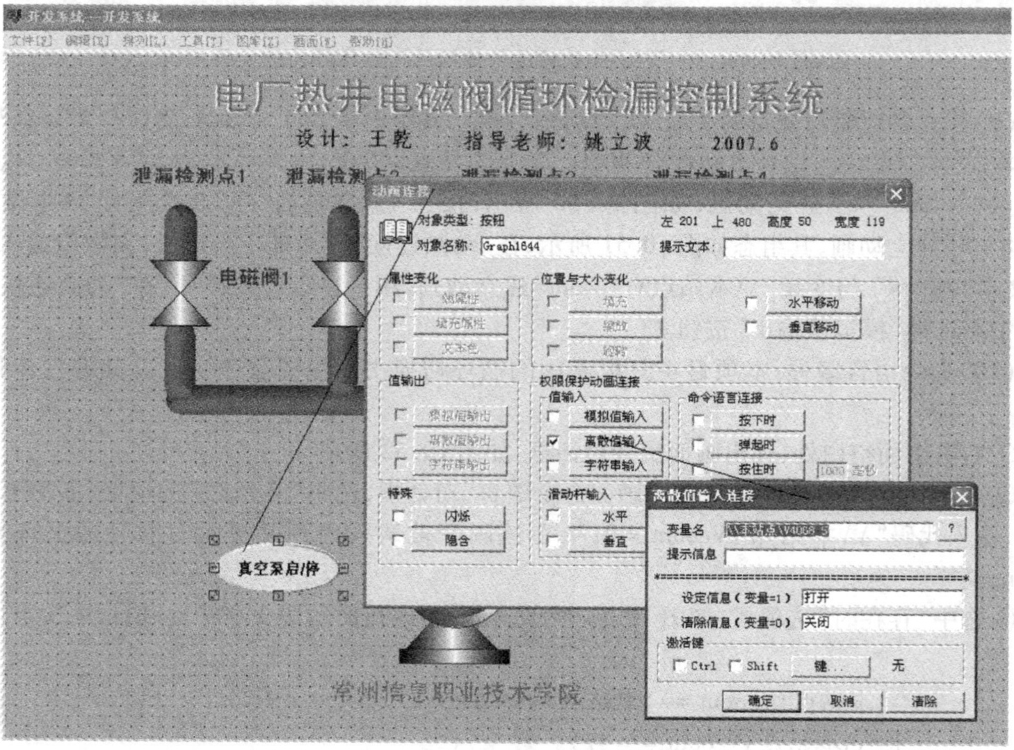

图 10.51　按钮“真空泵启/停”动画连接

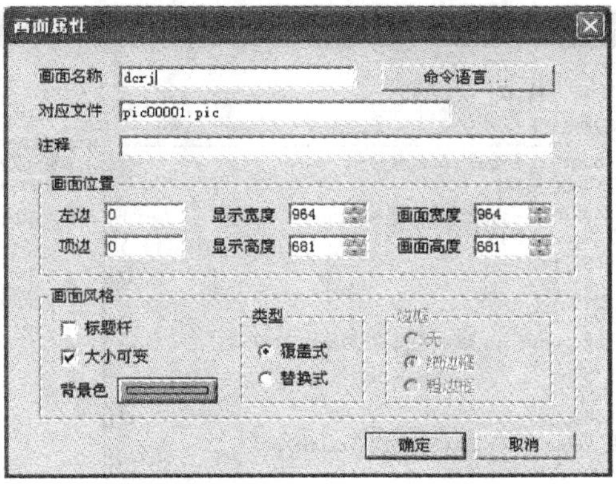

图 10.52　“画面属性”对话框

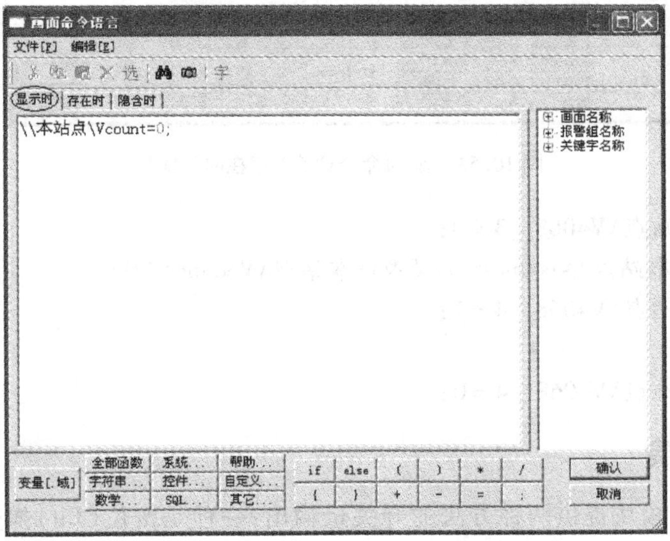

图 10.53　画面命令语言“显示时”编程

```
if(\\本站点\Vcount <11)
\\本站点\V4068 _1 =1;
else
\\本站点\V4068 _1 =0;
if(\\本站点\Vcount < 21 &&\\本站点\Vcount >10)
\\本站点\V4068 _2 =1;
else
\\本站点\V4068 _2 =0;
if(\\本站点\Vcount < 31 &&\\本站点\Vcount >20)
\\本站点\V4068 _3 =1;
else
```

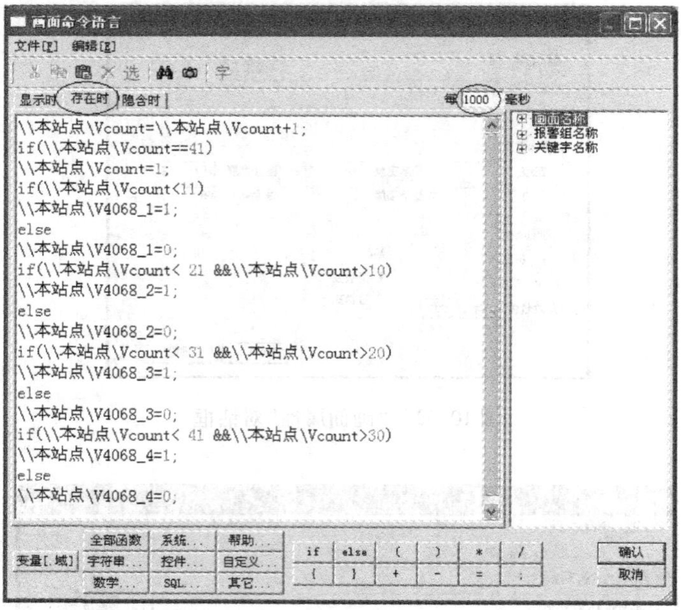

图 10.54　画面命令语言“存在时”编程

```
\\本站点\V4068 _3 =0;
if( \\本站点\Vcount <  41  &&\\本站点\Vcount >30)
\\本站点\V4068 _4 =1;
else
\\本站点\V4068 _4 =0;
```

10.3.6　项目拓展

组态王对 4068 模块提供两种方法的开关量输出：一种是按位(Bit)操作，寄存器 DO0 ~ DO7，数据类型 BIT，变量类型 I/O 离散；另一种是按字节操作，寄存器 DO0，数据类型 BYTE，变量类型 I/O 整型。前者已经介绍，对后者在输出开关量时，必须用函数进行解析。

组态王 V6.51 版本中，4068 模块按位输出受校验和“CheckSum”参数的影响：若“CheckSum”有效，则按位与按字节均能正常输出；反之，“CheckSum”无效时，则不能按位输出，只能按字节输出。

组态王提供了 BitSet 函数将一个整型变量的某一位设置为指定值 0 或 1 输出，使用格式为：

BitSet(Var, bitNo, OnOff)

其中：Var 为整型变量。

bitNo 为位的序号，取值 1 到 16。

OnOff 为第 bitNo 位的输出指定值：

若 BitSet(Var, bitNo, 1)，则变量 Var 的第 bitNo 位输出 1；

若 BitSet(Var, bitNo, 0)，则变量 Var 的第 bitNo 位输出 0。

以真空泵启/停控制为例，图 10.51 是将"真空泵启/停"按钮直接与变量 V4068 _ 5 建立动画。若采用函数解析的方法，新建一个变量 V4068，各参数设置如图 10.55 所示。在 10.49 画面中添加"真空泵启动"、"真空泵停止"2 个按钮，如图 10.56 所示，在"真空泵启动"按钮的"动画连接"对话框中添加"按下时"的命令语言程序 BitSet(\\本站点\V4068 ,1, 1)。

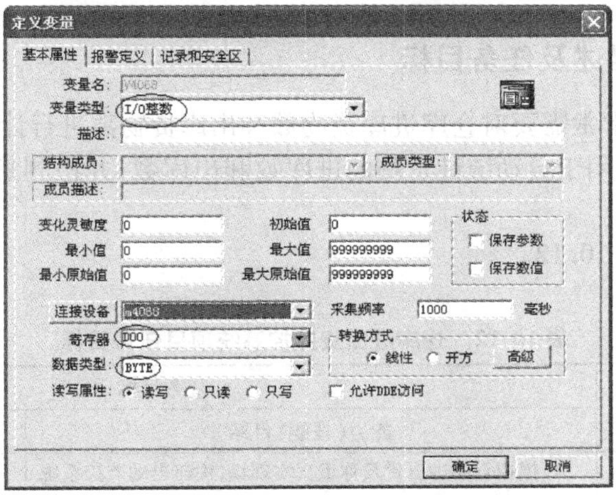

图 10.55　按 BYTE 方式定义 4068 模块变量

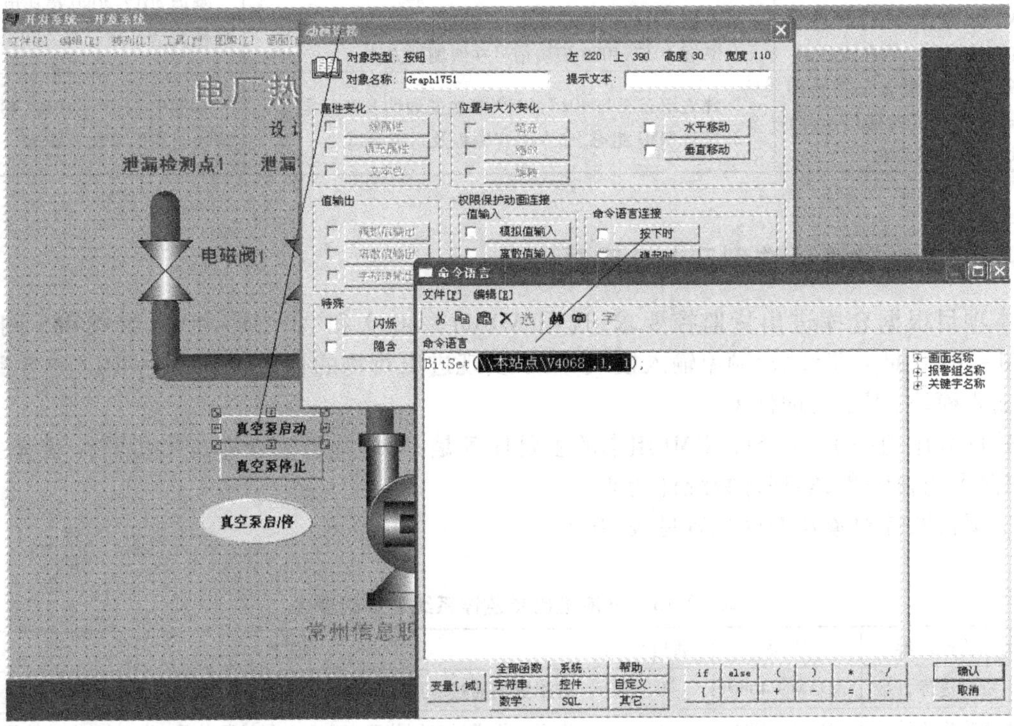

图 10.56　按 BYTE 方式定义变量的解析

同样在"真空泵停止"按钮的"动画连接"对话框中添加"按下时"的命令语言程序：BitSet

(\\本站点\V4068 ,1, 0)。

保存并运行工程,对上述组态进行测试,观察结果。

项目 10.4　仓库进出货监控系统

10.4.1　项目背景描述及任务目标

在工业应用领域,常常需要对仓库进库货物数和出库货物数进行计数统计,并对进出货物进行称重。本项目就是用于自动统计货物的进库数和出库数,并检测货物质量的自动监控系统。

项目任务目标见表 10.12。

表 10.12　仓库进出货监控系统项目任务目标

项目任务	任务目标	
	能力(技能)目标	知识目标
任务 1:掌握仓库进出货监控系统控制原理及 HMI 组态要求	1. 模拟仓库进出货及称重真实现场,构建自动监控系统 2. 掌握该系统电气控制原理及模块选型依据 3. 确定系统 HMI 组态要求	掌握仓库进出货监控系统有关项目知识
任务 2:掌握 ADAM - 4017, ADAM - 4080 模块的硬件组网、电气接线及信号在线测试	1. 掌握 4017,4080 模块组成 485 网络 2. 掌握 4017,4080 模块电气接线 3. 掌握 4017,4080 模块信号在线测试方法	掌握 4017,4080 模块电气特性及信号测试有关知识
任务 3:建立组态王与仓库进出货监控系统的通信,进行 HMI 组态及系统调试	1. 建立组态王与 4017,4080 模块的通信及变量定义 2. 进行 HMI 组态、命令语言编程及系统调试	掌握组态王对 4017,4080 模块组态的方法及步骤

10.4.2　系统软硬件选型及 I/O 配置

本项目根据仓库进出货监控要求,选用 ADAM - 4080 和 ADAM - 4017 组成 485 网络。ADAM - 4080 是 2 路计数/频率输入模块,用于实现进出货物的计数;ADAM - 4017 是 8 路模拟量输入模块,用于实现称重。

软件采用组态王 V6.51。HMI 组态的主要任务是:设计并组态仓库进出货监控系统主画面;用命令语言编程,实现计数统计功能。

本项目监控对象及 I/O 配置见表 10.13。

表 10.13　仓库进出货监控系统 I/O 配置表

序号	监控内容	模块	通道号	描述
1	货物进库计数	ADAM - 4080	0	进库货物通过专用装置产生开关量计数信号,送 4080 第 0 通道
2	货物出库计数	ADAM - 4080	1	出库货物通过专用装置产生开关量计数信号,送 4080 第 1 通道
3	货物质量	ADAM - 4017	0	进出库货物经称重传感器产生电压或电流信号,送 4017 第 0 通道

10.4.3　监控要求

项目具体监控要求如下。

(1)掌握仓库进出货监控系统的电气控制原理及软硬件选型、I/O 配置。

(2)熟练进行 ADAM－4080,ADAM－4017 模块的电源接线、485 网络接线及信号接线。

(3)掌握 ADAM－4520,4080,4017 智能模块组成 485 总线网的原理及方法。

(4)掌握用 ADAM－4000 Utility 软件对 4080 和 4017 模块进行信号测试的方法,掌握地址设置方法及其他通信参数的设置。

(5)掌握组态王 V6.51 对 4080 和 4017 模块进行通信及测试的方法。

(6)在组态王 V6.51 中建立画面,实现仓库进出货监控功能的 HMI 界面。

10.4.4　实验设备

硬件:研华 IPC－610 工控机、ADAM－4520 模块、ADAM－4080 模块、ADAM－4017 模块、直流稳压电源、按钮、万用表、实验板、232 通信电缆、导线、剥线钳、螺丝刀等。

软件:ADAM－4000 Utility、组态王 V6.51。

10.4.5　项目步骤

1. 电气连接

连接 ADAM－4520 通信模块、ADAM－4080 计数模块、ADAM－4017 模拟量输入模块的电源线、网络线及信号线,如图 10.57 所示。

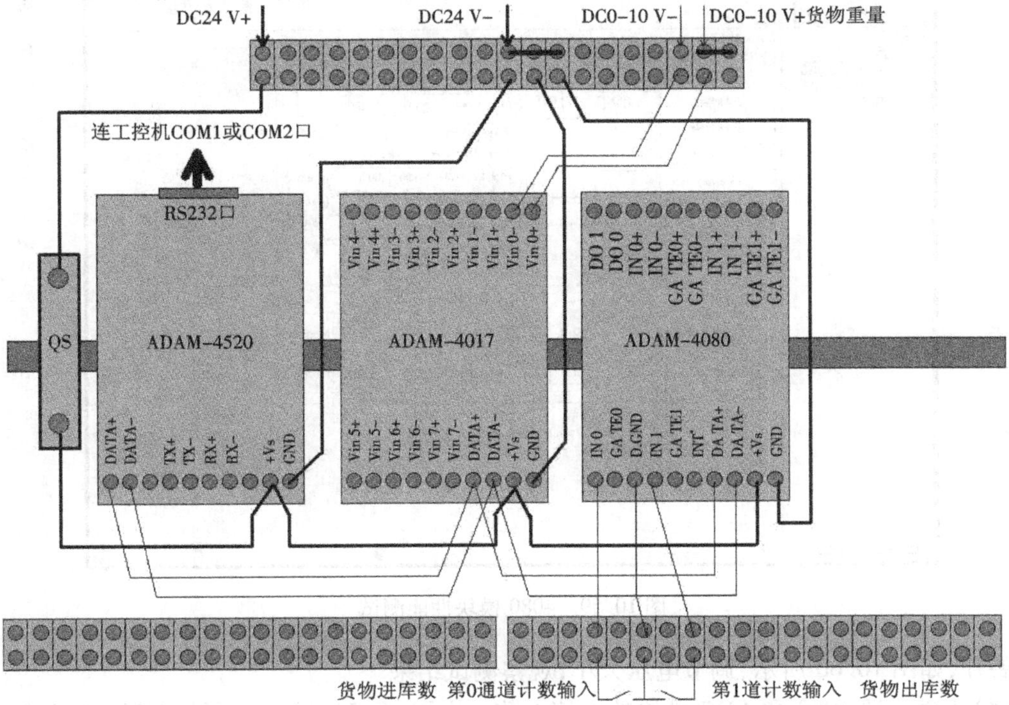

图 10.57　仓库进出货监控系统电气接线图

2. 建立通信

建立工控机与485网络的通信，连接工控机COM1/2口与ADAM－4520的RS232口之间的通信电缆。

3. Utility软件测试

操作步骤如下。

(1)自动搜索ADAM－4080和ADAM－4017模块，如图10.58所示。由图可见，在本485网络中，共有4080和4017两个模块。4080模块的地址为1，4017模块的地址为2，此即4080和4017的485网络地址。

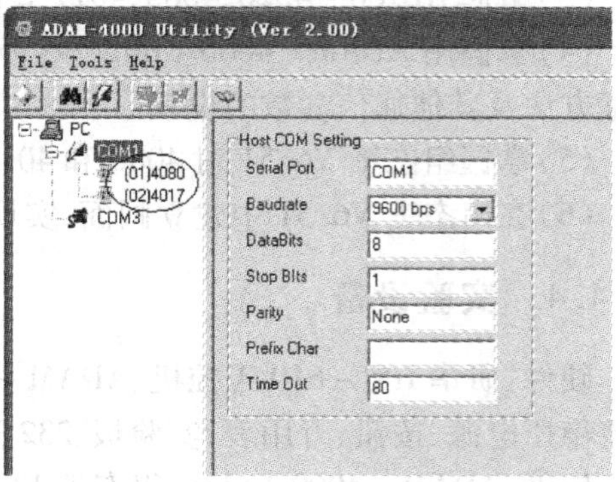

图10.58 ADAM－4080和ADAM－4017模块自动搜索画面

(2)按图10.57连接4080模块的外围接线，用按钮开关代替计数信号，连接至4080模块的通道0和通道1输入端；在图10.58中点击4080模块展开，如图10.59所示，拨动按钮开关观察测试结果。注意需将“High Level Min. Width”，“Low Level Min. Width”参数设大一些，如20 000 μs。

(3)按图10.57，将0～10 V电压信号连至4017模块第0通道端子；在图10.58中点击4017模块展开，如图10.60所示，调节电压大小，观察测试结果。

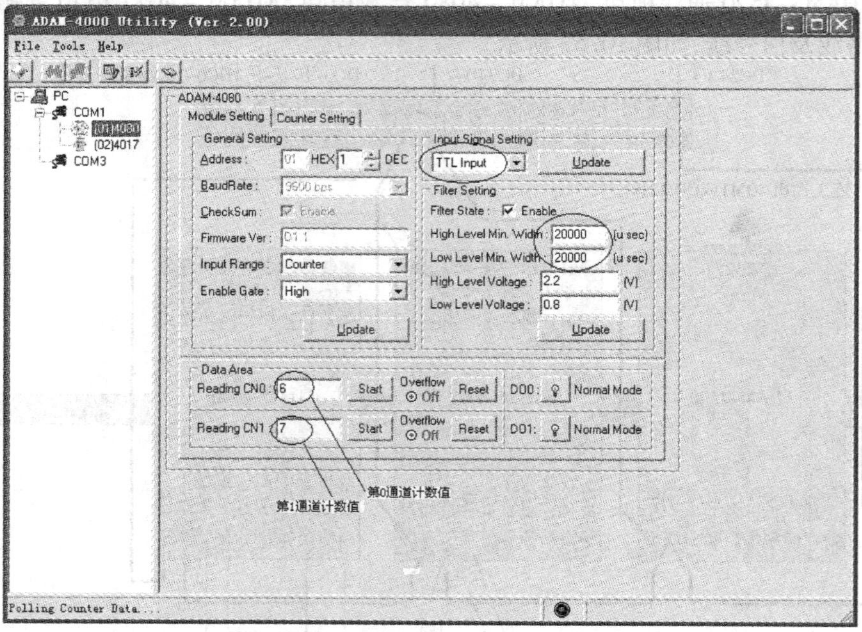

图10.59 4080模块性能测试

(4)正确设置4080和4017模块的通信参数。由图10.59，10.60可见，4080和4017模块波特率(Baudrate)、校验和(CheckSum)等参数是灰色的，不能直接修改，必须在初始化状态下

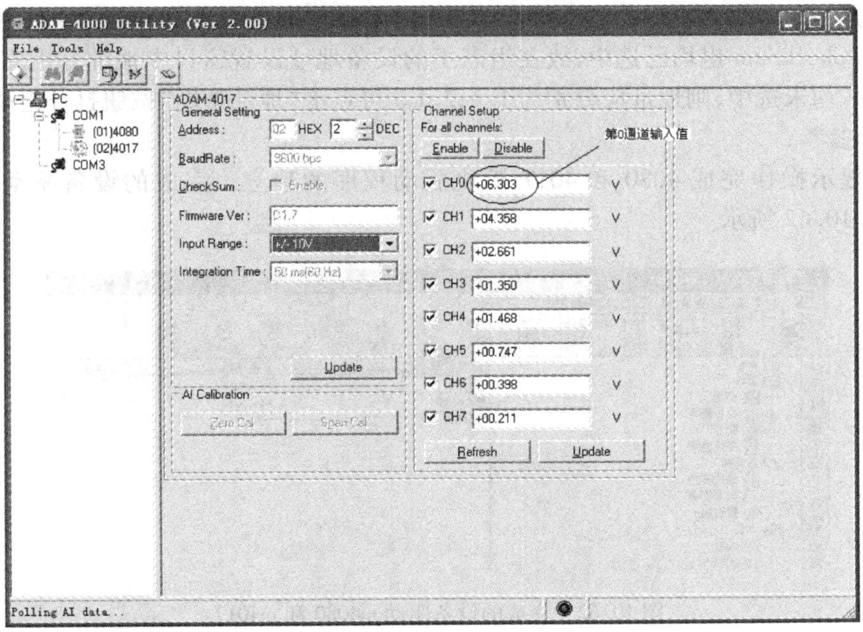

图 10.60　4017 模块性能测试

才能设置。而网络地址可以直接进行修改，并按"Update"按钮生效。4080 和 4017 的网络地址应设为不同值，如 1，2。若地址相重，则无法正常通信。图中 CheckSum 参数均已被选中，如没有选中，按模块初始化的要求和步骤将其分别修改，使通信时执行"校验和"功能。

(5)退出 Utility 软件。

4. 组态王组态

操作步骤如下。

(1)创建一个工程，如 Proj _ ck。

(2)在工程浏览器树状目录"设备"下的 COM1 或 COM2 口新建设备，选择"智能模块"→"亚当 4000 系列"→"Adam4080"→"串行"和"Adam4017"→"串行"，如图 10.61 所示。在 COM1/2 口分别添加 4080 和 4017 模块，设备名称分别指定为 m4080，m4017。

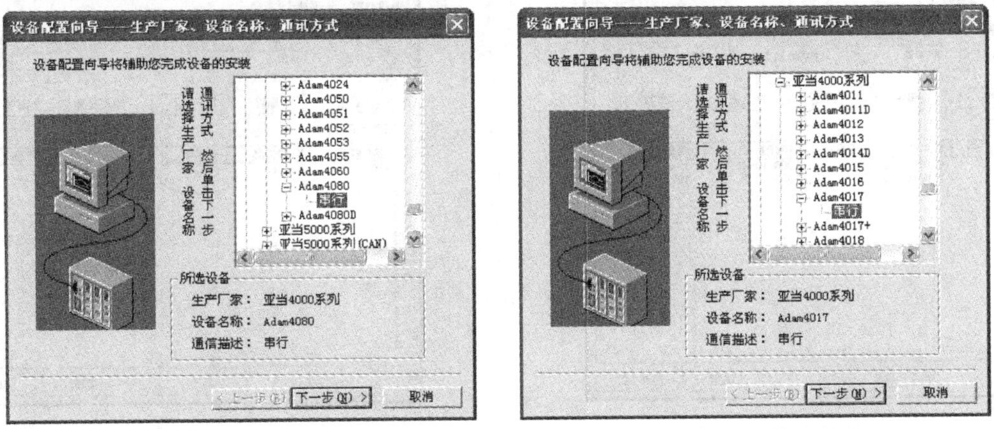

图 10.61　新建 4080，4017 模块的驱动程序

（3）设置4080，4017的组态王地址。已在Utility软件中将4080，4017模块的网络地址分别设为1，2，CheckSum也均已选中，故在组态王的设备地址设置窗口中地址分别应设为1，2。若CheckSum均未选中，则地址应分别为1.1，2.1。可点击“地址帮助”按钮打开组态王硬件帮助文档进行参考。

（4）按提示操作完成4080和4017模块驱动程序的建立。完成的设备驱动m4080和m4017如图10.62所示。

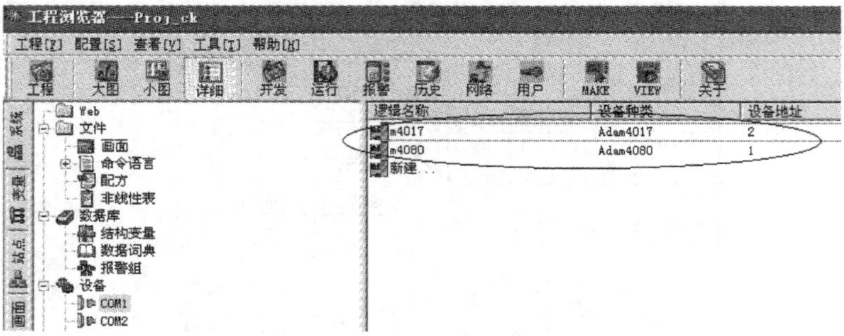

图10.62　完成的设备驱动m4080和m4017

（5）在组态王中对4080模块进行信号测试。首先在工程浏览器菜单“配置”→“设置串口”弹出的对话框中将校验设为“无校验”（图10.31），然后在图10.62画面中右击新建的设备“m4080”，在弹出的菜单中选择“测试m4080”项，弹出“串口设备测试”对话框，切换到“设备测试”页，如图10.63对第0通道测试，寄存器名PCVH0，数据类型选择USHORT，分别点击“添加”、“读取”按钮，用按钮开关给4080第0通道输入计数信号，观察变量值的变化。对第1通道的测试相似，寄存器名为PCVH1。（有关寄存器名、数据类型等详细信息请参考组态王帮助文档。）

（6）4017模块信号测试。在图10.62画面中右击新建的设备“m4017”，在弹出的菜单中选择“测试m4017”项，弹出“串口设备测试”对话框，切换到“设备测试”页，如图10.64所示，

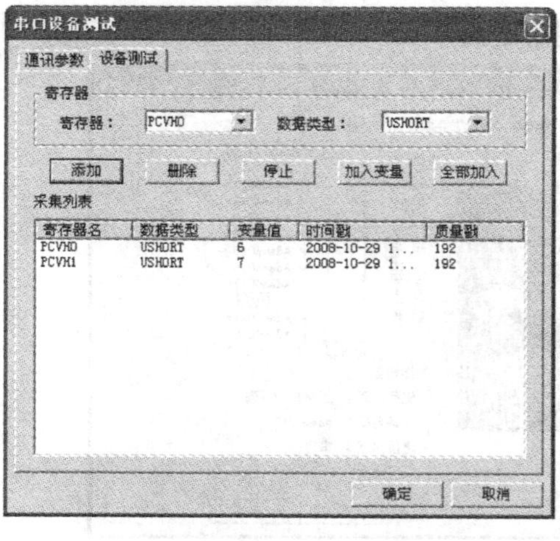

图10.63　4080计数输入信号测试

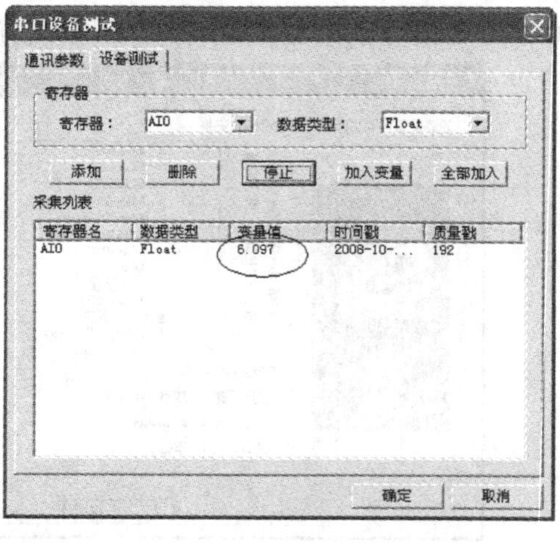

图10.64　4017模拟量输入信号测试

寄存器输入 AI0，数据类型选择 FlOAT，分别点击“添加”、“读取”按钮，调节 4017 第 0 通道输入的电压值，观察变量值的变化。对其他通道的测试相似(通道 1 ~7 对应寄存器 AI1 ~7)。

(7)在数据词典中新建变量。4080 模块第 0 通道的计数输入变量定义为 V4080 _ 1，对应货物进库数，变量类型为 I/O 整数，连接设备 m4080，寄存器 PCVH0，数据类型 USHORT，读写属性为只读，如图 10.65 所示。第 1 通道的计数输入变量定义为 V4080 _ 2，对应货物出库数，寄存器 PCVH1，其他同变量 V4080 _ 1 的定义。4017 模块第 0 通道的变量定义为 V4017 _ 1，对应货物质量，变量类型为 I/O 实数，连接设备 m4017，寄存器地址 AI0，数据类型 FLOAT，读写属性为只读，如图 10.66 所示。系统变量一览见表 10.14。

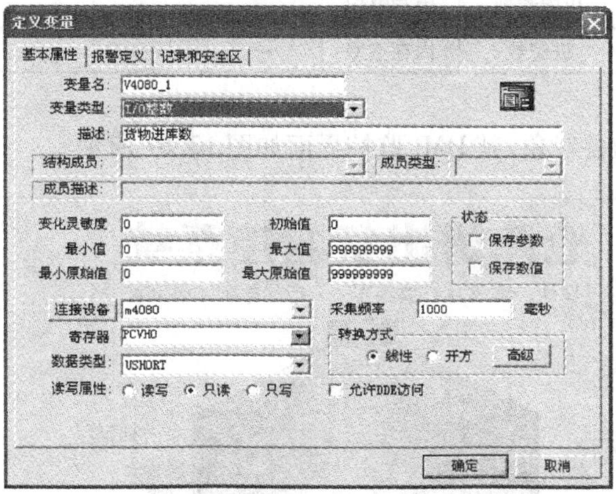

图 10.65　在组态王中定义 4080 模块的计数输入变量

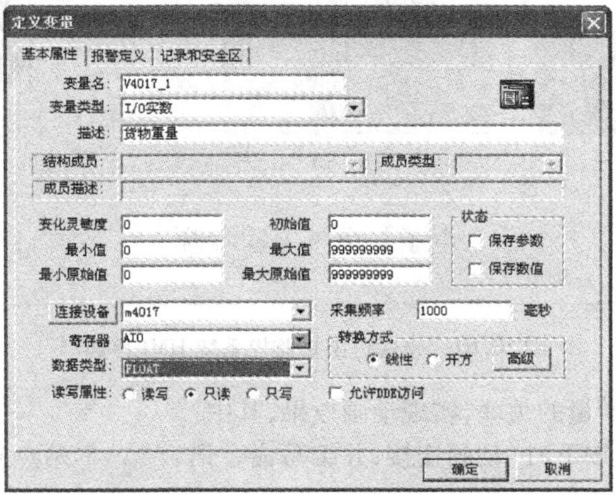

图 10.66　在组态王中定义 4017 模块的模拟量输入变量

表 10.14 仓库进出货监控系统变量一览表

序号	监控内容	变量名	变量类型	数据类型	寄存器	读写属性	模块及通道
1	货物进库数	V4080 _1	I/O 整数	USHORT	PCVH0	只读	4080:IN0
2	货物出库数	V4080 _2	I/O 整数	USHORT	PCVH1	只读	4080:IN1
3	货物质量	V4017 _1	I/O 实数	FLOAT	AI0	只读	4017:Vin0
4	控制货物进库	进库控制	内存离散	—	—	—	—
5	控制货物出库	出库控制	内存离散	—	—	—	—
6	进库滚动标志	进库滚动	内存整型	—	—	—	—
7	出库滚动标志	出库滚动	内存整型	—	—	—	—
8	货物进筐数	进筐数	内存整型	—	—	—	—

(8)新建画面,添加各对象,其 HMI 监控界面如图 10.67 所示。

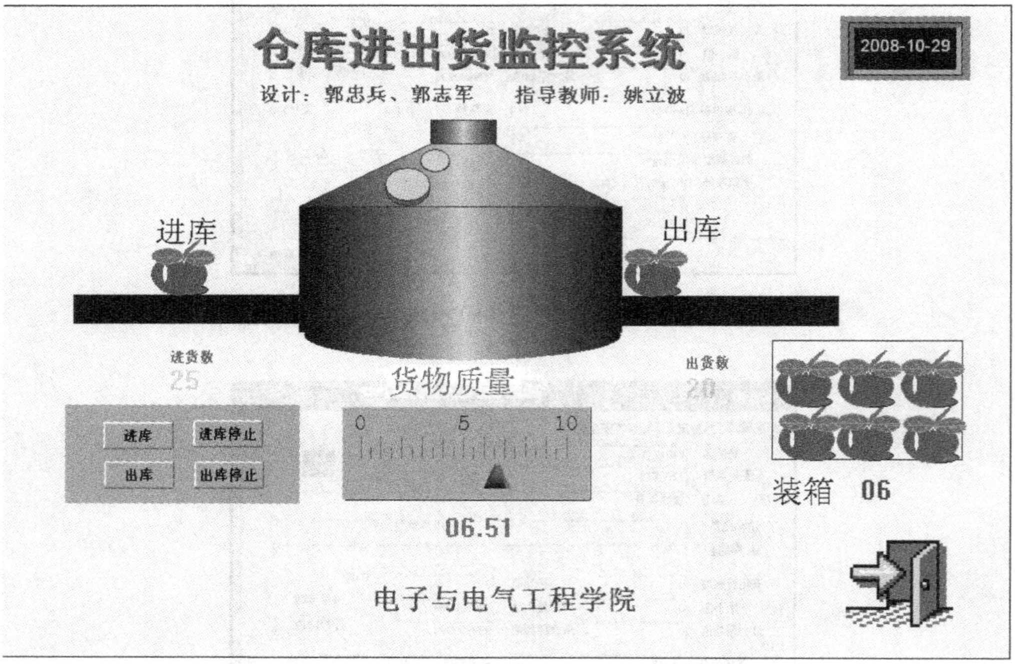

图 10.67　仓库进出货监控系统 HMI 界面

(9)建立各对象与变量的关联,实现动画效果,其中:

按钮“进库” 建立“按下时”动画连接,并编写命令语言“\\本站点\进库控制 =1;”,如图 10.68 所示。

同样,按钮“进库停止”的“按下时”动画连接命令语言:“\\本站点\进库控制 =0;”。

按钮“出库”的“按下时”动画连接命令语言:“\\本站点\出库控制 =1;”。

按钮“出库停止”的“按下时”动画连接命令语言:“\\本站点\出库控制 =0;”。

游标及货物质量显示均与变量“\\本站点\ V4017 _ 1”建立动画,其中货物质量显示在“动画连接”对话框中选中“模拟值输出”项,如图 10.69 所示。

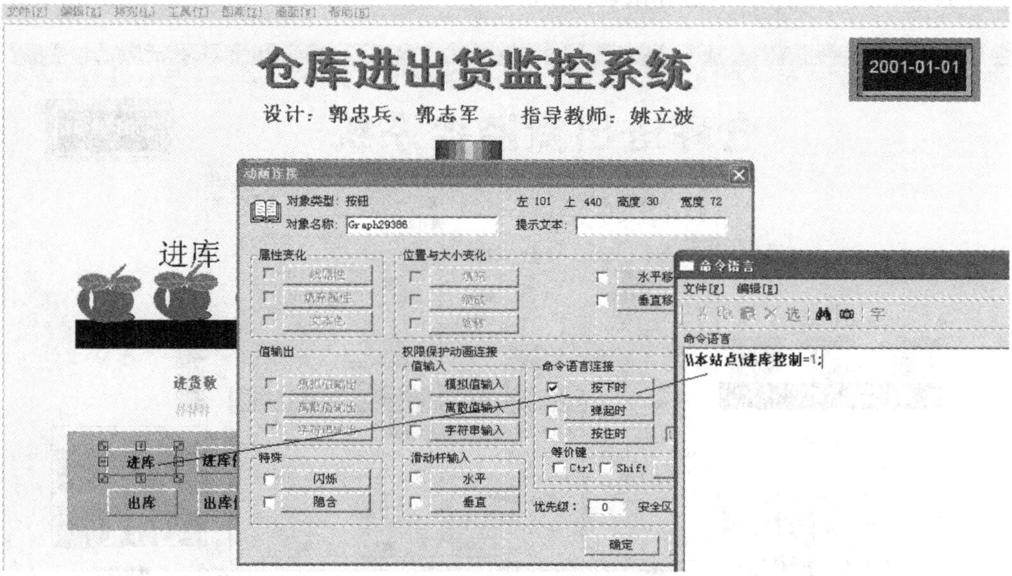

图 10.68　按钮“进库”动画连接

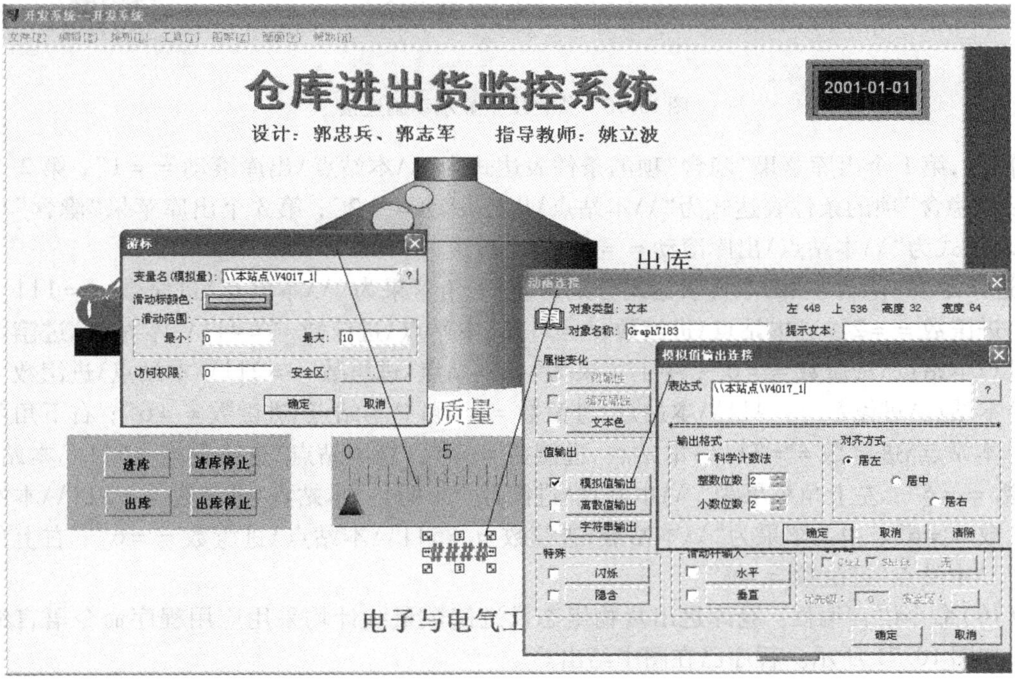

图 10.69　货物质量显示动画连接

进货数与出货数的动画连接与货物质量显示类似。

第 1 个苹果组态在动画连接对话框中选中“隐含”项，条件表达式为“\\本站点\进库滚动 = =1”，如图 10.70 所示；第 2 个苹果的条件表达式为“\\本站点\进库滚动 = =2”，第 3 个苹果的条件表达式为“\\本站点\进库滚动 = =3”。

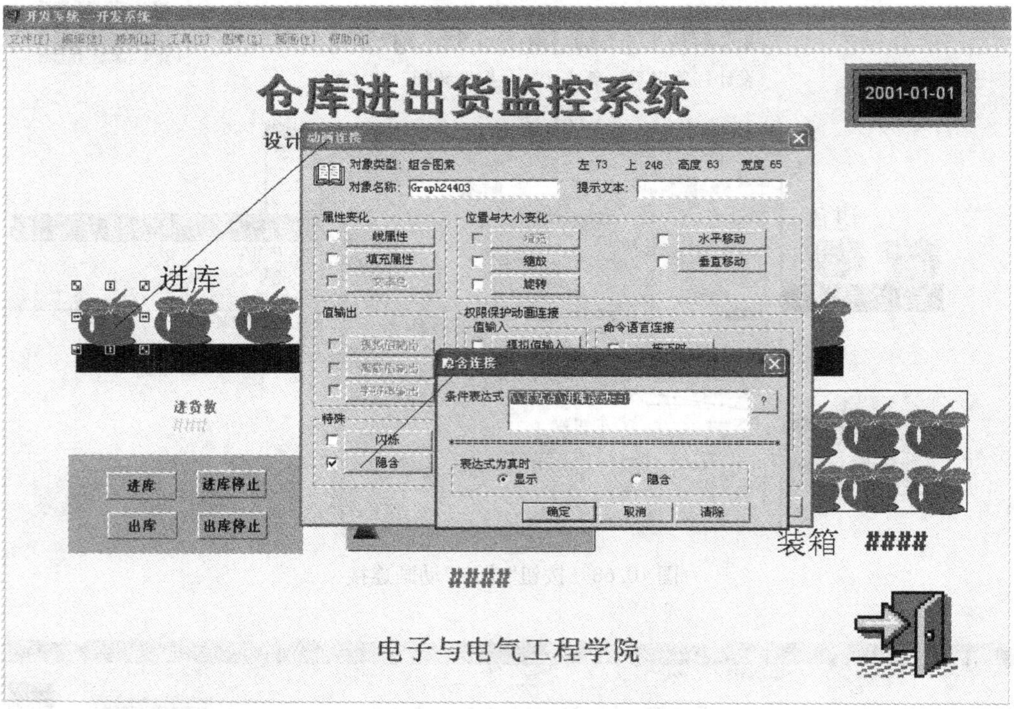

图 10.70　货物质量显示动画连接

同样，第 1 个出库苹果“隐含”项的条件表达式为“\\本站点\出库滚动 = =1”，第 2 个出库苹果“隐含”项的条件表达式为“\\本站点\出库滚动 = =2”，第 3 个出库苹果“隐含”项的条件表达式为“\\本站点\出库滚动 = =3”。

进筐苹果“隐含”项的条件表达式分别为：左下角苹果为“\\本站点\进筐数 = =1||\\本站点\进筐数 = =2||\\本站点\进筐数 = =3||\\本站点\进筐数 = =4||\\本站点\进筐数 = =5||\\本站点\进筐数 = =6”；中下苹果为“\\本站点\进筐数 = =2||\\本站点\进筐数 = =3||\\本站点\进筐数 = =4||\\本站点\进筐数 = =5||\\本站点\进筐数 = =6”；右下角苹果为“\\本站点\进筐数 = =3||\\本站点\进筐数 = =4||\\本站点\进筐数 = =5||\\本站点\进筐数 = =6”；左上角苹果为“\\本站点\进筐数 = =4||\\本站点\进筐数 = =5||\\本站点\进筐数 = =6”；中上苹果为“\\本站点\进筐数 = =5||\\本站点\进筐数 = =6”；右上角苹果为“\\本站点\进筐数 = =6”。

(10) 命令语言编程。仓库进出货物组态及进筐数量统计均采用应用程序命令语言编程实现，如图 10.71 所示。程序已在图中给出。

10.4.6　项目拓展

本项目选用 4017 模块采集货物质量，它与 4017 + 模块都是 8 路模拟量输入模块，两者的区别如下。

在工程应用中，一般选择 4017 价格便宜，但 4017 模块的通道 0 ~ 5 支持差分输入，通道 6

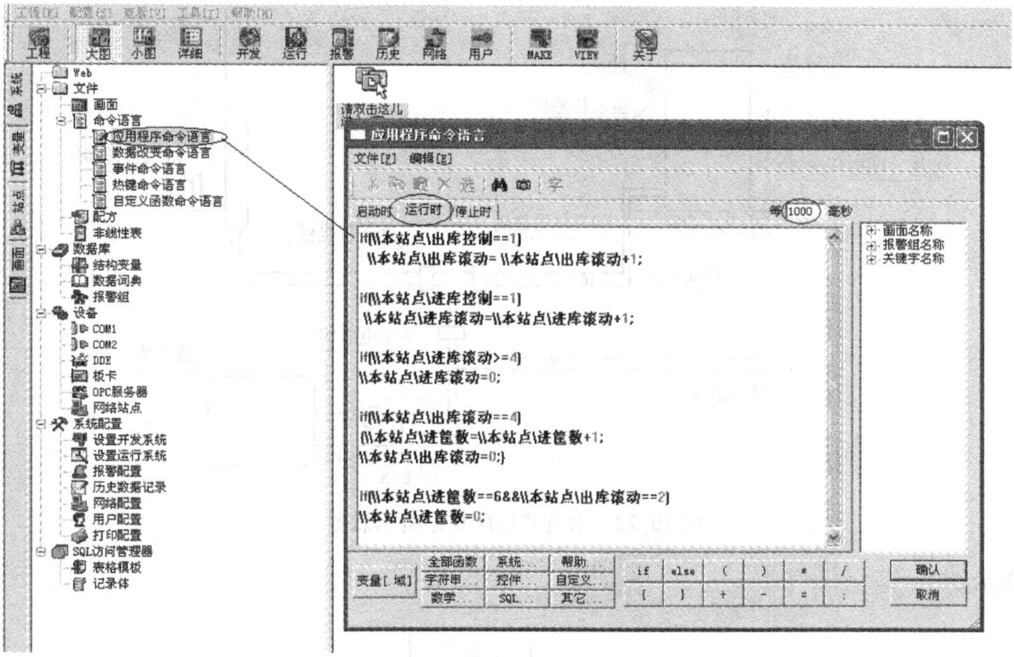

图 10.71　应用程序命令语言编程及程序

~7 只支持单端输入，而 4017 + 支持 8 路差分输入；而且在输入电流信号时，4017 需在内部电路板背面焊一个 125 Ω 的精密电阻，而 4017 + 只要通过跳线进行设置，比较方便，这些是在选型时必须考虑的。

除了上述区别，很重要的一点是，4017 的 8 个通道的输入信号范围只能一次设定，而 4017 + 可 8 个通道独立设定输入信号范围。例如，假设某工厂有 3 个车间，其模拟量采集信号分布如下：1 车间 0 ~ 10 V 信号 2 路，2 车间 0 ~ 5 V 信号 2 路，3 车间 0 ~ 20 mA 信号 2 路。如采用 4017 模块，需 3 块，而采用 4017 + 模块，则只需 1 块，可见在这一方案中，选用 4017 + 模块性价比更高，是理想的选择。

项目 10.5　水库大坝沉降及水平位移检测系统

10.5.1　项目背景描述及任务目标

水库大坝沉降及水平位移检测系统主要对水库大坝坝体垂直沉降信号和水平位移信号进行检测和采样，对于保证水库大坝的安全，及早发现隐患并排除，具有积极作用。

水管式沉降仪结构示意如图 10.72 所示，由沉降包、液位传感器、加水电磁阀等组成。主要工作原理是：当大坝垂直沉降时，液位传感器的信号将发生改变，通过检测这个缓慢变化的参数，就可知道大坝沉降的程度。工作流程如图 10.74(a)所示。

引张线式水平位移计结构示意图如图 10.73 所示。通过位移传感器测量的数值，可以知道大坝水平方向发生倾斜的程度，这也是一个缓慢变化的参数。自动监测流程图如图 10.74

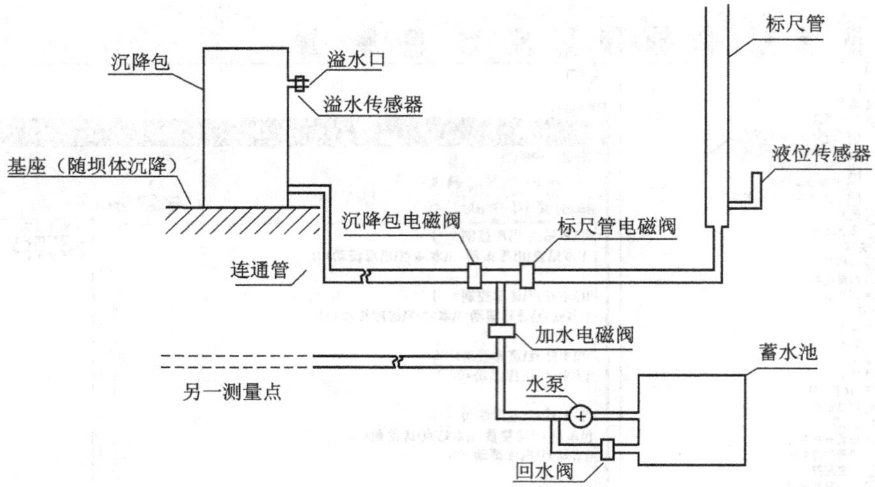

图 10.72　水管式沉降仪结构示意图

(b)所示。

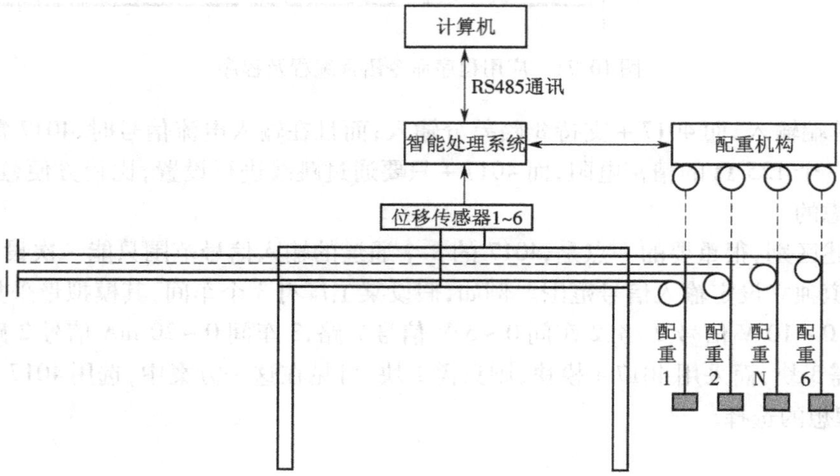

图 10.73　引张线式水平位移计结构示意图

项目任务目标见表 10.15。

表 10.15　水库大坝沉降及水平位移检测项目任务目标

项目任务	任务目标	
	能力(技能)目标	知识目标
任务 1：掌握水库大坝沉降及水平位移检测系统控制原理及 HMI 组态要求	1. 模拟水库大坝监控现场，构建大坝沉降及水平位移检测的监控系统 2. 掌握该系统电气控制原理及模块选型依据 3. 确定系统的 HMI 组态要求	掌握水库大坝水管式沉降仪、引张线式水平位移计检测控制原理

续表

项目任务	任务目标	
	能力(技能)目标	知识目标
任务 2:掌握 ADAM-4017+,ADAM-4068 模块的硬件组网及系统电气接线,进行信号在线测试	1. 掌握 4017+,4068 模块组成 485 网络 2. 掌握 4017+,4068 模块电气接线 3. 掌握 4017+,4068 模块信号在线测试方法	掌握 4017+,4068 模块电气特性及信号测试有关知识
任务 3:建立组态王与该控制系统的通信,进行 HMI 组态及系统调试	1. 建立组态王与 4017+,4068 模块的通信及变量定义 2. 进行 HMI 组态、命令语言编程及系统调试	掌握组态王对 4017+,4068 模块组态的方法及步骤

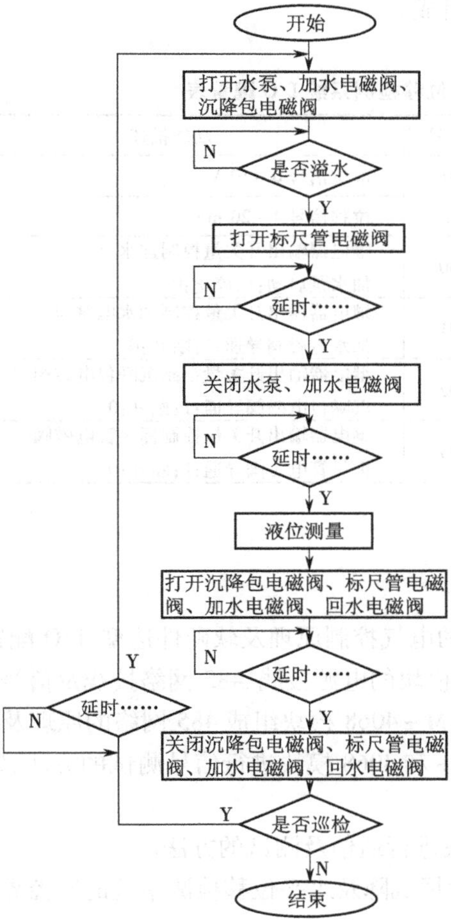

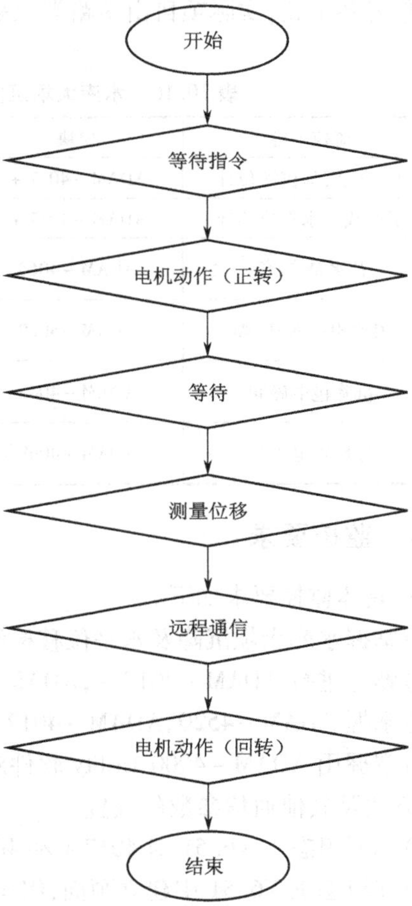

图 10.74　水库大坝沉降及水平位移自动检测流程图

(a)水管式沉降仪;(b)引张线式水平位移计

10.5.2 系统软硬件选型及I/O配置

本项目根据水库大坝现场监控要求，选用8路模拟量输入模块ADAM－4017＋和8路开关量输出模块ADAM－4068组成485网络，水管式沉降仪液位计（即液位传感器的二次仪表）信号及引张线式水平位移计（即位移传感器的二次仪表）信号由ADAM－4017＋模块采集；水管式沉降仪补水泵的启/停及补水电磁阀的通断由ADAM－4068模块输出继电器开关量信号进行控制。

软件采用组态王V6.51。HMI组态的主要任务是：组态水库大坝水管式沉降仪及引张线式水平位移计仿真监控画面，实现大坝沉降及水平位移检测以及控制功能。

本项目监控对象及I/O配置见表10.16。本项目只考虑大坝沉降液位检测信号和水平位移检测信号各1路，实际项目由多路类似采样点组成。

表10.16 水库大坝沉降及水平位移检测系统I/O配置表

序号	监控内容	模块	通道号	功能描述
1	水管式沉降仪液位计	ADAM－4017＋	AI0	液位信号0～10 V
2	引张线式水平位移计	ADAM－4017＋	AI1	位移信号4～20 mA
3	补水泵启/停	ADAM－4068	DO0	继电器输出开关量控制加水泵 加水泵启动：1；停止：0
4	补水电磁阀通/断	ADAM－4068	DO1	继电器输出开关量控制加水电磁阀 加水电磁阀导通：1；断开：0
5	沉降包电磁阀	ADAM－4068	DO2	继电器输出开关量控制沉降包电磁阀 沉降包电磁阀导通：1；断开：0
6	标尺管电磁阀	ADAM－4068	DO3	继电器输出开关量控制标尺管电磁阀 标尺管电磁阀导通：1；断开：0

10.5.3 监控要求

项目具体监控要求如下。

（1）掌握水库大坝沉降及水平位移检测系统的电气控制原理及软硬件选型、I/O配置。

（2）熟练进行ADAM－4017＋，ADAM－4068模块的电源接线、485网络接线及信号接线。

（3）掌握ADAM－4520，ADAM－4017＋，ADAM－4068模块组成485网络的原理及方法。

（4）掌握用ADAM－4000 Utility软件对4017＋和4068模块进行信号测试的方法，掌握地址设置方法及其他通信参数的设置。

（5）掌握组态王V6.51对4017＋和4068模块进行通信及测试的方法。

（6）在组态王V6.51中建立画面，组态水库大坝沉降及水平位移检测系统的监控界面。

10.5.4 实验设备

硬件：研华IPC－610工控机、ADAM－4520模块、ADAM－4017＋模块、ADAM－4068模块、直流稳压电源、DC24 V中间继电器、万用表、实验板、232通信电缆、导线、剥线钳、螺丝刀等。

软件：ADAM－4000 Utility、组态王V6.51。

10.5.5　项目步骤

1. 电气连接

连接 ADAM－4520 通信模块、ADAM－4017＋模拟量输入模块、ADAM－4068 继电器开关量输出模块的电源线、网络线及信号线，如图 10.75 所示。

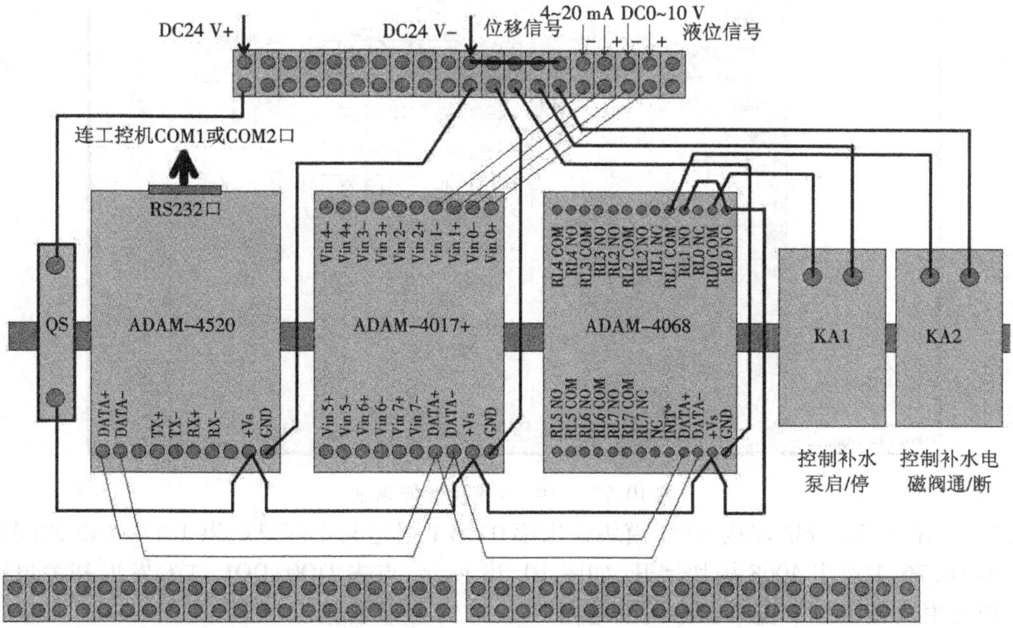

图 10.75　水库大坝沉降及水平位移检测系统电气接线图

2. 建立通信

建立工控机与 485 网络的通信，连接工控机 COM1/2 口与 ADAM－4520 的 RS232 口之间的通信电缆。

3. Utility 软件测试

操作步骤如下。

(1) 自动搜索 ADAM－4017＋和 ADAM－4068 模块，如图 10.76 所示。由图可见，在本 485 网络中，共有 4017＋和 4068 两个模块。4017＋模块的地址为 7，4068 模块的地址为 2，即 4017＋和 4068 模块在 485 网络中的地址为 7 和 2。

(2) 按图 10.75，分别将 0～10 V 电压信号连至 4017＋模块第 0 通道、4～20 mA 电流信号连至第 1 通道，调节电压和电流大小；在图 10.76 中点击 4017＋模块展开，如图 10.77 所示，观察测试结果。（注

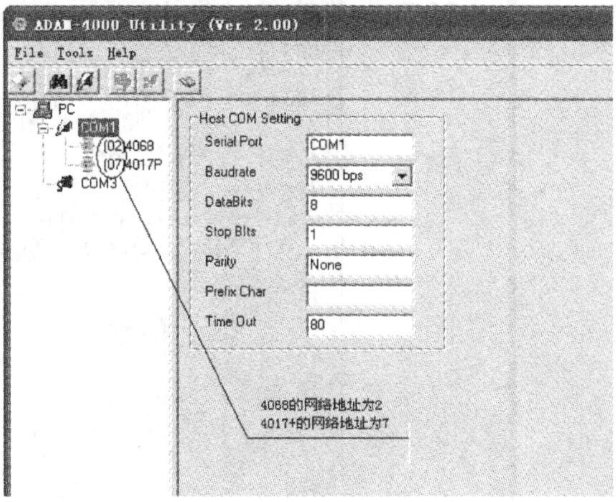

图 10.76　ADAM－4017＋和 ADAM－4068 模块自动搜索画面

意:须将 4017 + 模块内部电路板第 1 通道的跳线设为电流输入,缺省为电压输入。)

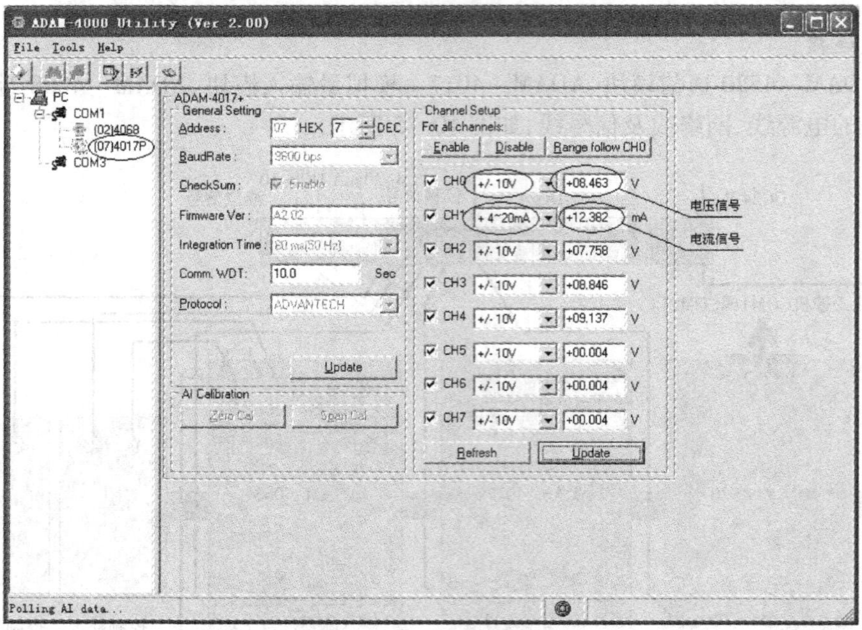

图 10.77　4017 + 模块性能测试

(3)按图 10.75 分别连接 4068 模块输出第 0、第 1 通道与中间继电器 KA1,KA2 之间的接线;在图 10.76 中点击 4068 模块展开,如图 10.78 所示,点击 DO0,DO1 灯泡发出开关量输出信号,观察模块指示灯的亮灭和中间继电器 KA1,KA2 的吸合情况。

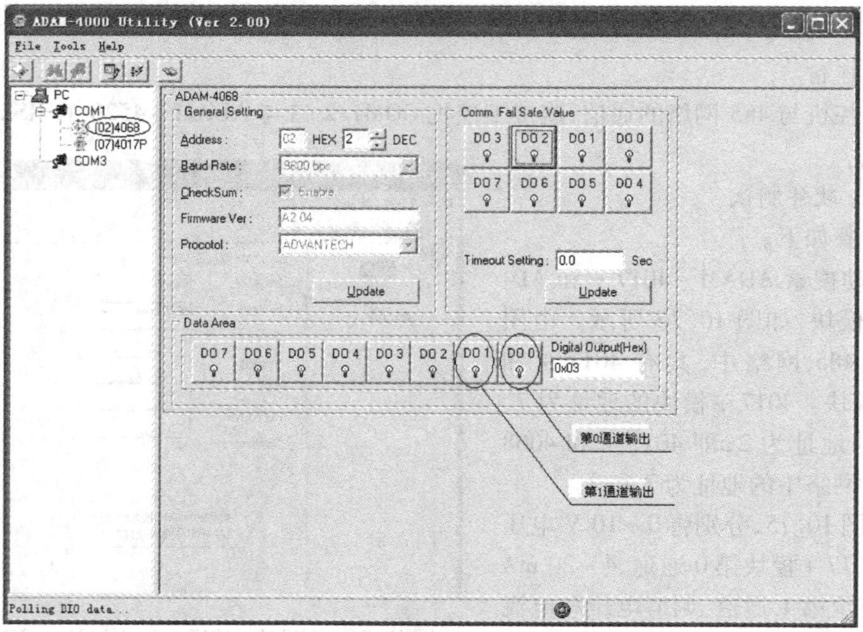

图 10.78　4068 模块性能测试

(4)正确设置 4017 + 和 4068 模块的通信参数。由图 10.77,10.78 可见,4017 + 和 4068 模块的网络地址是显式显示的,可以直接进行修改,并按“Update”按钮生效。但波特率(Baudrate)、校验和(CheckSum)等参数是灰色的,不能直接修改,必须在初始化状态下才能设置。图中 CheckSum 参数均已被选中,如没有选中,则按模块初始化的要求和步骤将其分别修改,使通信时执行校验和操作。必须注意,4017 + 和 4068 模块的网络地址应设为不同值,如 7,2;若地址相重,则无法正常通信。

(5)退出 Utility 软件。

4. 组态王组态

操作步骤如下。

(1)创建一个工程,如 Proj _ skdb。

(2)在工程浏览器树状目录“设备”下的 COM1 或 COM2 口新建设备,选择“智能模块”→“亚当 4000 系列”→“Adam4017 + ”→“串行”和“Adam4060”→“串行”,如图 10.79 所示。在 COM1/2 口分别添加 4017 + 和 4068 模块,设备名称指定为 m4017p,m4068。

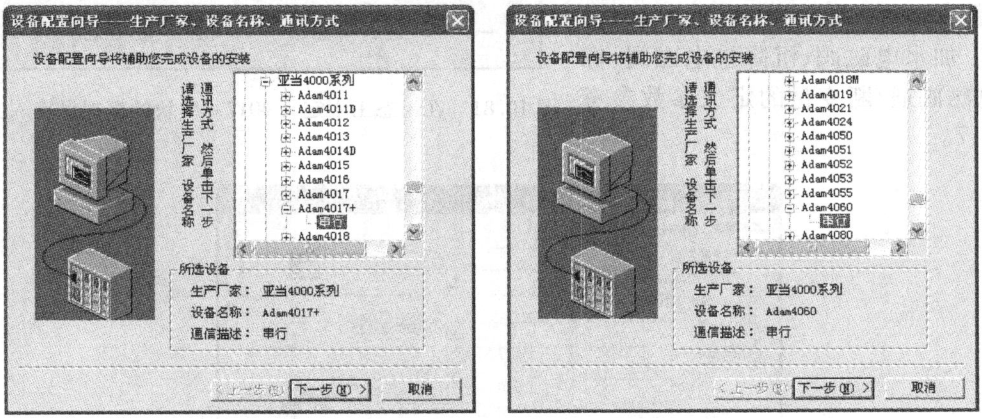

图 10.79　新建 4017 + ,4068 模块的驱动程序

(3)设置 4017 + ,4068 的组态王地址。前面对 4017 + ,4068 的网络地址已设置,分别为 7,2,CheckSum 也均已选中,故在组态王的设备地址设置窗口中地址分别设为 7,2。若 CheckSum 均未选中,则地址应分别为 7.1,2.1。具体可点击“地址帮助”文档参考。

(4)按提示操作完成 4017 + ,4068 模块驱动程序的建立。完成的设备驱动 m4017p,m4068 如图 10.80 所示。

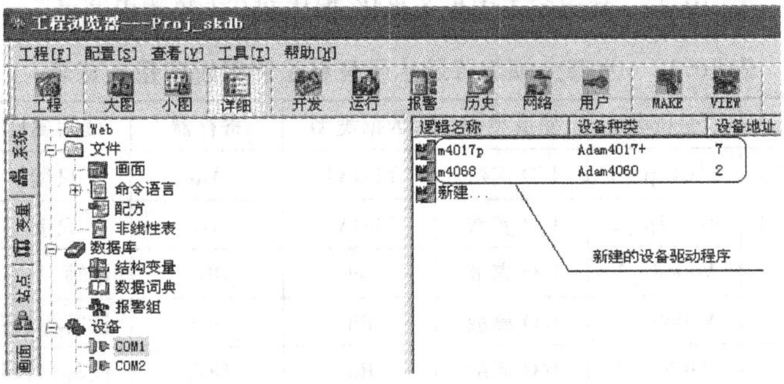

图 10.80　完成的设备驱动 m4017p,m4068

(5)在组态王中对4017+和4068模块进行信号测试。4017+与4017测试操作相似，参考图10.64进行，4068测试操作参考图10.47。但必须注意在工程浏览器菜单“配置”→“设置串口”弹出的对话框中将校验设为“无校验”。

(6)在数据词典中新建变量。4017+模块第0通道的变量定义为V4017p_1，对应水管式沉降仪液位计信号，变量类型、连接设备、寄存器、数据类型、读写属性等设置参考图10.81。类似地，4017+模块第1通道的变量定义为V4017p_2，对应引张线式水平位移计信号，参考表10.17。4068模块第0通道的计数输入变量定义为V4068_1，对应加水泵启/停，变量类型、连接设备、寄存器、数据类型、读写属性等设置参考图10.82。加水电磁阀、沉降包电磁阀、标尺管电磁阀通/断变量的定义参数参考表10.17。

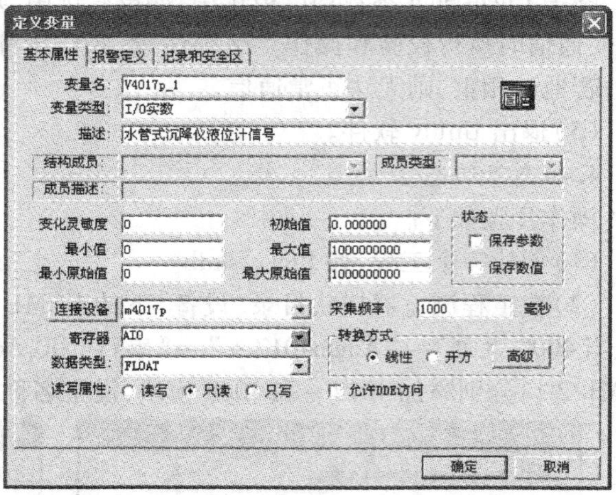

图10.81 在组态王中定义4017+模块的模拟量输入变量

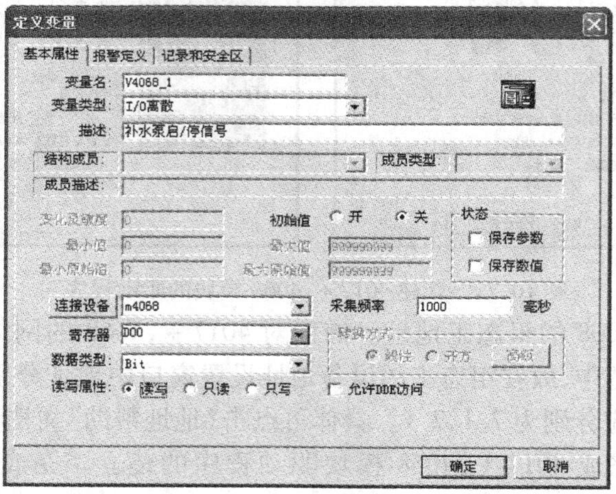

图10.82 在组态王中定义4068模块的开关量输出变量

表10.17 水库大坝沉降及水平位移检测系统变量一览表

序号	监控内容	变量名	变量类型	数据类型	寄存器	读写属性	模块及通道
1	水管式沉降仪液位计	V4017p_1	I/O实数	FLOAT	AI0	只读	4017+:AI0
2	引张线式水平位移计	V4017p_2	I/O实数	FLOAT	AI1	只读	4017+:AI1
3	加水泵启/停	V4068_1	I/O离散	Bit	DO0	读写/只写	4068:DO0
4	加水电磁阀通/断	V4068_2	I/O离散	Bit	DO1	读写/只写	4068:DO1
5	沉降包电磁阀	V4068_3	I/O离散	Bit	DO2	读写/只写	4068:DO2

续表

序号	监控内容	变量名	变量类型	数据类型	寄存器	读写属性	模块及通道
6	标尺管电磁阀	V4068 _ 4	I/O 离散	Bit	DO3	读写/只写	4068:DO3

(7)新建画面,添加各对象,其 HMI 监控界面如图 10.83 所示。

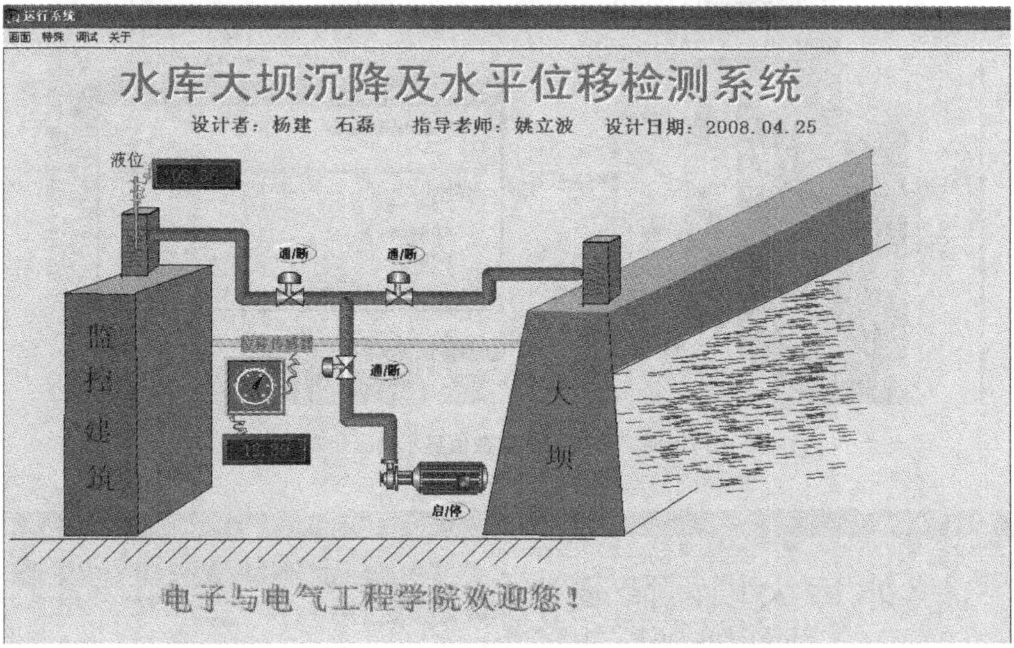

图 10.83　水库大坝沉降及水平位移检测系统 HMI 界面

(8)建立各对象与变量的关联,实现动画效果。其中:

液位传感器数值显示与变量"\\本站点\V4017p _ 1"建立动画,在动画连接对话框中选择"模拟量输出",如图 10.84 所示。位移传感器数值显示的动画组态与此类似,仪表的组态只要直接与变量"\\本站点\V4017p _ 2"建立动画即可。

加水泵及其启/停控制按钮与变量"\\本站点\V4068 _ 1"建立动画,如图 10.85 所示,其中启/停控制按钮采用命令语言编程,每点击按钮一次,启/停状态切换一次。代码如下:

```
if(\\本站点\V4068 _ 1 = =1)
\\本站点\V4068 _ 1 =0;
else
\\本站点\V4068 _ 1 =1;
```

补水电磁阀、沉降包电磁阀、标尺管电磁阀通/断的组态与补水泵启/停的组态相似。

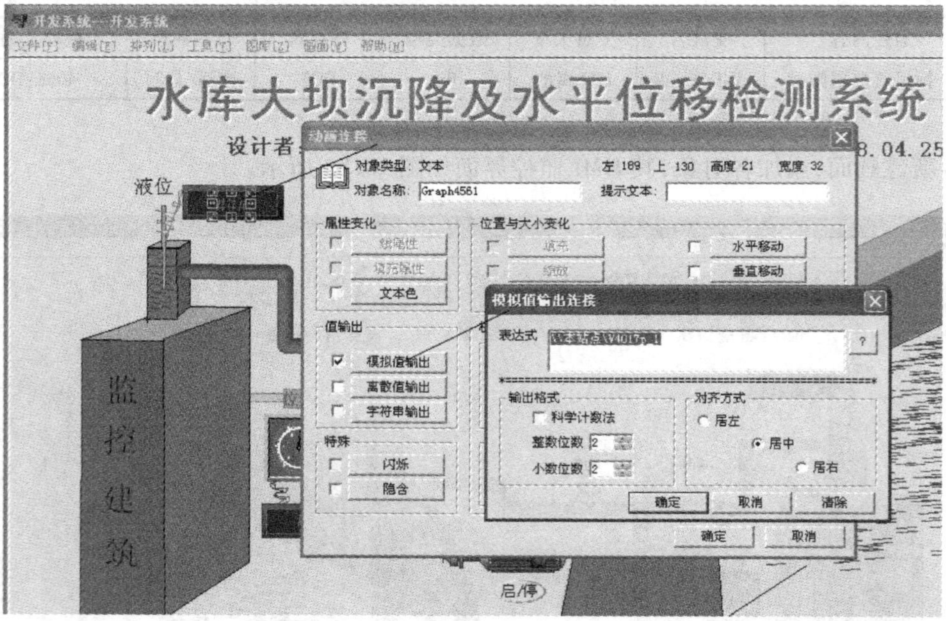

图 10.84　液位传感器数值显示动画组态

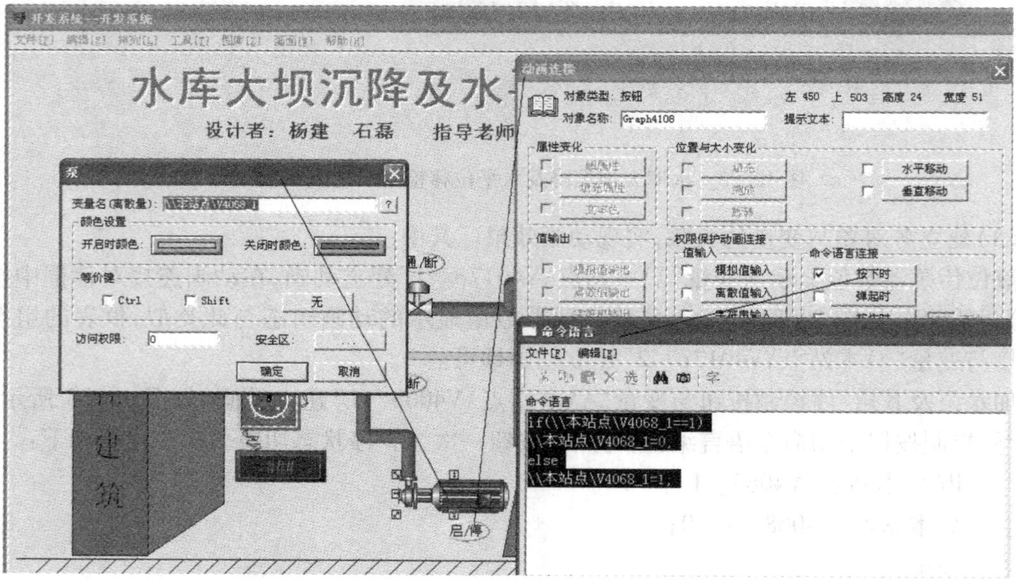

图 10.85　补水泵及其启/停控制按钮的动画组态

10.5.6　项目拓展

在组态王 6.51 中新建变量，并已与某具体对象建立动画连接或在命令语言中引用后，在数据词典中一般不能直接删除变量。如要删除变量，则必须按下面的步骤进行操作。

(1)将与要删除变量相关联的动画连接和命令语言全部去掉。

(2)将所有打开的画面关闭。

(3)在工程浏览器菜单中点“工具”→“更新变量计数”。

(4)在数据词典中找到要删除的变量,将其删除。

可在该项目中将 V4017p _ 1 等变量按此方法练习删除。

项目 10.6　电开水器自动控制系统

10.6.1　项目背景描述及任务目标

电开水器广泛应用于办公楼、列车等提供开水的公共场合,采用自动控制实现自动补水和自动加温功能,达到完全无人干预的目的。

电开水器自动控制系统主要需解决自动补水控制及自动加温控制两个功能。

自动补水控制:设置两个液位开关,一个检测液位的上限信号,一个检测液位的下限信号。若下限液位开关打开,补水电磁阀接通,自动加水,这时若上限液位开关闭合,则停止加水。

自动加温控制:设置一温度传感器,当水温低于某一设定值如 80 ℃,电热丝加热,到 100 ℃后停止加热;从 100 ℃下降至 80 ℃的保温阶段停止加热。当液位低于下限时也要停止加热。

项目任务目标见表 10.18。

表 10.18　电开水器自动控制项目任务目标

项目任务	任务目标	
	能力(技能)目标	知识目标
任务 1:掌握电开水器自动控温及补水控制原理及 HMI 组态要求	1. 模拟电开水器工作情景,构建电开水器自动监控系统 2. 掌握该系统电气控制原理及模块选型依据 3. 确定系统 HMI 组态要求	掌握电开水器自动控温及补水控制系统电气控制原理
任务 2:掌握 ADAM - 4015,ADAM - 4055 模块的硬件组网及系统电气接线,进行信号在线测试	1. 掌握 4015,4055 模块硬件组网 2. 掌握各模块电气接线 3. 进行信号在线测试	掌握 4015,4055 模块电气特性及信号测试有关知识
任务 3:建立组态王与该控制系统的通信,进行 HMI 组态、命令语言编程及系统调试	1. 掌握组态王与 4015,4055 模块的通信及变量定义 2. 进行 HMI 组态、命令语言编程实现自动补水及控制加温功能 3. 进行系统调试	掌握组态王对 4015,4055 模块组态的方法及步骤

10.6.2　系统软硬件选型及 I/O 配置

根据电开水器自动控制要求,本项目选用 ADAM - 4015 6 路热电阻采集模块和 ADAM - 4055 8 路开关量输入/8 路开关量输出模块组成 485 网络,水箱温度由 4015 模块采集,上下限液位开关信号由 4055 采集,电热器加温及补水/放水电磁阀的通断由 4055 输出信号进行控制。

软件采用组态王 V6.51。HMI 组态的主要任务是:组态电开水器工作仿真画面,结合命令语言编程,对自动补水及自动加温进行控制,实现电开水器自动控制功能。

本项目监控对象及 I/O 配置见表 10.19。

表 10.19　电开水器自动控制系统 I/O 配置表

序号	监控内容	模块	通道号	功能描述
1	水箱温度	ADAM－4015	RTD4	连接 Pt100 铂电阻,测量水箱中水的温度
2	上限液位开关	ADAM－4055	DI2	水位高于该开关闭合为 1,否则打开为 0
3	下限液位开关	ADAM－4055	DI3	水位低于该开关打开为 0,否则闭合为 1
4	加热控制	ADAM－4055	DO0	输出 1 加热,输出 0 停止加热
5	补水电磁阀通/断	ADAM－4055	DO1	输出 1 补水电磁阀导通,输出 0 关断
6	放水电磁阀通/断	ADAM－4055	DO2	输出 1 放水电磁阀导通,输出 0 关断

10.6.3　监控要求

项目具体要求如下。

(1)掌握电开水器自动控制系统的电气控制原理及软硬件选型、I/O 配置。

(2)熟练进行 ADAM－4015,ADAM－4055 模块的电源接线、485 网络接线及信号接线。

(3)掌握 ADAM－4520,ADAM－4015 和 ADAM－4055 智能模块组成 485 网络的原理及方法。

(4)掌握用 ADAM－4000 Utility 软件对 4015 和 4055 模块进行信号测试的方法,掌握地址设置方法及其他通信参数的设置。

(5)掌握组态王 V6.51 对 4015 和 4055 模块进行通信及测试的方法。

(6)在组态王 V6.51 中建立画面,组态电开水器自动控制系统的监控界面。

10.6.4　实验设备

硬件:研华 IPC－610 工控机、ADAM－4520 模块、ADAM－4015 模块、ADAM－4055 模块、Pt100 铂电阻、直流稳压电源、中间继电器、旋钮开关、万用表、实验板、232 通信电缆、导线、剥线钳、螺丝刀等。

软件:ADAM－4000 Utility、组态王 V6.51。

10.6.5　项目步骤

1. 电气连接

连接 ADAM－4520 通信模块、ADAM－4015 热电阻输入模块、ADAM－4055 开关量输入/输出模块的电源线、网络线及信号线,如图 10.86 所示。

2. 建立通信

建立工控机与 485 网络的通信,连接工控机 COM1/2 口与 ADAM－4520 的 RS232 口之间的通信电缆。

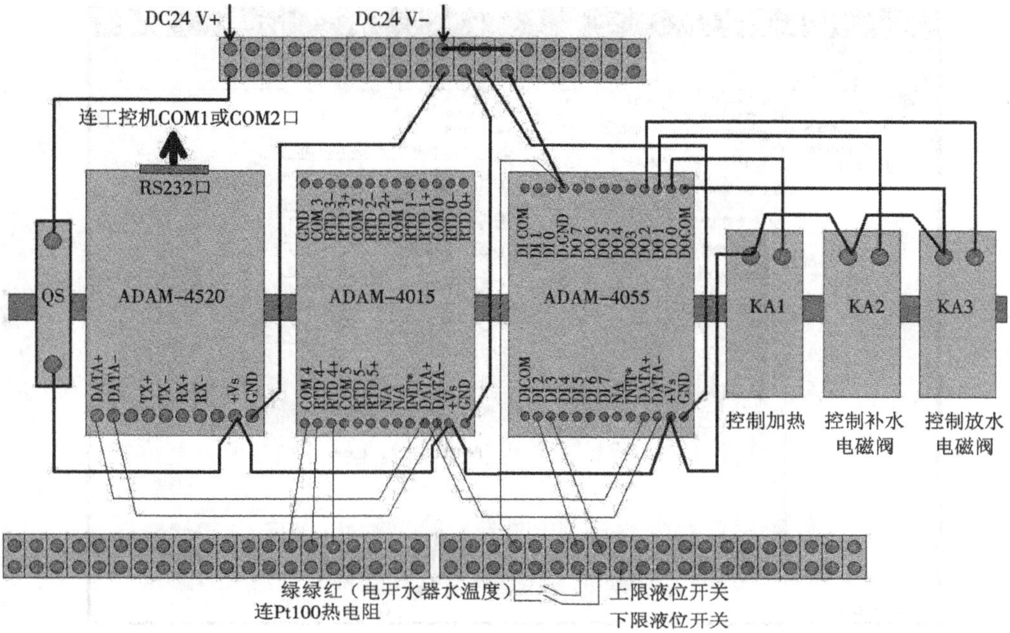

图 10.86　电开水器自动控制系统电气接线图

3. Utility 软件测试

操作步骤如下。

(1)自动搜索 ADAM－4015 和 ADAM－4055 模块,如图 10.87 所示。在该 485 网络中共有 4015 和 4055 2 个模块,4015 模块的地址为 2,4055 模块的地址为 5,即 4015 和 4055 模块在 485 网络中的地址为 2 和 5。

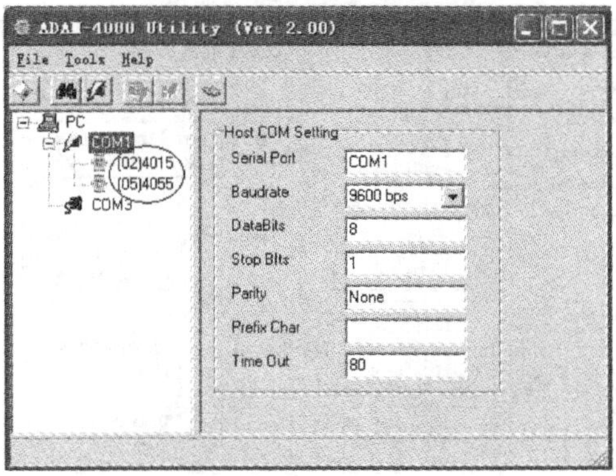

图 10.87　ADAM—4015 和 ADAM—4055 模块自动搜索画面

(2)按图 10.86 所示,将 Pt100 热电阻信号连至 4015 模块第 4 通道(RTD4);在图 10.87 中点击 4015 模块展开,如图 10.88 所示,改变热电阻温度,观察测试结果。

(3)按图 10.86 分别连接 4055 模块输入第 2,3 通道与旋钮开关之间的接线,输出第 0,1,

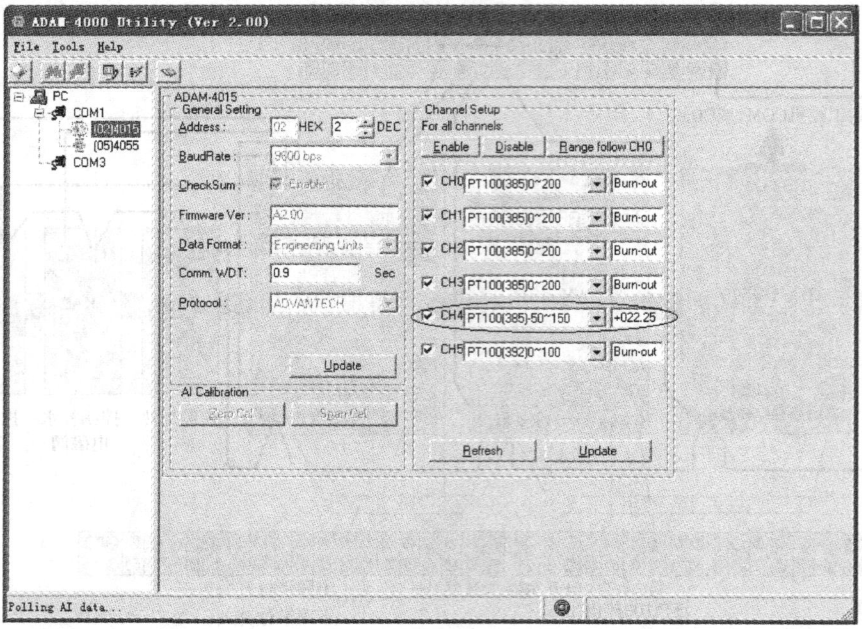

图 10.88　4015 模块性能测试

2 通道与中间继电器 KA1,KA2,KA3 之间的接线。

(4)在图 10.87 中点击 4055 模块展开,如图 10.89 所示,拨动旋钮开关,观察模块输入指示灯的亮灭。点击 DO0,DO1 ,DO2 灯泡发出开关量输出信号,观察模块指示灯的亮灭和中间继电器 KA1,KA2,KA3 的吸合情况。

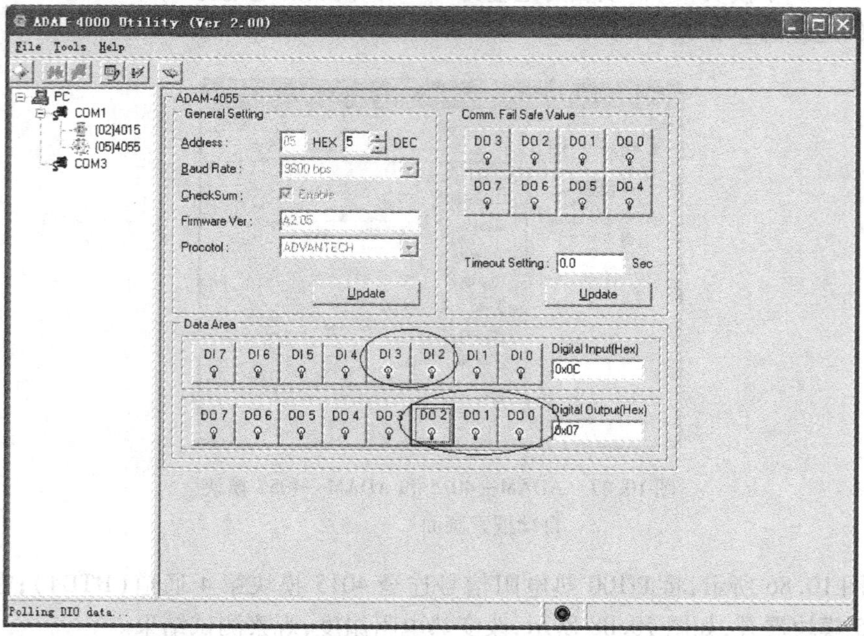

图 10.89　4055 模块性能测试

(5)正确设置4015和4055模块的通信参数。由图10.88,10.89可见,4015和4055模块的网络地址显式显示,可以直接进行修改,并需按“Update”按钮生效。4015和4055模块的网络地址应设为不同值,若地址相重,则无法正常通信。波特率(Baudrate)、校验和(CheckSum)等参数是灰色的,正常情况下不能直接修改,必须在初始化状态下才能进行设置。图中CheckSum参数均已被选中,如没有选中,则按模块初始化的要求和步骤将其分别进行修改。

(6)退出Utility软件。

4.组态王组态

操作步骤如下。

(1)创建一个工程,如Proj _ dksq。

(2)在工程浏览器树状目录“设备”下的COM1或COM2口新建设备,选择“智能模块”→“亚当4000系列”→“Adam4015”→“串行”和“Adam4055”→“串行”,如图10.90所示。在COM1/2口分别添加4015和4055模块,设备名称指定为m4015,m4055。

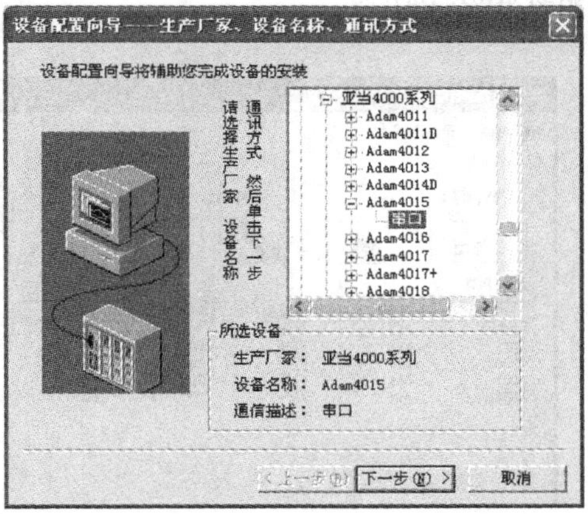

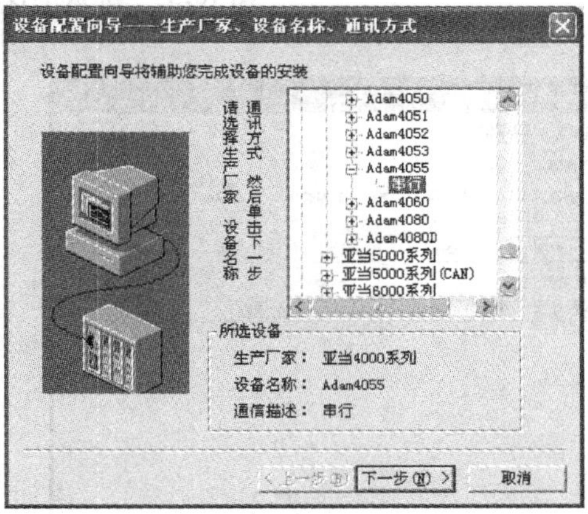

图10.90　新建4015,4055模块的驱动程序

(3)设置4015,4055的组态王地址。前面对4015,4055的网络地址已设置,分别为2,5,CheckSum也均已选中,故在组态王的设备地址设置窗口中地址分别设为2,5。若CheckSum均未选中,则地址应分别为2.1,5.1。具体可点击“地址帮助”文档参考。

(4)按提示操作完成4015,4055模块驱动程序的建立。完成的设备驱动m4015,m4055如图10.91所示。

(5)在组态王中对4015模块进行信号测试。首先在工程浏览器菜单“配置”→“设置串口”弹出的对话框中将校验设为“无校验”。然后在图10.91画面中右击新建的设备“m4015”,在弹出的菜单中选择“测试m4015”项,弹出“串口设备测试”对话框,切换到“设备测试”页,如图10.92所示,寄存器输入NVALUE5,数据类型选择FlOAT,分别点击“添加”、“读取”按钮,改变Pt100温度输入值,观察温度值的变化。

(6)4055模块信号测试。在图10.91画面中右击新建的设备“m4055”,在弹出的菜单中选择“测试m4055”项,弹出“串口设备测试”对话框,切换到“设备测试”页,参考图10.93,分别添加寄存器DI2,DI3,DO0,DO1,DO2,数据类型均选择Bit。对DI量,点击“读取”按钮即可观测到变量值;对DO量,必须双击相应的寄存器,在弹出的窗口中设置1(打开)或0(关闭),

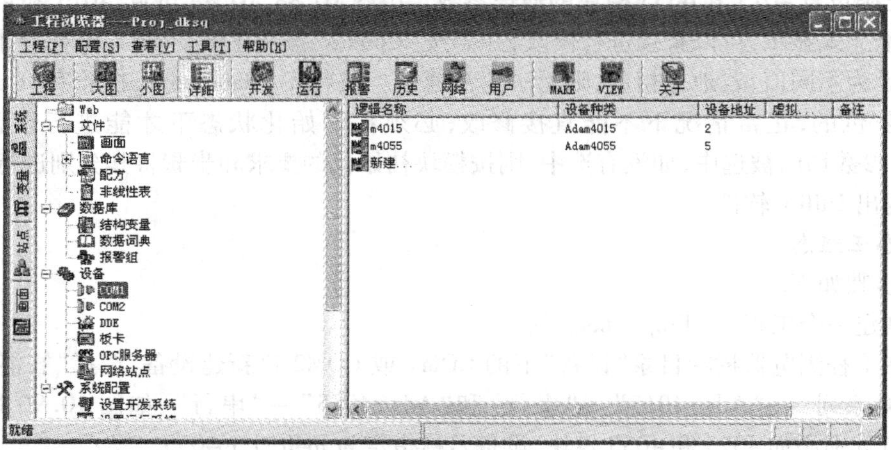

图 10.91　完成的设备驱动 m4015,m4055

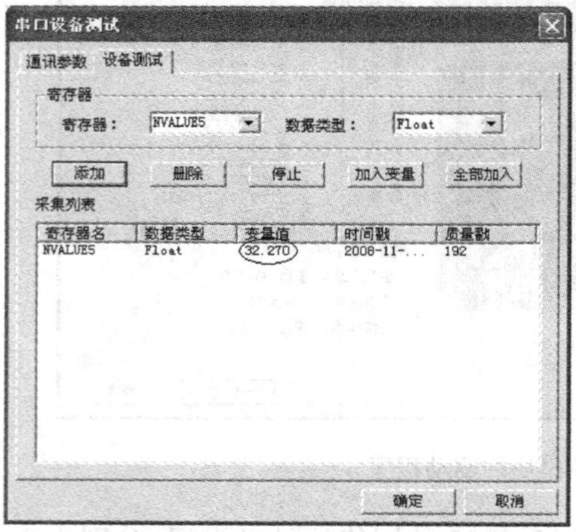

图 10.92　4015 Pt100 温度输入信号测试

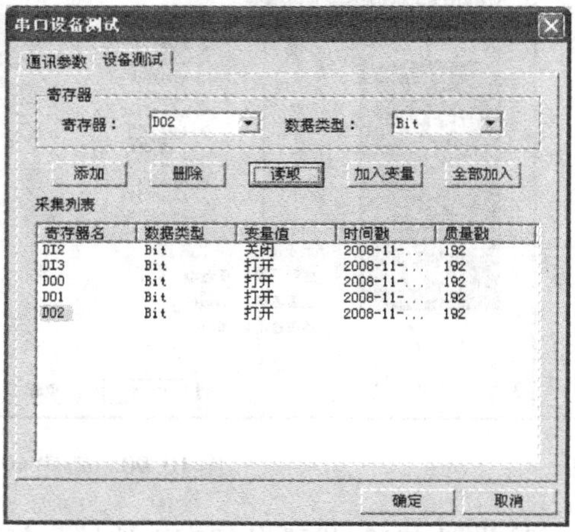

图 10.93　4055 开关量输入/输出信号测试

观测 4055 面板的指示灯及中间继电器的吸合情况。

(7)在数据词典中新建变量。4015 模块第 4 通道的 Pt100 热电阻输入变量定义为 V4015_1,对应水箱中水的温度值,变量类型为 I/O 实数,连接设备 m4015,寄存器 NVALUE5(对应 0 ~5 通道,寄存器编号 NVALUE1 ~ NVALUE6),数据类型 FlOAT,读写属性为只读,如图 10.94 所示。4055 模块输入第 2 通道的变量定义为 V4055DI_1,对应上限液位开关,变量类型为 I/O 离散,连接设备 m4055,寄存器 DI2(对应输入 0 ~7 通道,寄存器编号 DI0 ~ DI7),数据类型 Bit,读写属性为只读,如图 10.95 所示。输入第 3 通道的变量定义为 V4055DI_2,对应下限液位开关,寄存器 DI3。4055 模块输出第 0 通道的变量定义为 V4055DO_1,对应加热控制,变量类型为 I/O 离散,连接设备 m4055,寄存器 DO0(对应输出 0 ~7 通道,寄存器编号 DO0 ~ DO7),数据类型 Bit,读写属性为读写或只写,如图 10.96 所示。输出第 1 通道的变量定义为 V4055DO_2,对应补水电磁阀通/断,寄存器 DO1,输出第 2 通道的变量定义为 V4055DO_3,对应放水电磁阀通/断,寄存器 DO2。表 10.20 是系统变量一览表。

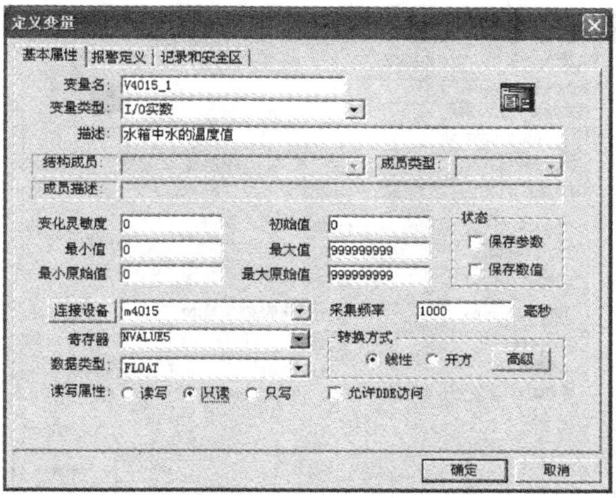

图 10.94　在组态王中定义 4015 模块的温度输入变量

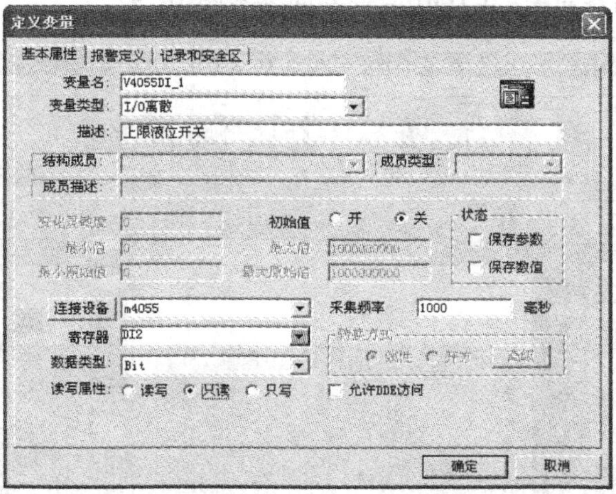

图 10.95　在组态王中定义 4055 模块的开关量输入变量

表 10.20　电开水器自动控制系统变量一览表

序号	监控内容	变量名	变量类型	数据类型	寄存器	读写属性	模块通道
1	水箱温度	V4015_1	I/O 实数	FLOAT	NVALUE5	只读	4015:RTD4
2	上限液位开关	V4055IN_1	I/O 离散	Bit	DI2	只读	4055:DI2
3	下限液位开关	V4055IN_2	I/O 离散	Bit	DI3	只读	4055:DI3
4	加热控制	V4055DO_1	I/O 离散	Bit	DO0	读写/只写	4055:DO0
5	补水电磁阀通断	V4055DO_2	I/O 离散	Bit	DO1	读写/只写	4055:DO1
6	放水电磁阀通断	V4055DO_3	I/O 离散	Bit	DO2	读写/只写	4055:DO2
7	自动控制	自动控制	内存离散	—	—	—	—

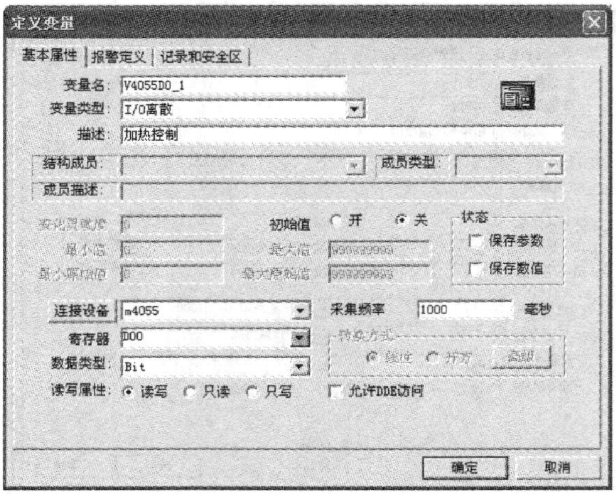

图 10.96　在组态王中定义 4055 模块的开关量输出变量

(8)新建画面,添加各对象,其 HMI 监控界面参考图 10.97。

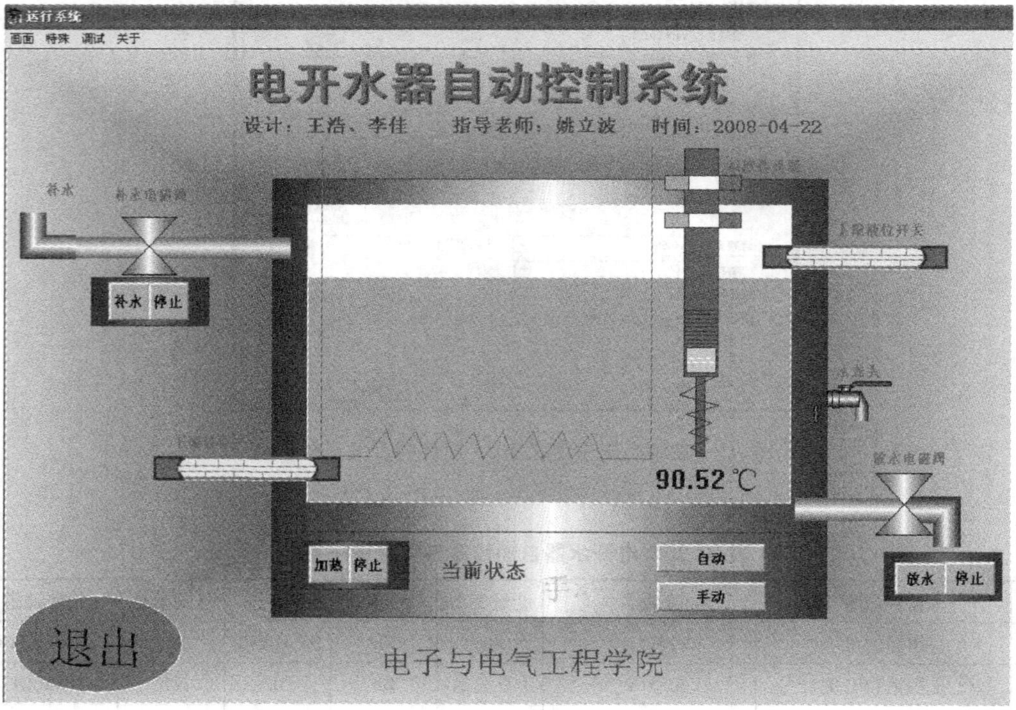

图 10.97　电开水器自动控制系统 HMI 界面

(9)建立各对象与变量的关联,实现动画效果。各对象的动画连接如下。

按钮"加热"动画连接的"按下时"命令语言为:\\本站点\V4055DO _ 1 = 1(图 10.98);按钮"(加热)停止"动画连接的"按下时"命令语言为:\\本站点\V4055DO _ 1 = 0;按钮"补水"动画连接的"按下时"命令语言为:\\本站点\V4055DO _ 2 = 1;按钮"(补水)停止"动画连接的

“按下时”命令语言为：\\本站点\V4055DO _ 2 = 0；按钮“放水”动画连接的“按下时”命令语言为：\\本站点\V4055DO _ 3 = 1；按钮“（放水）停止”动画连接的“按下时”命令语言为：\\本站点\V4055DO _ 3 = 0；

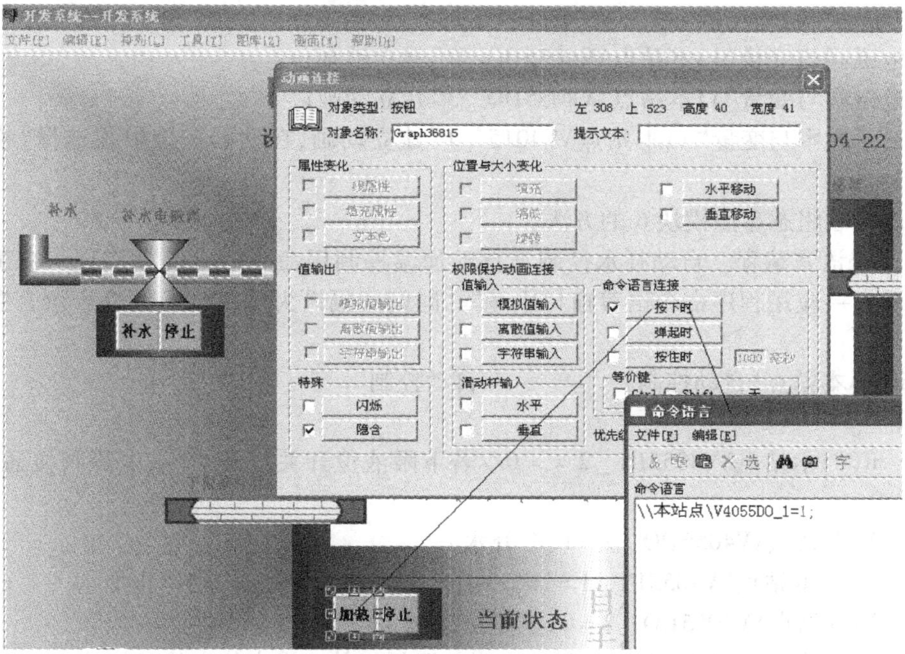

图 10.98　按钮“加热”动画连接“按下时”的命令语言

按钮“加热”、“（加热）停止”、“补水”、“（补水）停止”、动画连接“隐含”的条件表达式均为：\\本站点\自动控制，如图 10.99 所示；

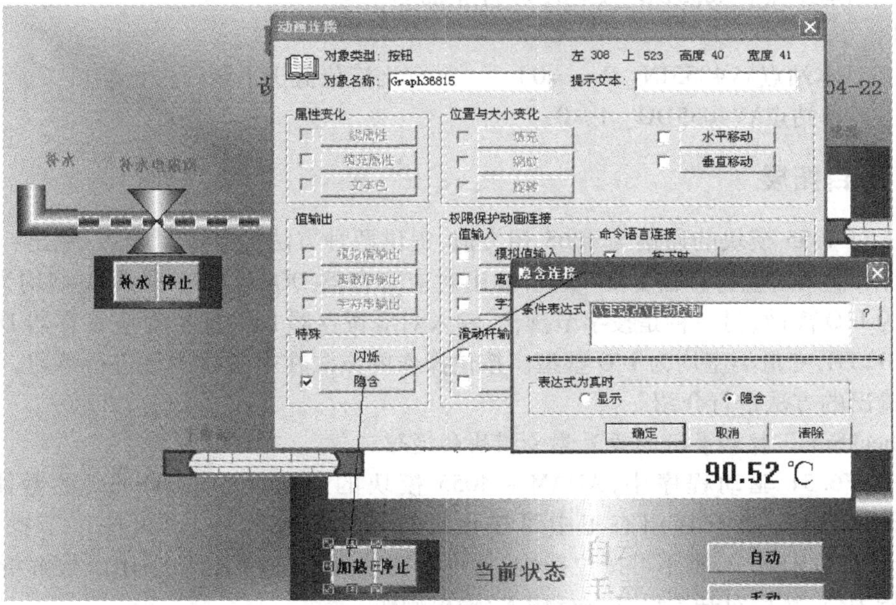

图 10.99　按钮“加热”动画连接“隐含”的条件表达式

按钮“自动”动画连接的“按下时”命令语言为:\\本站点\自动控制 =1;

按钮“手动”动画连接的“按下时”命令语言为:\\本站点\自动控制 =0;

文本“自动” 动画连接“隐含”的条件表达式为:\\本站点\自动控制 = =1;

文本“手动” 动画连接“隐含”的条件表达式为:\\本站点\自动控制 = =0;

补水电磁阀与变量“\\本站点\V4055DO _2”建立动画;

放水电磁阀与变量“\\本站点\V4055DO _3”建立动画;

温度显示文本与变量“\\本站点\V4015 _1”建立动画,在动画连接中须选择“模拟值输出”按钮;

水流的动画组态参照模块 6 的方法。

(10)命令语言编程。自动补水控制与自动加温控制用命令语言编程实现。在工程浏览器→命令语言→应用程序命令语言窗口中编写,时间间隔设为每 500 ms。命令语言参考代码如下:

```
if(\\本站点\自动控制)            //自动控制
{
  if(\\本站点\V4055IN _2 = =0//若下限液位开关打开,补水电磁阀接通,自动加水
  \\本站点\V4055DO _2 =1;//补水
  if(\\本站点\V4055IN _1 = =1//若上限液位开关闭合,则停止加水
  \\本站点\V4055DO _2 =0;//停止补水
  if(\\本站点\V4015 _1 <80)// 当水温低于某一设定值电热丝加热
  \\本站点\V4055DO _1 =1;// 加热
  if(\\本站点\V4015 _1 > =99) //到 100 ℃后停止加热
  \\本站点\V4055DO _1 =0; //停止加热
}
if(\\本站点\V4055IN _2 = =0)          //当液位低于下限时停止加热
  \\本站点\V4055DO _1 =0;
```

10.6.6 项目拓展

组态王对 4055 模块的通信与 4068 相类似,提供两种方法的开关量输入/输出:一种是按位(Bit)操作,输入对应寄存器 DI0 ~ DI7,输出对应寄存器 DO0 ~ DO7,数据类型均为 BIT,变量类型均为 I/O 离散;另一种是按字节操作,输入对应寄存器 DI0,输出对应寄存器 DO0,数据类型均为 BYTE,变量类型均为 I/O 整型。按位操作的方法在本项目中已进行练习,下面对按字节输入输出的方法进行介绍。

1.“CheckSum” 校验参数的设置影响模块的通信

组态王 V6.51 驱动程序中,ADAM - 4055 模块的通信受“CheckSum”参数影响。当“CheckSum”参数选中时,在组态王中可按位进行输入输出操作,也可按字节操作;而若“CheckSum”参数未选中,则不可按位操作,只可按字节操作,这时必须采用函数解析的方法,将字节解析为位,然后对开关设备进行输入/输出操作。

2. 4055 按字节解析的方法

4055 按字节的 8 路开关量输出与 4068 相同,采用 BitSet 函数实现,在项目 10 任务 3 中已作了详细介绍。下面主要介绍按字节 8 路开关量输入的方法。

组态王提供了 Bit 函数来取一个整型变量某一位的值,使用格式为:

OnOff = Bit(Var, bitNo)

其中:Var 为整型变量。

bitNo 为位的序号,取值 1 到 16。

OnOff 为返回值,若变量 Var 的第 bitNo 位为 0,返回值 OnOff 为 0;若变量 Var 的第 bitNo 位为 1,返回值 OnOff 为 1。

图 10. 100 是按 BYTE 方式定义 4055 模块的输入变量 V4055DI,通道 DI2 对应上限液位开关,定义内存离散变量 V4055DI _ M1,通道 DI3 对应下限液位开关,定义内存离散变量 V4055DI _ M2,则:

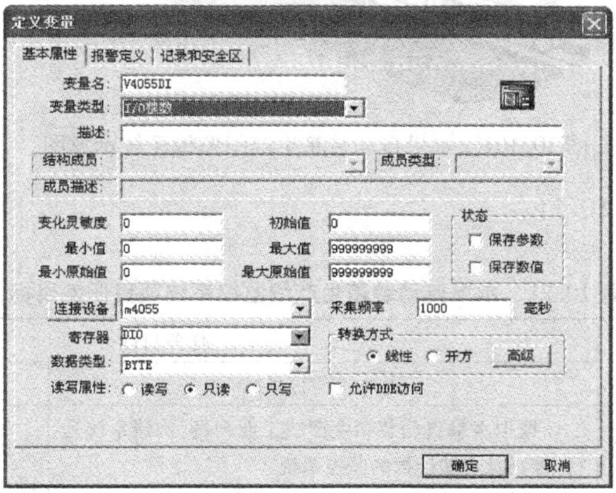

图 10. 100　按 BYTE 方式定义 4055 模块输入变量

V4055DI _ M1 = Bit(V4055DI, 3),V4055DI _ M2 = Bit(V4055DI, 4)。

项目 10. 7　水果自动装箱生产线监控系统

10. 7. 1　项目背景描述及任务目标

在工业自动化生产中,为提高生产效率,保证产品质量,不仅要求生产设备能自动地对工件进行加工处理,并且要求工件的装卸、多个工序间的输送协调、加工精度的检测、废品的剔除等都能自动地进行。通常,把设备按工件的加工工序依次排列,用自动输送装置将它们联成一个整体,并用控制系统将各个部分的动作协调起来,使其按照规定的动作自动地进行工作的自动化加工系统称为自动化生产流水线。

图 10. 101 就是自动化生产流水线的应用实例——水果自动装箱生产线系统的示意图。当操作工按下启动按钮后,三相电机带动传送带 2 运行,到达限位开关 SQ2 时传送带 2 停止,

另一三相电机带动传送带1运行，苹果自动掉到箱子中，由SQ1进行计数，当计数到某个数(如20)时传送带1停止，延时1 s后，传送带2运行，开始下一个箱子的装箱操作，如此自动循环操作。操作工按停止按钮后传送带1和传送带2均停止。

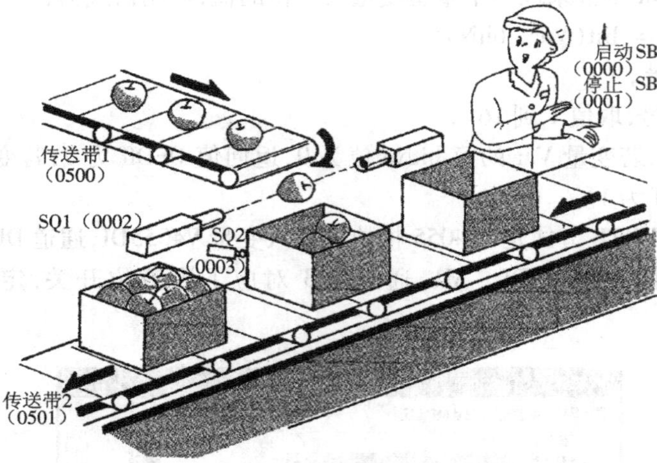

图10.101　水果自动装箱生产线监控系统示意图

项目任务目标见表10.21。

表10.21　水果自动装箱生产线监控系统项目任务目标

任务	任务目标	
	能力(技能)目标	知识目标
任务1：掌握水果自动装箱生产线监控原理及HMI组态要求	1. 模拟水果自动装箱生产线工业现场，构建系统运行/停止及自动计数的监控系统 2. 掌握该系统电气控制原理及模块选型依据 3. 确定系统HMI组态要求	水果自动装箱生产线运行/停止及自动计数监控系统有关知识
任务2：掌握ADAM-4080，ADAM-4055模块硬件组网、系统电气接线及信号在线测试	1. 掌握4080，4055模块硬件组网 2. 掌握各模块电气接线 3. 进行信号在线测试	掌握4080，4055模块电气特性及信号测试有关知识
任务3：建立组态王与该控制系统的通信，进行HMI组态及编程、命令语言编程、系统调试	1. 掌握组态王与4080，4055模块的通信及变量定义 2. 进行HMI组态，命令语言编程，实现生产线自动控制 3. 进行系统调试	掌握组态王对4080，4055模块组态的方法及步骤

10.7.2　系统软硬件选型及I/O配置

水果自动装箱生产线监控系统主要实现流水线传动带的自动运行/停止及水果自动计数等功能，光电开关SQ1的信号输入4080(2路计数/频率输入模块)作为水果计数，流水线传动带1和传动带2分别由三相交流电动机进行传动，由4055(8路开关量输入/8路开关量输出模块)进行控制，同时电动机运行状态、故障信号及限位信号SQ2均输入4055进行采集。本项目的 4080 和 4055 模块组成 485 网络。

软件采用组态王 V6.51。HMI 组态的主要任务是:组态水果自动装箱生产线自动运行的仿真画面,结合命令语言编程,对自动计数、自动装箱、流水线自动运行等对象实现自动监控。

本项目监控对象及 I/O 配置见表 10.22。

表 10.22　水果自动装箱生产线监控系统 I/O 配置表

序号	监控内容	模块	通道号	功能描述
1	水果计数(SQ1)	ADAM－4080	IN0	光电开关 SQ1 信号输入 4080 作为水果计数
2	传输带 1 电机启动/停止	ADAM－4055	DO0	1:传输带 1 启动;0:传输带 1 停止
3	传输带 2 电机启动/停止	ADAM－4055	DO1	1:传输带 2 启动;0:传输带 2 停止
4	传输带 1 电机运行状态	ADAM－4055	DI0	传输带 1 运行为 1,停止为 0
5	传输带 2 电机运行状态	ADAM－4055	DI1	传输带 2 运行为 1,停止为 0
6	传输带 1 电机故障状态	ADAM－4055	DI2	传输带 1 故障为 1,正常为 0
7	传输带 2 电机故障状态	ADAM－4055	DI3	传输带 2 故障为 1,正常为 0
8	水果箱限位信号 SQ2	ADAM－4055	DI4	水果箱限位为 1,否则为 0

10.7.3　监控要求

项目具体要求如下。

(1)掌握水果自动装箱生产线监控系统的电气控制原理及软硬件选型、I/O 配置。

(2)熟练进行 ADAM－4080,ADAM－4055 的电源接线、485 网络接线及信号接线。

(3)掌握 ADAM－4520,ADAM－4080,ADAM－4055 智能模块组成 485 总线网的原理及组网方法。

(4)掌握用 ADAM－4000 Utility 软件对 4080 和 4055 模块进行信号测试的方法,掌握地址设置方法及其他通信参数的设置。

(5)掌握组态王 V6.51 对 4080 和 4055 模块进行通信及测试的方法。

(6)在组态王 V6.51 中建立画面,实现水果自动装箱生产线监控系统界面的组态。

10.7.4　实验设备

硬件:研华 IPC－610 工控机、ADAM－4520 模块、ADAM－4080 模块、ADAM－4055 模块、直流稳压电源、中间继电器、按钮开关、旋钮开关、万用表、实验板、232 通信电缆、导线、剥线钳、螺丝刀等。

软件:ADAM－4000 Utility、组态王 V6.51。

10.7.5　项目步骤

1. 电气连接

连接 ADAM－4520 通信模块、ADAM－4080 计数模块、ADAM－4055 开关量模块的电源线、网络线及信号线,如图 10.102 所示。

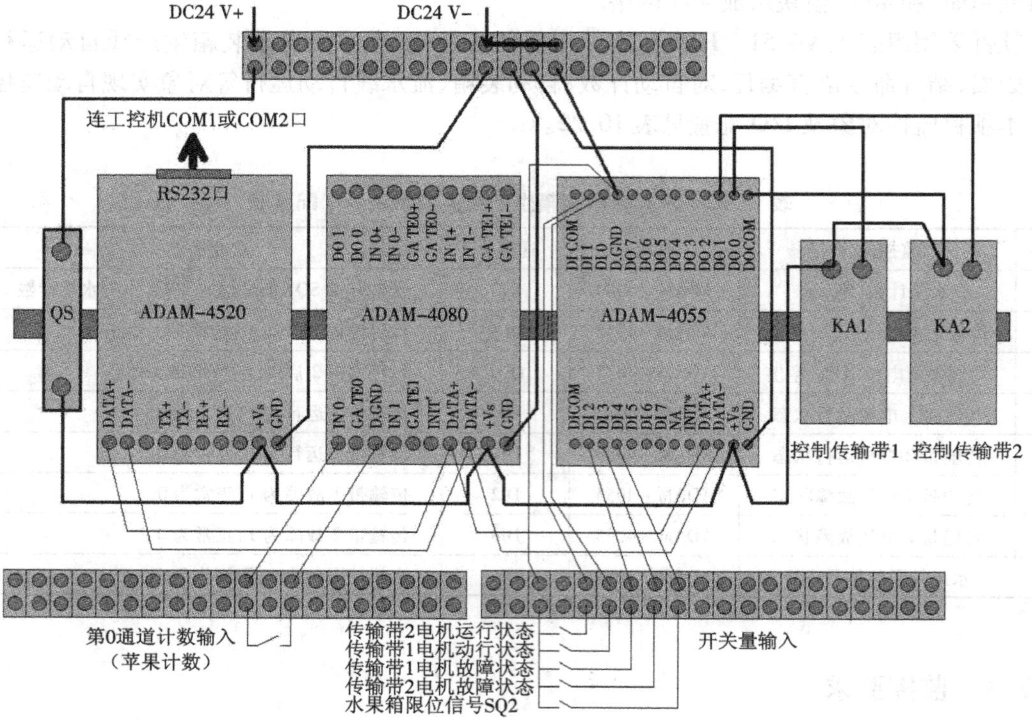

图 10.102　水果自动装箱生产线监控系统电源线、网络线及信号线接线图

2. 建立通信

建立工控机与 485 网络的通信，正确连接工控机 COM1/2 口与 ADAM－4520 的 RS232 口之间的通信电缆。

3. Utility 软件测试

操作步骤如下。

(1) 自动搜索 ADAM－4080 和 ADAM－4055 模块，如图 10.103 所示。在该 485 网络中共有 4080 和 4055 2 个模块，4080 模块的地址为 2，4055 模块的地址为 5，即 4080 和 4055 模块在 485 网络中的地址为 2 和 5。

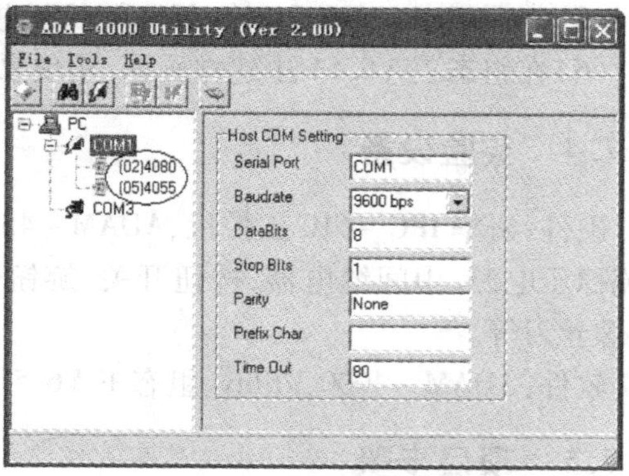

图 10.103　ADAM—4080 和 ADAM—4055 模块自动搜索画面

(2) 按图 10.102，将按钮开关连至 4080 模块第 0 通道；在图 10.103 中点击 4080 模块展开，按项目 10 任务 4 中对 4080 的方法进行测试，拨动按钮开关，观察测试结果。注意需将"High Level Min. Width"，"Low Level Min. Width"参数设大一些，如 20 000 μs。

(3) 按图 10.102 分别连接 4055 模块输入第 0，1，2，3，4 通道与旋钮开关之间的接线，输出第 0,1 通道与中间继电器 KA1,KA2 之间的接线。

(4)在图 10.103 中点击 4055 模块展开,按项目 10 任务 6 中对 4055 的方法进行测试:拨动旋钮开关,观察模块输入指示灯的亮灭;点击 DO0,DO1 灯泡发出开关量输出信号,观察模块指示灯的亮灭和中间继电器 KA1,KA2 的吸合情况。

(5)正确设置 4080 和 4055 模块的通信参数。上面对 4080 和 4055 模块的测试中,网络地址是显式显示的,因此可以直接进行修改,并需按"Update"按钮生效。(注意 4080 和 4055 模块的网络地址应设为不同值,若地址相重,则无法正常通信。)测试画面中波特率(Baudrate)、校验和(CheckSum)等参数是灰色的,说明正常情况下不能直接修改,而必须在初始化状态下才能进行设置。在本项目中建议将 CheckSum 参数选中,如没有选中,可按模块初始化的要求和步骤将其进行修改。

(6)退出 Utility 软件。

4. 组态王组态

操作步骤如下。

(1)创建一个工程,如 Proj _ sgzx。

(2)在工程浏览器树状目录"设备"下的 COM1 或 COM2 口新建设备,选择"智能模块"→"亚当 4000 系列"→"Adam4080"→"串行"和"Adam4055"→"串行",在 COM1/2 口分别添加 4080 和 4055 模块,设备名称指定为 m4080,m4055。

(3)设置 4080,4055 的组态王地址。前面对 4080,4055 的网络地址已设置,分别为 2,5,CheckSum 也均已选中,故在组态王的设备地址设置窗口中地址分别设为 2,5。若 CheckSum 均未选中,则地址应分别为 2.1,5.1。具体可点击"地址帮助"文档参考。

(4)按提示操作完成 4080,4055 模块驱动程序的建立。完成的设备驱动 m4080,m4055 如图 10.104 所示。

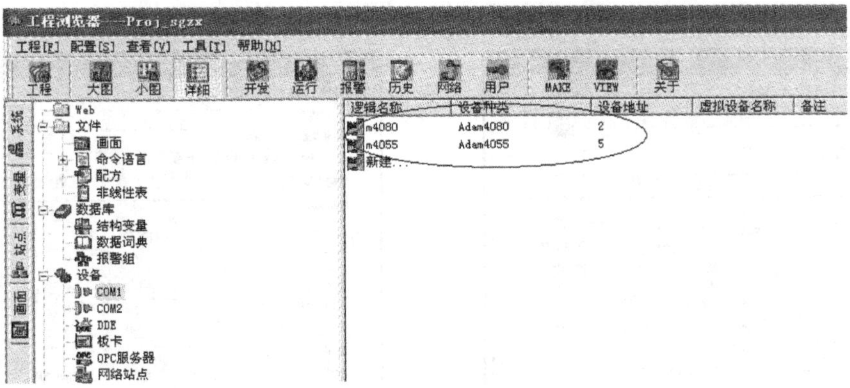

图 10.104　完成的设备驱动 m4080,m4055

(5)在组态王中对 4080 模块进行信号测试。

首先在工程浏览器菜单"配置"→"设置串口"弹出的对话框中将校验设为"无校验"。

按项目 10 任务 4 中对 4080 测试的方法对第 0 通道进行测试。用按钮开关给 4080 第 0 通道输入计数信号,观察变量值的变化,如果测试数值按 1 递增,则说明 4080 模块与工控机及组态王的通信正常。

(6)4055 模块信号测试。按项目 10 任务 6 中对 4055 测试的方法对 4055 第 0～4 输入通道、第 0～1 输出通道进行测试。对输入通道,用旋钮开关输入开关量信号,对输出通道,双击相应的寄存器 DO0,DO1,在弹出的窗口中设置 1(打开)或 0(关闭),观测 4055 面板的输入/输出指示灯及中间继电器 KA1,KA2 的吸合情况。测试正常说明 4055 模块与工控机及组态王通信正确。

(7)在数据词典中新建变量。4080 模块第 0 通道的计数输入变量定义为 V4080＿1,对应水果计数值,变量类型、连接设备、寄存器、数据类型、读写属性等参数设置,如图 10.105 所示。4055 模块输出第 0 通道的变量定义为 V4055DO＿1,对应传输带 1 电机启动/停止,变量类型为 I/O 离散,连接设备 m4055,寄存器 DO0(输出 0～7 通道对应的寄存器编号为 DO0～DO7),数据类型 Bit,读写属性为读写或只写,如图 10.106 所示。输出第 1 通道的变量定义为 V4055DO＿2,对应传输带 2 电机启动/停止,寄存器 DO1。4055 模块输入第 0 通道的变量定义为 V4055DI＿1,对应传输带 1 电机运行状态,变量类型为 I/O 离散,连接设备 m4055,寄存器 DI0(输入 0～7 通道对应寄存器编号 DI0～DI7),数据类型 Bit,读写属性为只读,如图 10.107 所示。表 10.23 列出了所有的系统变量,4055 模块其他输入变量的定义可作参考。

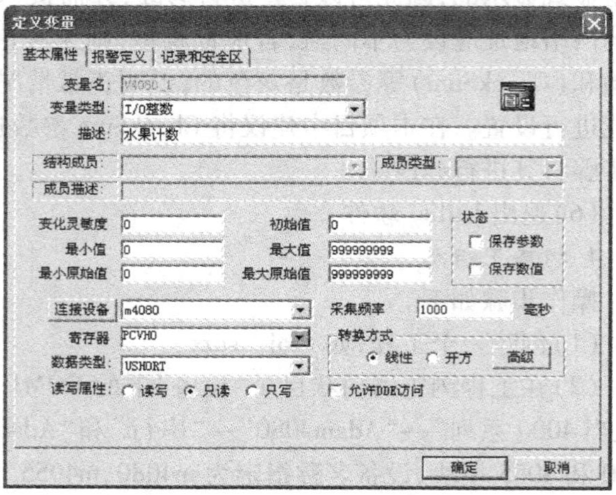

图 10.105　定义 4080 模块的计数变量

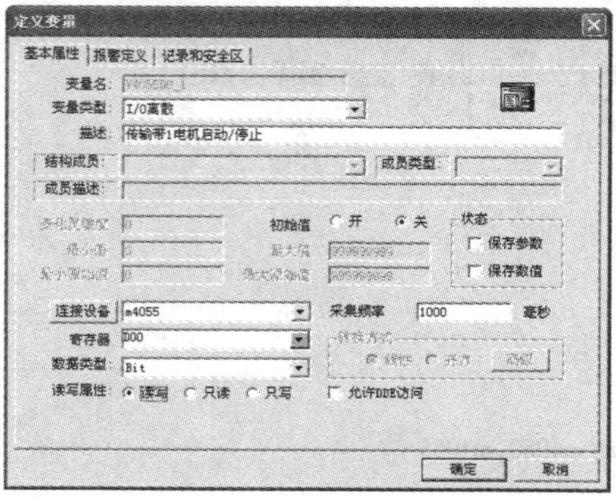

图 10.106　在组态王中定义 4055 模块的开关量输出变量

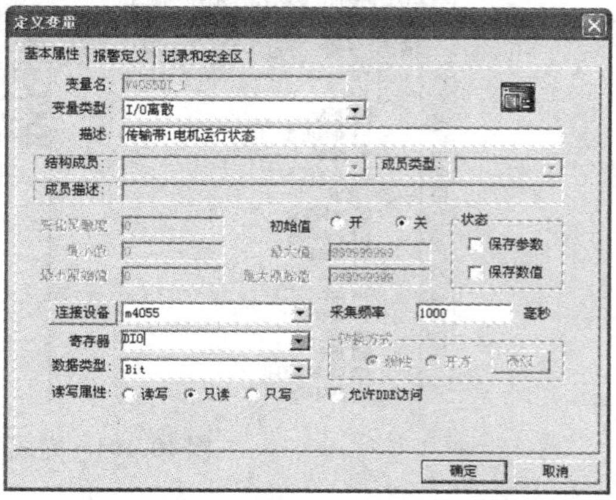

图 10.107　在组态王中定义 4055 模块的开关量输入变量

表 10.23　水果自动装箱生产线系统变量一览表

序号	监控内容	变量名	变量类型	数据类型	寄存器	读写属性	模块通道
1	水果计数(SQ1)	V4080 _ 1	I/O 整数	USHORT	PCVH0	只读	4080:IN0
2	传输带 1 电机启动/停止	V4055DO _ 1	I/O 离散	Bit	DO0	读写/只写	4055:DO0
3	传输带 2 电机启动/停止	V4055DO _ 2	I/O 离散	Bit	DO1	读写/只写	4055:DO1
4	传输带 1 电机运行状态	V4055DI _ 1	I/O 离散	Bit	DI0	只读	4055:DI0
5	传输带 2 电机运行状态	V4055DI _ 2	I/O 离散	Bit	DI1	只读	4055:DI1
6	传输带 1 电机故障状态	V4055DI _ 3	I/O 离散	Bit	DI2	只读	4055:DI2
7	传输带 2 电机故障状态	V4055DI _ 4	I/O 离散	Bit	DI3	只读	4055:DI3
8	水果箱限位信号 SQ2	V4055DI _ 5	I/O 离散	Bit	DI4	只读	4055:DI4
9	系统运行状态	运行状态灯	内存离散	—	—	—	—
10	电机运行状态	电机	内存离散	—	—	—	—
11	水果移动	水果移动	内存整型	—	—	—	—
12	进箱水果	进箱水果	内存整型	—	—	—	—
13	空水果箱	空水果箱	内存整型	—	—	—	—
14	满水果箱	满水果箱	内存整型	—	—	—	—
15	传送带 1 履带	传送带 1 履带	内存离散	—	—	—	—
16	传送带 2 履带	传送带 2 履带	内存离散	—	—	—	—
17	传送带 1 运行方向	传送带 1 运行方向	内存离散	—	—	—	—
18	传送带 2 运行方向	传送带 2 运行方向	内存离散	—	—	—	—
19	装箱	装箱	内存整型				

(8)新建画面,添加各对象,其 HMI 参考界面如图 10.108 所示。

(9)建立各对象与变量的关联,实现动画效果。各对象的动画连接见表 10.24。

表 10.24　对象动画连接一览表

对象动画描述	命令语言/变量名/隐含连接表达式
按钮“启动” 动画连接的“按下时”命令语言	\\本站点\V4055DO _ 1 = 1;　//传送带 1 运行 \\本站点\V4055DO _ 2 = 0;　//传送带 2 停止
按钮“停止” 动画连接的“按下时”命令语言	\\本站点\V4055DO _ 1 = 0;　//传送带 1 停止 \\本站点\V4055DO _ 2 = 0;　//传送带 2 停止
传送带 1 运行状态指示灯关联的变量名	\\本站点\V4055DI _ 1
传送带 2 运行状态指示灯关联的变量名	\\本站点\V4055DI _ 2
传送带 1 故障显示指示灯关联的变量名	\\本站点\V4055DI _ 3
传送带 2 故障显示指示灯关联的变量名	\\本站点\V4055DI _ 4
系统运行状态指示灯关联的变量名	\\本站点\运行状态灯
水果数显示“###” 关联的变量名	\\本站点\V4080 _ 1(在动画连接中选择“模拟值输出”选项)
电机关联的变量名	\\本站点\电机
传送带 1 箭头动画连接的隐含连接表达式	\\本站点\传送带 1 运行方向 = = 1

续表

对象动画描述	命令语言/变量名/隐含连接表达式
传送带2箭头动画连接的隐含连接表达式	\\本站点\传送带2运行方向==1
传送带1上苹果的动画连接的隐含连接表达式	\\本站点\水果移动==1(或2,3)
传送带2上苹果的动画连接的隐含连接表达式	箱底左:\\本站点\进箱水果==1||\\本站点\进箱水果==2||\\本站点\进箱水果==3||\\本站点\进箱水果==4||\\本站点\进箱水果==5||\\本站点\进箱水果==6
	箱底中:\\本站点\进箱水果==2||\\本站点\进箱水果==3||\\本站点\进箱水果==4||\\本站点\进箱水果==5||\\本站点\进箱水果==6
	箱底右:\\本站点\进箱水果==3||\\本站点\进箱水果==4||\\本站点\进箱水果==5||\\本站点\进箱水果==6
	箱顶左:\\本站点\进箱水果==4||\\本站点\进箱水果==5||\\本站点\进箱水果==6
	箱顶中:\\本站点\进箱水果==5||\\本站点\进箱水果==6
	箱顶右:\\本站点\进箱水果==6
传送带1履带动画连接的隐含连接表达式	\\本站点\传送带1履带==1(或2,3)
传送带2水果箱动画连接的隐含连接表达式	\\本站点\空水果箱==1(或2,3,4,5,6,7)
传送带2履带“-”	\\本站点\传送带2履带==1
传送带2履带“|”	\\本站点\传送带2履带==2
传送带2整箱苹果动画连接的隐含连接表达式	\\本站点\满水果箱==1(或2,3,4,5,6,7)

10.7.6 项目拓展

根据水果自动装箱生产线运行控制要求,在组态王中采用命令语言进行编程,其程序流程图如图10.109所示。

在工程浏览器中打开应用程序命令语言对话框,如图10.110所示,选择“运行时”页面,在该环境中输入程序,每1 000 ms运行该段程序一次。

程序代码如下:

```
if(\\本站点\V4055DO_2==1)
{
  \\本站点\装箱=0;
  \\本站点\进箱水果=0;
  \\本站点\传送带2运行方向=1;
  \\本站点\V4055DO_1=0;
  \\本站点\传送带2履带=\\本站点\传送带2履带+1;
  \\本站点\空水果箱=\\本站点\空水果箱+1;
  \\本站点\满水果箱=\\本站点\满水果箱+1;
  if(\\本站点\传送带2履带>2)  \\本站点\传送带2履带=1;
  if(\\本站点\空水果箱>7)\\本站点\空水果箱=1;
```

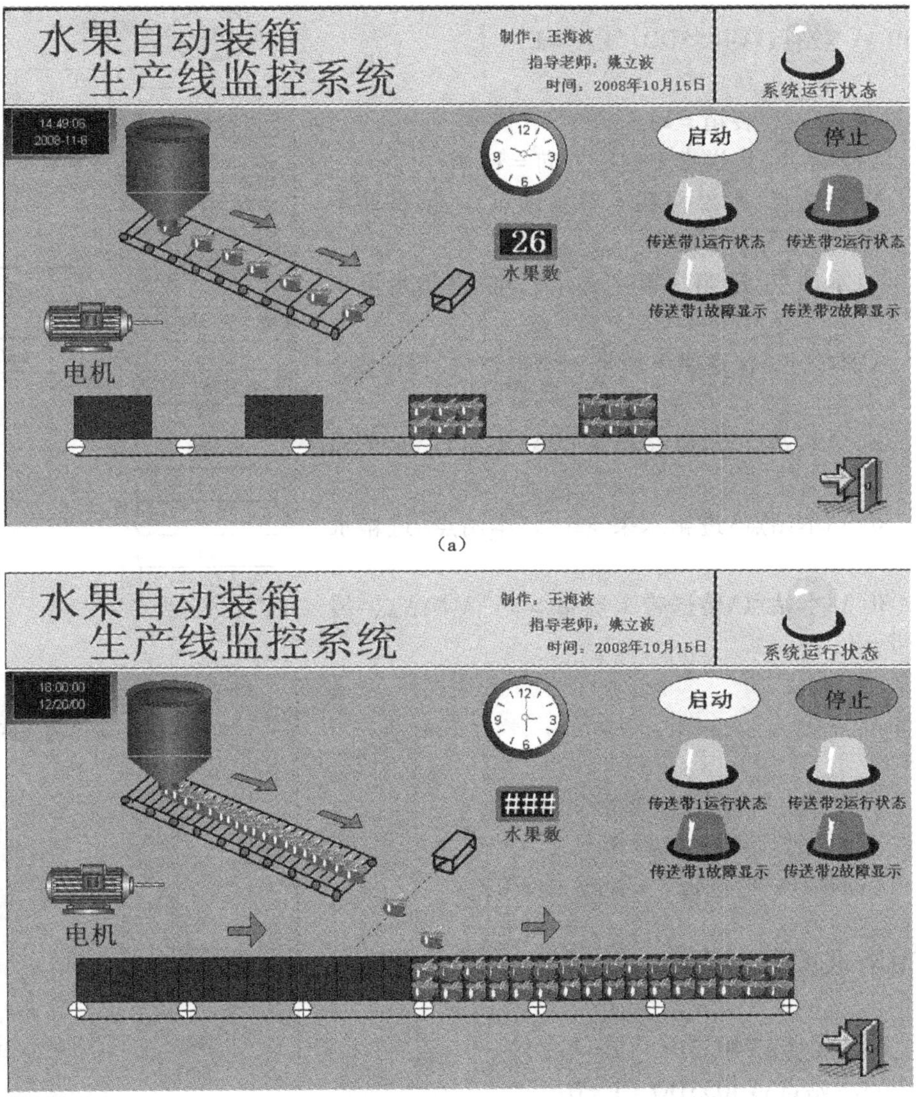

(a)

(b)

图 10.108　水果自动装箱生产线监控系统 HMI 界面

(a)运行界面;(b)对象布置画面

```
    if(\\本站点\满水果箱 >7)\\本站点\满水果箱 =1;
}
else
{
    \\本站点\空水果箱 =1;
    \\本站点\满水果箱 =1;
    \\本站点\传送带 2 履带 =1;
    \\本站点\传送带 2 运行方向 =0;
```

```
}
if(\\本站点\V4055DO_1==1)
{
  \\本站点\装箱=1;
  \\本站点\传送带1运行方向=1;
  \\本站点\水果移动=\\本站点\水果移动+1;
  \\本站点\进箱水果=\\本站点\进箱水果+1;
  \\本站点\传送带1履带=\\本站点\传送带1履带+1;
  if(\\本站点\水果移动>3) \\本站点\水果移动=1;
  if(\\本站点\进箱水果>6) \\本站点\进箱水果=0;
  if(\\本站点\传送带1履带>3) \\本站点\传送带1履带=1;
}
else
{
  \\本站点\传送带1履带=1;
  \\本站点\水果移动=1;
  \\本站点\传送带1运行方向=0;
}
if(\\本站点\进箱水果==6)
{
  \\本站点\V4055DO_2=1;
  \\本站点\V4055DO_1=0;
}
if(\\本站点\满水果箱==7)
{
  \\本站点\V4055DO_1=1;
  \\本站点\V4055DO_2=0;
}
if(\\本站点\V4055DO_1==1||\\本站点\V4055DO_2==1)
{
  \\本站点\运行状态灯=1;
  \\本站点\电机=1;
}
```

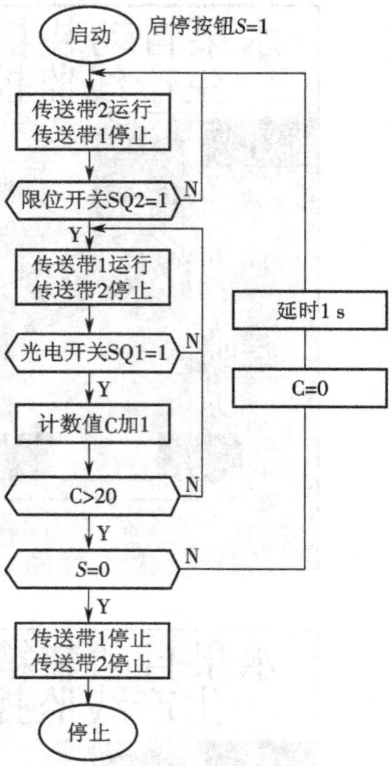

图 10.109　程序流程图

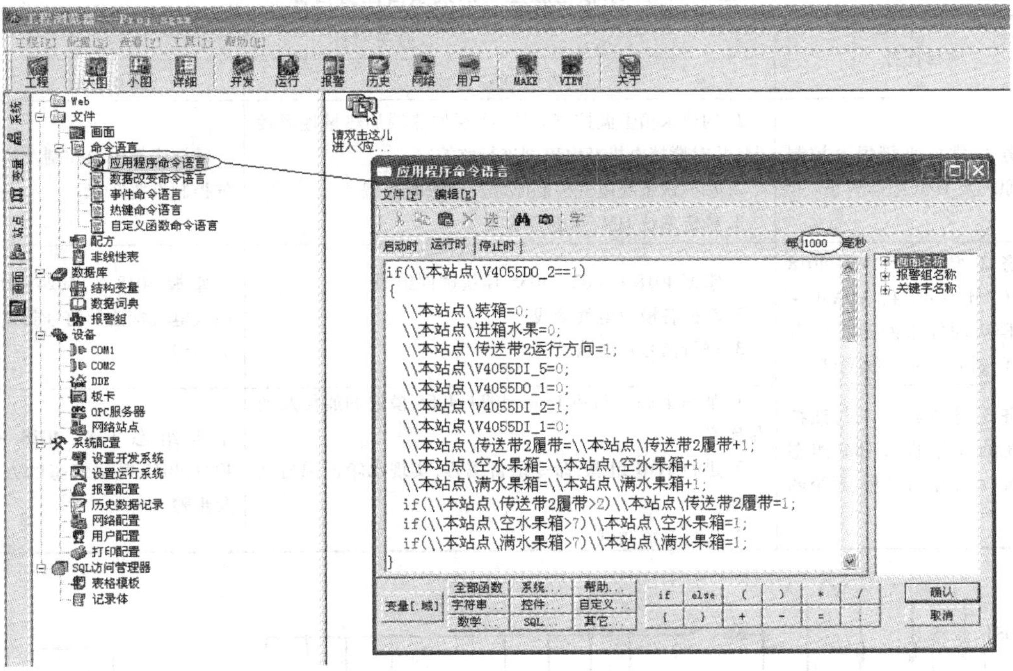

图 10.110 程序流程图

```
else
{
    \\本站点\运行状态灯 =0;
    \\本站点\电机 =0;
}
```

项目 10.8 水箱恒温控制系统

10.8.1 项目背景描述及任务目标

水箱恒温控制系统主要通过热电偶传感器实现水箱温度值的采集，根据采集值与设定值的差值，输出可调节的模拟量信号去控制加热器的加热量，并对搅拌电机及电磁阀进行监控。实验水箱及控制对象示意图如图 10.111 所示，其中 H 为加热器，M 为搅拌电机，TS 为热电偶传感器，SV1 为进水电磁阀，SV2 为出水电磁阀。系统的电气控制原理图如图 10.112 所示。

项目任务目标见表 10.25。

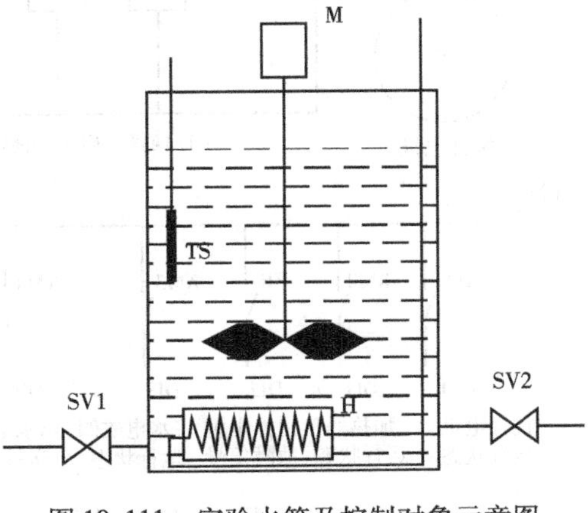

图 10.111 实验水箱及控制对象示意图

表 10.25　水箱恒温控制系统项目任务目标

项目任务	任务目标	
	能力(技能)目标	知识目标
任务 1:掌握水箱恒温控制系统原理及 HMI 组态要求	1. 构建水箱恒温控制系统,实现加热器加热量连续控制,并对搅拌电机及电磁阀进行监控 2. 掌握该系统电气控制原理及模块的选型 3. 确定系统 HMI 组态要求	掌握水箱恒温控制及其电气控制有关知识
任务 2:掌握 ADAM - 4018 +, ADAM - 4024, ADAM - 4055 模块硬件组网及系统电气接线,进行信号在线测试	1. 掌握 4018 +,4024,4055 模块硬件组网 2. 掌握各模块电气接线 3. 进行信号在线测试	掌握 4018 +,4024,4055 模块电气特性及信号测试有关知识
任务 3:建立组态王与该控制系统的通信,进行 HMI 组态及编程、命令语言编程、系统调试	1. 掌握组态王与 4018 +,4024,4055 模块的通信及变量定义 2. 进行 HMI 组态、命令语言编程,实现水箱恒温自动控制 3. 进行系统调试	掌握组态王对 4018 +,4024,4055 模块组态的方法及步骤

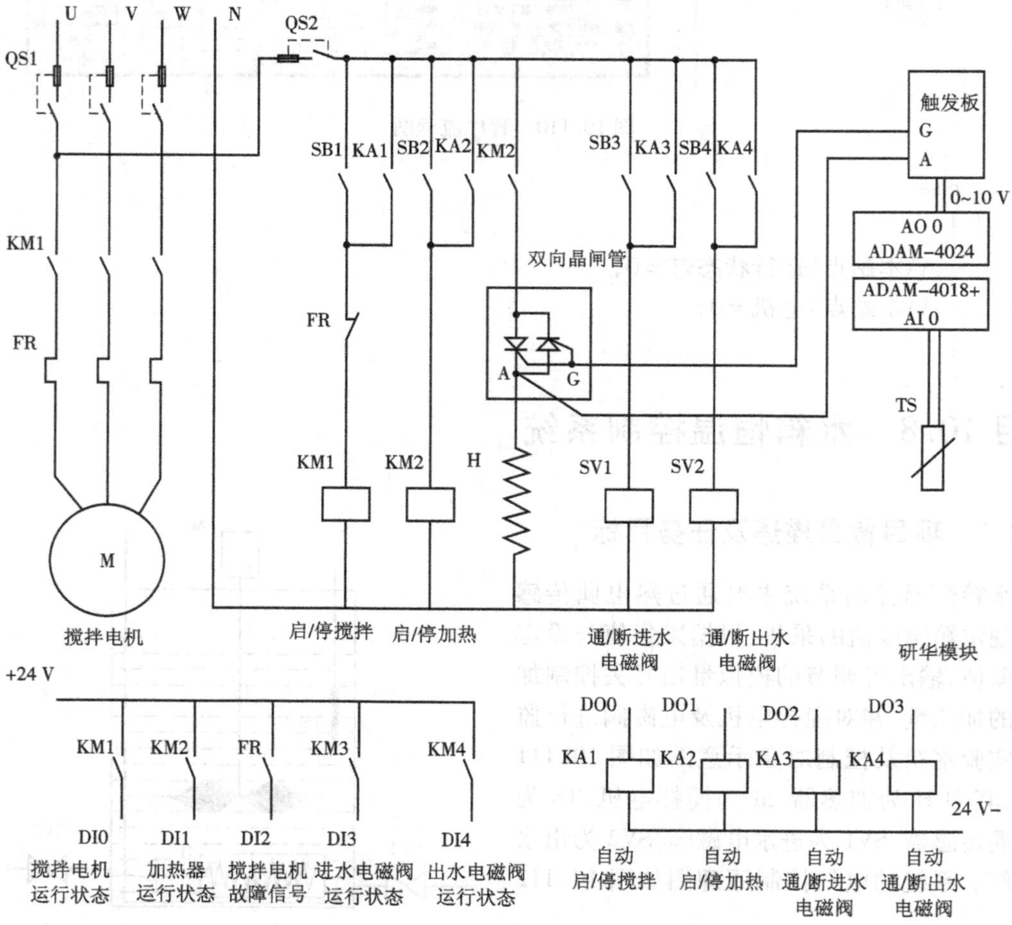

图 10.112　水箱恒温控制系统电气控制原理图

10.8.2　系统软硬件选型及I/O配置

本系统采用ADAM－4018＋热电偶及8路热电偶输入模块采集水箱水温，ADAM－4024 4路模拟量输出模块输出连续变化的模拟量控制加热器加热量，ADAM－4055 8路开关量输入/8路开关量输出模块对搅拌电机启/停、加热器加热/停止加热和磁阀通/断进行控制，并对搅拌电机、加热器及电磁阀的工作状态、搅拌电机的故障状态进行信号采集，实现水箱自动恒温控制。

本项目ADAM－4018＋，ADAM－4024，ADAM－4055模块组成一个485网络，工控机的RS232信号通过ADAM－4520模块进行232/485信号转换。软件采用组态王King View V6.51。HMI组态的主要任务是：组态水箱自动恒温控制系统的仿真画面，对水温、搅拌电机、电磁阀等对象实现自动监控，并应用命令语言编程，实现水箱温度的恒温控制功能。

项目监控对象及I/O配置见表10.26。

表10.26　水箱恒温控制系统I/O配置表

序号	监控内容	模块	通道号	功能描述
1	水箱温度	ADAM－4018＋	AI0	由热电偶采集水箱水温
2	加热器加热量	ADAM－4024	AO0	通过触发板及晶闸管控制加热器的加热量
3	搅拌电机启动/停止	ADAM－4055	DO0	1：搅拌电机启动；0：搅拌电机停止
4	加热器加热/停止加热	ADAM－4055	DO1	1：加热器加热；0：加热器停止加热
5	进水电磁阀通/断	ADAM－4055	DO2	1：进水电磁阀导通；0：进水电磁阀断开
6	出水电磁阀通/断	ADAM－4055	DO3	1：出水电磁阀导通；0：出水电磁阀断开
7	搅拌电机运行状态	ADAM－4055	DI0	搅拌电机运行为1，停止为0
8	加热器加热状态	ADAM－4055	DI1	加热器加热为1，停止加热为0
9	搅拌电机故障状态	ADAM－4055	DI2	搅拌电机故障为1，正常为0
10	进水电磁阀通/断状态	ADAM－4055	DI3	进水电磁阀导通为1，断开为0
11	出水电磁阀通/断状态	ADAM－4055	DI4	出水电磁阀导通为1，断开为0

10.8.3　监控要求

项目具体监控要求如下。

(1)掌握水箱恒温控制系统的电气控制原理及软硬件选型、I/O配置。

(2)熟练进行ADAM－4018＋，ADAM－4024，ADAM－4055的电源接线、485网络接线及信号接线。

(3)掌握ADAM－4520，ADAM－4018＋，ADAM－4024，ADAM－4055智能模块组成485总线网的原理及组网方法。

(4)掌握用ADAM－4000 Utility软件对4018＋，4024和4055模块进行信号测试的方法，掌握地址设置方法及其他通信参数的设置。

(5)掌握组态王V6.51对4018＋，4024和4055模块进行通信及测试的方法。

(6)在组态王 V6.51 中建立画面,实现水箱恒温控制系统界面的组态。

10.8.4 实验设备

硬件:研华 IPC－610 工控机、ADAM－4520 模块、ADAM－4018＋模块、ADAM－4024 模块、ADAM－4055 模块、直流稳压电源、热电偶、电压表、中间继电器、旋钮开关、万用表、实验板、232 通信电缆、导线、剥线钳、螺丝刀等。

软件:ADAM－4000 Utility、组态王 V6.51。

10.8.5 项目步骤

1. 电气连接

连接 ADAM－4520 通信模块、ADAM－4018＋热电偶输入模块、ADAM－4024 模拟量输出模块、ADAM－4055 开关量模块的电源线、网络线及信号线,如图 10.113 所示。

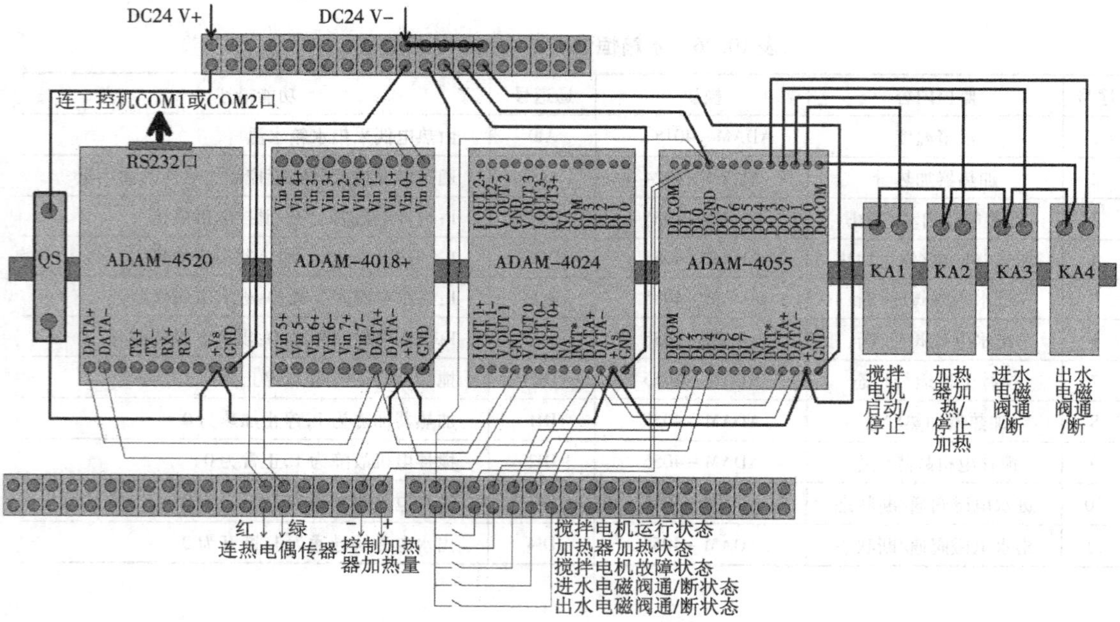

图 10.113 水箱恒温控制系统电气接线图

2. 建立通信

建立工控机与 485 网络的通信,正确连接工控机 COM1/2 口与 ADAM－4520 的 RS232 口之间的通信电缆。

3. Utility 软件测试

操作步骤如下。

(1)自动搜索 ADAM－4018＋,ADAM－4024 和 ADAM－4055 模块,如图 10.114 所示。在该 485 网络中共有 4018＋,4024 和 4055 3 个模块,4018＋模块的地址为 1,4024 模块的地址为 3,4055 模块的地址为 5,即 4018＋,4024 和 4055 模块在 485 网络中的地址分别为 1,3 和 5。

(2)按图 10.113,将热电偶连至 4018＋模块第 0 通道;在图 10.114 中点击 4018＋模块展

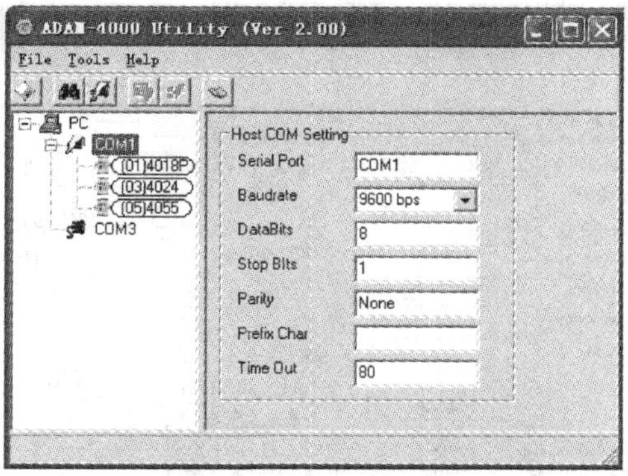

图 10.114　ADAM－4018＋、ADAM－4024 和
ADAM－4055 模块自动搜索画面

开，如图 10.115 所示，改变热电偶温度，观察测试结果。

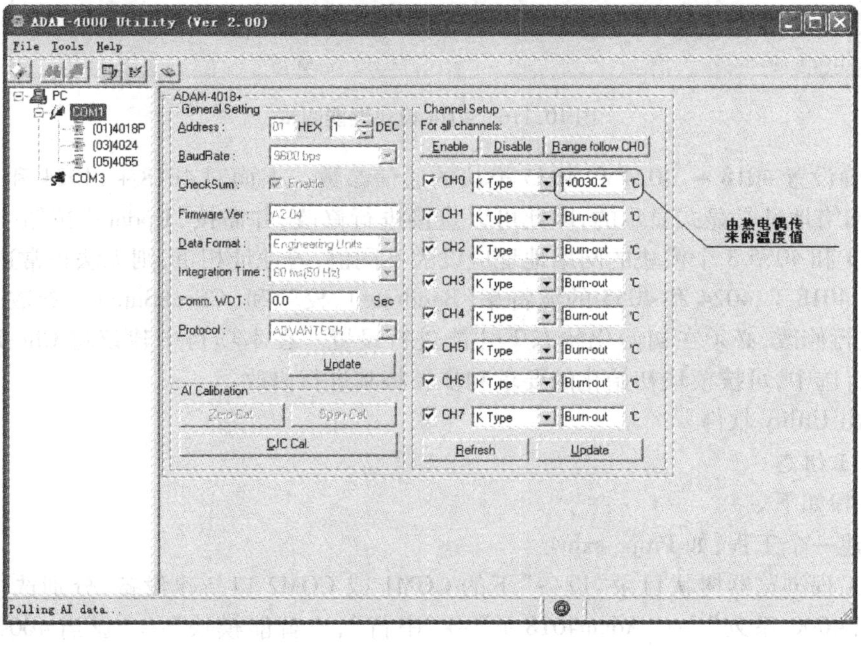

图 10.115　4080＋模块性能测试

(3)按图 10.113 连接 4024 模块电压输出第 0 通道与电压表(或万用表)之间的接线，在图 10.114 中点击 4024 模块展开，如图 10.116 所示，改变第 0 通道电压输出值，观察电压表(或万用表)示值的变化。

(4)按图 10.113 分别连接 4055 模块输入第 0，1，2，3，4 通道与旋钮开关之间的接线，输出第 0，1，2，3 通道与中间继电器 KA1，KA2，KA3，KA4 之间的接线。

(5)在图 10.114 中点击 4055 模块展开，按项目 10 任务 6 中对 4055 的方法进行测试：拨动旋钮开关，观察模块输入指示灯的亮灭；点击 DO0，DO1，DO2，DO3 灯泡发出开关量输出信号，观察模块指示灯的亮灭和中间继电器 KA1，KA2，KA3，KA4 的吸合情况。

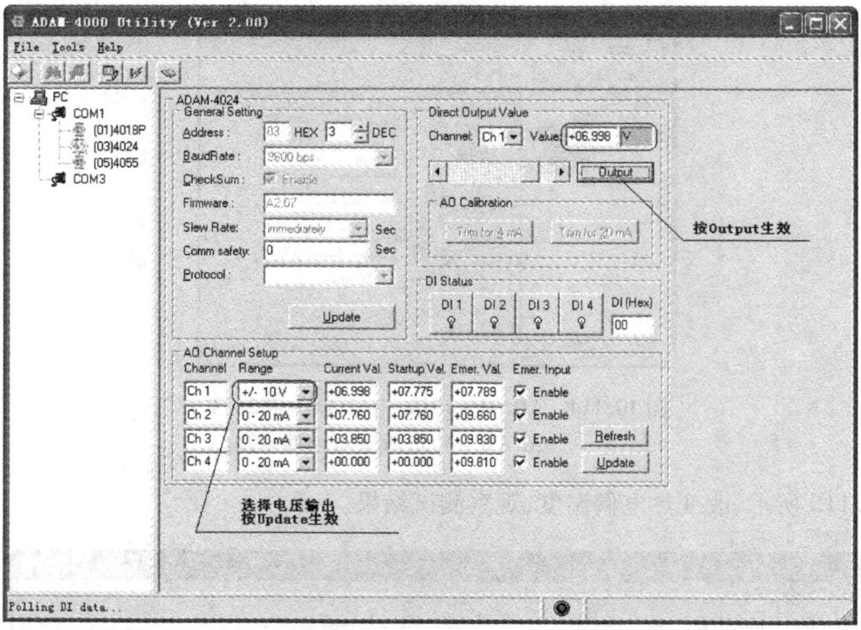

图 10.116　4024 模块性能测试

(6)正确设置 4018 + ,4024 和 4055 模块的通信参数。上面对 4018 + ,4024 和 4055 模块的测试中,网络地址是显式显示的,因此可以直接进行修改,并需按“Update”按钮生效。注意 4018 + ,4024 和 4055 3 个模块的网络地址应设为不同值,若地址相重,则无法正常通信。正常工作情况下 4018 + ,4024 和 4055 的波特率(Baudrate)、校验和(CheckSum)等参数是灰色的,不能直接进行修改,必须在初始化状态下才能进行设置。在本项目中建议将 CheckSum 参数选中,如没有选中,可按模块初始化的要求和步骤将其进行修改。

(7)退出 Utility 软件。

4. 组态王组态

操作步骤如下。

(1)创建一个工程,如 Proj _ sxhw。

(2)在工程浏览器树状目录“设备”下的 COM1 或 COM2 口新建设备,分别选择“智能模块”→“亚当 4000 系列”→“Adam4018 + ”→“串行”,“智能模块”→“亚当 4000 系列”→“Adam4024”→“串行”,“智能模块”→“亚当 4000 系列”→“Adam4055”→“串行”,在 COM1/2 口分别添加 4018 + ,4024 和 4055 模块,设备名称分别指定为 m4018p,m4024,m4055。

(3)设置 4018 + ,4024,4055 的组态王地址。前面对 4018 + ,4024、4055 的网络地址已设置,分别为 1,3,5,CheckSum 也均已选中,故在组态王的设备地址设置窗口中地址分别设为 1,3,5。若 CheckSum 均未选中,则地址应分别为 1.1,3.1,5.1。具体可点击“地址帮助”文档参考。

(4)按提示操作完成 4018 + ,4024,4055 模块驱动程序的建立。完成的设备驱动 m4018p,m4024,m4055 如图 10.117 所示。

(5)在组态王中对 4018 + 模块进行信号测试。首先在工程浏览器菜单“配置”→“设置串

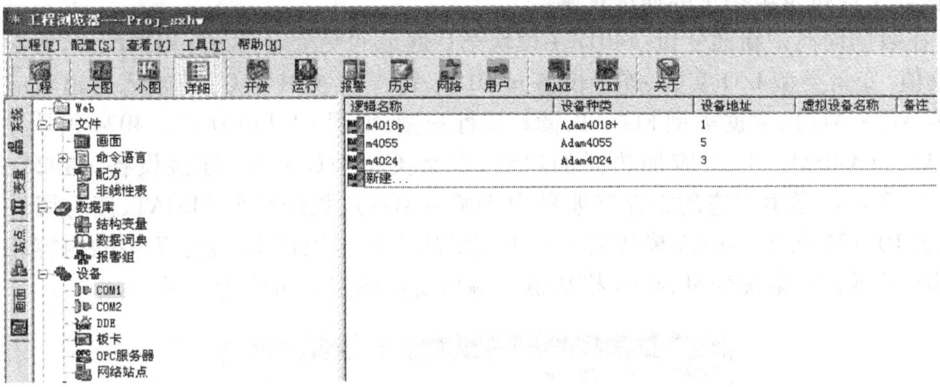

图 10.117　完成的设备驱动 m4018p,m4055,m4024

口”弹出的对话框中将校验设为“无校验”。在图 10.117 画面中右击新建的设备“m4018p”,在弹出的菜单中选择“测试 m4018p”项,弹出“串口设备测试”对话框,切换到“设备测试”页,如图 10.118 所示,寄存器输入 AI0,数据类型选择 Float,分别点击“添加”、“读取”按钮,改变热电偶温度输入值,观察温度值的变化,用该方法测试 4018 + 模块与工控机及组态王的通信是否正常。

(6)4024 模块信号测试。在图 10.117 画面中右击新建的设备“m4024”,在弹出的菜单中选择“测试 m4024”项,其“设备测试”页如图 10.119 所示,寄存器输入 AO0,数据类型选择 Float,点击“添加”按钮,双击“AO0”弹出“数据输入”对话框,输入数据,若显示的变量值及电压表的示值与此数据一致,则说明 4024 模块与工控机及组态王的通信正常。

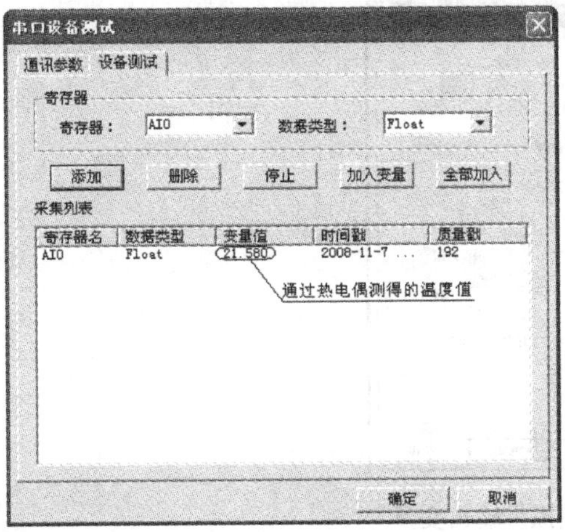

图 10.118　4018 + 热电偶温度输入信号测试

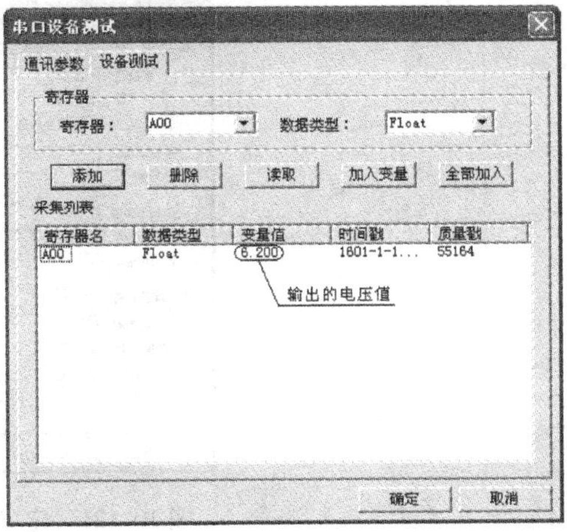

图 10.119　4024 电压输出信号测试

(7)4055 模块信号测试。按项目 10 任务 6 中对 4055 测试的方法对 4055 第 0 ~ 4 输入通道、第 0 ~ 3 输出通道进行测试。对输入通道,用旋钮开关输入开关量信号,对输出通道,双击相应的寄存器 DO0,DO1,DO2,DO3,在弹出的窗口中设置 1(打开)或 0(关闭),观测 4055 面板的输入/输出指示灯及中间继电器 KA1,KA2,KA3,KA4 的吸合情况。若测试正常,则说明

4055 模块与工控机及组态王的通信正确。

（8）在数据词典中新建变量。4018+模块第0通道的变量定义为 V4018P_1，对应热电偶温度采集值，变量类型 I/O 实数、连接设备 m4018p、寄存器 AI0（第0～7输入通道对应的寄存器编号为 AI0～AI7）、数据类型 FLOAT、读写属性只读，如图 10.120 所示。4024 模块第0通道的变量定义为 V4024_1，对应加热器加热量，变量类型 I/O 实数、连接设备 m4024、寄存器 AO0（第0～3输出通道对应的寄存器编号为 AO0～AO3）、数据类型 FLOAT、读写属性读写或只写，如图 10.121 所示。4055 模块输入输出变量的定义与项目 10 任务 7 中的内容相似。表 10.27 列出了所有的系统变量，4055 模块输入输出变量的定义可作为参考。

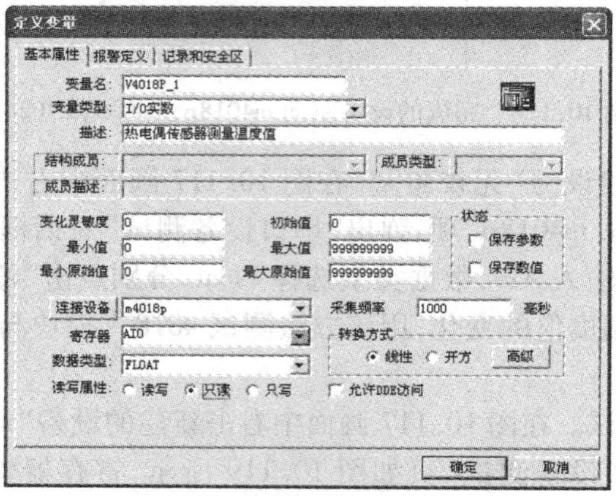

图 10.120 定义 4018+模块的热电偶温度采集变量

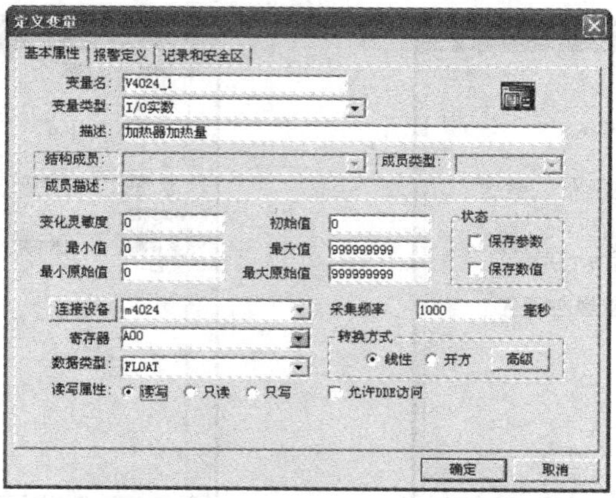

图 10.121 定义 4024 模块的模拟量输出变量

表 10.27 水箱恒温控制系统变量一览表

序号	监控内容	变量名	变量类型	数据类型	寄存器	读写属性	模块通道
1	水箱温度	V4018P_1	I/O 实数	FLOAT	AI0	只读	4018+:AI0
2	加热器加热量	V4024_1	I/O 实数	FLOAT	AO0	读写/只写	4024:AO0

续表

序号	监控内容	变量名	变量类型	数据类型	寄存器	读写属性	模块通道
3	搅拌电机启动/停止	V4055DO _ 1	I/O 离散	Bit	DO0	读写/只写	4055：DO0
4	加热器加热/停止加热	V4055DO _ 2	I/O 离散	Bit	DO1	读写/只写	4055：DO1
5	进水电磁阀通/断	V4055DO _ 3	I/O 离散	Bit	DO2	读写/只写	4055：DO2
6	出水电磁阀通/断	V4055DO _ 4	I/O 离散	Bit	DO3	读写/只写	4055：DO3
7	搅拌电机运行状态	V4055DI _ 1	I/O 离散	Bit	DI0	只读	4055：DI0
8	加热器加热状态	V4055DI _ 2	I/O 离散	Bit	DI1	只读	4055：DI1
9	搅拌电机故障状态	V4055DI _ 3	I/O 离散	Bit	DI2	只读	4055：DI2
10	进水电磁阀通/断状态	V4055DI _ 4	I/O 离散	Bit	DI3	只读	4055：DI3
11	出水电磁阀通/断状态	V4055DI _ 5	I/O 离散	Bit	DI4	只读	4055：DI4
12	温度设定值	SetTemp	内存整型	—	—	—	—
13	自动/手动控制加热	Auto	内存离散	—	—	—	—

(9)新建画面,添加各对象,其 HMI 参考界面如图 10.122 所示。

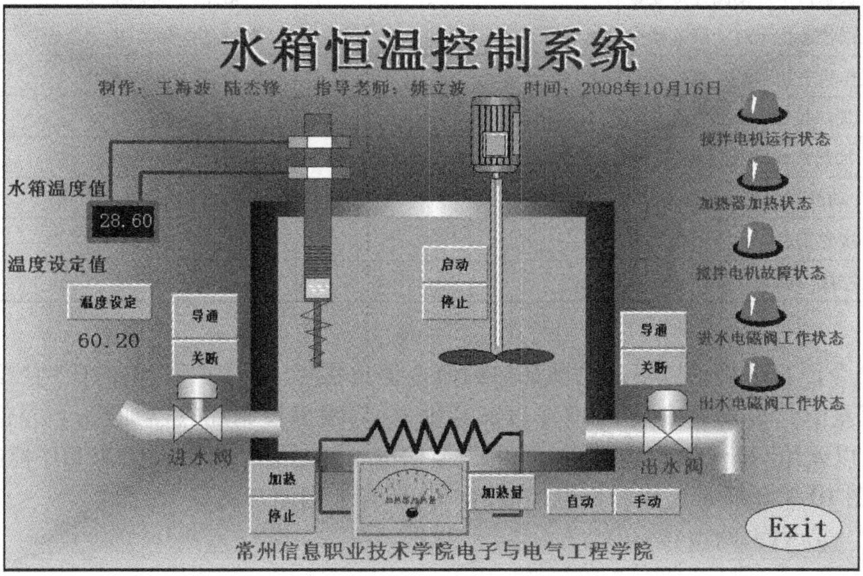

图 10.122　水箱恒温控制系统 HMI 界面

(10)建立各对象与变量的关联,实现动画效果。各对象的动画连接见表 10.28。

表 10.28　对象动画连接一览表

对象动画描述	命令语言/变量名/表达式
水箱温度显示"###" 动画连接模拟量输出连接表达式	\\本站点\V4018P _ 1
"温度设定"按钮动画连接模拟量输入连接变量名	\\本站点\SetTemp

续表

对象动画描述	命令语言/变量名/表达式
温度设定显示"###" 动画连接模拟量输出连接表达式	\\本站点\SetTemp
搅拌电机"启动"按钮动画连接"按下时"命令语言	\\本站点\V4055DO _1 =1;
搅拌电机"停止"按钮动画连接"按下时"命令语言	\\本站点\V4055DO _1 =0;
加热器"加热"按钮动画连接"按下时"命令语言	\\本站点\V4055DO _2 =1;
加热器"停止"按钮动画连接"按下时"命令语言	\\本站点\V4055DO _2 =0;
进水电磁阀"导通"按钮动画连接"按下时"命令语言	\\本站点\V4055DO _3 =1;
进水电磁阀"关断"按钮动画连接"按下时"命令语言	\\本站点\V4055DO _3 =0;
出水电磁阀"导通"按钮动画连接"按下时"命令语言	\\本站点\V4055DO _4 =1;
出水电磁阀"关断"按钮动画连接"按下时"命令语言	\\本站点\V4055DO _4 =0;
进水电磁阀动画连接变量名	\\本站点\V4055DO _3
出水电磁阀动画连接变量名	\\本站点\V4055DO _4
搅拌电机运行状态指示灯动画连接变量名	\\本站点\V4055DI _1
加热器加热状态指示灯动画连接变量名	\\本站点\V4055DI _2
搅拌电机故障状态指示灯动画连接变量名	\\本站点\V4055DI _3
进水电磁阀工作状态指示灯动画连接变量名	\\本站点\V4055DI _4
出水电磁阀工作状态指示灯动画连接变量名	\\本站点\V4055DI _5
加热器"自动"加热按钮动画连接"按下时"命令语言	\\本站点\Auto =1;
加热器"手动"加热按钮动画连接"按下时"命令语言	\\本站点\Auto =0;
按钮"加热量" 动画连接模拟量输入连接变量名	\\本站点\V4024 _1
仪表盘动画连接变量名	\\本站点\V4024 _1
搅拌电机动画连接闪烁表达式	\\本站点\V4055DI _1 = =1

(11)命令语言编程。以下是自动加热的命令语言程序。采用了简单的比例控制,当设定值与测量值差值 >20 时,ADAM -4024 以满量程 10 V 输出控制加热器加热,当差值 >1 且 <20 时,4024 以差值/20 * 10 即差值 * 0.5 的数值输出。此时完全可以采用如 PID 控制、模糊控制等算法,图 10.123 所示为水箱恒温控制的 PID 闭环控制原理图。

```
if(\\本站点\Auto)
{
if((\\本站点\SetTemp - \\本站点\V4018P _1) >1)
{
    \\本站点\V4055DO _2 =1;
  if((\\本站点\SetTemp -\\本站点\V4018P _1) >20)
    \\本站点\V4024 _1 =10;
  else
  \\本站点\V4024 _1 =(\\本站点\SetTemp -\\本站点\V4018P _1) *0.5;
}
```

```
else
{
    \\本站点\V4055DO_2=0;
    \\本站点\V4024_1=0;
}
}
```

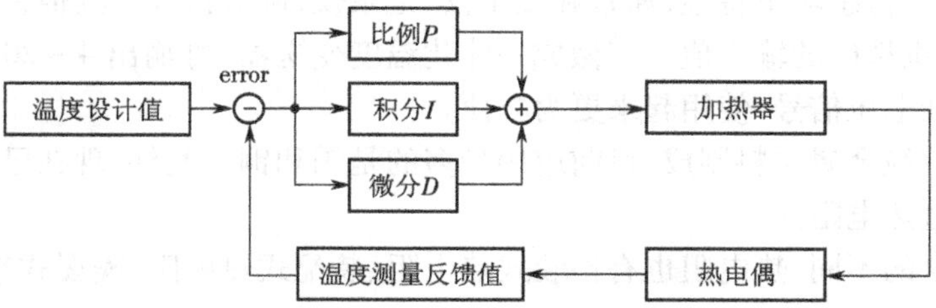

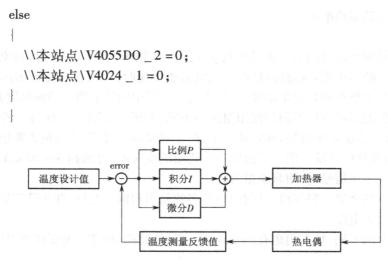

图10.123　水箱恒温控制系统PID闭环控制原理图

10.8.6　项目拓展

温度采集和压力、流量、液位等一样，是工业控制中最普及的应用之一，它可以直接测量各种生产过程中液体、蒸汽、气体介质和固体表面的温度。常用的有热电阻、热电偶两种方式，通过将热电偶、热电阻直接接入模块或PLC进行测量，如将热电阻Pt100直接接入ADAM－4015模块，将热电偶直接接入ADAM－4018＋模块；也可以将热电偶、热电阻或其他测温传感器信号先接入专门的二次仪表，再从二次仪表引出电压或电流信号输入到ADAM－4017＋，PLC或其他智能设备。对于远距离传输，一般采用二次仪表引出电流信号的方法。下面对热电偶和热电阻进行简单介绍。

1.热电偶

工业热电偶作为测量温度的传感器，通常和显示仪表、记录仪表和电子调节器配套使用，它可以直接测量各种生产过程中不同范围的温度。对于实验室等短距离的应用场合，可以直接把热电偶信号引入智能设备和PLC进行测量。若配接输出4～20 mA，0～10 V等标准电流、电压信号的温度仪表，使用更加方便、可靠。

热电偶的工作原理是，两种不同成分的导体，两端经焊接，形成回路，直接测量端叫工作端（热端），接线端子端叫冷端，当热端和冷端存在温差时，就会在回路里产生热电流，这种现象称为热电效应；接上显示仪表，仪表上就会指示所产生的热电动势的对应温度值，电动势随温度升高而增长。热电动势的大小只和热电偶的材质以及两端的温度有关，而和热电偶的长短粗细无关。

根据使用场合的不同，热电偶有铠装式热电偶、装配式热电偶、隔爆式热电偶等。装配式热电偶由感温元件（热电偶芯）、不锈钢保护管、接线盒以及各种用途的固定装置组成。铠装式热电偶比装配式热电偶具有外径小、可任意弯曲、抗振性强等特点，适宜安装在装配式热电偶无法安装的场合，它的外保护管采用不同材料的不锈钢管，可适合使用不同温度的需要，内部充满高密度氧化绝缘体物质，非常适合于环境恶劣的场合。隔爆式热电偶通常应用于生产现场伴有各种易燃、易爆等化学气体的场合，如果使用普通热电偶极易引起气体爆炸，那么在这种场合必须使用隔爆热电偶。

2. 热电阻

热电阻是中低温区最常用的一种温度测量元件。热电阻是基于金属导体的电阻值随温度的增加而增加这一特性来进行温度测量的。当电阻值变化时,二次仪表便显示出电阻值所对应的温度值。它的主要特点是测量精度高,性能稳定。其中铂热电阻的测量精度是最高的。

铂热电阻根据使用场合的不同与使用温度的不同,有云母、陶瓷、薄膜等元件。作为测温元件,它具有良好的传感输出特性,通常和显示仪、记录仪、调节仪以及其他智能模块或仪表配套使用,为它们提供精确的输入值。若做成一体化温度变送器,可输出 4 ~ 20 mA 标准电流信号或 0 ~ 10 V 标准电压信号,使用起来更为方便。

热电阻大都由纯金属材料制成,目前应用最多的是铂和铜。此外,现在已开始采用甸、镍、锰和铑等材料制造热电阻。

根据使用场合的不同,热电阻也有铠装式热电阻、装配式热电阻、隔爆式热电阻等种类,与热电偶类似。

铂电阻的工作原理是,在温度作用下,铂热电阻丝的电阻值随温度变化而变化,且电阻与温度的关系即分度特性符合 IEC 标准。分度号 Pt100 的含义为在 0 ℃时的名义电阻值为 100 Ω,目前使用的一般都是这种铂热电阻。此外还有 Pt10,Pt200,Pt500 和 Pt1 000 等铂热电阻,Cu50 和 Cu100 等铜热电阻。

项目 10.9　农业大棚温室综合监控系统

10.9.1　项目背景描述及任务目标

当前,农业大棚温室自动控制系统已越来越多地应用于农业种植领域,如花房大棚温室综合监控系统。下位机一般采用智能控制设备如 ADAM 智能模块、PLC 或 PCI 数据采集板卡,对大棚内温度、湿度、光照、二氧化碳、交/直流电机及室外气象站风速、风向、雨雪、光照等控制对象进行信号采集,并发出控制命令控制相关执行部件的操作,使大棚内温度、湿度、光照、二氧化碳等指标达到最优,以保证农作物最佳生长环境和条件。

整个监控系统主要由以下几部分组成。

(1)温湿控制单元:设计室内温度、湿度、光照、二氧化碳及室外气象站风速、风向、雨雪、光照等信号采集,经计算处理(如 PID 调节、模糊控制算法),输出控制信号控制相关执行部件(如温度控制部件,实现冬天加热,夏天降温)。

(2)风机控制单元:设计大棚内风机(交流电机)启动及停止控制功能,并对风机运行状态及故障信号进行监视。

(3)卷膜控制单元:设计大棚侧窗卷膜电机(直流电机)正反转控制功能,正转实现对大棚侧窗卷膜的打开动作,反转则为关闭。

(4)水帘控制单元:设计水帘电机(交流电机)启动及停止控制功能,监视水帘电机运行状态及故障信号。

(5)遮阳控制单元:设计大棚内遮阳、外遮阳电机(交流电机)正反转控制功能,正转实现对大棚顶部内遮阳和外遮阳打开动作,反转则为关闭,并监视遮阳电机运行状态及故障信号。

(6)喷淋照明单元:设计大棚内自动喷淋系统及照明系统。

项目任务目标见表 10.29。

表 10.29 大棚温室综合监控系统项目任务目标

任务	任务目标	
	能力(技能)目标	知识目标
任务 1:掌握农业大棚温室监控系统原理及控制要求	1. 构建大棚温室综合监控系统,对温度、湿度、光照、二氧化碳、交/直流电机等控制对象进行监控 2. 结合本系统进行 ADAM 模块选型 3. 确定本系统 HMI 组态要求	掌握农业大棚温室监控系统控制要求及电气控制有关知识
任务 2:掌握 ADAM - 4017 +, ADAM - 4055, ADAM - 4024 多个模块的硬件组网,系统电气接线及信号在线测试	1. 熟练掌握 4017 +, 4055, 4024 模块的 485 组网 2. 掌握各模块电气接线及信号在线测试	熟练掌握 4017 +, 4055, 4024 模块电气特性及信号测试有关知识
任务 3:建立组态王与该控制系统的通信,进行 HMI 组态及编程,实现系统功能	1. 掌握组态王与 4017 +, 4055, 4024 模块的通信及变量定义 2. 进行 HMI 组态及命令语言编程,实现大棚温室综合监控功能 3. 进行系统调试	熟练掌握组态王对本系统设计综合动画画面的有关知识

10.9.2　系统软硬件选型及 I/O 配置

本项目以某温室计算机集群控制系统为依托,在保留原系统组态功能的前提下,对信号采样点作了大大简化,如卷膜电机 17 只,风机 13 只,遮阳电机 2 只,水帘电机 3 只,在本实训项目中均只分别考虑 1 只。简化后的系统采用一块 ADAM - 4017 + (8 路模拟量输入模块)、2 块 ADAM - 4055(8 路开关量输入/8 路开关量输出)、1 块 ADAM - 4024 模块(4 路模拟量输出模块)共 4 个模块组成一个 485 网络,工控机的 RS232 信号通过 ADAM - 4520 模块进行 232/485 信号转换。软件采用组态王 V6.51。HMI 组态的主要任务是:组态王画面及温湿控制单元、风机控制单元、卷膜控制单元、水帘控制单元、遮阳控制单元、喷淋照明单元共 7 个画面,对大棚内温度、湿度、光照、二氧化碳、交/直流电机及室外气象站风速、风向、雨雪、光照等控制对象进行信号采集,并发出控制命令控制相关执行部件的操作,实现控制功能。由于大棚内温度传感器与智能模块的连线较长,不宜直接将热电偶或热电阻信号直接连入温度采集模块 4018 +, 4015,而需连入温度仪表,输出电流信号至 4017 + 采集。

项目监控对象及 I/O 配置见表 10.30。

表 10.30　大棚温室综合监控系统 I/O 配置表

序号	监控内容	模块	通道号	功能描述
1	室内 1 区温度值	ADAM - 4017 +	AI0	室内 1 区温度采样信号 4 ~ 20 mA
2	室内 2 区温度值	ADAM - 4017 +	AI1	室内 2 区温度采样信号 4 ~ 20 mA
3	室内 1 区湿度值	ADAM - 4017 +	AI2	室内 1 区湿度采样信号 4 ~ 20 mA

续表

序号	监控内容	模块	通道号	功能描述
4	室内2区湿度值	ADAM-4017+	AI3	室内2区湿度采样信号4~20 mA
5	室内光照	ADAM-4017+	AI4	室内光照采样信号4~20 mA
6	二氧化碳	ADAM-4017+	AI5	室内二氧化碳采样信号4~20 mA
7	室外光照	ADAM-4017+	AI6	室外气象站光照采样信号4~20 mA
8	风速	ADAM-4017+	AI7	室外气象站风速采样信号4~20 mA
9	卷膜电机正转	ADAM-4055-1	DO0	1:卷膜电机正转,与下一项均为0时卷膜电机停止
10	卷膜电机反转	ADAM-4055-1	DO1	1:卷膜电机反转,与上一项均为0时卷膜电机停止
11	风机启动/停止	ADAM-4055-1	DO2	1:风机启动;0:风机停止
12	遮阳电机正转	ADAM-4055-1	DO3	1:遮阳电机正转,与下一项均为0时遮阳电机停止
13	遮阳电机反转	ADAM-4055-1	DO4	1:遮阳电机反转,与上一项均为0时遮阳电机停止
14	水帘电机启动/停止	ADAM-4055-1	DO5	1:水帘电机启动;0:水帘电机停止
15	加温控制	ADAM-4055-1	DO6	1:启动锅炉加温;0:停止锅炉加温
16	喷淋电机启动/停止	ADAM-4055-1	DO7	1:喷淋电机启动;0:喷淋电机停止
17	照明	ADAM-4055-2	DO0	1:启动照明;0:停止照明
18	卷膜电机正转信号	ADAM-4055-1	DI0	卷膜电机正转为1,停止为0
19	卷膜电机反转信号	ADAM-4055-1	DI1	卷膜电机反转为1,停止为0
20	风机运行信号	ADAM-4055-1	DI2	风机正转为1,停止为0
21	风机故障信号	ADAM-4055-1	DI3	风机故障为1,正常为0
22	遮阳电机正转信号	ADAM-4055-1	DI4	遮阳电机正转为1,停止为0
23	遮阳电机反转信号	ADAM-4055-1	DI5	遮阳电机反转为1,停止为0
24	遮阳电机故障信号	ADAM-4055-1	DI6	遮阳电机故障为1,正常为0
25	水帘电机运行信号	ADAM-4055-1	DI7	水帘电机运行为1,停止为0
26	水帘电机故障信号	ADAM-4055-2	DI0	水帘电机故障为1,正常为0
27	风向1	ADAM-4055-2	DI1	八方向风向传感器的第1位
28	风向2	ADAM-4055-2	DI2	八方向风向传感器的第2位
29	风向3	ADAM-4055-2	DI3	八方向风向传感器的第3位
30	雨雪	ADAM-4055-2	DI4	雨雪传感器信号,雨雪为1,晴天为0
31	喷淋电机运行信号	ADAM-4055-2	DI5	喷淋电机运行为1,停止为0
32	喷淋电机故障信号	ADAM-4055-2	DI6	喷淋电机故障为1,正常为0
33	照明返回信号	ADAM-4055-2	DI7	启用照明为1,停止照明为0
34	调节加温控制量	ADAM-4024	AO0	用0-20 mA信号调节锅炉加温控制单元
35	调节降温控制量	ADAM-4024	AO1	用0-20 mA信号给定变频器频率,控制水帘电机转速

10.9.3　监控要求

项目具体监控要求如下。

(1)掌握大棚温室综合监控系统控制原理要求及软硬件选型、I/O 配置。

(2)熟练掌握 ADAM－4520,ADAM－4017＋,ADAM－4055,ADAM－4024 多模块组成485 网络的组网方法及电气接线。

(3)熟练掌握 ADAM－4000 Utility 软件对 4017＋,4055 和 4024 各模块的信号测试,地址设置方法及其他通信参数的设置,确保工控机与 485 网络通信正常。

(4)熟练掌握组态王对 4017＋,4055 和 4024 各模块进行通信及测试的方法,保证组态王与 485 网络中各模块通信正常。

(5)在组态王中综合组态本监控系统各单元画面,实现画面动画组态及界面切换,完成系统调试。

10.9.4　实验设备

硬件:研华 IPC－610 工控机、ADAM－4520 模块 1 块、ADAM－4017＋模块 1 块、ADAM－4055 模块 2 块、ADAM－4024 模块 1 块、直流稳压电源、电流信号发生器、电流表、中间继电器、旋钮开关、万用表、实验板、232 通信电缆、导线、剥线钳、螺丝刀等。

软件:ADAM－4000 Utility、组态王 V6.51。

10.9.5　项目步骤

1. 电气连接

连接 ADAM－4520 通信模块、ADAM－4017＋模拟量输入模块、ADAM－4055 开关量模块、ADAM－4024 模拟量输出模块的电源线、网络线如图 10.124 所示,并根据表 10.30 系统 I/O 配置表连接信号线。

2. 建立通信

建立工控机与 485 网络的通信,正确连接工控机 COM1/2 口与 ADAM－4520 的 RS232 口之间的通信电缆。

3. Utility 软件测试

操作步骤如下。

(1)自动搜索 ADAM－4017＋,ADAM－4055 和 ADAM－4024 模块,如图 10.125 所示。在该 485 网络中共有 4017＋,1#4055,2#4055 和 4024 共 4 个模块,4017＋模块的地址为 1,1#4055,2#4055 模块的地址分别为 2,3,4024 模块的地址为 5,即 4017＋,1#4055,2#4055 和 4024 模块在 485 网络中的地址分别为 1,2,3 和 5。

(2)按项目 10 任务 5 的方法对 4017＋模块进行测试,确保工控机与 4017＋模块通信正常;按项目 10 任务 8 的方法对 1#,2#4055 模块进行测试,确保工控机与 2 个 4055 模块通信正常;按项目 10 任务 8 的方法对 4024 模块进行测试,确保工控机与 4024 模块通信正常。

(3)正确设置 4017＋,1#4055,2#4055,4024 模块的通信参数。4017＋,1#4055,2#4055,4024 模块的网络地址应设为不同值,若地址相重,则无法正常通信。正常工作情况下 4017＋,

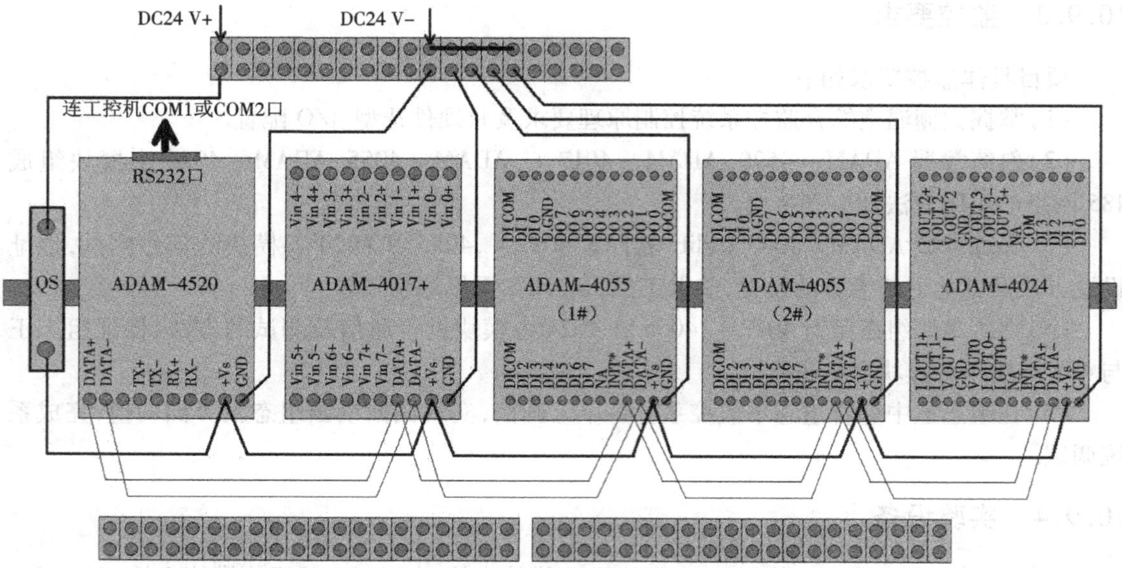

图 10.124　大棚温室综合监控系统模块布置及电源、网络接线图

1 # 4055，2 # 4055，4024 模块的波特率（Baudrate）、校验和（CheckSum）等参数是灰色的，不能直接进行修改，必须在初始化状态下才能进行设置。在本项目中建议将 CheckSum 参数选中，如没有选中，可按模块初始化的要求和步骤将其进行修改。

（4）退出 Utility 软件。

4. 组态王组态

操作步骤如下。

（1）创建一个工程，如 Proj _ nyws。

（2）在工程浏览器树状目录“设备”下的 COM1 或 COM2 口新建设备，分别选择“智能模块”→“亚当 4000 系列”→“Adam4017 + ”→“串行”，“Adam4055”→“串行”（添加 2 个），“Adam4024”→“串行”，在 COM1/2 口分别添加 4017 + ，1#4055，2#4055 和 4024 模块，设备名称分别指定为 m4017p，m4055n1，m4055n2，m4024。

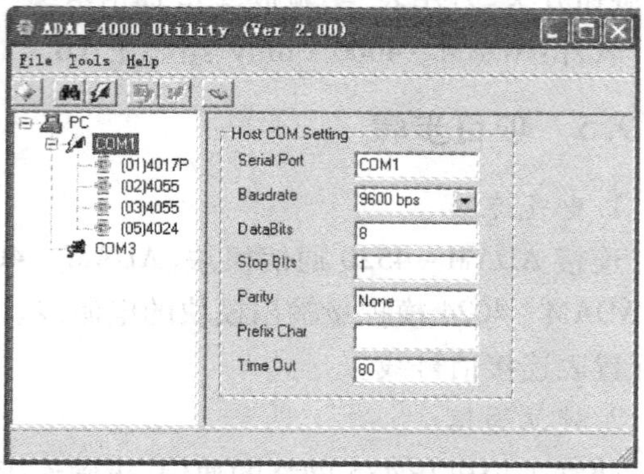

图 10.125　ADAM－4017＋，ADAM－4055 和 ADAM－4024 模块自动搜索画面

（3）设置 4017 + ，1#4055，2#4055，4024 的组态王地址。前面对 4017 + ，1#4055，2#4055，4024 的网络地址已设置，分别为 1，2，3，5，CheckSum 也均已选中，故在组态王的设备地址设置窗口中地址分别设为 1，2，3，5。若 CheckSum 均未选中，则地址应分别为 1. 1，2. 1，3. 1，5. 1。具体可点击“地址帮助”文档参考。

（4）按提示操作完成各模块驱动程序的建立。完成的设备驱动 m4017p，m4055n1，m4055n2，m4024 如图 10. 126 所示。

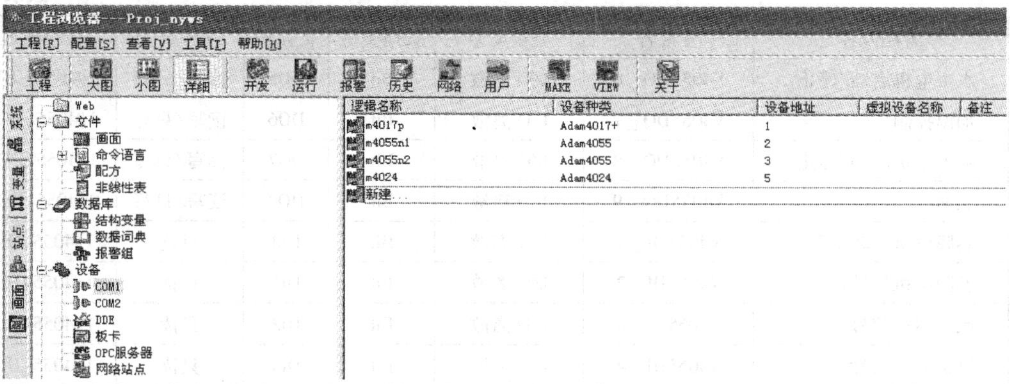

图 10.126　完成的设备驱动 m4017p, m4055n1, m4055n2, m4024

(5)在组态王中对 ADAM 模块进行信号测试。首先在工程浏览器菜单“配置”→“设置串口”弹出的对话框中将校验设为“无校验”。在图 10.126 画面中对设备“m4017p”进行测试,在“设备测试”页按项目 10 任务 5 的方法测试 4017 + 模块与工控机及组态王的通信是否正常。在图 10.126 画面中分别对设备“m4055n1”,“m4055n2”进行测试,在“设备测试”页按项目 10 任务 8 的方法测试 1#4055,2#4055 模块与工控机及组态王的通信是否正常。在图 10.126 画面中对设备“m4024”进行测试,在“设备测试”页按项目 10 任务 8 的方法测试 4024 模块与工控机及组态王的通信是否正常。

(6)在数据词典中新建变量。4017 + 模块变量定义参考项目 10 任务 5,4055 模块变量定义参考项目 10 任务 8,4024 模块变量定义参考项目 10 任务 8,对应变量名、监控内容、变量类型、寄存器、数据类型、读写属性等的设置如表 10.31 所示。

表 10.31　大棚温室综合监控系统变量一览表

序号	监控内容	变量名	变量类型	数据类型	寄存器	读写属性	模块通道
1	室内 1 区温度值	V4017P_1	I/O 实数	FLOAT	AI0	只读	4017 + :AI0
2	室内 2 区温度值	V4017P_2	I/O 实数	FLOAT	AI1	只读	4017 + :AI1
3	室内 1 区湿度值	V4017P_3	I/O 实数	FLOAT	AI2	只读	4017 + :AI2
4	室内 2 区湿度值	V4017P_4	I/O 实数	FLOAT	AI3	只读	4017 + :AI3
5	室内光照	V4017P_5	I/O 实数	FLOAT	AI4	只读	4017 + :AI4
6	二氧化碳	V4017P_6	I/O 实数	FLOAT	AI5	只读	4017 + :AI5
7	室外光照	V4017P_7	I/O 实数	FLOAT	AI6	只读	4017 + :AI6
8	风速	V4017P_8	I/O 实数	FLOAT	AI7	只读	4017 + :AI7
9	卷膜电机正转	V4055DO_1	I/O 离散	Bit	DO0	读写/只写	1#4055:DO0
10	卷膜电机反转	V4055DO_2	I/O 离散	Bit	DO1	读写/只写	1#4055:DO1
11	风机启动/停止	V4055DO_3	I/O 离散	Bit	DO2	读写/只写	1#4055:DO2
12	遮阳电机正转	V4055DO_4	I/O 离散	Bit	DO3	读写/只写	1#4055:DO3
13	遮阳电机反转	V4055DO_5	I/O 离散	Bit	DO4	读写/只写	1#4055:DO4

续表

序号	监控内容	变量名	变量类型	数据类型	寄存器	读写属性	模块通道
14	水帘电机启动/停止	V4055DO _ 6	I/O 离散	Bit	DO5	读写/只写	1#4055:DO5
15	加温控制	V4055DO _ 7	I/O 离散	Bit	DO6	读写/只写	1#4055:DO6
16	喷淋电机启动/停止	V4055DO _ 8	I/O 离散	Bit	DO7	读写/只写	1#4055:DO7
17	照明	V4055DO _ 9	I/O 离散	Bit	DO0	读写/只写	2#4055:DO0
18	卷膜电机正转信号	V4055DI _ 1	I/O 离散	Bit	DI0	只读	1#4055:DI0
19	卷膜电机反转信号	V4055DI _ 2	I/O 离散	Bit	DI1	只读	1#4055:DI1
20	风机运行信号	V4055DI _ 3	I/O 离散	Bit	DI2	只读	1#4055:DI2
21	风机故障信号	V4055DI _ 4	I/O 离散	Bit	DI3	只读	1#4055:DI3
22	遮阳电机正转信号	V4055DI _ 5	I/O 离散	Bit	DI4	只读	1#4055:DI4
23	遮阳电机反转信号	V4055DI _ 6	I/O 离散	Bit	DI5	只读	1#4055:DI5
24	遮阳电机故障信号	V4055DI _ 7	I/O 离散	Bit	DI6	只读	1#4055:DI6
25	水帘电机运行信号	V4055DI _ 8	I/O 离散	Bit	DI7	只读	1#4055:DI7
26	水帘电机故障信号	V4055DI _ 9	I/O 离散	Bit	DI0	只读	2#4055:DI0
27	风向 1	V4055DI _ 10	I/O 离散	Bit	DI1	只读	2#4055:DI1
28	风向 2	V4055DI _ 11	I/O 离散	Bit	DI2	只读	2#4055:DI2
29	风向 3	V4055DI _ 12	I/O 离散	Bit	DI3	只读	2#4055:DI3
30	雨雪	V4055DI _ 13	I/O 离散	Bit	DI4	只读	2#4055:DI4
31	喷淋电机运行信号	V4055DI _ 14	I/O 离散	Bit	DI5	只读	2#4055:DI5
32	喷淋电机故障信号	V4055DI _ 15	I/O 离散	Bit	DI6	只读	2#4055:DI6
33	照明返回信号	V4055DI _ 16	I/O 离散	Bit	DI7	只读	2#4055:DI7
34	调节加温控制量	V4024 _ 1	I/O 实数	FLOAT	AO0	读写/只写	4024:AO0
35	调节降温控制量	V4024 _ 2	I/O 实数	FLOAT	AO1	读写/只写	4024:AO1
36	控制风机旋转	叶片旋转	内存整数	—	—	—	—
37	控制卷膜动画	卷帘	内存整数	—	—	—	—
38	控制水帘动画	水流	内存整数	—	—	—	—
39	控制遮阳帘动画	遮阳帘	内存整数	—	—	—	—
40	控制喷淋动画	水滴	内存整数	—	—	—	—

(7)新建画面,添加文本、时间等对象,其 HMI 主画面如图 10.127 所示。建立主画面各对象与变量的关联,实现动画效果。各对象的动画连接见表 10.32。

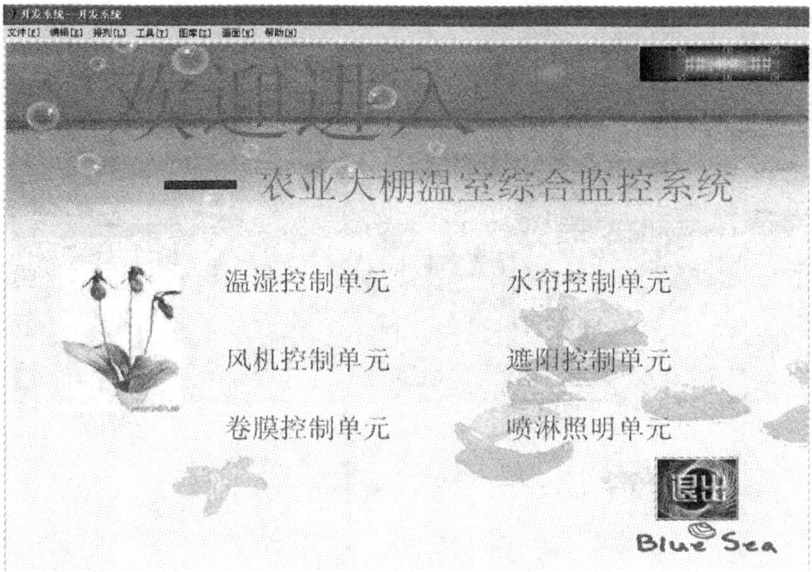

图 10.127　大棚温室综合监控系统主画面

表 10.32　主画面对象动画连接一览表

对象动画描述	命令语言/表达式
文本“温室控制单元”动画连接“按下时”命令语言	ShowPicture(“温湿控制单元”);
文本“风机控制单元”动画连接“按下时”命令语言	ShowPicture(“风机控制单元”);
文本“卷膜控制单元”动画连接“按下时”命令语言	ShowPicture(“卷膜控制单元”);
文本“水帘控制单元”动画连接“按下时”命令语言	ShowPicture(“水帘控制单元”);
文本“遮阳控制单元”动画连接“按下时”命令语言	ShowPicture(“遮阳控制单元”);
文本“喷淋控制单元”动画连接“按下时”命令语言	ShowPicture(“喷淋控制单元”);
文本“##:##:##”动画连接“字符串输出” 表达式	\\本站点\$时间
按钮“退出”动画连接“弹起时”命令语言	Exit(0);

(8)温湿控制单元画面如图 10.128 所示:设计室内温度、湿度、光照、二氧化碳及室外气象站风速、雨雪、风向、光照等采集信号的显示画面;输出模拟量信号控制锅炉等加热设备,实现加温可调节;建立各显示对象与变量的关联,实现动画效果,其动画连接见表 10.33。可在室外气象站适当位置添加风速、雨雪、风向、光照等采集信号的动画显示。

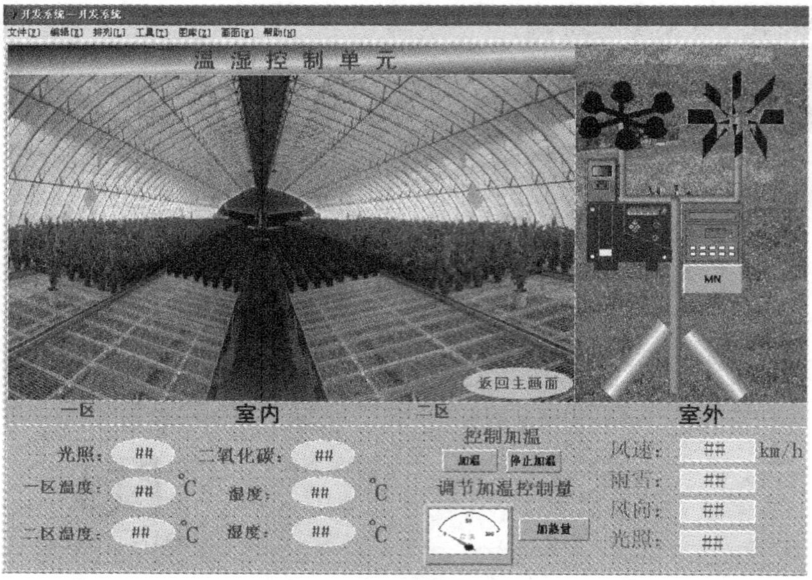

图 10.128　温湿控制单元画面

表 10.33　温湿控制单元对象动画连接一览表

<table>
<tr><th>对象动画描述</th><th>命令语言/表达式</th></tr>
<tr><td>1 区温度显示“##”动画连接模拟值输出连接表达式</td><td>\\本站点\V4017P_1(需进行量程变换)</td></tr>
<tr><td>2 区温度显示“##”动画连接模拟值输出连接表达式</td><td>\\本站点\V4017P_2(需进行量程变换)</td></tr>
<tr><td>1 区湿度显示“##”动画连接模拟值输出连接表达式</td><td>\\本站点\V4017P_3(需进行量程变换)</td></tr>
<tr><td>2 区湿度显示“##”动画连接模拟值输出连接表达式</td><td>\\本站点\V4017P_4(需进行量程变换)</td></tr>
<tr><td>光照显示“##”动画连接模拟值输出连接表达式</td><td>\\本站点\V4017P_5</td></tr>
<tr><td>二氧化碳显示“##”动画连接模拟值输出连接表达式</td><td>\\本站点\V4017P_6</td></tr>
<tr><td>按钮“加温”动画连接“按下时”命令语言</td><td>\\本站点\V4055DO_7 = 1;</td></tr>
<tr><td>按钮“停止加温”动画连接“按下时”命令语言</td><td>\\本站点\V4055DO_7 = 0;</td></tr>
<tr><td>按钮“加热量” 动画连接模拟量输入连接变量名</td><td>\\本站点\V4024_1</td></tr>
<tr><td>仪表盘动画连接变量名</td><td>\\本站点\V4024_1</td></tr>
<tr><td>室外光照显示“##”动画连接模拟值输出连接表达式</td><td>\\本站点\V4017P_7</td></tr>
<tr><td>风速显示“##”动画连接模拟值输出连接表达式</td><td>\\本站点\V4017P_8</td></tr>
<tr><td>雨雪显示“##”动画连接离散值输出连接条件表达式</td><td>\\本站点\V4055DI_13</td></tr>
<tr><td>风向显示“东”动画连接隐含条件表达式</td><td>\\本站点\V4055DI_12 = = 0||\\本站点\V4055DI_11 = = 0||\\本站点\V4055DI_10 = = 0</td></tr>
<tr><td>风向显示“南”动画连接隐含条件表达式</td><td>\\本站点\V4055DI_12 = = 0||\\本站点\V4055DI_11 = = 0||\\本站点\V4055DI_10 = = 1</td></tr>
<tr><td>风向显示“西”动画连接隐含条件表达式</td><td>\\本站点\V4055DI_12 = = 0||\\本站点\V4055DI_11 = = 1||\\本站点\V4055DI_10 = = 0</td></tr>
<tr><td>风向显示“北” 动画连接隐含条件表达式</td><td>\\本站点\V4055DI_12 = = 0||\\本站点\V4055DI_11 = = 1||\\本站点\V4055DI_10 = = 1</td></tr>
</table>

续表

对象动画描述	命令语言/表达式
风向显示“东南”动画连接隐含条件表达式	\\本站点\V4055DI _12 = =1 || \\本站点\V4055DI _11 = =0 || \\本站点\V4055DI _10 = =0
风向显示“西南”动画连接隐含条件表达式	\\本站点\V4055DI _12 = =1 || \\本站点\V4055DI _11 = =0 || \\本站点\V4055DI _10 = =1
风向显示“西北”动画连接隐含条件表达式	\\本站点\V4055DI _12 = =1 || \\本站点\V4055DI _11 = =1 || \\本站点\V4055DI _10 = =0
风向显示“东北”动画连接隐含条件表达式	\\本站点\V4055DI _12 = =1 || \\本站点\V4055DI _11 = =1 || \\本站点\V4055DI _10 = =1
按钮“返回主画面”动画连接“按下时”命令语言	ShowPicture(“主画面”);

(9)风机控制单元如图 10.129 所示：设计大棚内风机(交流电机)启动及停止控制按钮，并对风机运行状态及故障信号进行监视，设置 3 层风机实现运行时旋转功能，故障时指示灯醒目报警，各对象与变量的动画连接见表 10.34。

图 10.129　风机控制单元画面

表 10.34　风机控制单元对象动画连接一览表

对象动画描述	命令语言/变量名/表达式
风机启动停止开关动画连接变量名	\\本站点\V4055DO _3
0 层风机动画连接隐含连接条件表达式	叶片旋转 = =1
1 层风机动画连接隐含连接条件表达式	叶片旋转 = =0
2 层风机不建立动画连接	对应叶片旋转 =2 的情况

①风机故障信号灯动画连接变量名：

\\本站点\V4055DI _4

②按钮“返回主画面”动画连接“按下时”命令语言：

ShowPicture(“主画面”)；

③在应用程序命令语言中编写程序控制风机叶片旋转：

```
if(\\本站点\V4055DI_3)
叶片旋转=叶片旋转+1;
if(叶片旋转>1)
叶片旋转=0;
if(\\本站点\V4055DI_3==0)
叶片旋转=2;
```

(10)卷膜控制单元如图10.130所示：设计大棚内侧窗卷膜电机(直流电机)正转、反转及停止控制按钮，并在组态的仿真画面中根据卷膜电机正反转运行状态信号控制升帘及落帘，设置12个卷帘条实现升帘及落帘动画，其升帘及落帘控制信号来自4055的开关量输入信号：卷膜电机正转/反转信号，各对象与变量的动画连接见表10.35。在应用程序命令语言中编写程序控制升帘及降帘：

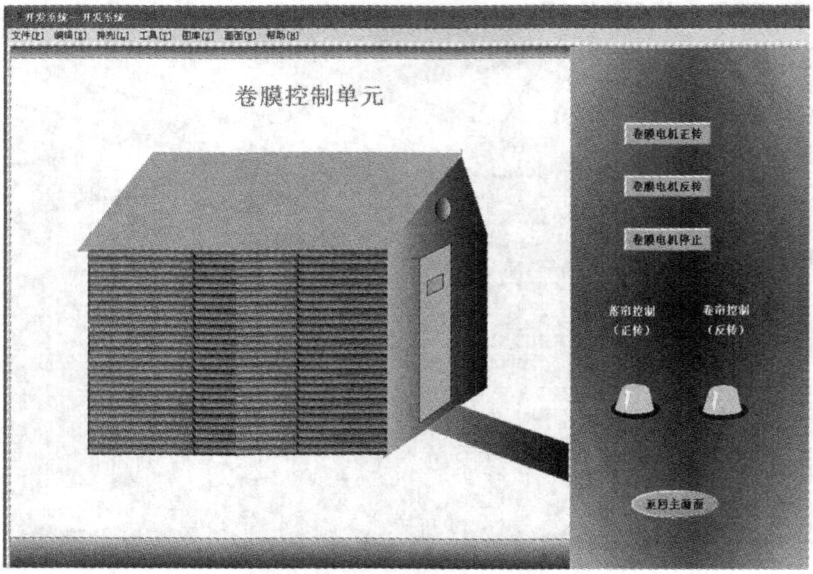

(一)

(二)

图10.130 卷膜控制单元组态画面

表10.35 卷膜控制单元对象动画连接一览表

对象动画描述	命令语言/变量名/表达式
按钮“卷膜电机正转”动画连接“按下时”命令语言	\\本站点\V4055DO_1=1; \\本站点\V4055DO_2=0;
按钮“卷膜电机反转”动画连接“按下时”命令语言	\\本站点\V4055DO_2=1; \\本站点\V4055DO_1=0;

续表

<table>
<tr><th>对象动画描述</th><th>命令语言/变量名/表达式</th></tr>
<tr><td>按钮“卷膜电机停止”动画连接“按下时”命令语言</td><td>\\本站点\V4055DO _1 =0;
\\本站点\V4055DO _2 =0;</td></tr>
<tr><td>1#卷帘条动画连接隐含连接条件表达式(从上到下排序)</td><td>卷帘 = =1||卷帘 = =2||卷帘 = =3||卷帘 = =4||卷帘 = =5||卷帘 = =6||卷帘 = =7||卷帘 = =8||卷帘 = =9||卷帘 = =10||卷帘 = =11||卷帘 = =12</td></tr>
<tr><td>2#卷帘条动画连接隐含连接条件表达式</td><td>卷帘 = =2||卷帘 = =3||卷帘 = =4||卷帘 = =5||卷帘 = =6||卷帘 = =7||卷帘 = =8||卷帘 = =9||卷帘 = =10||卷帘 = =11||卷帘 = =12</td></tr>
<tr><td>……</td><td>……</td></tr>
<tr><td>11#卷帘条动画连接隐含连接条件表达式</td><td>卷帘 = =11||卷帘 = =12</td></tr>
<tr><td>12#卷帘条动画连接隐含连接条件表达式</td><td>卷帘 = =12</td></tr>
<tr><td>落帘控制指示灯动画连接变量名</td><td>\\本站点\ V4055DI _1</td></tr>
<tr><td>升帘控制指示灯动画连接变量名</td><td>\\本站点\ V4055DI _2</td></tr>
<tr><td>按钮“返回主画面”动画连接“按下时”命令语言</td><td>ShowPicture(“主画面”);</td></tr>
</table>

```
//正转,落帘
if(\\本站点\ V4055DI _1 = =1&&\\本站点\卷帘 <12)
\\本站点\卷帘 = \\本站点\卷帘 +1;
//反转,升帘
if(\\本站点\V4055DI _2 = =1&&\\本站点\卷帘 >0)
\\本站点\卷帘 = \\本站点\卷帘 -1;
```

(11)水帘控制单元:本单元主要实现降温作用,也有增加湿度的功能。如图 10.131 所示,设计大棚内水帘电机(交流电机)启动及停止控制按钮;在组态的仿真画面中根据水帘电机运行状态信号控制水帘动画显示,设置 18 个水帘条实现水帘动画;故障时指示灯醒目报警;设置降温控制按钮,输出模拟量信号控制变频器并进而控制水帘电机速度,达到降温控制目的。各对象与变量的动画连接见表 10.36。在应用程序命令语言中编写程序控制水帘动画:

表 10.36　水帘控制单元对象动画连接一览表

<table>
<tr><th>对象动画描述</th><th>命令语言/变量名/表达式</th></tr>
<tr><td>水帘电机(泵)启动停止开关动画连接变量名</td><td>\\本站点\V4055DO _6</td></tr>
<tr><td>水帘电机(泵)动画连接变量名</td><td>\\本站点\V4055DO _6</td></tr>
<tr><td>1#水帘条动画连接隐含连接条件表达式(从上到下排序)</td><td>水流 = =1||水流 = =2||水流 = =3||水流 = =4||水流 = =5||水流 = =6||水流 = =7||水流 = =8||水流 = =9||水流 = =10||水流 = =11||水流 = =12||水流 = =13||水流 = =14||水流 = =15||水流 = =16||水流 = =17||水流 = =18</td></tr>
</table>

续表

对象动画描述	命令语言/变量名/表达式
2#水帘条动画连接隐含连接条件表达式	水流 = =2||水流 = =3||水流 = =4||水流 = =5||水流 = =6||水流 = =7||水流 = =8||水流 = =9||水流 = =10||水流 = =11||水流 = =12||水流 = =13||水流 = =14||水流 = =15||水流 = =16||水流 = =17||水流 = =18
……	……
17#水帘条动画连接隐含连接条件表达式	水流 = =17||水流 = =18
18#水帘条动画连接隐含连接条件表达式	水流 = =18
水帘电机运行状态指示灯动画连接变量名	\\本站点\V4055DI _8
水帘电机故障指示灯动画连接变量名	\\本站点\V4055DI _9
按钮"降温控制量" 动画连接模拟量输入连接变量名	\\本站点\V4024 _2
仪表盘动画连接变量名	\\本站点\V4024 _2
按钮"返回主画面"动画连接"按下时"命令语言	ShowPicture("主画面");

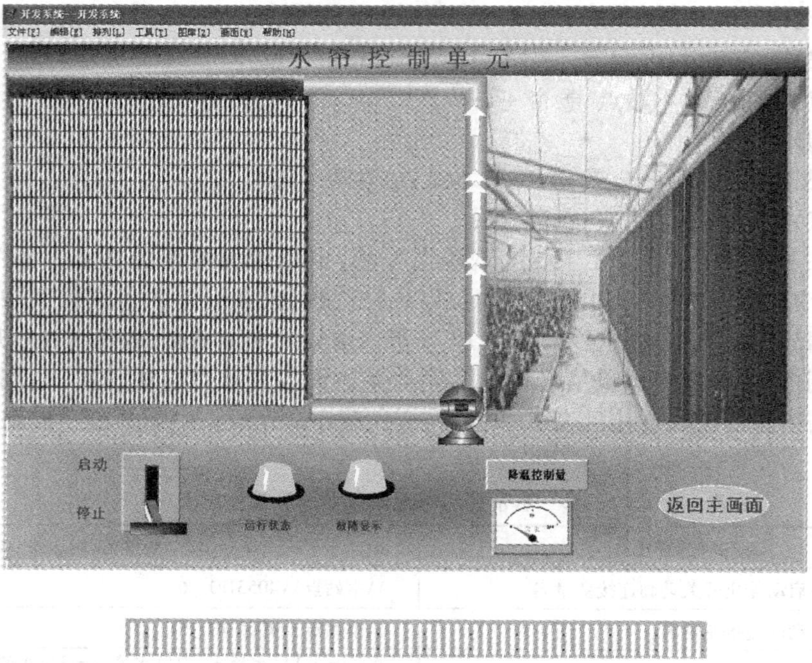

图 10.131　水帘控制单元组态画面

```
if( \\本站点\ V4055DI _8 = =1&&\\本站点\ V4055DI _9 = =0)
\\本站点\水流 = \\本站点\水流 +1;
if( \\本站点\水流 =18)
\\本站点\水流 =0;
```

管路中水流的流动可参照上面的方法实现动画效果。

(12)遮阳控制单元如图 10.132 所示:设计大棚顶部遮阳电机(交流电机)正转、反转及停止控制按钮,并在组态的仿真画面中根据遮阳电机正反转运行状态信号控制遮阳帘打开和关闭动作,左右对称各设置 16 个遮阳帘实现动画,其遮阳帘打开和关闭控制信号来自 4055 的开关量输入信号,即遮阳电机正转/反转信号。各对象与变量的动画连接见表 10.37。在应用程序命令语言中编写程序控制遮阳帘打开及关闭:

图 10.132　遮阳控制单元组态画面

表 10.37　遮阳控制单元对象动画连接一览表

对象动画描述	命令语言/变量名/表达式
按钮"遮阳电机正转"动画连接"按下时"命令语言	\\本站点\V4055DO _4 =1; \\本站点\V4055DO _5 =0;
按钮"遮阳电机反转"动画连接"按下时"命令语言	\\本站点\V4055DO _5 =1; \\本站点\V4055DO _4 =0;
按钮"遮阳电机停止"动画连接"按下时"命令语言	\\本站点\V4055DO _4 =0; \\本站点\V4055DO _5 =0;
1#遮阳帘条动画连接隐含连接条件表达式(从中间往左或右排序)	遮阳帘 = =1
2#遮阳帘条动画连接隐含连接条件表达式	遮阳帘 = =1||遮阳帘 = =2
……	……
15#遮阳帘条动画连接隐含连接条件表达式	遮阳帘 = =1||遮阳帘 = =2||遮阳帘 = =3||遮阳帘 = =4||遮阳帘 = =5||遮阳帘 = =6||遮阳帘 = =7||遮阳帘 = =8||遮阳帘 = =9||遮阳帘 = =10||遮阳帘 = =11||遮阳帘 = =12||遮阳帘 = =13||遮阳帘 = =14||遮阳帘 = =15

续表

对象动画描述	命令语言/变量名/表达式
16#遮阳帘条动画连接隐含连接条件表达式	遮阳帘 = =1||遮阳帘 = =2||遮阳帘 = =3||遮阳帘 = =4||遮阳帘 = =5||遮阳帘 = =6||遮阳帘 = =7||遮阳帘 = =8||遮阳帘 = =9||遮阳帘 = =10||遮阳帘 = =11||遮阳帘 = =12||遮阳帘 = =13||遮阳帘 = =14||遮阳帘 = =15||遮阳帘 = =16
遮阳帘打开状态指示灯动画连接变量名	\\本站点\ V4055DI _5
遮阳帘关闭状态指示灯动画连接变量名	\\本站点\ V4055DI _6
遮阳电机故障状态指示灯动画连接变量名	\\本站点\ V4055DI _7
按钮“返回主画面”动画连接“按下时”命令语言	ShowPicture(“主画面”);

//正转,遮阳帘打开

if(\\本站点\ V4055DI _5 = =1&&\\本站点\ V4055DI _7 = =0&&\\本站点\遮阳帘 < 17)

\\本站点\遮阳帘 = \\本站点\遮阳帘 +1;

//反转,遮阳帘关闭

if(\\本站点\V4055DI _6 = =1&&\\本站点\ V4055DI _7 = =0&&\\本站点\遮阳帘 >0)

\\本站点\遮阳帘 = \\本站点\遮阳帘 -1;

(13)喷淋照明单元如图 10.133 所示:设计喷淋电机启停控制按钮,并在仿真画面中根据喷淋电机运行状态控制喷淋动作,设置 3 层水滴;设计照明控制按钮,根据照明返回信号控制室内照明。各对象与变量的动画连接见表 10.38。在应用程序命令语言中编写程序控制喷淋动画:

图 10.133　喷淋照明单元画面

表 10.38 喷淋照明单元画面对象动画连接一览表

对象动画描述	命令语言/变量名/表达式
喷淋控制按钮动画连接变量名	\\本站点\V4055DO _ 8
照明控制按钮动画连接变量名	\\本站点\V4055DO _ 9
第 1 层水滴动画连接隐含连接条件表达式(从上往下排序)	水滴 = =0||水滴 = =1||水滴 = =2
第 2 层水滴动画连接隐含连接条件表达式	水滴 = =1||水滴 = =2
第 3 层水滴动画连接隐含连接条件表达式	水滴 = =2
喷淋电机故障指示灯动画连接变量名	\\本站点\V4055DI _ 15
照明指示灯动画连接变量名	\\本站点\V4055DI _ 16
按钮“返回主画面”动画连接“按下时”命令语言	ShowPicture(“主画面”);

```
if(\\\本站点\ V4055DI _ 14 = =1&&\\本站点\V4055DI _ 15 = =0)
\\本站点\水滴 = \\本站点\水滴 +1;
if(\\本站点\水滴 >3)
\\本站点\水滴 =0;
```

10.9.6 项目拓展

ADAM－4024 模块是 4 路模拟量输出模块,同时带有 4 路开关量输入。在组态王中,其开关量输入信号的采集不支持按位操作,必须按字节操作。图 10.134 所示为变量 V4024DI 定义画面,对应变量类型为 I/O 整数,寄存器为 DI,数据类型为 BYTE。

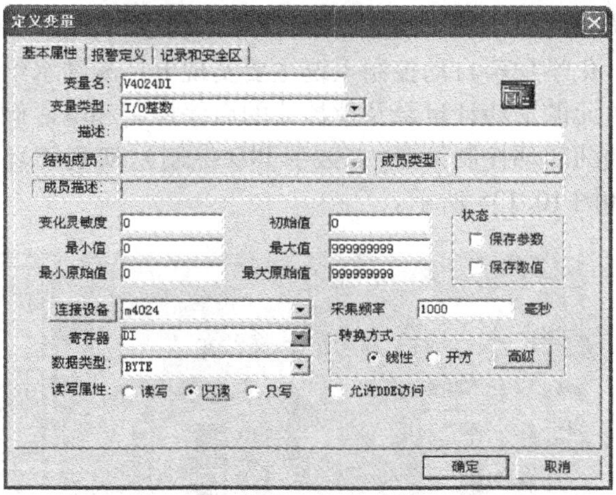

图 10.134 按 BYTE 方式定义 4024 模块输入变量

4024 的 4 路开关量输入信号 DI0 ~ DI3 按字节读入后,需进行解析,其方法为采用 Bit 函数来取一个整型变量某一位的值,使用格式为:

OnOff = Bit(V4024DI , bitNo)

其中:V4024DI 为定义的读入 4024 开关量信号的整型变量。

bitNo 为位的序号,取值 1 到 4,对应 DI0 ~ DI3。

OnOff 为返回值,若变量 V4024DI 的第 bitNo 位为 0,返回值 OnOff 为 0;若 V4024DI 的第 bitNo 位为 1,返回值 OnOff 为 1。

具体应用实例:

定义 4024 开关量输入通道 DI0,DI1,DI2,DI3 对应变量分别为 V4024DI _ 1,V4024DI _ 2,V4024DI _ 3,V4024DI _ 4,均为内存离散变量,在画面属性命令语言中输入:

```
V4024DI _ 1 = Bit(V4024DI , 1);
V4024DI _ 2 = Bit(V4024DI , 2);
```

V4024DI _ 3 = Bit(V4024DI , 3) ;

V4024DI _ 4 = Bit(V4024DI , 4) ;

刷新时间改为 1 000 ms，则每隔 1 s 变量值刷新一次。

注意，在使用 4024 开关量输入通道时，不能与模拟量输出同时使用，即如果通道 AOi(i = 0,1,2,3)已被用作模拟量输出，则 DIi 不能使用，因为通道 AI i 的输出受 DIi 的影响：即当 DIi =0 时，AOi 可正常输出，当 DIi =1 时，AOi 按一固定值输出，数值不可调节。这点可在 Utility 软件中进行测试验证。

项目 10.10　电厂化学加药自动控制系统

10.10.1　项目背景描述及任务目标

在电厂综合化的化学水处理系统中，化学加药自动控制系统是必不可少的子系统，主要实现对整个电厂水汽热力循环系统中水和汽的品质参数监控，并根据参数品质要求，实现加氨、加联氨和协调磷酸盐的自动控制，这对于保证热力系统水汽品质，确保锅炉、汽轮机、热力管道等重要设备的长期安全、稳定、可靠运行，起着十分重要的作用。在工程设计中，常常将这个子系统作为一个相对独立的 SCADA 系统进行设计。

化学加药自动控制系统主要实现电厂凝结水给水加氨、给水加联氨、炉水协调磷酸盐等加药单元的加药计量泵及搅拌器的启停控制和电磁阀的通断及加药泵的转速或冲程控制，并设计加药闭环控制策略(如数字 PID 控制)，实现闭环全自动控制。以加氨系统为例，其工作画面如图 10.135 所示。

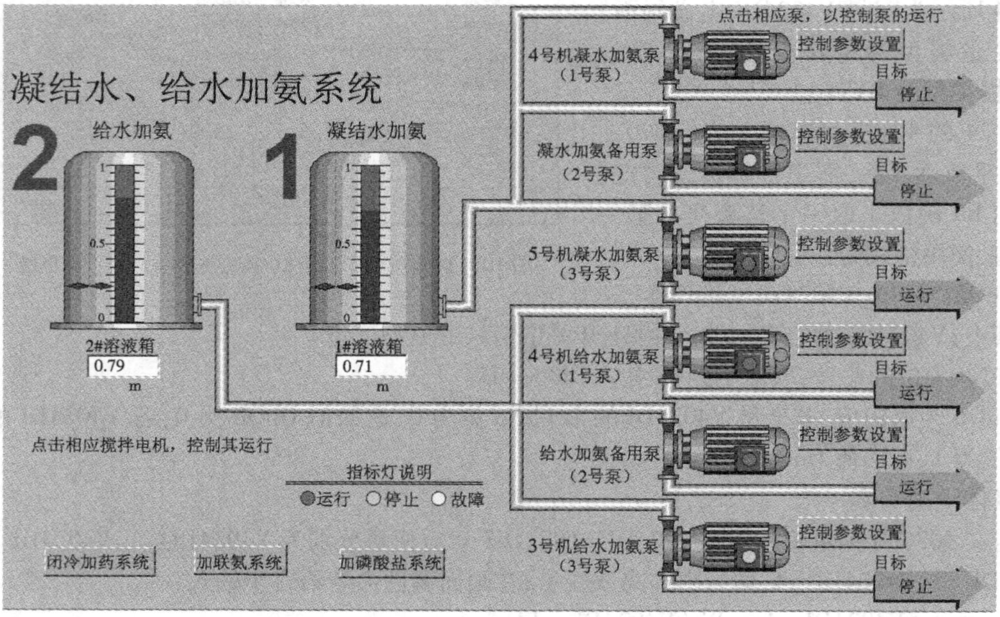

图 10.135　化学加药自动控制(加氨)工作画面

项目任务目标见表 10.39。

表 10.39　电厂化学加药系统项目任务目标

任务	任务目标	
	能力(技能)目标	知识目标
任务 1:掌握电厂化学加药系统控制原理及 HMI 组态要求	1. 根据电厂化学加药真实系统,构建数据采集与监控系统 2. 掌握该系统电气控制原理及模块选型依据 3. 确定系统 HMI 组态要求	掌握电厂化学加药系统有关项目背景知识及电气控制知识
任务 2:掌握 ADAM - 5000TCP 控制器硬件配置及系统电气接线,进行信号在线测试	1. 掌握 ADAM - 5000TCP 控制器及其模块配置和组网 2. 掌握 5017,5024,5051,5056 模块电气接线及信号测试	掌握 5000TCP 控制器及 5017,5024,5051,5056 模块有关知识
任务 3:建立 WebAccess 组态,与 5000TCP 控制器通信,进行 HMI 组态,TCL 语言编程,系统调试	1. 掌握 WebAccess 与 5000TCP 控制器通信及与 5017,5024,5051,5056 模块的变量定义 2. 进行 HMI 组态,TCL 语言编程及系统调试	掌握 WebAccess 组态知识,TCL 语言编程有关知识

10.10.2　系统软硬件选型及 I/O 配置

本项目以某出口电厂两台 300MW 火力发电机组的化学加药监控系统为设计对象和控制模型,硬件采用研华公司先进的工业以太网产品 ADAM - 5000TCP 及其 5000 系列智能模块,HMI 界面采用研华公司发布的完全基于浏览器网络技术的 WebAccess 软件(在组态软件市场中,该软件构思新颖,技术领先),组成为一个工控 SCADA 系统。

该项目模拟量输入(Ai)共 43 路,需 6 块 5017 模块;模拟量输出(Ao)共 9 路,需 3 块 5024 模块,数字量输入(Di)共 73 路,需 5 块 5051 模块;数字量输出(Do)共 21 路,需 2 块 5056 模块。系统共用 2 台 ADAM - 5000TCP 控制器。模块具体分布见表 10.40。

表 10.40　模块配置

基座号	插槽 0	插槽 1	插槽 2	插槽 3	插槽 4	插槽 5	插槽 6	插槽 7
1#5000TCP	5017	5017	5017	5017	5017	5017	5024	5024
2#5000TCP	5024	5051	5051	5051	5051	5051	5056	5056

网络连线:本系统因需配置 2 个 ADAM - 5000TCP 控制器,故采用直连线以太网电缆,将工控机网卡的 RJ45 口、5000TCP 模块的 RJ45 口均连至交换机的 RJ45 口。

项目的 I/O 配置如下。

(1)水汽取样测点及其地址、变量名等见表 10.41。

表 10.41　水汽取样测点 I/O 配置

序号	名称	电气属性(Ai)	来自	选用测量范围	模块号/地址	变量名
1	1#除氧器出口溶解氧	4 ~ 20 mA	氧表	0 ~ 20 μg/L	5017 - 0/40001	Ai11

续表

序号	名称	电气属性(Ai)	来自	选用测量范围	模块号/地址	变量名
2	1#省煤器入口导电度	4～20 mA	导电度表	0～1.0 μS/cm	5017－0/40002	Ai12
3	1#省煤器入口 pH	4～20 mA	pH 表	pH 2～12	5017－0/40003	Ai13
4	1#汽包炉水导电度	4～20 mA	导电度表	0～100 μS/cm	5017－0/40004	Ai14
5	1#汽包炉水 pH	4～20 mA	pH 表	pH 2～12	5017－0/40005	Ai15
6	1#汽包炉水硅	4～20 mA	硅表	0～300 μg/L	5017－0/40006	Ai16
7	1#饱和蒸汽导电度	4～20 mA	导电度表	0～1.0 μS/cm	5017－0/40007	Ai17
8	1#过热蒸汽导电度	4～20 mA	导电度表	0～1.0 μS/cm	5017－0/40008	Ai18
9	1#过热蒸汽硅	4～20 mA	硅表	0～50 μg/L	5017－1/40009	Ai19
10	1#主凝泵出口导电度	4～20 mA	导电度表	0～1.0 μS/cm	5017－1/40010	Ai110
11	1#主凝泵出口 pH	4～20 mA	pH 表	pH 2～12	5017－1/40011	Ai111
12	1#主凝泵出口溶解氧	4～20 mA	氧表	0～100 μg/L	5017－1/40012	Ai112
13	1#生产回水导电度	4～20 mA	导电度表	0～10 μS/cm	5017－1/40013	Ai113
14	2#除氧器出口溶解氧	4～20 mA	氧表	0～20 μg/L	5017－1/40014	Ai21
15	2#省煤器入口导电度	4～20 mA	导电度表	0～1.0 μS/cm	5017－1/40015	Ai22
16	2#省煤器入口 pH	4～20 mA	pH 表	pH 2～12	5017－1/40016	Ai23
17	2#汽包炉水导电度	4～20 mA	导电度表	0～100 μS/cm	5017－2/40017	Ai24
18	2#汽包炉水 pH	4～20 mA	pH 表	pH 2～12	5017－2/40018	Ai25
19	2#汽包炉水硅	4～20 mA	硅表	0～300 μg/L	5017－2/40019	Ai26
20	2#饱和蒸汽导电度	4～20 mA	导电度表	0～1.0 μS/cm	5017－2/40020	Ai27
21	2#过热蒸汽导电度	4～20 mA	导电度表	0～1.0 μS/cm	5017－2/40021	Ai28
22	2#过热蒸汽硅	4～20 mA	硅表	0～50 μg/L	5017－2/40022	Ai29
23	2#主凝泵出口导电度	4～20 mA	导电度表	0～1.0 μS/cm	5017－2/40023	Ai210
24	2#主凝泵出口 pH	4～20 mA	pH 表	pH 2～12	5017－2/40024	Ai211
25	2#主凝泵出口溶解氧	4～20 mA	氧表	0～100 μg/L	5017－3/40025	Ai212
26	2#生产回水导电度	4～20 mA	导电度表	0～10 μS/cm	5017－3/40026	Ai213
27	1 号给水流量信号	4～20 mA	流量计		5017－3/40027	Ai214
28	2 号给水流量信号	4～20 mA	流量计		5017－3/40028	Ai215

(2)温度检测点(开关量)及其地址、变量名等见表 10.42。

表 10.42　温度检测点(开关量)I/O 配置

序号	名称	电气属性(Di)	来自	模块号/地址	变量名
1	1#除氧器出口温度高	digital	温度开关	5051－0/00017	Di11
2	1#省煤器入口温度高	digital	温度开关	5051－0/00018	Di12
3	1#汽包炉水温度高	digital	温度开关	5051－0/00019	Di13
4	1#饱和蒸汽温度高	digital	温度开关	5051－0/00020	Di14

续表

序号	名称	电气属性(Di)	来自	模块号/地址	变量名
5	1#过热蒸汽温度高	digital	温度开关	5051 -0/00021	Di15
6	2#除氧器出口温度高	digital	温度开关	5051 -0/00022	Di21
7	2#省煤器入口温度高	digital	温度开关	5051 -0/00023	Di22
8	2#汽包炉水温度高	digital	温度开关	5051 -0/00024	Di23
9	2#饱和蒸汽温度高	digital	温度开关	5051 -0/00025	Di24
10	2#过热蒸汽温度高	digital	温度开关	5051 -0/00026	Di25
11	1#除盐水泵工作	digital	高温架控制箱	5051 -0/00027	Di16
12	2#除盐水泵工作	digital	高温架控制箱	5051 -0/00028	Di26
13	预冷箱液位低	digital	高温架控制箱	5051 -0/00029	Di17
14	工业冷却水流量低	digital	高温架控制箱	5051 -0/00030	Di18
15	除盐冷却水流量低	digital	高温架控制箱	5051 -0/00031	Di19
16	除盐冷却水温度高	digital	高温架控制箱	5051 -0/00032	Di110

(3)加药系统信号及其地址、变量名等见表10.43。

表10.43 加药系统信号I/O配置

序号	名称	I/O类型	电气属性	模块号/地址	变量名
	变频控制信号				
1	1号氨泵变频控制信号	AO	4~20 mA	5024 -0/40049	AoAN1
2	2号氨泵变频控制信号	AO	4~20 mA	5024 -0/40050	AoAN2
3	3号泵变频控制信号	AO	4~20 mA	5024 -0/40051	AoAN3
4	1号联氨泵变频控制信号	AO	4~20 mA	5024 -0/40052	AoHZ1
5	2号联氨泵变频控制信号	AO	4~20 mA	5024 -1/40057	AoHZ2
6	3号联氨泵变频控制信号	AO	4~20 mA	5024 -1/40058	AoHZ3
7	1号磷泵变频控制信号	AO	4~20 mA	5024 -1/40059	AoP1
8	2号磷泵变频控制信号	AO	4~20 mA	5024 -1/40060	AoP2
9	3号磷泵变频控制信号	AO	4~20 mA	5024 -2/40001	AoP3
	变频反馈信号				
1	1号氨泵变频反馈信号	AI	4~20 mA	5017 -3/40029	AiAN1
2	2号氨泵变频反馈信号	AI	4~20 mA	5017 -3/40030	AiAN2
3	3号氨泵变频反馈信号	AI	4~20 mA	5017 -3/40031	AiAN3
4	1号联氨泵变频反馈信号	AI	4~20 mA	5017 -3/40032	AiHZ1
5	2号联氨泵变频反馈信号	AI	4~20 mA	5017 -4/40033	AiHZ2
6	3号联氨泵变频反馈信号	AI	4~20 mA	5017 -4/40034	AiHZ1
7	1号磷泵变频反馈信号	AI	4~20 mA	5017 -4/40035	AiP1

续表

序号	名称	I/O 类型	电气属性	模块号/地址	变量名
8	2 号磷泵变频反馈信号	AI	4 ~ 20 mA	5017 - 4/40036	AiP2
9	3 号磷泵变频反馈信号	AI	4 ~ 20 mA	5017 - 4/40037	AiP3
	溶液箱液位信号				
1	1 号氨溶液箱液位信号	AI	4 ~ 20 mA	5017 - 4/40038	AiTankAN1
2	2 号氨溶液箱液位信号	AI	4 ~ 20 mA	5017 - 4/40039	AiTankAN2
3	1 号联氨溶液箱液位信号	AI	4 ~ 20 mA	5017 - 4/40040	AiTankHZ1
4	2 号联氨溶液箱液位信号	AI	4 ~ 20 mA	5017 - 5/40041	AiTankHZ2
5	1 号磷溶液箱液位信号	AI	4 ~ 20 mA	5017 - 5/40042	AiTankP1
6	2 号磷溶液箱液位信号	AI	4 ~ 20 mA	5017 - 5/40043	AiTankP2
	启/停控制信号				
1	1 号氨泵远程启/停控制信号	DO	Digital	5056 - 0/00097	DoANPump1
2	2 号氨泵远程启/停控制信号	DO	Digital	5056 - 0/00098	DoANPump2
3	3 号氨泵远程启/停控制信号	DO	Digital	5056 - 0/00099	DoANPump3
4	1 号氨搅拌电机远程启/停控制信号	DO	Digital	5056 - 0/00100	DoANMix1
5	2 号氨搅拌电机远程启/停控制信号	DO	Digital	5056 - 0/00101	DoANMix2
6	1 号氨电动阀远程开/关控制信号	DO	Digital	5056 - 0/00102	DoANVal1
7	2 号氨电动阀远程开/关控制信号	DO	Digital	5056 - 0/00103	DoANVal2
8	1 号联氨泵远程启/停控制信号	DO	Digital	5056 - 0/00104	DoHZPump1
9	2 号联氨泵远程启/停控制信号	DO	Digital	5056 - 0/00105	DoHZPump2
10	3 号联氨泵远程启/停控制信号	DO	Digital	5056 - 0/00106	DoHZPump3
11	1 号联氨搅拌电机远程启/停控制信号	DO	Digital	5056 - 0/00107	DoHZMix1
12	2 号联氨搅拌电机远程启/停控制信号	DO	Digital	5056 - 0/00108	DoHZMix2
13	1 号联氨电动阀远程开/关控制信号	DO	Digital	5056 - 0/00109	DoHZVal1
14	2 号联氨电动阀远程开/关控制信号	DO	Digital	5056 - 0/00110	DoHZVal2
15	1 号磷泵远程启/停控制信号	DO	Digital	5056 - 0/00111	DoPPump1
16	2 号磷泵远程启/停控制信号	DO	Digital	5056 - 0/00112	DoPPump2
17	3 号磷泵远程启/停控制信号	DO	Digital	5056 - 1/00113	DoPPump3
18	1 号磷搅拌电机远程启/停控制信号	DO	Digital	5056 - 1/00114	DoPMix1
19	2 号磷搅拌电机远程启/停控制信号	DO	Digital	5056 - 1/00115	DoPMix2
20	1 号磷电动阀远程开/关控制信号	DO	Digital	5056 - 1/00116	DoPVal1
21	2 号磷电动阀远程开/关控制信号	DO	Digital	5056 - 1/00117	DoPVal2
	状态检测信号				
1	1 号氨泵运行状态信号(运行/停止)	DI	Digital	5051 - 1/00033	DiANPumpSta1
2	2 号氨泵运行状态信号(运行/停止)	DI	Digital	5051 - 1/00034	DiANPumpSta2

续表

序号	名称	I/O类型	电气属性	模块号/地址	变量名
3	3号氨泵运行状态信号(运行/停止)	DI	Digital	5051－1/00035	DiANPumpSta3
4	1号氨搅拌电机运行状态信号(运行/停止)	DI	Digital	5051－1/00036	DiANMixSta1
5	2号氨搅拌电机运行状态信号(运行/停止)	DI	Digital	5051－1/00037	DiANMixSta2
6	1号氨泵切换信号(就地/远控)	DI	Digital	5051－1/00038	DiANSwitP1
7	2号氨泵切换信号(就地/远控)	DI	Digital	5051－1/00039	DiANSwitP2
8	3号氨泵切换信号(就地/远控)	DI	Digital	5051－1/00040	DiANSwitP3
9	1号氨搅拌电机切换信号(就地/远控)	DI	Digital	5051－1/00041	DiANSwitM1
10	2号氨搅拌电机切换信号(就地/远控)	DI	Digital	5051－1/00042	DiANSwitM2
11	1号氨电动阀切换信号(就地/远控)	DI	Digital	5051－1/00043	DiANSwitV1
12	2号氨电动阀切换信号(就地/远控)	DI	Digital	5051－1/00044	DiANSwitV2
13	1号氨泵故障信号	DI	Digital	5051－1/00045	DiANErrorP1
14	2号氨泵故障信号	DI	Digital	5051－1/00046	DiANErrorP2
15	3号氨泵故障信号	DI	Digital	5051－1/00047	DiANErrorP3
16	1号氨搅拌电机故障信号	DI	Digital	5051－1/00048	DiANErrorM1
17	2号氨搅拌电机故障信号	DI	Digital	5051－2/00049	DiANErrorM2
18	1号氨电动阀开/关信号反馈	DI	Digital	5051－2/00050	DiANValSta1
19	2号氨电动阀开/关信号反馈	DI	Digital	5051－2/00051	DiANValSta2
20	1号联氨泵运行状态信号(运行/停止)	DI	Digital	5051－2/00052	DiHZPumpSta1
21	2号联氨泵运行状态信号(运行/停止)	DI	Digital	5051－2/00053	DiHZPumpSta2
22	3号联氨泵运行状态信号(运行/停止)	DI	Digital	5051－2/00054	DiHZPumpSta3
23	1号联氨搅拌电机运行状态信号(运行/停止)	DI	Digital	5051－2/00055	DiHZMixSta1
24	2号联氨搅拌电机运行状态信号(运行/停止)	DI	Digital	5051－2/00056	DiHZMixSta2
25	1号联氨泵切换信号(就地/远控)	DI	Digital	5051－2/00057	DiHZSwitP1
26	2号联氨泵切换信号(就地/远控)	DI	Digital	5051－2/00058	DiHZSwitP2
27	3号联氨泵切换信号(就地/远控)	DI	Digital	5051－2/00059	DiHZSwitP3
28	1号联氨搅拌电机切换信号(就地/远控)	DI	Digital	5051－2/00060	DiHZSwitM1
29	2号联氨搅拌电机切换信号(就地/远控)	DI	Digital	5051－2/00061	DiHZSwitM2
30	1号联氨电动阀切换信号(就地/远控)	DI	Digital	5051－2/00062	DiHZSwitV1
31	2号联氨电动阀切换信号(就地/远控)	DI	Digital	5051－2/00063	DiHZSwitV2
32	1号联氨泵故障信号	DI	Digital	5051－2/00064	DiHZErrorP1
33	2号联氨泵故障信号	DI	Digital	5051－3/00065	DiHZErrorP2
34	3号联氨泵故障信号	DI	Digital	5051－3/00066	DiHZErrorP3
35	1号联氨搅拌电机故障信号	DI	Digital	5051－3/00067	DiHZErrorM1
36	2号联氨搅拌电机故障信号	DI	Digital	5051－3/00068	DiHZErrorM2
37	1号联氨电动阀开反馈	DI	Digital	5051－3/00069	DiHZValSta1

续表

序号	名称	I/O 类型	电气属性	模块号/地址	变量名
38	2 号联氨电动阀开反馈	DI	Digital	5051 - 3/00070	DiHZValSta2
39	1 号磷泵运行状态信号(运行/停止)	DI	Digital	5051 - 3/00071	DiPPumpSta1
40	2 号磷泵运行状态信号(运行/停止)	DI	Digital	5051 - 3/00072	DiPPumpSta2
41	3 号磷泵运行状态信号(运行/停止)	DI	Digital	5051 - 3/00073	DiPPumpSta3
42	1 号磷搅拌电机运行状态信号(运行/停止)	DI	Digital	5051 - 3/00074	DiPMixSta1
43	2 号磷搅拌电机运行状态信号(运行/停止)	DI	Digital	5051 - 3/00075	DiPMixSta2
44	1 号磷泵切换信号(就地/远控)	DI	Digital	5051 - 3/00076	DiPSwitP1
45	2 号磷泵切换信号(就地/远控)	DI	Digital	5051 - 3/00077	DiPSwitP2
46	3 号磷泵切换信号(就地/远控)	DI	Digital	5051 - 3/00078	DiPSwitP3
47	1 号磷搅拌电机切换信号(就地/远控)	DI	Digital	5051 - 3/00079	DiPSwitM1
48	2 号磷搅拌电机切换信号(就地/远控)	DI	Digital	5051 - 3/00080	DiPSwitM2
49	1 号磷电动阀切换信号(就地/远控)	DI	Digital	5051 - 4/00081	DiPSwitV1
50	2 号磷电动阀切换信号(就地/远控)	DI	Digital	5051 - 4/00082	DiPSwitV2
51	1 号磷泵故障信号	DI	Digital	5051 - 4/00083	DiPErrorP1
52	2 号磷泵故障信号	DI	Digital	5051 - 4/00084	DiPErrorP2
53	3 号磷泵故障信号	DI	Digital	5051 - 4/00085	DiPErrorP3
54	1 号磷搅拌电机故障信号	DI	Digital	5051 - 4/00086	DiPErrorM1
55	2 号磷搅拌电机故障信号	DI	Digital	5051 - 4/00087	DiPErrorM2
56	1 号磷电动阀开反馈	DI	Digital	5051 - 4/00088	DiPValSta1
57	2 号磷电动阀开反馈	DI	Digital	5051 - 4/00089	DiPValSta2

10.10.3 监控要求

项目具体监控要求如下。

(1)掌握电厂化学加药系统的电气控制原理及软硬件选型、I/O 配置。

(2)掌握 2 个以上 ADAM - 5000TCP 控制器组成工业以太网的原理及组网方法,IP 地址的设置。

(3)综合掌握 ADAM - 5000TCP 控制器电源接线及 ADAM - 5017,ADAM - 5024,ADAM - 5051,ADAM - 5056 模块的信号接线。

(4)掌握 ADAM - 5000TCP - 6000 Utility 软件对 5000TCP 控制器及模块 5017,5024,5051,5056 的在线测试。

(5)掌握 WebAccess 软件建立工程、对 5000TCP 建立通信驱动、变量的建立等基本操作。

(6)在 WebAccess 中建立 HMI 监控画面,TCL 编程,实现系统监控功能。

(7)项目的调试、修改、完善。

10.10.4 实验设备

硬件:研华 IPC - 610 工控机、ADAM - 5000TCP 控制器、ADAM - 5017 模块、ADAM - 5051

模块、ADAM－5056 模块、ADAM－5024 模块、中间继电器、旋钮开关、电流信号发生器、电流表、万用表、实验板、以太网通信电缆、导线、剥线钳、螺丝刀等；

软件：ADAM－5000－6000 Utility，WebAccess 组态软件。

10.10.5　操作步骤

1. 电气连接

连接 2 台 ADAM－5000TCP 控制器的电源接线、5017，5024，5051，5056 模块的信号接线，参考项目 10 任务 1、项目 10 任务 2 有关内容。

2. 建立通信

建立工控机与 2 台 ADAM－5000TCP 控制器的通信，将工控机网卡的 RJ45 口、2 台 ADAM－5000TCP 控制器的 RJ45 口分别通过超五类双绞直通线连至交换机。

3. Utility 软件测试

操作步骤如下。

(1) 自动搜索 ADAM－5000TCP 控制器，出现如图 10.136 所示画面，工控机的 IP 地址为 10.0.0.100，1# 5000TCP 控制器的 IP 地址为 10.0.0.12，2# 5000TCP 控制器的 IP 地址为 10.0.0.15。

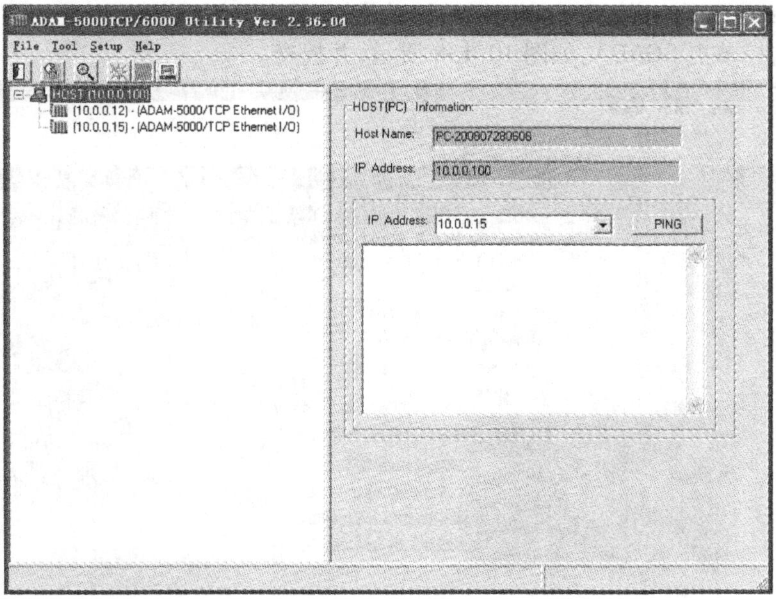

图 10.136　ADAM－5000TCP 2 台控制器自动搜索画面

(2) 控制器的模块及槽号信息，控制器的参数设置包括 IP 地址设置等内容参考项目 10.1 有关内容。

(3) 对各模块进行信号测试，确保工控机与 5000TCP 控制器及各模块通信正常。

(4) 退出 Utility 软件。

4. 在 WebAccess 中新建工程

运行 WebAccess 工程管理软件，创建一个新工程 DCHXJYXT，如图 10.137 所示，点击“提交新的工程”按钮。

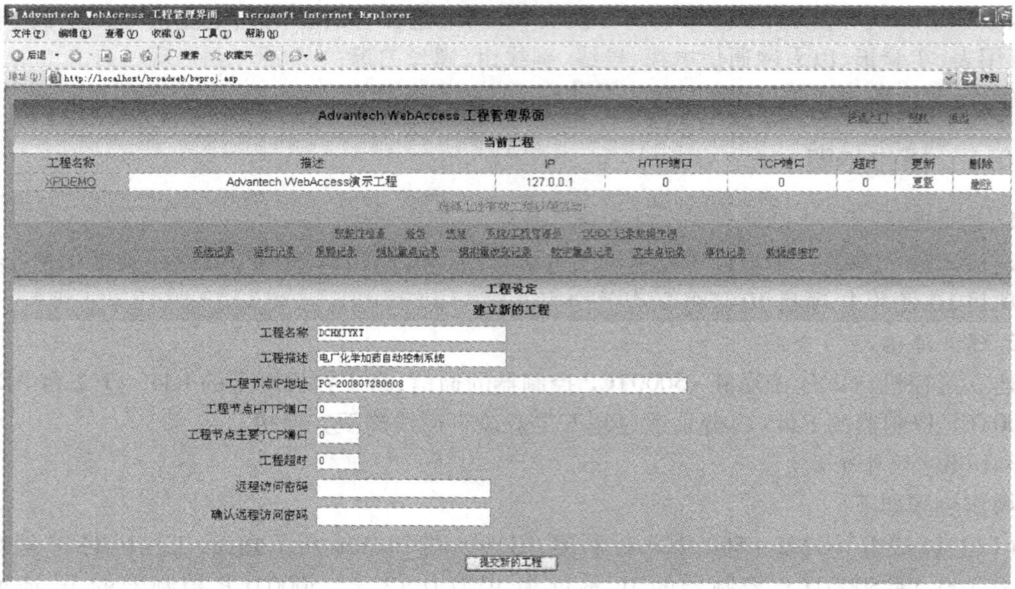

图 10.137　创建一个新工程画面

5. 添加监控节点并下载

(1)添加监控节点 SCADA，如图 10.138 所示，并提交。

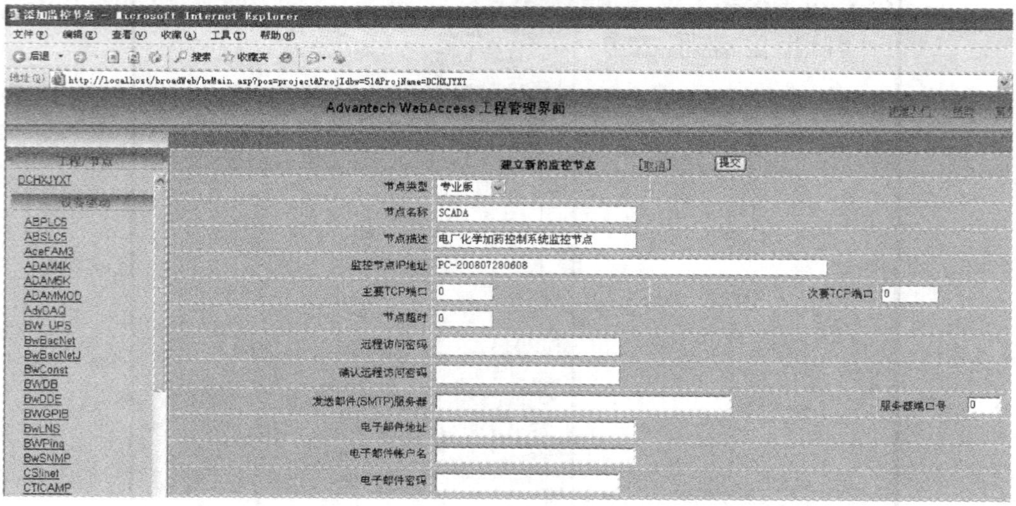

图 10.138　添加监控节点画面

(2)下载到主要监控节点，如图 10.139 所示。

(3)启动主要监控节点，如图 10.140 所示。

6. 系统通信组态

(1)在 WebAccess 中进行 ADAM－5000TCP 通信组态非常方便，依次点击“SCADA”节点、“添加通信端口”，在接口名称中选择 TCPIP，如图 10.141，提交后即在 SCADA 下添加了通信端口 1(tcpip)。

(2)依次点击“通信端口 1”、“添加设备”，建立 5000TCPIP 设备，如图 10.142 所示。

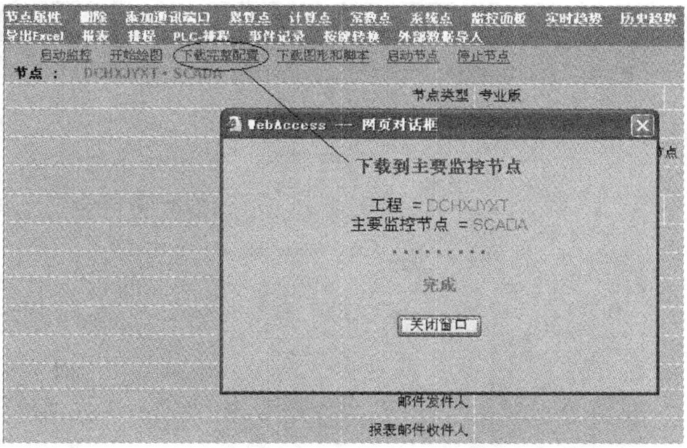

图 10.139　下载到主要监控节点画面

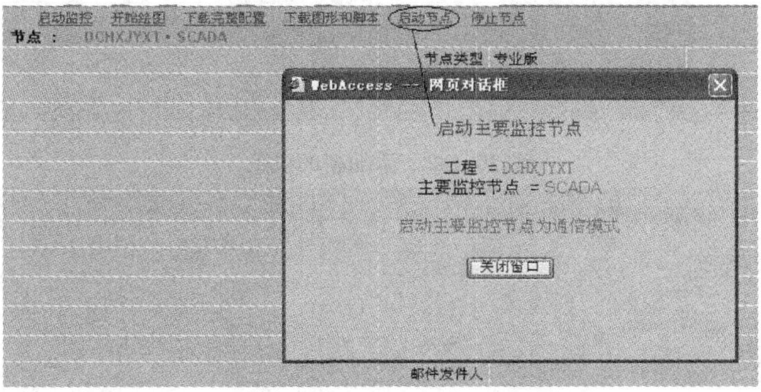

图 10.140　启动主要监控节点画面

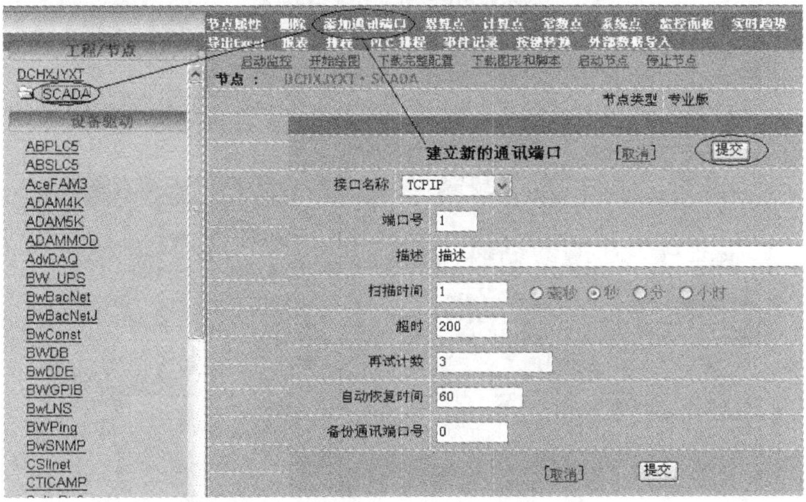

图 10.141　添加通信端口

创建好的 1#5000TCP 和 2#5000TCP 控制器的通信配置画面如图 10.143 所示。

7. 系统变量设置

在 WebAccess 中，根据系统 I/O 分配表 10.41 至表 10.43 的内容分别建立变量。如图

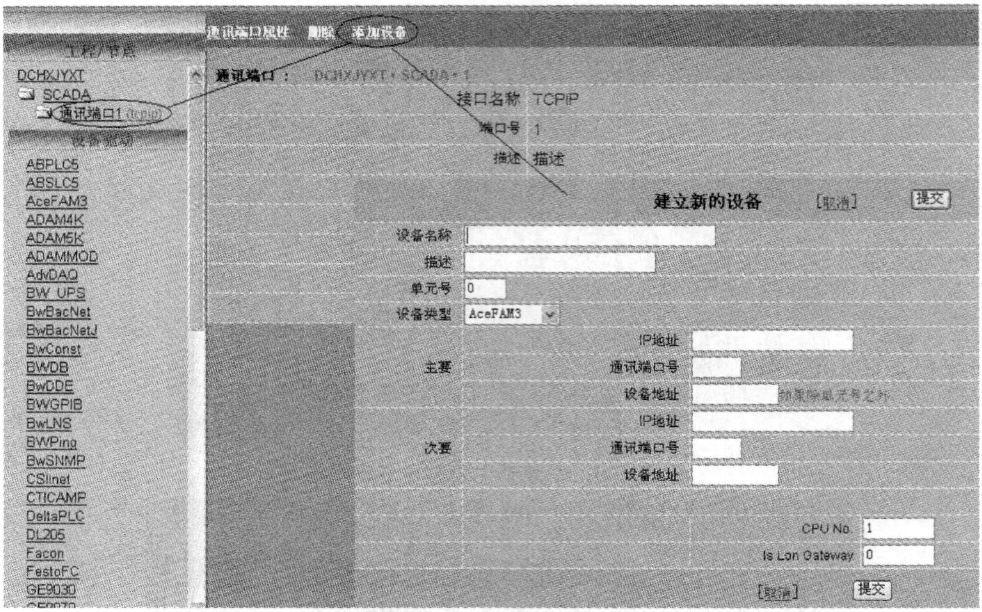

图 10.142　添加新的设备

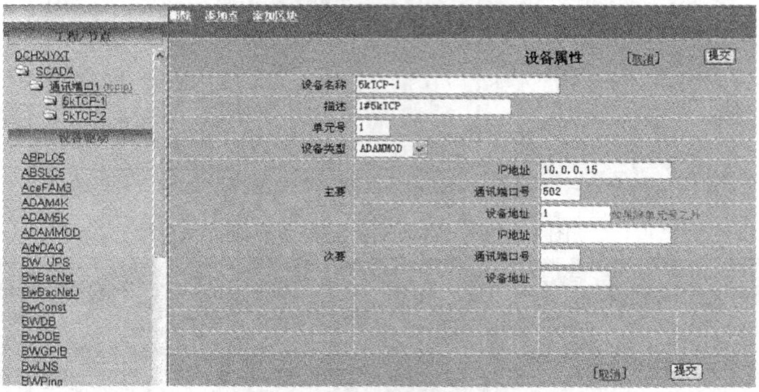

1# 5000TCP通信配置

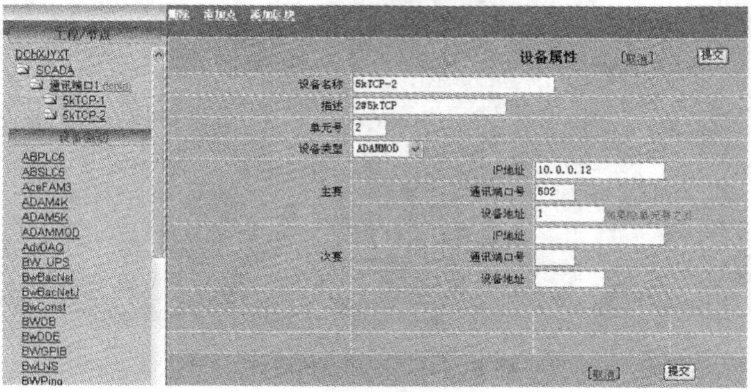

2# 5000TCP通信配置

图 10.143　WebAccess 中 ADAM－5000TCP 的通信配置

10.143 所示，依次点击“5kTCP－1”（或“5kTCP－2”）、“添加点”，即可添加变量。

（1）模拟量输入变量定义：

①图 10.144 是 1#机组除氧器出口溶解氧模拟量输入变量 Ai11 的配置画面，设置了量程变换与上限报警。

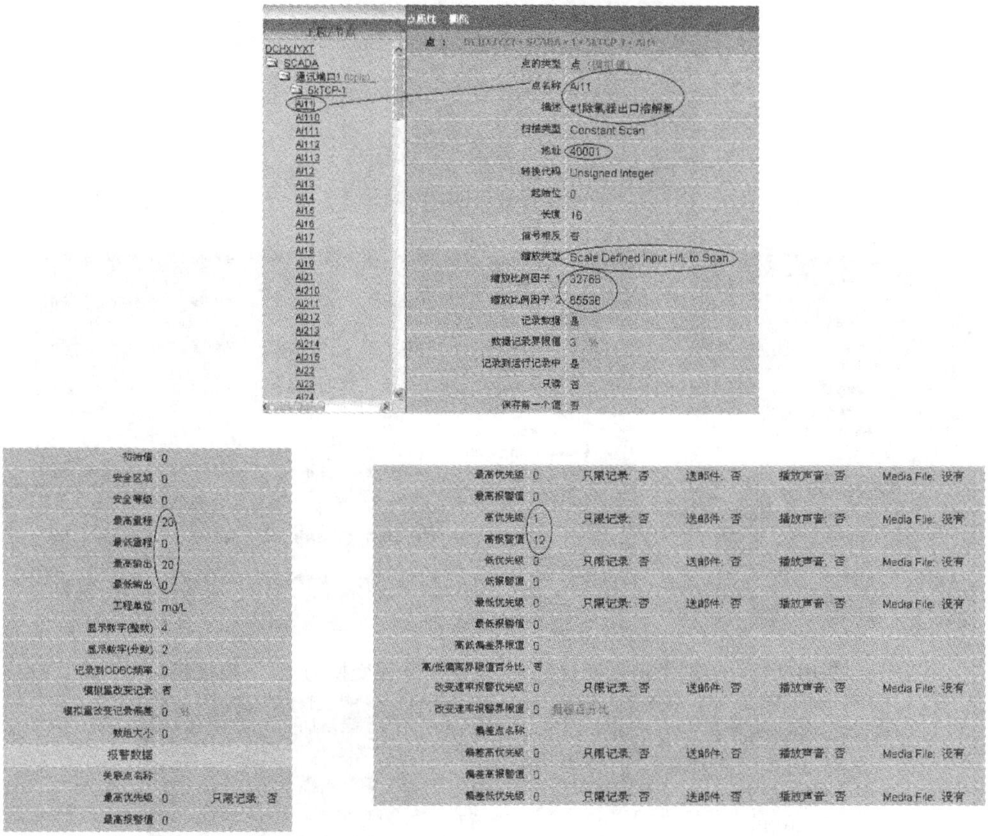

图 10.144　模拟量输入变量定义（设置了量程变换与上限报警）

②图 10.145 是 1#机组主凝泵出口 pH 模拟量输入变量 Ai111 的配置画面，设置了量程变换与上、下限报警。

（2）模拟量输出变量定义：图 10.146 是 1#氨泵变频控制主给定模拟量输出变量 AoAN1 的配置画面。

（3）开关量输入变量定义：图 10.147 是 1#机组除氧器出口温度高开关量输入变量 Di1 的配置画面，设置了状态报警。

（4）开关量输出变量定义：图 10.148 是 1#机组氨搅拌电机远程启/停控制开关量输出变量 DoANMix1 的配置画面。

8. HMI 界面组态

系统 HMI 组态内容主要包括：两台机组的各化学仪表测量值的实时显示、超温超压等报警显示、加氨/加联氨/协调磷酸盐处理各加药系统实时仿真及监控操作图等。

图 10.149 是系统主画面。

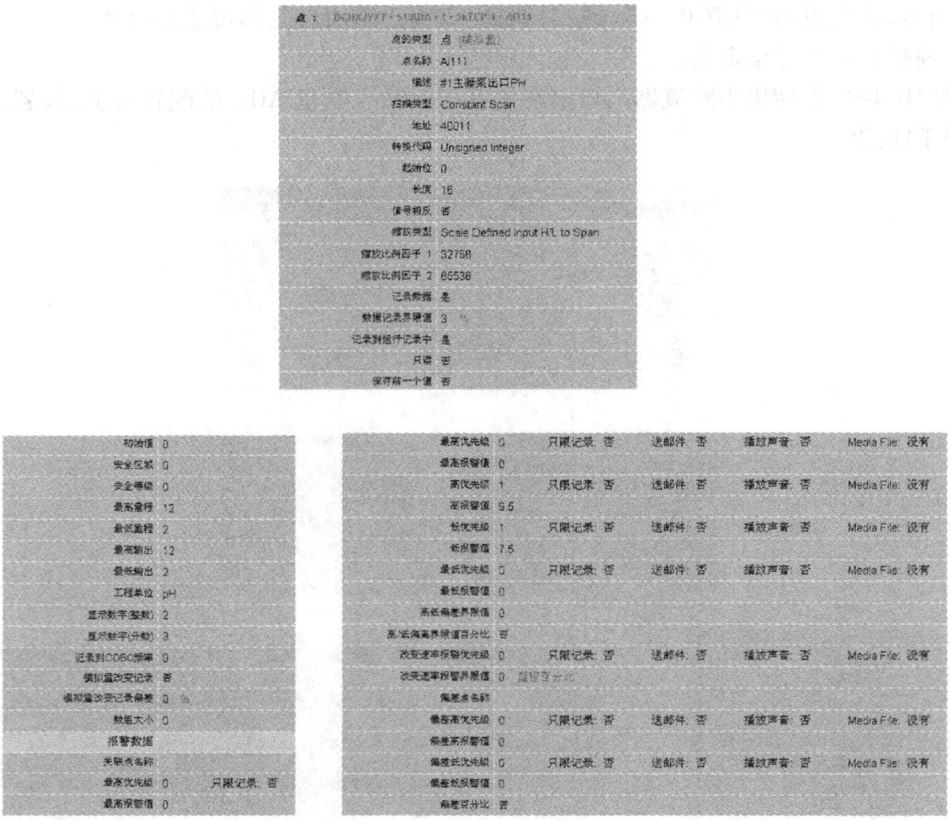

图 10.145 模拟量输入变量定义(设置了量程变换与上、下限报警)

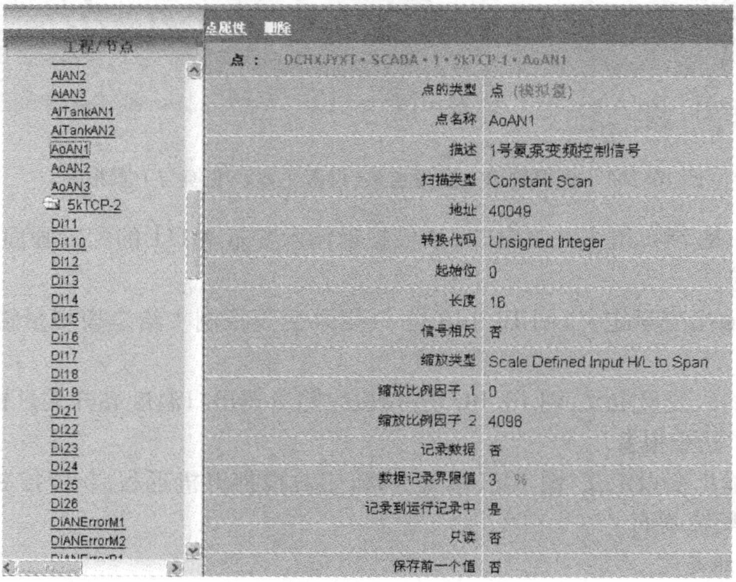

图 10.146 模拟量输出变量定义

水汽品质监控系统画面如图 10.150 所示,主要实现电导率、pH、溶解氧、钠离子、联氨、硅

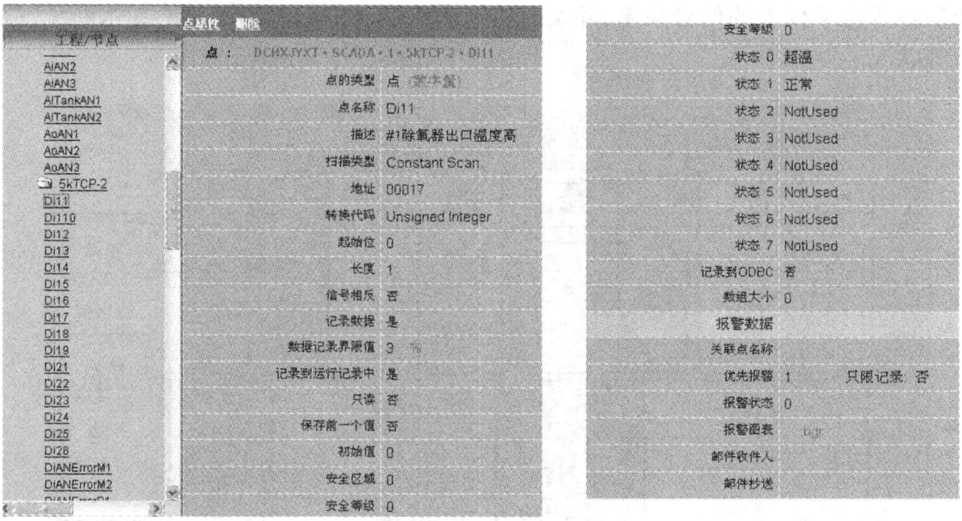

图 10.147　开关量输入变量定义(设置了状态报警)

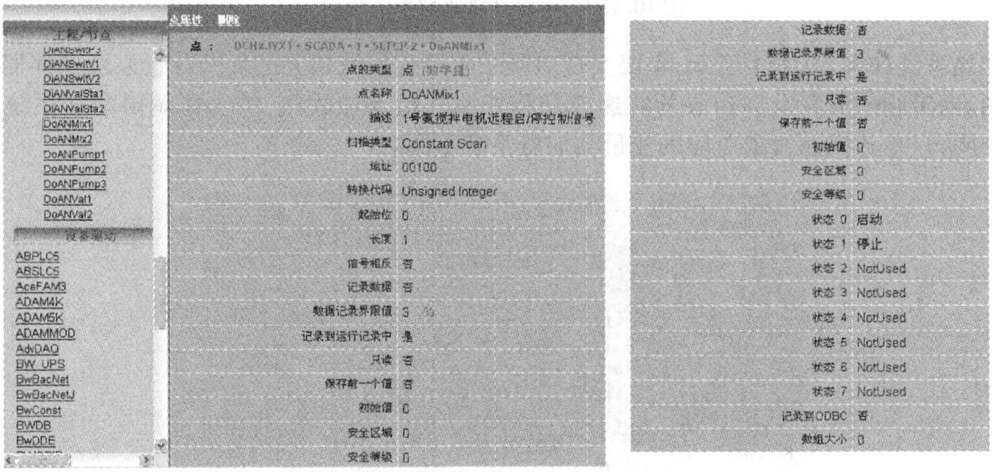

图 10.148　开关量输出变量定义

图 10.149　系统主画面

酸根、磷酸根等化学仪表的信号采集，并实时监视水汽品质的超温超压及冷却水断流、流量、温度、压力等状况。

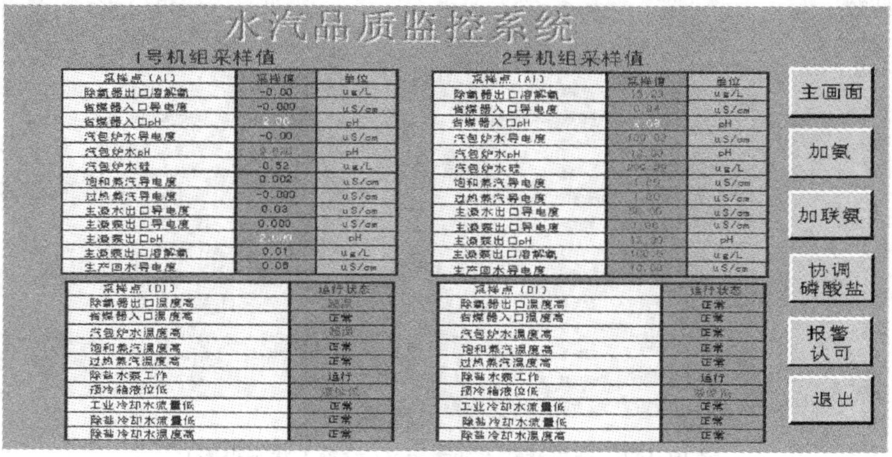

图 10.150　水汽品质监控系统画面

加氨系统如图 10.151 所示，主要实现对凝结水给水加氨单元的加药计量泵及搅拌器的启停控制、电磁阀的通断及加药泵的转速或冲程控制。给水加联氨、炉水协调磷酸盐系统 HMI 画面类同，只是各控制对象对应的变量与加氨系统不同。

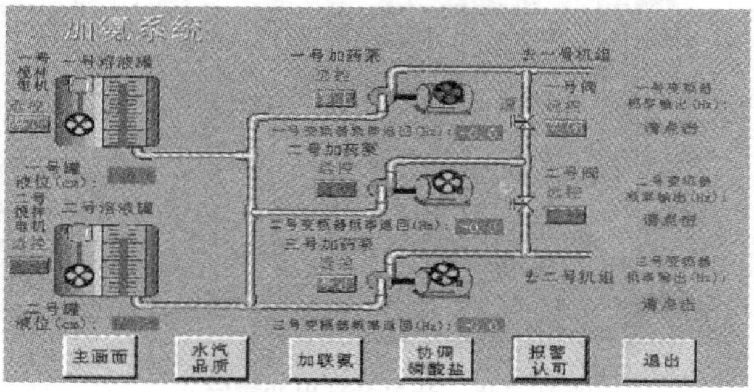

图 10.151　加氨系统画面

9. TCL 脚本编程

根据本系统功能要求，编制了有关 TCL 脚本，主要有以下几个。

(1)按钮切换：WebAccess 中实现画面切换通常采用按钮的鼠标点击来实现，其 TCL 脚本程序(全局脚本)如图 10.152 所示，则当按钮按下时，切换到 main. bgr 画面。退出功能按钮的 TCL 脚本程序如图 10.153 所示。

(2)电机、电磁阀启停功能控制：电机、电磁阀启停功能控制通过鼠标点击按钮来实现，每点击一次，该按钮对应的变量值(0/1 开关量)改变一次，其 TCL 脚本程序(全局脚本)如图 10.154 所示。

(3)电机运行状态显示及故障报警功能：

在 WebAccess 中非常好地实现了电机运行状态(旋转)与故障报警(黄色闪烁)的合一，即

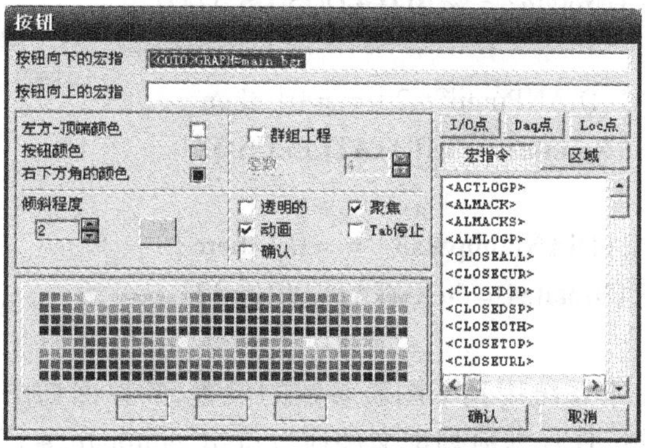

图 10.152　TCL 脚本实现按钮切换

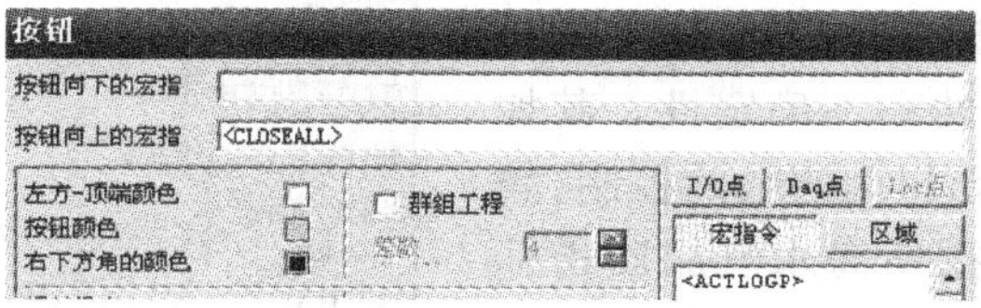

图 10.153　退出功能按钮的 TCL 脚本程序

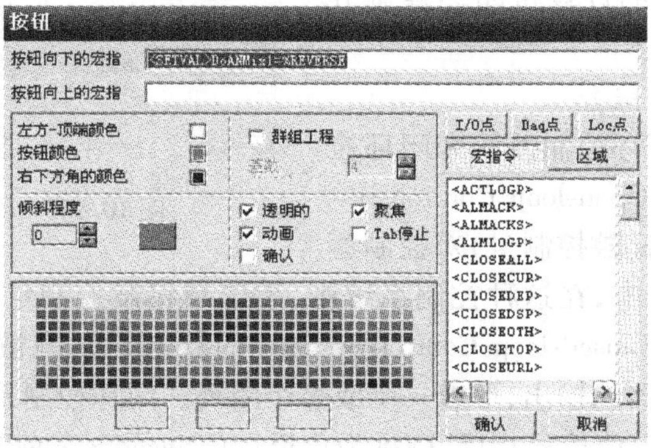

图 10.154　电机、电磁阀启停切换功能的 TCL 脚本程序

正常运行时电机的叶片以绿色旋转，停止时以红色停止；出现故障时叶片黄色闪烁，其 TCL 脚本程序（本地脚本）如下。

```
if {[GETVAL DiANMixSta1] = =0} then {
SETVAL {FANrotate = %ROTATEPLUS 32}
}
if {[GETVAL DiANMixSta2] = =0} then {
SETVAL {FANrotate1 = %ROTATEPLUS 32}
}
if {[GETVAL DiANPumpSta1] = =0} then {
```

```
SETVAL {FANrotate2 = % ROTATEPLUS 32}
}
if {[GETVAL DiANPumpSta2] = =0} then {
SETVAL {FANrotate3 = % ROTATEPLUS 32}
}
if {[GETVAL DiANPumpSta3] = =0} then {
SETVAL {FANrotate4 = % ROTATEPLUS 32}
}
```

(4)图表参数的设置:本系统用到了图表参数的设置,其界面如图 10.155 所示,本地点文件通过点击 1.ltg 进行编辑,TCL 本地脚本文件通过点击 ganrotate.scr 进行编辑。

10.10.6 项目拓展

电厂化学加药自动控制的对象——水汽热力系统存在大滞后、非线性和不确定性。其加药控制很难做到无滞后、无超调的精确控制,故需研究加药控制策略,根据所需水汽品质指标和电厂现有的加药设备条件,参照水汽化学运行经验和常规知识,建立系统数学模型,在误差允许的情况下,提出相应的计算机闭环控制方案,并进行应用程序的设计。

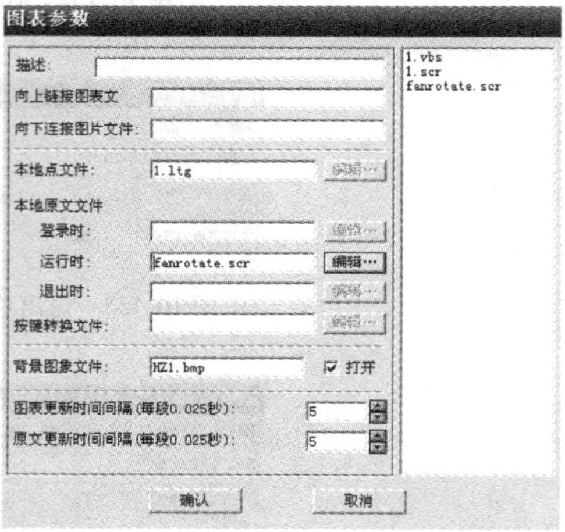

图 10.155 图表参数的设置

1. 闭环控制系统基本概念

控制系统一般包括开环控制系统和闭环控制系统。开环控制系统(Open-loop Control System)是指被控对象的输出(被控制量)对控制器(Controller)的输出没有影响,在这种控制系统中,不依赖将被控制量反送回来以形成任何闭环回路。闭环控制系统(Closed-loop Control System)的特点是系统被控对象的输出(被控制量)会反送回来影响控制器的输出,形成一个或多个闭环。闭环控制系统有正反馈和负反馈 2 种,若反馈信号与系统给定值信号相反,则称为负反馈(Negative Feedback);若极性相同,则称为正反馈。闭环控制系统性能远优于开环控制系统,故一般闭环控制系统均采用负反馈,又称负反馈控制系统。

2. PID 控制器

在过程控制中,按偏差的比例(P)、积分(I)和微分(D)进行控制的 PID 控制器(亦称 PID 调节器)是应用最广泛的一种闭环控制器。它具有原理简单、易于实现、适用面广、控制参数相互独立、参数选定比较简单、调整方便等优点。而且在理论上可以证明,对于过程控制的典型对象——“一阶滞后 + 纯滞后”与“二阶滞后 + 纯滞后”的控制对象,PID 控制器是一种最优控制。PID 调节规律是连续系统动态品质校正的一种有效方法,它的参数整定方式简便,结构改变灵活(如可为 PI 调节、PD 调节等)。长期以来,PID 控制器被广大科技人员及现场操作人员所采用,并积累了大量的经验。

图 10.156 所示系统是用于电厂化学加药系统的 PID 闭环控制系统,以系统进行协调磷酸

盐闭环控制为例，目标设定值为期望的磷酸盐指标，反馈值通过磷表测得，目标设定值与磷表的反馈信号相减，其差送入 PID 控制器。PID 控制器一般可采用 PLC 或智能控制器提供的模块，也可以采用编程的方法（LAD 编程、高级语言或组态软件编程）生成一个数字 PID 控制器。PLC 或智能控制器送出控制信号，控制加药变频器的频率，进而控制加药泵的转速，从而达到控制磷酸盐加药量的目的。

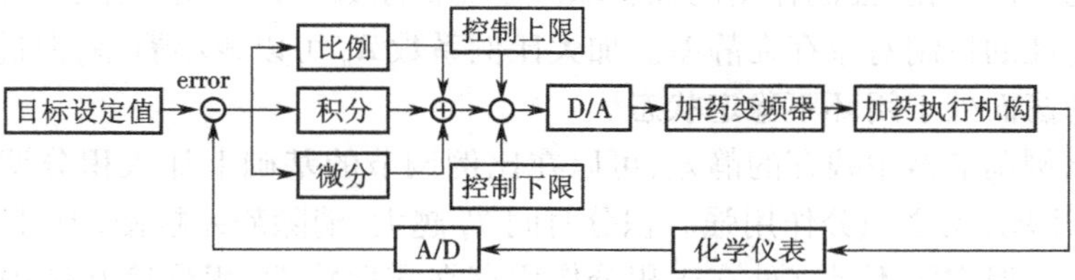

图 10.156　电厂化学水加药系统的闭环控制系统

3. PID 控制器的特点

PID 控制器就是根据系统的误差，利用比例、积分、微分计算出控制量来进行控制。当被控对象的结构和参数不能完全掌握，或得不到精确的数学模型、控制理论的其他技术难以采用时，系统控制器的结构和参数必须依靠经验和现场调试来确定，这时应用 PID 控制技术最为方便，即当不完全了解一个系统和被控对象，或不能通过有效的测量手段来获得系统参数时，最适合采用 PID 控制技术。

（1）比例（P）控制：是一种最简单的控制方式。其控制器的输出与输入误差信号成比例关系。当仅有比例控制时系统输出存在稳态误差（Steady-State Error）。

（2）积分（I）控制：控制器的输出与输入误差信号的积分成正比关系。对一个自动控制系统，如果在进入稳态后存在稳态误差，则称这个控制系统是有稳态误差的或简称有差系统（System with Steady-state Error）。为了消除稳态误差，在控制器中必须引入“积分项”。积分项对误差的运算取决于时间的积分，随着时间的增加，积分项会增大。这样，即便误差很小，积分项也会随着时间的增加而加大，它推动控制器的输出增大，使稳态误差进一步减小，直到等于零。因此，采用比例 + 积分（PI）控制器，可以使系统在进入稳态后无稳态误差。

（3）微分（D）控制：控制器的输出与输入误差信号的微分（即误差的变化率）成正比关系。自动控制系统在克服误差的调节过程中可能会出现振荡甚至失稳。其原因是由于存在有较大的惯性组件（环节）或有滞后（Delay）组件，具有抑制误差的作用，其变化总是落后于误差的变化。解决的办法是使抑制误差作用的变化“超前”，即在误差接近零时，抑制误差的作用就应该是零。这就是说，在控制器中仅引入“比例”项往往是不够的，比例项的作用仅是放大误差的幅值，而目前需要增加的是“微分项”，它能预测误差变化的趋势，这样，具有比例 + 微分的控制器就能够提前使抑制误差的控制作用等于零，甚至为负值，从而避免被控量的严重超调。所以对有较大惯性或滞后的被控对象，比例 + 微分（PD）控制器能改善系统在调节过程中的动态特性。

4. PID 控制器的数字化

连续系统 PID 控制器的输出为：

$$U(s) = K_p\left(1 + \frac{1}{T_I s} + T_D s\right)E(s)$$

增量式数字 PID 控制算式为：

$$\Delta U(n)=K_p[e(n)-e(n-1)]+K_I e(n)+K_D[e(n)-2e(n-1)+e(n-2)]$$

其中，$K_I=K_p\frac{T}{T_I}$，$K_D=K_P\frac{T_D}{T}$，T 为采样周期。

比例调节器对于偏差是及时反应的，一旦偏差产生，调节器立即产生控制作用，使被控量朝着减小偏差的方向变化，控制作用的强弱取决于比例系数。比例调节器虽然简单快速，但是对于具有自平衡性的控制对象存在静差。加大比例系数 K_p 可以减小静差，但过大的比例系数可能导致系统动荡而处于闭环不稳定状态。

为了消除比例调节器中残存的静差，可以在比例调节的基础上加入积分调节。积分时间 T_I 大，则积分作用弱，反之积分作用强。积分时间 T_I 越大，消除静差越慢，但可以减小超调，提高系统的稳定性。但它的不足之处在于积分作用存在滞后特性，积分控制作用太强会使控制的动态性能变差，以至于使系统不稳定。

加入积分调节环节，虽然减小了静差，但是降低了系统的响应速度。加入微分环节，能敏感地感觉出误差的变化趋势，将有助于减小超调，克服系统振荡，使系统趋于稳定，能改善系统的动态性能。它的缺点是对干扰同样敏感，使系统抑制干扰的能力降低。

根据不同的控制对象适当地整定 PID 的 3 个参数，可以获得比较满意的控制效果。实践证明，这种参数整定的过程，实际上是对比例、积分、微分 3 部分控制作用的折中。但是，PID 本质上是一种线性控制器，并且上面讨论时是忽略了纯滞后时间的，实际系统中，如果$\frac{\tau}{T}>0.3$（τ 是纯滞后时间，T 是系统总的惯性时间常数），用 PID 控制器的效果就不理想了。而实际工业对象具有较大的惯性和纯滞后特性，以及其动力学系统的内部不确定性和外部干扰的不确定性，所有这些都给 PID 控制带来了困难和复杂性。

一般来说，要获得满意的控制性能，单纯采用线性控制方式是不够的，还必须引进一些非线性控制方式，采取灵活有效的手段，如变增益、智能积分、智能采样等多种途径，主要依靠专家经验、启发式直观判断、直觉推理等智能控制方法，有利于解决系统控制中的稳定性和准确性的矛盾。可以说智能 PID 赋予传统 PID 以新的生命。

5. PID 参数的设定

PID 调节器参数是根据控制对象的惯量来确定的。大惯量如大烘房的温度控制，一般 P 可在 10 以上，$I=3\sim10$，$D=1$ 左右。小惯量如一个小电机带一个水泵进行压力闭环控制，一般只用 PI 控制，$P=1\sim10$，$I=0.1\sim1$，$D=0$，这些要在现场调试时进行修正，主要是靠经验及对生产工艺的熟悉，参考对测量值的跟踪与设定值的曲线，从而调整 P，I，D 的大小。

下面具体说明经验法的整定步骤。

（1）让调节器参数的积分系数 $I=0$，微分系数 $D=0$，控制系统投入闭环运行，由小到大改变比例系数 P，让扰动信号作阶跃变化，观察控制过程，直到获得满意的控制过程为止。

（2）取比例系数 P 为当前的值乘以 0.83，由小到大增加积分系数 I，同样让扰动信号作阶跃变化，直至得到满意的控制过程。

（3）积分系数 I 保持不变，改变比例系数 P，观察控制过程有无改善，如有改善则继续调整，直到满意为止。否则，将原比例系数 P 增大一些，再调整积分系数 I，力求改善控制过程。如此反复试凑，直到找到满意的比例系数 P 和积分系数 I 为止。

(4)引入适当的微分系数 D,此时可适当增大比例系数 P 和积分系数 I。和前述步骤相同,微分系数的整定也需反复调整,直到控制过程满意为止。

需要注意的是:仿真系统所采用的 PID 调节器与传统的工业 PID 调节器有所不同,其各个参数之间是相互隔离的,因而互不影响,用其观察调节规律十分方便。

经验法实质上是一种试凑法,它是在生产实践中总结出来的行之有效的方法,并在现场中得到了广泛的应用。经验法简单可靠,但需要有一定的现场运行经验,整定时易带有主观片面性。当采用 PID 调节器时,由于有多个整定参数,反复试凑的次数增多,因此增加了得到最佳整定参数的难度。

6. PID 控制器的主要优点

PID 控制器成为应用最广泛的控制器,它具有以下优点。

(1)PID 算法蕴涵了动态控制过程中过去、现在、将来的主要信息,而且其配置几乎最优。其中,比例(P)代表了当前的信息,起纠正偏差的作用,使过程反应迅速。微分(D)在信号变化时有超前控制作用,代表将来的信息。在过程开始时强迫过程进行,过程结束时减小超调,克服振荡,提高系统的稳定性,加快系统的过渡过程。积分(I)代表了过去积累的信息,它能消除静差,改善系统的静态特性。此 3 种作用配合得当,可使动态过程快速、平稳、准确,收到良好的效果。

(2)PID 控制适应性好,有较强的鲁棒性,对各种工业应用场合,都可在不同的程度上应用。特别适于“一阶惯性环节 + 纯滞后”和“二阶惯性环节 + 纯滞后”的过程控制对象。

(3)PID 算法简单明了,各个控制参数相对较为独立,参数的选定较为简单,形成了完整的设计和参数调整方法,很容易为工程技术人员所掌握。

(4)PID 控制根据不同的要求,针对自身的缺陷进行了不少改进,形成了一系列改进的 PID 算法。例如,为了克服微分带来的高频干扰的滤波 PID 控制,为克服大偏差时出现饱和超调的 PID 积分分离控制,为补偿控制对象非线性因素的可变增益 PID 控制等。这些改进算法在一些应用场合取得了很好的效果。同时当今智能控制理论的发展,又形成了许多智能 PID 控制方法。

附录　行业应用实例

一、研华大厦一期智能控制系统架构

1. 系统控制架构

北京研华大厦如附图 1 所示，坐落在北京海淀区上地信息产业基地。要求用研华公司 ADAM 系列产品，对室内温度、照明等进行采集和自动控制。所有控制操作在上位计算机上进行。

系统智能控制架构如附图 2 所示。

附图 1　研华智能大厦

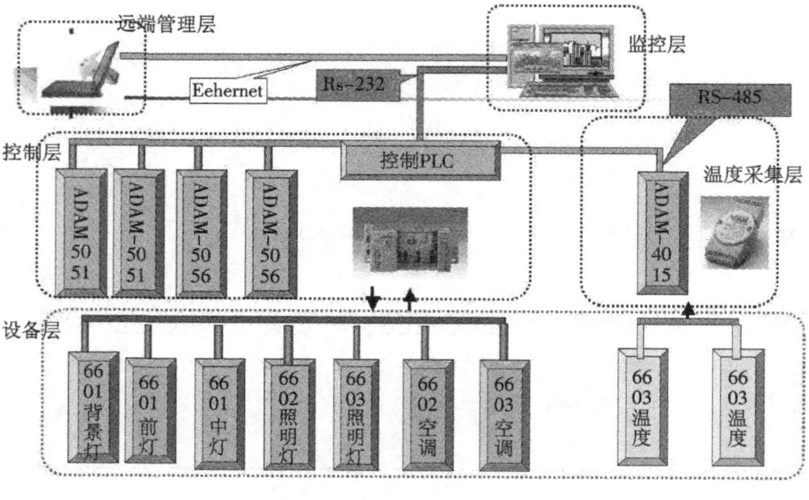

附图 2　研华智能大厦系统智能控制架构

2. 系统配置

系统控制方案如下。

ADAM－5051D：采集灯管和空调风泵的开关信号。

ADAM－5056D：输出控制灯管和空调的启动和停止。

ADAM－4015：实时采集环境温度。

ADAM－5510/HC：硬件控制核心。

TRACE MODE：组态软件（HMI＋PLC 编程工具）。

AWS－8248：监控工作站＋WEB 服务器。

3. 实现功能

系统实现如下功能。

早上 7 点自动打开照明灯。

晚上 7 点自动关闭照明灯。

控制柜上按钮直接控制照明灯和空调。

操作监控操作站软件控制照明灯和空调。

通过 WEB 方式，远程控制照明灯和空调。

室内温度的控制，如附图 3 所示。

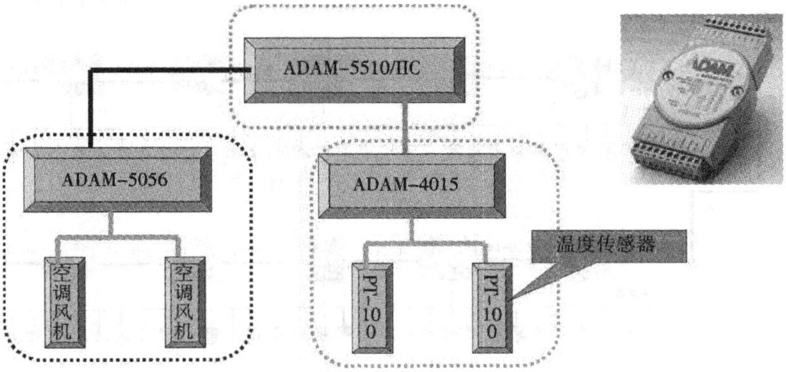

附图 3　室内温度控制功能

二、ADAM 在青藏铁路站房建设的应用

研华 ADAM 系列产品在严寒、暴风、强沙尘、强雷电袭击的世界最高海拔地带——青藏铁路线获得成功应用。

1. 无人高寒区站房采暖监控

采用 ADAM－4000 用于太阳能采暖监控和环境试验数据采集，解决青藏铁路线车站/营房的供暖，同时保护青藏高原生态环境，充分利用高原太阳能资源进行采暖。

本系统针对以上要求及环境进行监测，根据工艺参数进行调节，实现系统自动化控制目的。

2. 站房建筑与自然环境参数采集分析

青藏高原的大风、雷暴、强紫外线辐射、低温，对人的健康形成严峻挑战；还有高达 20 多度的日温差和年气温的剧烈变化，对工程的耐久性产生严重影响；空气稀薄还对内燃机动力和电器设备的性能产生影响。

系统实现对青藏线沿线建筑及供暖设施的监测，并测量风速、气压、太阳辐射量、建筑散热量、风口温度及流量，对所有数据进行记录并分析，结果总结上报，为国家的高原建设提供科学依据。

3. 不冻泉站太阳房参数 ADAM 采集系统

典型系统架构：IPC + ADAM－4520 + ADAM－4000。

组态软件直接支持 ADAM 系列。

系统结构示意图如附图 4 所示。

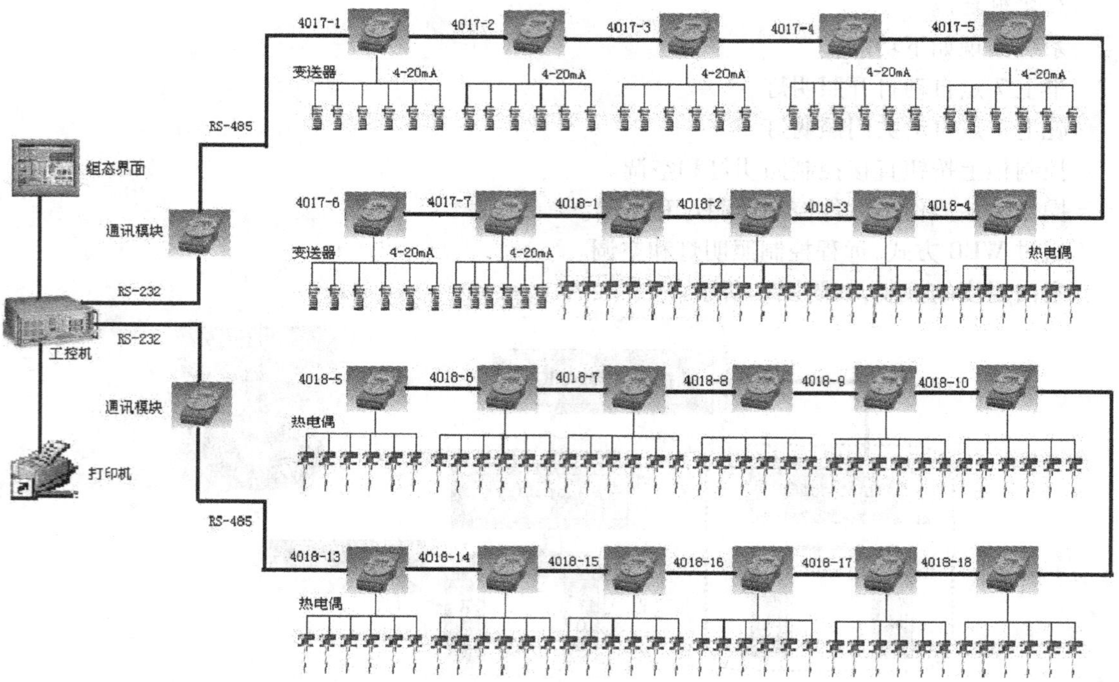

附图 4　不冻泉站太阳房参数 ADAM 采集系统结构示意图

采暖房内设备及 ADAM 模块机柜如附图 5、附图 6 所示。

附图 5　采暖房内设备

附图 6　ADAM 模块机柜

三、ADAM5000TCP 在核电模拟机的应用

核电模拟机系统采样点总数达 10 850 点，采用 ADAM5000TCP 工业以太网控制器。

1. 控制方案

系统控制示意如附图 7 所示。

附图 7 核电模拟机系统控制示意图

2. 硬件配置

控制器及模块配置如附表 1 所示。

附表 1 控制器及模块配置

序号	名称	型号	数量
1	数据采集模块底座	ADAM－5000ETCP	117
2	数字量输入模块	ADAM－5051D	181
3	数字量输出模块	ADAM－5056S	440
4	模拟量输入模块	ADAM－5017H	12
5	模拟量输出模块	ADAM－5024	251
6	通讯服务器	UNO－2160	9

3. 关键技术问题

核电模拟机系统的 I/O 刷新速率是一个非常重要的指标，系统采样速度需要达到 20 Hz，才能保证良好的模拟仿真效果。因此需要采用可靠的方式，验证设计方案能够符合这一技术指标 。

系统选用 UNO 及 5000TCP 控制器。

（1）UNO－2160：

CPU：Celeron 400 MHz　512MB SDRAM；

同时运行 16 个采集线程（管理 16 台 5000TCP）＋1 个通讯线程（负责与上位机通讯）；

双网口：服务器与 UNO 通讯、UNO 与 5000TCP 通讯使用 UNO 上两个独立的网口，两个子网通讯互不影响。

(2)5000TCP：

CPU：SUMSUNG ARM 32 位 RISC，主频 50 MHz；

100 M 以太网连接，数据占用带宽很小；

5017 H 模块为高速模拟量采集模块，在 5000TCP 中采集频率高达 1000 个采样点/s。

四、ADAM－5000 控制器及组态王在热电厂生产信息管理中的应用

1. 系统概述

某铝厂自备热电厂生产信息动态管理系统，数据采集系统由研华 ADAM－5000 控制器和智能仪表组成，采集锅炉、汽机等现场设备的温度、压力、流量等重要工艺参数达上千点；控制层配置 8 个 IO 采集站，分别运行组态王通用监控软件，负责现场设备数据的采集和数值计算及与关系数据库进行数据交互；信息管理层配置 WEB 服务器，运行组态王 Web 服务器软件，将控制层的实时显示画面发布到广域网上。系统控制方案如附图 8 所示。

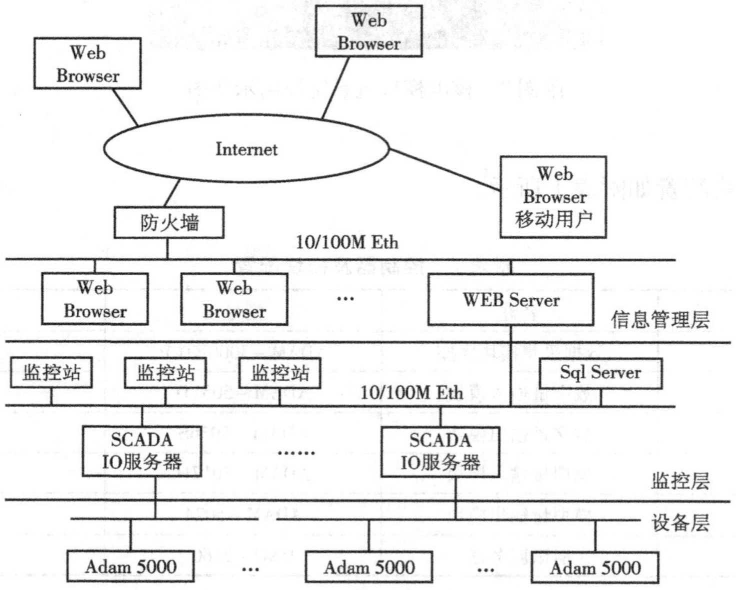

附图 8　生产信息动态管理系统控制方案

2. 系统控制要求

(1)将现场分布在方圆 1.5 km 内的研华 ADAM－5000 控制器和智能仪表实现无缝链接，并对其近千点的实时数据进行采集和数值处理。

(2)应具有生产过程动态流程画面、数值处理、报警、实时/历史趋势显示，并要求发布到 Internet 网上，供几十台计算机进行动态流程图、趋势和报警的浏览。

(3)实时数据通过 ODBC 方式可与 SQL SERVER 数据库进行快速的数据交换，并可在浏览器上直接对数据库进行授权操作。

3. 系统特点

(1)硬件特点。本系统数据采集设备采用研华 ADAM－5000 控制器，结构紧凑，具备智能化处理单元，特别适合于采集/控制点分散、与中心站距离较远的工业场合。系统配置灵活简

单,输入输出模块全部带光电隔离保护,且内置看门狗电路,大大提高了系统的可靠性,适用于像热电厂这样现场条件相对复杂的工业环境。

(2)管控一体化。系统的数据源有两个,一个是人机交互的事务处理和手工录入数据,另一个来自数据采集系统。数据采集系统把实际生产现场的数据实时提供给信息系统。在此系统中,既有管理平台又有工控平台,既有关系数据库又有实时数据库,把这两种异构环境集成在一起,构成管控一体化系统。

(3)采用 Intranet 模式。Intranet 是以 TCP/IP 协议为基础,以 WEB 为核心的企业内部网,成本低,易于维护,加强了企业与外部的联系。整个系统采用客户机/服务器模式,有利于实现对客户信息服务的动态性、实时性、交互性和系统安全性。

(4)在线事务处理,在线分析系统。系统要对生产过程中发生的事务进行在线处理,并具备针对生产过程中各种信息的综合查询和在线分析能力。

4. 结论

本系统具有运行可靠、功能齐全、投资低、升级方便、控制系统风险小等特点,为用户提供了较完善的系统运行信息和系统分析信息,提高了企业信息资源的利用率。

五、组态王及 ADAM－5000/485 在自来水厂监控系统中的应用

1. 系统简介

该厂过去多采用进口监控软件(HMI)实现自动化监控,价格较高。在本次系统改造中,组态王软件以优异的性能、纯中文界面、编程风格简单、实时性能好、与其他应用程序交换方便、易调试以及快速完善的售后服务体系和极富竞争力的价格,在诸多竞争对手中成为厂家首选。

硬件采用研华公司的 ADAM－5000/485 控制器产品。

2. 系统要求

该工程采用串行总线技术,在一条总线上以菊花链方式连接研华 ADAM－5000/485 控制器,在组态王上进行了专门的通信优化,以保证系统的实时性和可靠性。当系统中有控制器故障时,不会影响整个系统通信的实时性和可靠性,并且可以通过在线热拔插技术修复故障模块。该厂的技术人员对此十分满意。

在 140 多个输入信号中,由于控制工艺的不同,要求系统对不同的信号采用不同的扫描周期。工程中用到的开关量输入信号以及报警信息以直观醒目的方式呈现在画面上。可以根据客户的要求提供多种报表打印和历史数据保存。

3. 系统说明

整个水厂分为 6 个站区:老浑水泵区,新浑水泵区,清水泵 1 区,清水泵 2 区,老热力站区和新热力站区。老浑水泵区共有 5 台浑水泵,新浑水泵区有 6 台浑水泵,负责引浑水入厂;清水泵 1 区、2 区共有 9 台清水泵;老热力站区和新热力站区为整个水厂提供能源。

系统采用的 ADAM－5000/485 产品具有体积小、接线方便、结构紧凑、价格便宜等特点,克服了传统小型 PLC 数学运算能力差、数据存储区小等缺点。

采用的组态王监控软件系统,功能丰富且灵活易用,实时性好,支持研华全系列产品,用户在系统配置和维护方面非常方便。

4. 结论

该系统投入运行,成功取代了原控制室中三面墙仪表盘上的近百块仪表,大大降低了维护人员的工作量,优化了系统运行,节约了劳动成本,提高了劳动生产率。